선형대수학

금종해 지음

경문사

머리말

이 책은 선형대수학의 주요 내용을 다루는 방법을 해설하기 위하여 대학 1학년이나 2학년의 한 학기 또는 두 학기 과정의 강의 및 학습 자료를 엮은 것이다. 이 수준의 대부분의 학생들은 아직 수학의 추상적 개념에는 익숙하지 않으므로 이 책은 대부분 유한차원 실벡터공간에 대하여 다루었으며, 복소벡터공간의 경우는 마지막 두 장에서 집중적으로 다루었다.

이 책을 공부하는 데에는 고등학교 과정의 지식만으로 충분하도록 힘썼으며, 이 책을 공부하고 난 다음 배우게 될 미분방정식, 공업수학, 다변수 미적분학, 현대대수학, 미분기하학 등의 학습에도 도움이 되도록 하였다.

이 책은 벡터공간이라는 추상적인 개념부터 시작하였으나 많은 예를 통하여 독자들이 구체적인 지식을 갖도록 하였고, 특히 앞 부분은 각 장의 길이를 짧게 하여 새로운 개념들을 이해하는 데 지루하지 않도록 배려하였다. 또 쌍대공간, Cramer 공식 등을 연습문제에서 다루었고 행렬식의 성질에 대한 증명을 부록으로 처리함으로써 처음 읽는 독자들에게 융통성을 부여하였다.

아무쪼록 이 책을 통하여 선형대수학의 멋—수학의 구체성과 추상성의 조화—을 발견할 수 있기를 바라며, 향후 여러 분야의 연구에서 선형대수학의 유용성을 확인할 수 있기를 기대한다.

2001년 9월
저자 씀

차 례

머리말/ iii
제 1 장 공간벡터/ 1
제 2 장 벡터공간/ 19
제 3 장 부분공간/ 31
제 4 장 벡터공간의 예/ 43
제 5 장 일차독립성과 일차종속성/ 55
제 6 장 벡터공간의 기저와 차원/ 67
제 7 장 선형사상/ 95
제 8 장 행렬/ 131
제 9 장 선형사상과 행렬/ 165
제10장 선형변환과 행렬/ 193
제11장 연립일차방정식/ 215
제12장 행렬식/ 235
제13장 고유값과 고유벡터/ 271
제14장 내적공간/ 309
제15장 스펙트럼 이론과 이차형식/ 349
제16장 Jordan 표준형/ 385
제17장 복소 내적공간/ 425

참고문헌/ 447
찾아보기/ 449

제 1 장

공간벡터

길이, 넓이, 질량, 시간 등은 그 단위를 정해 놓으면 그 단위로 잰 수치로써 그 양을 나타낼 수 있다. 즉 이들 양은 크기만을 갖고 있다. 그러나 힘, 이동, 속도, 가속도 등과 같은 양들은 그 크기와 함께 방향을 갖고 있으므로 그 크기와 더불어 방향도 나타내어야 비로소 그 양을 결정할 수 있다.

일반적으로, 부피나 온도와 같이 크기만을 갖는 양을 스칼라(scalar)라고 하며, 속도나 힘과 같이 크기와 방향을 함께 갖는 양을 벡터(vector)라고 한다.

평면 또는 공간에서 벡터는 보통 방향이 주어진 선분 AB로 나타내며, 여기서 선분의 길이는 벡터의 크기를, 선분의 방향을 나타낸다. 이때, 화살표가 시작되는 점 A를 시점(initial point), 끝나는 점 B를 종점(terminal point)이라 하고 기호 $\overrightarrow{AB}$로 나타내며, 또는 한 문자를 써서 $\vec{a}$로 나타낸다.

크기와 방향이 같은 두 벡터는 같은 것으로 생각하는 것이 편리하다. 즉, $\overrightarrow{AB}$를 평행이동하여 $\overrightarrow{CD}$를 얻을 수 있다면 두 벡터 $\overrightarrow{AB}$와 $\overrightarrow{CD}$는 같다고 정의한다.

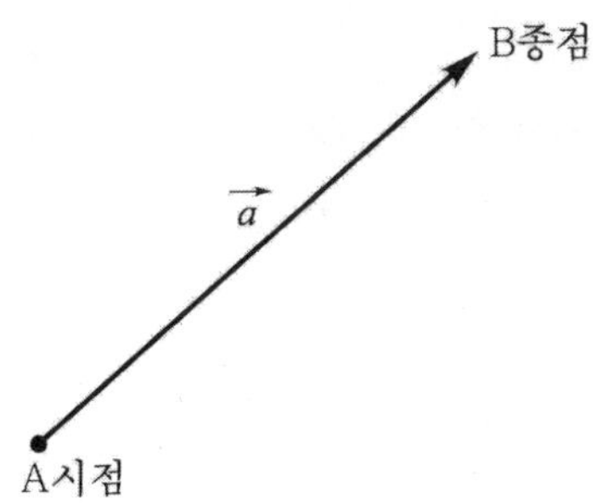

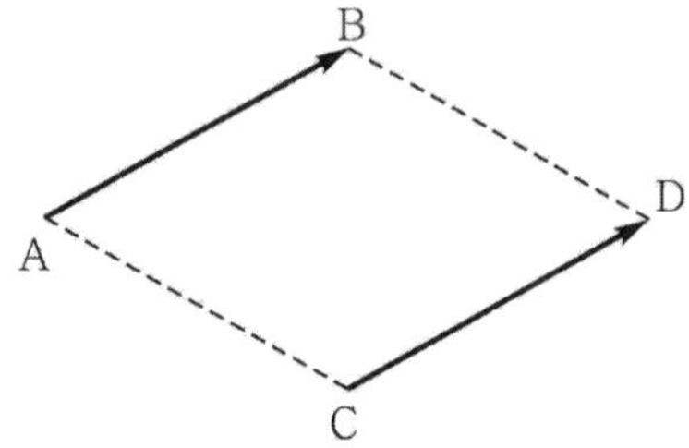

참고 이와 같이 정의한 벡터를 자유벡터(free vector)라고 한다. 시점의 선택이 자유롭기 때문이다. 이러한 정의가 모든 경우에 부합되는 것은 아니다. 예를 들어 다음 그림에서 힘벡터 $\overrightarrow{AB}$와 $\overrightarrow{CD}$는 막대를 서로 반대 방향으로 회전시킨다. 이렇게 벡터가 크기와 방향만이 아니라 시점에 의해서도 달라질 때에는 속박벡터(bound vector)라고 한다. 이 책에서는 자유벡터만을 다룬다.

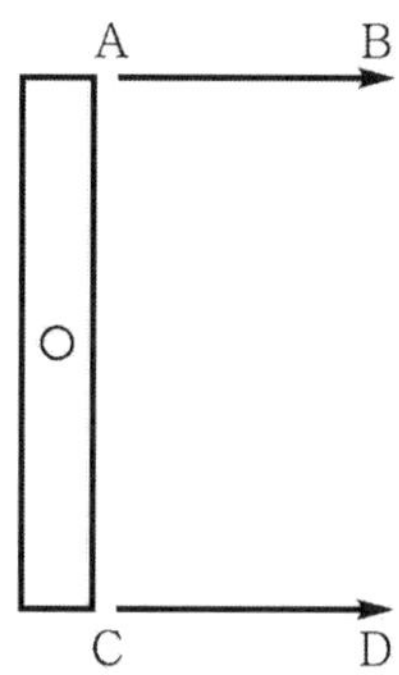

이제, 공간에서 한 점 O를 고정하여 원점(origin)이라고 하자. 그러면 임의의 벡터 $\vec{a}$에 대하여 $\vec{a} = \overrightarrow{OA}$ 인 점 A의 위치가 단 하나로 정해진다. 역으로 임의의 점 A에 대하여 $\vec{a} = \overrightarrow{OA}$ 인 벡터 $\vec{a}$가 단 하나로 결정된다. 이때 벡터 $\overrightarrow{OA}$를 원점 O에 대한 점 A의 위치벡터(position vector)라고 한다. 원점의 위치가 분명한 경우에는 벡터 $\overrightarrow{OA}$를 흔히 $\vec{A}$로 간단히 줄여 쓴다.

물리학에서, 한 점에 작용하는 힘벡터들은 더할 수 있다. 이 과정은 다음과 같이 설명할 수 있다. 우선 원점 O가 정해져 있다고 하자. 그러면 두 벡터 $\vec{A}$와 $\vec{B}$의 합은 다음 그림과 같이 정의된다.

즉 $\overrightarrow{AC}=\vec{B}$인 점 C를 잡아 $\vec{A}+\vec{B}=\vec{C}$라고 정의한다. 여기서, 사각형 $OACB$는 평행사변형이 된다.

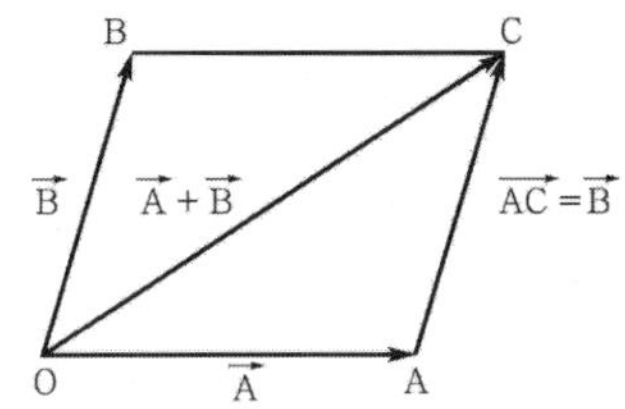

벡터의 덧셈에 관한 다음 기본 성질이 성립함을 앞의 정의로부터 알 수 있다.

(1) $\vec{A}+\vec{B}=\vec{B}+\vec{A}$

(2) $(\vec{A}+\vec{B})+\vec{C}=\vec{A}+(\vec{B}+\vec{C})$

(3) $\vec{A}+\vec{O}=\vec{A}=\vec{O}+\vec{A}$

또, 실수와 벡터를 곱하는 연산도 정의할 수 있다.

임의의 실수 k와 벡터 $\vec{A}$에 대하여 벡터 $k\vec{A}$를 다음과 같이 정의한다.

$k>0$일 때에는 $k\vec{A}$를 $\vec{A}$와 방향은 같고 크기는 k배인 벡터로,

$k<0$일 때에는 $k\vec{A}$를 $\vec{A}$와 방향은 반대이고 크기는 $|k|$배인 벡터로,

$k=0$일 때에 $k\vec{A}$를 영벡터 $\vec{O}$로 정의한다.

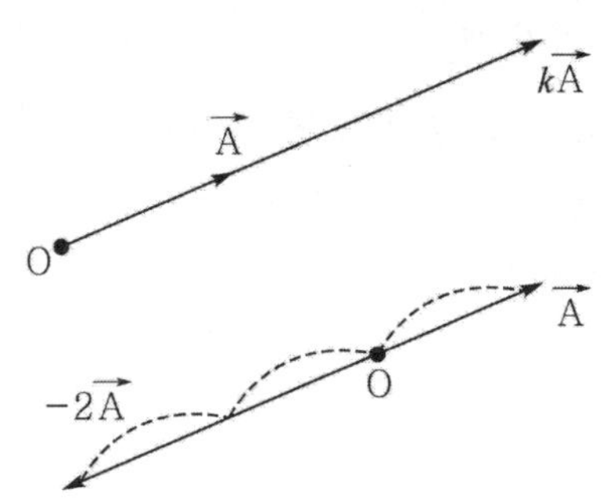

여기서 $-1\vec{A}$를 $-\vec{A}$로 간단히 줄여 쓴다.

그러면 다음 연산법칙들도 쉽게 증명할 수 있다.

(4) $\vec{A}+(-\vec{A})=\vec{O}$

(5) $k(\vec{A}+\vec{B})=k\vec{A}+k\vec{B}$

(6) $(k+l)\vec{A}=k\vec{A}+l\vec{B}$

(7) $(kl)\vec{A}=k(l\vec{A})$

(8) $1\vec{A}=\vec{A}$

공간에 좌표가 주어진 경우에는 점 $A(a_1, a_2, a_3)$의 위치벡터 $\vec{A}$와 A의 좌표 (a_1, a_2, a_3)를 동일시하는 것이 편리하다. 즉

$$\vec{A}=(a_1, a_2, a_3)$$

로 정의한다. 그러면 임의의 벡터 $\vec{A}=(a_1, a_2, a_3)$, $\vec{B}=(b_1, b_2, b_3)$와 임의의 실수 k에 대하여 다음이 성립한다.

$$\begin{aligned}\vec{A}+\vec{B}&=(a_1, a_2, a_3)+(b_1, b_2, b_3)\\&=(a_1+b_1, a_2+b_2, a_3+b_3)\\k\vec{A}&=k(a_1, a_2, a_3)=(ka_1, ka_2, ka_3)\end{aligned}$$

즉, $\vec{A}+\vec{B}$는 좌표 $(a_1+b_1, a_2+b_2, a_3+b_3)$을 가지는 점의 위치벡터이고, $k\vec{A}$는 좌표 (ka_1, ka_2, ka_3)을 가지는 점의 위치벡터이다.

이제, 벡터의 개념을 써서 공간에서 직선의 방정식을 유도해 보자. 먼저, 한 점 $A(x_1, y_1, z_1)$을 지나고 벡터 $\vec{U}=(a, b, c)$에 평행한 직선 g의 방정식을 구해 보자. 임의의 점 $P(x, y, z)$가 직선 g위에 있기 위한 필요충분조건은 벡터 $\overrightarrow{AP}$와 벡터 $\vec{U}$가 서로 평행하다는 사실, 즉

$$\overrightarrow{AP}=t\vec{U}\ (t\text{는 실수})$$

인 것이다. 그런데 $\overrightarrow{AP}=\vec{P}-\vec{A}$이므로

$$\vec{P} = \vec{A} + t\vec{U} \qquad \cdots\cdots\cdots (1)$$

를 얻는다. 식 (1)을 직선 g의 벡터방정식(vector equation)이라고 한다.

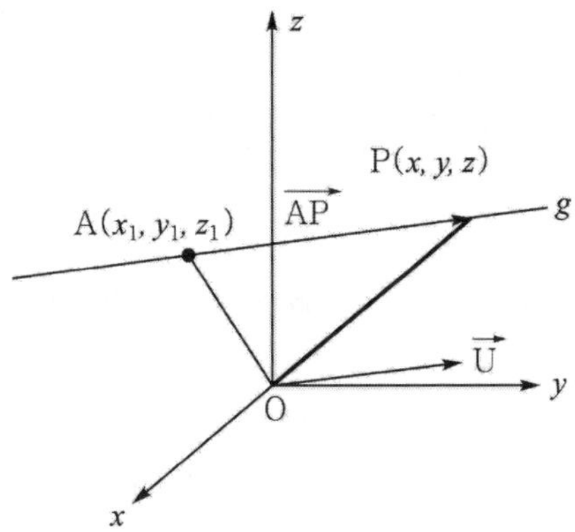

직선 g의 벡터방정식 (1)을 좌표를 써서 나타내면, 점 $P(x, y, z)$가 직선 g위에 있기 위한 필요충분조건은 적당한 실수 t에 대하여

$$\begin{cases} x = x_1 + at \\ y = y_1 + bt \\ z = z_1 + ct \end{cases} \qquad \cdots\cdots\cdots (2)$$

임을 알 수 있다. 식 (2)를 직선 g의 매개변수방정식 또는 간단히 방정식이라고 한다.

두 점 $A(x_1, y_1, z_1)$, $B(x_2, y_2, z_2)$를 지나는 직선인 경우에는 이 직선이 벡터 $\overrightarrow{AB} = \vec{B} - \vec{A}$에 평행하고 점 A를 지나므로 이 직선의 벡터 방정식은

$$\vec{P} = \vec{A} + t(\vec{B} - \vec{A})$$

이고, 매개변수방정식은 다음과 같다.

$$\begin{cases} x = x_1 + t(x_2 - x_1) \\ y = y_1 + t(y_2 - y_1) \\ z = z_1 + t(z_2 - z_1) \end{cases}$$

예제 1.1

점 $A(1, 2, 3)$은 두 점 $B(3, 4, 3)$, $C(1, 0, 1)$을 지나는 직선 위에 있는가?

풀이 세 점 A, B, C가 동일 직선 위에 있기 위한 필요충분조건은 두 벡터 $\overrightarrow{AB}$, $\overrightarrow{BC}$가 서로 평행하다는 것이다. 즉, 적당한 실수 t에 대하여 $\overrightarrow{AB} = t\overrightarrow{BC}$이다. 그런데

$$\overrightarrow{AB} = \vec{B} - \vec{A} = (3-1,\ 4-2,\ 3-3) = (2,\ 2,\ 0)$$
$$\overrightarrow{BC} = \vec{C} - \vec{B} = (1-3,\ 0-4,\ 1-3) = (-2,\ -4,\ -2)$$

이므로

$$(2,\ 2,\ 0) = t(-2,\ -4,\ -2)$$

즉

$$\begin{cases} 2 = -2t \\ 2 = -4t \\ 0 = -2t \end{cases}$$

그러나 이 연립방정식을 만족시키는 실수 t는 존재하지 않는다. 따라서 점 A는 두 점 B, C를 지나는 직선 위에 있을 수 없다.

별해 두 점 B, C를 지나는 직선의 매개변수방정식은

$$\begin{cases} x = 3 + (1-3)t = 3-2t \\ y = 4 + (0-4)t = 4-4t \\ z = 3 + (1-3)t = 3-2t \end{cases}$$

이다. 따라서 점 $A(1, 2, 3)$이 이 직선 위에 있다면 적당한 실수 t에 대하여

$$\begin{cases} 1 = 3-2t \\ 2 = 4-4t \\ 3 = 3-2t \end{cases}$$

이어야 한다. 그러나 이것은 불가능하다. 따라서 점 A는 B, C를 지나는 직선 위에 있을 수 없다.

예제 1.2

g_1을 점 (1, 0, 1)과 (1, 2, 1)을 지나는 직선이라고 하고, g_2를 점 (0, 1, 0)과 (2, 3, 2)를 지나는 직선이라고 할 때, g_1과 g_2는 서로 교차하는가? 교차한다면 교점을 찾아라.

풀이 직선 g_1의 방정식은

$$\begin{cases} x = 1 + (1-1)t_1 = 1 \\ y = 0 + (2-0)t_1 = 2t_1 \\ z = 1 + (1-1)t_1 = 1 \end{cases}$$

이고, 직선 g_2의 방정식은

$$\begin{cases} x = 0 + (2-0)t_2 = 2t_2 \\ y = 1 + (3-1)t_2 = 1 + 2t_2 \\ z = 0 + (2-0)t_2 = 2t_2 \end{cases}$$

이다. 따라서 어떤 점이 두 직선 모두 위에 있다면

$$\begin{cases} 1 = 2t_2 \\ 2t_1 = 1 + 2t_2 \\ 1 = 2t_2 \end{cases}$$

이어야 한다. 즉 $t_2 = \frac{1}{2}$, $t_1 = 1$ 이다.

그러므로 (1, 2, 1)이 두 직선 g_1과 g_2의 유일한 교점이다.

예제 1.3

직선 g_1과 g_2의 방정식이 각각

$$g_1 : \begin{cases} x = 1 - 2t \\ y = 1 + 2t \\ z = t \end{cases}, \qquad g_2 : \begin{cases} x = -1 + 2t \\ y = 3 - 2t \\ z = 1 - t \end{cases}$$

일 때, 두 직선은 교차하는가?

풀이 (기하적 방법) 직선 g_1과 g_2는 각각 베터 (−2, 2, 1)과 (2, −2, −1)에 평행하고, (−2, 2, 1)과 (2, −2, −1)이 서로 평행하므로

g_1과 g_2는 평행하든지 일치하든지 둘 중 하나이다. 따라서 두 직선 모두 위에 있는 한 점만 찾으면 두 직선은 일치한다고 할 수 있다. 그런데 예를 들어 $t=0$ 일 때의 g_1 위의 점 $(1, 1, 0)$은 $t=1$ 일 때의 g_2위의 점이 된다. 그러므로 두 직선은 일치한다.

별해 (대수적 방법) 만일 점 (x, y, z)가 g_1과 g_2 모두 위에 있다면

$$\begin{cases} x = 1-2t_1 \\ y = 1+2t_1 \\ z = t_1 \end{cases}$$

을 만족시키는 실수 t_1이 존재하고

$$\begin{cases} x = -1+2t_2 \\ y = 3-2t_2 \\ z = 1-t_2 \end{cases}$$

을 만족시키는 실수 t_2가 존재하여야 한다. 따라서 이 문제는 연립방정식

$$\begin{cases} 1-2t_1 = -1+2t_2 \\ 1+2t_1 = 3-2t_2 \\ t_1 = 1-t_2 \end{cases} \qquad \cdots\cdots\cdots(3)$$

의 해가 존재하는지를 묻는 문제이다. (3)을 정리하면, 세 식 모두

$$t_1 = 1-t_2$$

이 된다. 이 결과가 무엇을 뜻하는지 생각해 보면 t_2에 어떤 값을 주더라도 연립방정식 (3)을 만족시키는 t_1, 즉 $1-t_2$를 찾을 수 있다는 뜻이다. 그런데 t_2를 변화시키면 직선 g_2 위의 점들을 모두 얻을 수 있으므로 g_2 위의 모든 점이 g_1 위에도 있게 된다. 따라서 두 직선은 일치할 수밖에 없다.

예제 1.3은 직선의 방정식이 유일하지 않음을 보여준다. 이것은 기하학적으로는 명백한 사실이다. 직선의 방정식을 만들 때 직선 위의 두 점을 사용하는데 직선 위에는 무수히 많은 점들이 있으므로

여러 가지의 선택이 가능하기 때문이다.

예제 1.4

직선의 g_1과 g_2의 방정식이 각각

$$g_1 : \begin{cases} x = 1 + t \\ y = 2 + t \\ z = 3 - t \end{cases}, \qquad g_2 : \begin{cases} x = 4 + t \\ y = 5 - t \\ z = 6 - t \end{cases}$$

일 때 두 직선은 교차하는가?

풀이 예제 1.3에서와 같은 방법으로 연립방정식

$$\begin{cases} 1 + t_1 = 4 + t_2 \\ 2 + t_1 = 5 - t_2 \\ 3 - t_1 = 6 - t_2 \end{cases} \qquad \cdots\cdots\cdots (4)$$

의 해가 존재하는지를 알아보면 된다. (4)의 처음 두 식을 연립하여 풀면

$$t_1 = 3, \;\; t_2 = 0$$

을 얻고, 이것을 셋째 식에 대입하면

$$3 - 3 = 6 - 0$$

이 되어 모순이다. 따라서 연립방정식 (4)를 만족시키는 t_1과 t_2는 존재하지 않는다. 즉 두 직선은 교차하지 않는다. 사실, 두 직선은 서로 평행하지도 않다. 이러한 두 직선은 서로 꼬여 있다고 한다.

다음에는 공간에서 평면의 방정식을 유도하여 보자.

세 점 $A(a_1, a_2, a_3)$, $B(b_1, b_2, b_3)$, $C(c_1, c_2, c_3)$가 한 직선 위에 있지 않다고 하자. 그러면 이 세 점은 한 평면 α를 결정한다.

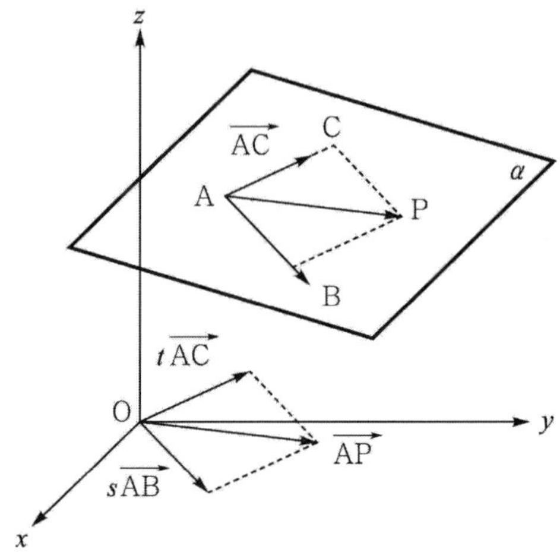

임의의 점 $P(x, y, z)$가 평면 α 위에 있기 위한 필요충분조건은 그림에서와 같이

$$\overrightarrow{AP} = s\overrightarrow{AB} + t\overrightarrow{AC}$$

을 만족시키는 적당한 실수 s와 t가 존재한다는 것이다. 그런데

$$\overrightarrow{AP} = \vec{P} - \vec{A}$$
$$\overrightarrow{AB} = \vec{B} - \vec{A}$$
$$\overrightarrow{AC} = \vec{C} - \vec{A}$$

이므로

$$\vec{P} - \vec{A} = s(\vec{B} - \vec{A}) + t(\vec{C} - \vec{A})$$

즉,

$$\vec{P} = s(\vec{B} - \vec{A}) + t(\vec{C} - \vec{A}) + \vec{A} \qquad \cdots\cdots\cdots (5)$$

를 얻는다. 식 (5)를 평면 α의 벡터방정식이라고 한다. 직선의 벡터방정식과 비교해 보면 매개변수가 하나가 아니라 s와 t, 두 개임을 주목하게 된다.

평면 α의 벡터방정식 (5)를 좌표를 써서 성분으로 나타내면

$$\begin{cases} x = s(b_1 - a_1) + t(c_1 - a_1) + a_1 \\ y = s(b_2 - a_2) + t(c_2 - a_2) + a_2 \\ z = s(b_3 - a_3) + t(c_3 - a_3) + a_3 \end{cases} \qquad \cdots\cdots\cdots (6)$$

이 된다. 식 (6)에서 s와 t를 소거하면 친숙한 식

$$ax + by + cz + d = 0 \qquad \cdots\cdots\cdots (7)$$

을 얻는다. 여기에서 a, b, c, d는 다음과 같다.

$$a = (b_2 - a_2)(c_3 - a_3) - (b_3 - a_3)(c_2 - a_2)$$
$$b = (b_3 - a_3)(c_1 - a_1) - (b_1 - a_1)(c_3 - a_3)$$
$$c = (b_1 - a_1)(c_2 - a_2) - (b_2 - a_2)(c_1 - a_1)$$
$$d = -(aa_1 + bb_1 + cc_1)$$

(a, b, c, d는 유일하게 결정되지는 않으며, 이들의 상수 배로 택할 수도 있다.)

식 (6)을 평면 α의 매개변수방정식이라고 하고, 식 (7)을 평면 α의 방정식이라고 한다.

예제 1.5

세 점 (1, 2, 3), (1, 0, 3), (0, 2, 0)을 지나는 평면의 방정식을 구하라. 또, 점 (4, 5, 6)은 이 평면 위에 있는지 판정하라.

풀이 평면의 방정식을

$$ax + by + cz + d = 0$$

으로 놓고 a, b, c, d의 값을 정하면 된다.
점 (1, 2, 3), (1, 0, 3), (0, 2, 0)이 이 평면 위에 있으므로

$$\begin{cases} a + 2b + 3c + d = 0 \\ a + \quad\ + 3c + d = 0 \\ \quad\ 2b \quad\quad\ + d = 0 \end{cases} \qquad \cdots\cdots\cdots (8)$$

이 동시에 성립한다. (8)을 풀면

$$b = d = 0, \quad a = -3c$$

따라서 평면의 방정식은

$$-3cx + cz = 0, \qquad \text{즉 } 3x - z = 0$$

이다. 또, 점 (4, 5, 6)은 이 평면 위에 있을 수 없다.

예제 1.6

두 평면

$$\begin{aligned} x - 3z &= 0 \\ x + y + z + 1 &= 0 \end{aligned}$$

의 교선의 매개변수방정식을 구하여라.

풀이 연립방정식

$$\begin{cases} x - 3z = 0 \\ x + y + z + 1 = 0 \end{cases}$$

의 해를 구하는 문제이다. 한 변수, 예를 들어 z로 x와 y를 나타내면 다음과 같다.

$$\begin{cases} x = 3z \\ y = -4z - 1 \end{cases}$$

즉

$$\frac{x}{3} = \frac{y+1}{-4} = z$$

이 식의 값을 t로 놓으면 $\frac{x}{3} = \frac{y+1}{-4} = z = t$에서

$$\begin{cases} x = 3t \\ y = -1 - 4t \\ z = t \end{cases} \qquad \cdots\cdots\cdots (9)$$

을 얻는다. 역으로 식 (9)를 만족시키는 x, y, z는 두 평면의 방정

식을 모두 만족시킨다. 따라서 식 (9)가 교선의 방정식이다. 물론, 위에서 x로 y와 z를 나타냈다면 동일한 교선의 다른 형태의 방정식을 얻는다.

예제 1.7

직선 g와 평면 α의 방정식이 각각 다음과 같을 때, g와 α는 교점을 갖는가?

$$g : \begin{cases} x = 1 + t \\ y = 2 + t \\ z = 3 - 2t \end{cases}$$

$$\alpha : x + y + z + 10 = 0$$

풀이 직선 g 위의 점 $(1 + t,\ 2 + t,\ 3 - 2t)$가 평면 α 위에 있다면

$$(1 + t) + (2 + t) + (3 - 2t) + 10 = 0$$

을 만족시켜야 한다. 그러나 이 식을 만족시키는 실수 t는 없다. 따라서 직선 g와 평면 α는 교점을 갖지 않는다.

연습문제

1. 좌표가 주어진 공간에서, 세 점 (1, 0, 0), (0, 1, 0), (0, 0, 1)에 대응하는 위치벡터를 각각 $\overrightarrow{E_1}$, $\overrightarrow{E_2}$, $\overrightarrow{E_3}$라고 정의하자. 점 P의 좌표가 (x, y, z)이면

$$\vec{P} = x\overrightarrow{E_1} + y\overrightarrow{E_2} + z\overrightarrow{E_3}$$

임을 증명하라. 이때, 세 벡터 $x\overrightarrow{E_1}$, $y\overrightarrow{E_2}$, $z\overrightarrow{E_3}$를 각각 x축, y축, z축에 관한 $\vec{P}$의 성분벡터(component vector)라고 한다.

2. 두 점 (1, 2, −3), (3, 1, 0)을 지나는 직선의 방정식을 구하라. 점 (1, −2, 3)은 직선 위에 있는가?

3. 세 점 (−2, 1, 1), (1, 0, −1), (−5, 2, 3)은 한 직선 위에 있음을 보여라.

4. 세 점 (1, 1, 0), (0, 1, 1), (1, 0, 1)을 지나는 평면의 방정식을 구하라. 점 (1, 1, 1)은 이 평면 위에 있는가?

5. 두 점 (−1, 1, 1), (1, 1, 1)을 지나는 직선은 세 점 (−1, 1, 0), (0, 1, −1), (1, −1, 1)을 지나는 평면 위에 있는가?

6. 두 점 $A(2, 0, 0)$, $B(0, 0, 1)$에 대하여 원점을 지나면서 $\angle AOB$를 이등분하는 직선의 방정식을 구하라.

7. 네 점 $A(0, 1, 1)$, $B(1, 3, 4)$, $C(1, 0, -1)$, $D(2, 2, 2)$는 공간에서 평행사변형을 이루는 것을 보여라.

8. $A(0, 1, 1)$, $B(1, 1, 1)$, $C(1, -1, -1)$에 대하여 다음 각 경우의 $\vec{T}$

의 좌표를 구하라.

① $\vec{T} = 2\vec{B} - \vec{A} - 2\vec{C}$

② $\vec{T} = \overrightarrow{AB} - \overrightarrow{AC} + \overrightarrow{BC}$

③ $\vec{T} = a\vec{A} + b\vec{B} + c\vec{C}$ (단, a, b, c는 고정된 상수)

9. 공간의 임의의 네 점 A, B, C D에 대하여 다음을 증명하라.

$$\overrightarrow{AC} + \overrightarrow{BD} = \overrightarrow{AD} + \overrightarrow{BC}$$

10. 다음 직선의 벡터방정식을 구하라. 또, 매개변수방정식도 구하라.

① 평면에서 점 $A(2, -1)$을 지나고 기울기가 $\frac{1}{2}$인 직선

② 평면에서 점 $A(0, 1)$을 지나고 x축에 평행한 직선

③ 평면에서 곡선 $y = x^3$ 위의 점 $(1, 1)$에서의 접선

④ 공간에서 두 점 $(0, 1, 1)$, $(1, 1, 1)$을 지나는 직선

⑤ 공간에서 원점을 지나고 $A(2, 2, 0)$에서 $B(0, 0, 1)$까지의 선분의 중점을 지나는 직선

⑥ 공간에서 두 점 $(1, 2, 0)$, $(2, 1, 0)$을 지나는 직선

11. 다음 평면의 벡터방정식을 구하라. 또 방정식도 구하라.

① $(0, 0, 0)$, $(1, 0, 0)$, $(1, 1, 0)$을 지나는 평면

② $(1, 0, 0)$, $(0, 1, 0)$, $(1, 1, 1)$을 지나는 평면

③ xy 평면에 평행하고 $(1, 1, 2)$를 지나는 평면

④ $(a, 0, 0)$, $(0, b, 0)$, $(0, 0, c)$를 지나는 평면

⑤ yz 평면에 평행하고 $(3, 2, 1)$을 지나는 평면

12. 다음 직선 g와 평면 α는 교점을 갖는가?

$$g : \begin{cases} x = 1 + 3t \\ y = 2 - 4t \\ z = 5 - 2t \end{cases}, \quad \alpha : x - 3z = 4$$

13. 두 평면

$$\alpha : x + y + z = 1, \quad \beta : 2x + 3y + 4z = 5$$

의 교선의 매개변수방정식을 구하라.

14. 다음 직선 g를 품는 두 평면의 방정식을 구하라.

$$g : \begin{cases} x = 2t \\ y = -1 + 3t \\ z = 2 - 5t \end{cases}$$

제 2 장

벡터공간

앞 장에서는 벡터의 개념을 적용하여 직선과 평면의 성질을 조사하였다. 사실 좌표와 상관없이 벡터방정식을 유도할 수 있었고, 그 다음에 주어진 좌표를 이용하여 벡터방정식을 성분으로 표현함으로써 해석기하적 방정식을 얻을 수 있었다. 여기서 좌표축을 처음부터 달리 잡는다면 방정식은 달라질 것이다. 따라서 좌표변환(coordinate transformation)의 개념이 필요하다. 좌표변환의 개념을 잘 이해하면 새로운 방정식과 원래의 방정식 사이의 관계를 파악할 수 있고, 따라서 적절한 좌표변환을 사용하면 원래의 방정식을 간단한 형태의 방정식으로 바꿀 수도 있다. 이러한 변환의 개념을 논하려면 먼저 다음과 같은 추상적인 벡터공간의 개념부터 살펴야 한다.

정의 2.1

집합 $\mathscr{V}$ 가 다음의 두 가지 연산을 가질 때 $\mathscr{V}$ 를 벡터공간(vector space)라고 하고, $\mathscr{V}$ 의 원소를 벡터라고 한다. 첫째는 벡터의 덧셈이라는 연산으로 임의의 두 벡터 A, B에 대하여 벡터 $A+B$를 대응시킨다. 둘째는 스칼라곱셈(scalar multiplication)이라는 연산으로 임의의 스칼라(여기서는 실수) r과 임의의 벡터 A에 대하여 벡터 rA를 대응시킨다. 또한 이 두 연산은 다음 여덟 가지 조건을 만족시켜야 한다.

VS 1 임의의 벡터 $A,\ B,\ C$에 대하여

$$(A+B)+C=A+(B+C)$$

VS 2 임의의 벡터 $A,\ B$에 대하여

$$A+B=B+A$$

VS 3 특정한 벡터 $\boldsymbol{O}$이 존재하여 모든 벡터 A에 대하여

$$A+\boldsymbol{O}=A$$

VS 4 각각의 벡터 A에 대하여, $A + A' = \boldsymbol{O}$인 벡터 A'이 존재한다. 이 A'을 $-A$로 나타낸다. 즉,

$$A + (-A) = \boldsymbol{O}$$

VS 5 임의의 실수 r과 임의의 벡터 A, B에 대하여

$$(A+B) = rA + rB$$

VS 6 임의의 실수 r, s와 임의의 벡터 A에 대하여

$$(r+s)A = rA + sA$$

VS 7 임의의 실수 r, s와 임의의 벡터 A에 대하여

$$(rs)A = r(sA)$$

VS 7 임의의 벡터 A에 대하여

$$1A = A$$

선형대수학을 수학적으로 체계 있게 공부하기 위하여 공리론적 방법(axiomatic method)을 사용하고자 한다. 즉, 벡터의 덧셈, 스칼라곱셈에 관한 위의 여덟 가지 공리에만 의존하여 벡터공간의 모든 성질을 유도하려고 한다. 이러한 공리론적 방법에서는 벡터가 무엇을 뜻하는지, 또 벡터의 덧셈, 스칼라곱셈이 무엇을 뜻하는지 전혀 문제되지 않는다. 오직 공리들로부터 얻는 결과만이 중요할 뿐이다. 따라서 앞으로 벡터공간을 공부할 때에는 위의 공리들에 포함되어 있는 벡터의 성질, 또는 이 공리들로부터 얻은 벡터의 성질만을 사용할 수 있다. 물론 벡터란 방향을 가진 선분이라고 주장해서도 안 된다.

이러한 공리론적 방법의 이점은 이 방법으로 얻은 결과를 앞으로 다룰 모든 벡터공간의 경우에 제한 없이 적용할 수 있다는 것이다. 이제 곧 많은 벡터공간의 예를 만날 것이나, 우선 위의 공리들로부터 얻을 수 있는 초보적인 결과들을 알아보자.

정리 2.1

$0A = \boldsymbol{O}$

증명 공리 VS 8, VS 6, 다시 VS 8을 적용하면

$$A = 1A = (0 + 1)A = 0A + 1A = 0A + A$$

즉

$$A = 0A + A$$

를 얻는다. 이제 공리 VS 4, VS 1, VS 3을 차례대로 적용하면.

$$\begin{aligned} \boldsymbol{O} = A + (-A) &= (0A + A) + (-A) = 0A + \{A + (-A)\} \\ &= 0A + \boldsymbol{O} = 0A \end{aligned}$$

즉 원하는 식

$$\boldsymbol{O} = 0A$$

를 얻는다. ■

정리 2.1의 증명에서는 공리론적 방법으로부터 어떻게 새로운 결과를 유도하는지를 자세히 보여주었다. 앞으로는 매번 이렇게 자세하게 증명하지는 않을 것이나, 생략된 엄밀한 부분은 독자가 필요하다고 느끼는 만큼 보충하여야 한다.

정리 2.2

$$(-1)A = -A$$

증명 정리 2.1로부터

$$\boldsymbol{O} = 0A = (1 - 1)A = 1A + (-1)A = A + (-1)A$$

가 된다. 따라서

$$\begin{aligned} -A = -A + \boldsymbol{O} &= -A + \{A + (-1)A\} \\ &= (-A + A) + (-1)A = \{A + (-A)\} + (-1)A \\ &= \boldsymbol{O} + (-1)A = (-1)A + \boldsymbol{O} = (-1)A \end{aligned}$$

를 얻는다. ■

정리 2.3

공리 VS 3의 특정한 벡터 $\boldsymbol{O}$은 유일하게 존재한다.

증명 만일 어떤 벡터 $\boldsymbol{O}'$도 존재하여 모든 벡터 A에 대하여

$$A + \boldsymbol{O}' = A$$

를 만족시킨다면

$$\boldsymbol{O} = \boldsymbol{O} + \boldsymbol{O}' = \boldsymbol{O}' + \boldsymbol{O} = \boldsymbol{O}$$

즉 $\boldsymbol{O}' = \boldsymbol{O}$가 되므로 그러한 벡터 $\boldsymbol{O}$은 유일하게 존재한다. ■

정리 2.4

(i) 임의의 실수 r에 대하여 $r\boldsymbol{O} = \boldsymbol{O}$

(ii) $\boldsymbol{O} + A = A$

증명 연습문제에서 다룬다.

이상의 논리 전개는 무의미한 지적 유희로, 또는 지나친 형식주의로 생각될 수도 있다. 그러나 위의 증명들은 수학의 추상적인 전개의 이점을 강조하는 데 도움이 된다.

다음에는 벡터공간의 가장 전형적인 모델을 소개한다.

정의 2.2

n이 자연수일 때 유클리드 공간(Euclidean space) $\boldsymbol{R}^n$은 n개의 실수의 순서쌍 $(a_1, a_2, \cdots, a_n)$ 전체의 집합이다. 덧셈과 스칼라 곱셈은

$$(a_1, a_2, \cdots, a_n) + (b_1, b_2, \cdots, b_n)$$

$$= (a_1 + b_1,\ a_2 + b_2,\ \cdots,\ a_n + b_n)$$
$$r(a_1,\ a_2, \cdots,\ a_n) = (ra_1,\ ra_2, \cdots\ ra_n)$$

으로 정의된다. (특히 $\boldsymbol{R}^1 = \boldsymbol{R}$은 보통의 덧셈과 곱셈을 갖는 실수 전체의 집합이다.) 이때 a_i를 $(a_1,\ a_2, \cdots,\ a_n)$의 i 번째 좌표 또는 i 번째 성분이라고 한다.

정리 2.5

n이 자연수이면 $\boldsymbol{R}^n$은 벡터공간이다.

증명 먼저 정확히 무엇을 증명해야 하는지를 생각해 보자. 여기서는 벡터란 n개의 실수의 순서쌍 $(a_1,\ a_2, \cdots,\ a_n)$을 의미한다. 또 벡터 $A = (a_1,\ a_2,\ \cdots,\ a_n)$과 $B = (b_1,\ b_2,\ \cdots,\ b_n)$에 대하여 $A = B$는 $a_1 = b_1,\ a_2 = b_2,\ \cdots,\ a_n = b_n$을 뜻한다. 그리고 A와 B의 합은 벡터 $(a_1 + b_1,\ a_2 + b_2 \cdots,\ a_n + b_n)$을 의미한다. 즉

$$A + B = (a_1 + b_1,\ a_2 + b_2,\ \cdots,\ a_n + b_n)$$

이다. 마찬가지로

$$rA = (ra_1,\ ra_2, \cdots,\ ra_n)$$

이다. 벡터공간의 공리 VS 1-8은 이제 $\boldsymbol{R}^n$에서의 명제가 되었다. 따라서 이제 증명해야 할 것은 이 여덟 개의 명제들이 참임을 보이는 것이다. 이 명제들을 하나씩 증명하자.

VS 1 $A = (a_1,\ \cdots,\ a_n)$, $B = (b_1,\ \cdots,\ b_n)$, $C = (c_1, \cdots,\ c_n)$이면

$$\begin{aligned}(A + B) + C &= (a_1 + b_1,\ \cdots,\ a_n + b_n) + (c_1,\ \cdots,\ c_n) \\ &= (a_1 + b_1 + c_1,\ \cdots,\ a_n + b_n + c_n) \\ &= (a_1,\ \cdots,\ a_n) + (b_1 + c_1,\ \cdots,\ b_n + c_n) \\ &= A + (B + C)\end{aligned}$$

따라서 공리 VS 1은 성립한다.

VS 2 $A=(a_1, \cdots, a_n)$, $B=(b_1, \cdots, b_n)$이면

$$\begin{aligned} A+B &= (a_1+b_1, \cdots, a_n+b_n) \\ &= (b_1+a_1, \cdots, b_n+a_n) = B+A \end{aligned}$$

따라서 공리 VS 2가 성립한다.

VS 3 $\boldsymbol{O}=(0, \cdots, 0)$이라고 정의하면 임의의 $A=(a_1, \cdots, a_n)$에 대 하여

$$A+\boldsymbol{O}=(a_1+0, \cdots, a_n+0)=(a_1, \cdots, a_n)=A$$

따라서 공리 VS 3도 확인되었다.

VS 4 $A=(a_1, \cdots, a_n)$일 때 $-A=(-a_1, \cdots, -a_n)=A$이라고 정의하면

$$\begin{aligned} A+(-A) &= (a_1+(-a_1), \cdots, a_n+(-a_n)) \\ &= (0, \cdots, 0)=\boldsymbol{O} \end{aligned}$$

따라서 공리 VS 4도 성립한다.

VS 5 r이 실수이고, $A=(a_1, \cdots, a_n)$, $B=(b_1, \cdots, b_n)$이면

$$\begin{aligned} r(A+B) &= r(a_1+b_1, \cdots, a_n+b_n) \\ &= (r(a_1+b_1), \cdots, r(a_n+b_n)) \\ &= (ra_1+rb_1, \cdots, ra_n+rb_n) \\ &= (ra_1, \cdots, ra_n)+(rb_1, \cdots, rb_n) \\ &= r(a_1, \cdots, a_n)+r(b_1, \cdots, b_n)=rA+rB \end{aligned}$$

따라서 공리 VS 5도 성립한다.

VS 6 r, s가 실수이고, $A=(a_1, \cdots, a_n)$이면

$$(r+s)A=((r+s)a_1, \cdots, (r+s)a_n)$$

$$= (ra_1 + sa_1,\ \cdots,\ ra_n + sa_n)$$
$$= (ra_1,\ \cdots,\ ra_n) + (sa_1,\ \cdots,\ sa_n)$$
$$= r(a_1,\ \cdots,\ a_n) + s(a_1,\ \cdots,\ a_n) = rA + sA$$

따라서 공리 VS 6도 성립한다.

VS 7 r, s가 실수이고, $A = (a_1,\ \cdots,\ a_n)$

$$(rs)A = (rsa_1,\ \cdots,\ rsa_n) = r(sa_1,\ \cdots,\ sa_n)$$
$$= r(s(a_1,\ \cdots,\ a_n)) = r(sA)$$

따라서 공리 VS 7도 참인 명제이다.

VS 8 자명하다.

이상에서 $\boldsymbol{R}^n$은 벡터공간이다. ■

다른 벡터공간의 예를 살펴보기 전에 공리들로부터 얻을 수 있는 초보적인 결과 두 가지만 더 알아보자. 첫째는 벡터의 덧셈에 관한 일반적인 결합법칙이다.

정의 2.6

3 이상의 정수 n에 대하여 n개의 벡터의 합

$$A_1 + A_2 + \cdots + A_n$$

을 구할 때, 공리 VS 1(벡터의 덧셈에 관한 결합법칙)을 어떤 방법으로 적용하여도 그 결과는 서로 같다. 따라서 벡터의 합을 나타낼 때에는 괄호를 사용하지 않아도 된다.

위의 정리는 예를 들어 n에 관한 수학적 귀납법(mathematical induction)으로 증명할 수 있다. 다음의 일반적인 교환법칙도 마찬가지이다.

정의 2.7

2 이상의 정수 n에 대하여 n개의 벡터 $A_1, \cdots, A_n$의 합은 더하는 순서에 관계 없이 일정하다.

앞의 벡터공간에 대한 공리들은 사실은 실벡터공간(real vector space)의 공리이다. 즉 스칼라가 실수인 벡터공간이다. 스칼라가 복소수인 벡터공간도 물론 생각할 수 있고, 종종 이것은 매우 중요한 역할을 한다. 스칼라가 복소수인 벡터공간을 복소벡터공간(complex vector space)이라고 한다. 복소벡터공간의 공리들은 실벡터공간의 공리들과 같고 단지 스칼라가 복소수일 뿐이다. 복소수 전체의 집합은 C로 나타낸다. 복소벡터공간의 가장 전형적인 예로 n개의 복소수의 순서쌍 $(a_1, \cdots, a_n)$ 전체의 집합 C^n을 들 수 있다. C^n에서의 벡터의 덧셈과 스칼라곱셈은 다음과 같이 정의된다.

$A=(a_1, \cdots, a_n)$과 $B=(b_1, \cdots, b_n)$이 C^n의 원소이고, $r \in C$일 때

$$A+B=(a_1+b_1, \cdots, a_n+b_n)$$
$$rA=(ra_1, \cdots, ra_n)$$

그러면 C^n이 복소벡터공간이 됨을 보이는 것은 $\boldsymbol{R}^n$이 실벡터공간이 됨을 보이는 것과 매우 유사하다.

이 책에서는 주로 실벡터공간을 다룰 것이지만, 필요할 때에는 복소벡터공간의 경우도 언급할 것이다.

연습문제

1. 공간에서 제1장에서와 같이 시점이 원점이고 종점이 A인 벡터를 $\vec{A}$로 나타내자. 이러한 벡터 $\vec{A}$ 전체의 집합 $\mathcal{V}$는 제1장에서 정의된 연산으로 벡터공간이 됨을 보여라.

2. 평면에서 시점이 원점이고 종점이 A인 벡터 $\vec{A}$ 전체의 집합을 $\mathcal{V}$라고 할 때, $\mathcal{V}$는 제1장에서 정의된 연산으로 벡터공간이 됨을 보여라.

3. $\mathcal{V}$가 벡터공간일 때 다음을 증명하라.
   ① 임의의 스칼라 $r \in \boldsymbol{R}$에 대하여 $r\boldsymbol{O} = \boldsymbol{O}$
   ② 임의의 벡터 $A \in \mathcal{V}$에 대하여 $\boldsymbol{O} + A = A$
   ③ 임의의 벡터 $A \in \mathcal{V}$에 대하여 $(-A) + A = \boldsymbol{O}$
   ④ 각각의 벡터 A에 대하여, $A + A' = \boldsymbol{O}$인 벡터 A'는 유일하게 존재한다.
   ⑤ 임의의 스칼라 $r \in \boldsymbol{R}$, 임의의 벡터 $A \in \mathcal{V}$에 대하여 $(-r)A = -(rA)$

4. $\mathcal{V}$가 벡터공간이고, $A,\ B,\ C \in \mathcal{V}$일 때 다음을 증명하라.
   ① $A + B = A + C \Rightarrow B = C$
   ② $-(-A) = A$

5. $\mathcal{V}$가 벡터공간이고, $r \in \boldsymbol{R},\ A,\ B \in \mathcal{V}$일 때 다음을 증명하라.
   ① $rA = \boldsymbol{O} \Longleftrightarrow r = 0$ 또는 $A = \boldsymbol{O}$
   ② $rA = A \Longleftrightarrow r = 1$ 또는 $A = \boldsymbol{O}$
   ③ $rA = rB,\ r \neq 0 \Rightarrow A = B$

6. 집합 $\boldsymbol{R}^2 = \{(x,\ y) \mid x,\ y \in \boldsymbol{R}\}$에서 덧셈과 스칼라곱셈을 다음과 같이 정의할 때 $\boldsymbol{R}^2$는 벡터공간이 아니다. 그 이유를 설명하라.
   ① $(a,\ b) + (c,\ d) = (a + c,\ b + d),\ r(a,\ b) = (ra,\ b)$
   ② $(a,\ b) + (c,\ d) = (a + d,\ b + c),\ r(a,\ b) = (ra,\ rb)$

③ $(a, b)+(c, d)=(ac, bd)$, $r(a, b)=(ra, rb)$

7. 어떤 벡터공간 $\mathscr{V}$가 적어도 두 개의 원소를 가지면, $\mathscr{V}$는 무한히 많은 원소를 갖는다. 이를 증명하라.

8. 좌표평면 $\boldsymbol{R}^2$에서 정의된 함수 T: $\boldsymbol{R}^2 \to \boldsymbol{R}^2$가 모든 $P=(x, y) \in \boldsymbol{R}^2$에 대하여

$$T(P)=(x+a, y+b)$$

를 만족시킬 때, T를 $l=(a, b)$만큼의 평행이동이라고 한다.

① T_1과 T_2가 각각 $l_1=(a_1, b_1)$ $l_2=(a_2, b_2)$,만큼의 평행이동일 때, T_1과 T_2의 합 $T_1 \oplus T_2$를

$$(T_1 \oplus T_2)(P)=T_1(T_2(P))$$

로 정의하면 $T_1 \oplus T_2$는 l_1+l_2만큼의 평행이동이 됨을 보여라.

② 또, T가 $l=(a, b)$만큼의 평행이동이고, r이 실수일 때 $r \cdot T$를 $rl=(ra, rb)$만큼의 평행이동으로 정의하자. 그러면 위의 덧셈 $\oplus$과 스칼라곱셈은 평행이동 전체의 집합을 벡터공간으로 만듦을 증명하라.

9. 좌표평면 $\boldsymbol{R}^2$에서 정의된 함수 T : $\boldsymbol{R}^2 \to \boldsymbol{R}^2$가 평행이동이면 다음 두 성질을 만족시킴을 보여라.

(평행이동의 성질 1) 모든 점 $P \in \boldsymbol{R}^2$에 대하여 P에서 $T(P)$까지의 거리는 일정하다.

(평행이동의 성질 2) 임의의 점 P, $Q \in \boldsymbol{R}^2$에 대하여 P에서 Q까지의 거리는 $T(P)$에서 $T(Q)$까지의 거리와 같다.

또 역으로, 위의 두 성질을 만족시키는 함수 T : $\boldsymbol{R}^2 \to \boldsymbol{R}^2$는 평행이동이 됨을 보여라.

제3장

부분공간

정의 3.1

벡터공간 $\mathscr{V}$ 의 공집합이 아닌 부분집합 $\mathscr{W}$ 가 $\mathscr{V}$ 에서의 덧셈과 스칼라곱셈에 관하여 $\mathscr{W}$ 자신이 벡터공간을 이룰 때 $\mathscr{W}$ 를 $\mathscr{V}$ 의 부분공간(subspace)이라 한다.

벡터공간 $\mathscr{V}$ 에서 $\mathscr{V}$ 자신과 $\{\boldsymbol{O}\}$은 $\mathscr{V}$ 의 부분공간이다.

정리 3.1

$\mathscr{V}$ 를 벡터공간이라고 하고, $\phi \neq \mathscr{W} \subset \mathscr{V}$ 라고 할 때, 다음 세 조건은 서로 동치이다.

(1) $\mathscr{W}$ 는 $\mathscr{V}$ 의 부분공간이다.

(2) (ⅰ) $A,\ B \in \mathscr{W} \Rightarrow A + B \in \mathscr{W}$

(ⅱ) $r \in \boldsymbol{R},\ A \in \mathscr{W} \Rightarrow rA \in \mathscr{W}$

(3) $r,\ s \in \boldsymbol{R},\ A,\ B \in \mathscr{W} \Rightarrow rA + sB \in \mathscr{W}$

증명 (1) $\Longleftrightarrow$ (2)

명백히 (1) $\Rightarrow$ (2)이다. 역으로 (2)가 성립한다고 가정하자. 그러면 $\mathscr{W}$ 에서의 연산이 정의됨을 알 수 있다. 벡터공간의 공리 VS 1, 2, 5, 6, 7, 8은 $\mathscr{V}$ 의 벡터들에 대하여 성립하므로 $\mathscr{W}$ 의 벡터들에 대해서도 성립한다. $\mathscr{W}$ 가 공리 VS 3을 만족시킴을 보이려면 $\boldsymbol{O} \in \mathscr{W}$ 임을 보이면 충분하다. $\mathscr{W}$ 는 공집합이 아니므로 적어도 하나의 벡터 A가 $\mathscr{W}$ 에 속한다. 따라서 (2)의 (ⅱ)에 의하여 $\boldsymbol{O} = 0A \in \mathscr{W}$ 이다. 공리 VS 4를 보이기 위해 $A \in \mathscr{W}$ 라고 하자. 그런데 (2)의 (ⅱ)에 의하여 $-A = (-1)A \in \mathscr{W}$ 이다. 따라서 공리 VS 4도 성립한다.

그러므로 $\mathscr{W}$ 는 $\mathscr{V}$ 의 부분공간이다.

(2) $\Longleftrightarrow$ (3)

먼저 (2)가 성립하면 임의의 $r,\ s \in \boldsymbol{R},\ A, B \in \mathscr{W}$ 에 대하여 (2)의 (ⅱ)에 의하여 $rA,\ sB \in \mathscr{W}$이고, 또 (2)의 (ⅰ)에 의하여 $rA + sB \in \mathscr{W}$이

므로 (3)이 성립한다. 역으로 (3)이 성립하면 임의의 $A, B \in \mathscr{W}$ 와 $r \in \boldsymbol{R}$에 대하여 $A+B=1 \cdot A+1 \cdot B \in \mathscr{W}$, $rA=r \cdot A+0 \cdot B \in \mathscr{W}$이므로 (2)가 성립한다.

정리 3.1의 조건 (2)는 집합 W 의 원소들에 대한 연산의 결과가 다시 W 의 원소가 됨을 뜻한다. 앞으로는 벡터공간 V 의 어떤 부분집합 W 가 부분공간이 되는지를 조사하기 위하여 정리 3.1의 조건 (2) 또는 (3)만 확인할 것이다. 복소벡터공간인 경우에는 조건 (2)의 (ii)는

$$(2\ C)\ (\text{ii})\quad r \in C,\ A \in \mathscr{W} \Rightarrow rA \in \mathscr{W}$$

로 바뀌어야 하고, 조건 (3)은

$$(3\ C)\quad r,\ s \in C,\quad A,\ B \in \mathscr{W} \Rightarrow rA+sB \in \mathscr{W}$$

로 바뀌어야 한다.

정의 3.2

$A_1, \cdots, A_n$이 $\mathscr{V}$의 벡터이고, $r_1, \cdots, r_n$이 실수일 때

$$A = r_1A_1 + r_2A_2 + \cdots + r_nA_n$$

인 형태의 벡터를 $A_1, \cdots, A_n$의 일차결합(linear combination)이라고 한다.

정의 3.3

$A_1, \cdots, A_n$이 $\mathscr{V}$의 고정된 벡터들일 때, $A_1, \cdots, A_n$의 일차결합 전체의 집합을 $<A_1, \cdots, A_n>$으로 나타낸다.

정리 3.2

$<A_1, \cdots, A_n>$은 $\mathscr{V}$의 부분공간이다.

이때 $<A_1, \cdots, A_n>$을 $A_1, \cdots, A_n$에 의하여 생성된 부분공간

(subspace spanned by $A_1, \cdots, A_n$ 또는 generated by $A_1, \cdots, A_n$)이라 한다.

증명 정리 3.1의 조건 (2)를 확인하면 된다.
$A, B \in < A_1, \cdots, A_n >$ 이라고 하자. 그러면 적당한 실수 $r_1, \cdots, r_n, s_1, \cdots, s_n$ 에 대하여

$$A = r_1A_1 + \cdots + r_nA_n$$
$$B = s_1A_1 + \cdots + s_nA_n$$

이다. 여기서 결합법칙(정리 2.6)과 교환법칙(정리 2.7)을 사용하면

$$\begin{aligned} A + B &= r_1A_1 + \cdots + r_nA_n + s_1A_1 + \cdots + s_nA_n \\ &= r_1A_1 + s_1A_1 + \cdots + r_nA_n + s_nA_n \\ &= (r_1 + s_1)A_1 + \cdots + (r_n + s_n)A_n \end{aligned}$$

이 되고, 따라서 $A+B$도 $A_1, \cdots, A_n$의 일차결합이 된다. 즉

$$A + B \in < A_1, \cdots, A_n >$$

이다. 마찬가지로 $r \in \boldsymbol{R}$이고 $A \in < A_1, \cdots, A_n >$이면

$$A = r_1A_1 + \cdots + r_nA_n$$

인 형태로 쓸 수 있고

$$\begin{aligned} rA &= r(r_1A_1 + \cdots + r_nA_n) \\ &= rr_1A_1 + \cdots + rr_nA_n \end{aligned}$$

이므로 $rA \in < A_1, \cdots, A_n >$ 이다.
이상에서 $< A_1, \cdots, A_n >$은 부분공간이다. ■

위의 개념은 벡터들이 유한 개인 경우뿐만 아니라 무한히 많은 경우에도 다음과 같이 확장될 수 있다.

정의 3.4

$\mathscr{V}$ 가 벡터공간이고 $E \subset \mathscr{V}$ 라고 하자. (E는 무한집합일 수도 있다). $A_1, \cdots, A_n \in E$일 때

$$A = r_1A_1 + \cdots + r_nA_n$$

인 형태의 벡터 전체의 집합을 $\langle E \rangle$로 나타낸다. 또 편의상 $\langle \phi \rangle = \{\boldsymbol{O}\}$이라고 정의한다.

정리 3.3

$\mathscr{V}$ 가 벡터공간이고 $E \subset \mathscr{V}$ 이면 $\langle E \rangle$는 $\mathscr{V}$ 의 부분공간이다. 이때 $\langle E \rangle$를 E에 의하여 생성된 부분공간이라고 한다.

증명 이번에는 정리 3.1의 조건 (3)을 확인해보자.
$A, B \in \langle E \rangle$라고 하자. 그러면

$$A = r_1A_1 + \cdots + r_nA_n \ \ (r_1, \cdots, r_n \in \boldsymbol{R}, A_1, \cdots, A_n \in E)$$
$$B = s_1B_1 + \cdots + s_mB_m \ \ (s_1, \cdots, s_m \in \boldsymbol{R}, B_1, \cdots, B_m \in E)$$

의 형태로 쓸 수 있다. 따라서 $a, b \in \boldsymbol{R}$이면

$$\begin{aligned} aA + bB &= a(r_1A_1 + \cdots + r_nA_n) + b(s_1B_1 + \cdots + s_mB_m) \\ &= ar_1A_1 + \cdots + ar_nA_n + bs_1B_1 + \cdots + bs_mB_m \end{aligned}$$

이고, $A_1, \cdots, A_n, B_1, \cdots, B_m \in E$이므로 $aA + bB$는 E에 속하는 벡터들의 일차결합이다. 즉 $aA + bB \in \langle E \rangle$이다. ■

또 $A \in E$이면 $A = 1 \cdot A \in \langle E \rangle$ 이다. 따라서 $E \subset \langle E \rangle$ 이다.
여기서 언제 등호가 성립하는지를 생각해보자.

정리 3.4

E가 벡터공간 $\mathscr{V}$ 의 부분공간 $\Longleftrightarrow$ $E=\langle E\rangle$

증명 먼저 E가 $\mathscr{V}$ 의 부분공간이라고 하자. 그러면 E는 덧셈과 스칼라 곱셈에 대하여 닫혀 있으므로 $A_1, \cdots, A_n \in E$이고 $r_1, \cdots, r_n \in E$ 일 때 $r_1A_1+\cdots+r_nA_n$은 E에 속한다. 따라서 $E\subset\langle E\rangle$ 이다. 그런데 $E\subset\langle E\rangle$ 이므로 $E=\langle E\rangle$ 이다.
역으로 $E=\langle E\rangle$ 라고 하자. 그러면 정리 3.3에 의하여 $E=\langle E\rangle$ 는 $\mathscr{V}$ 의 부분공간이다. ■

예제 3.1

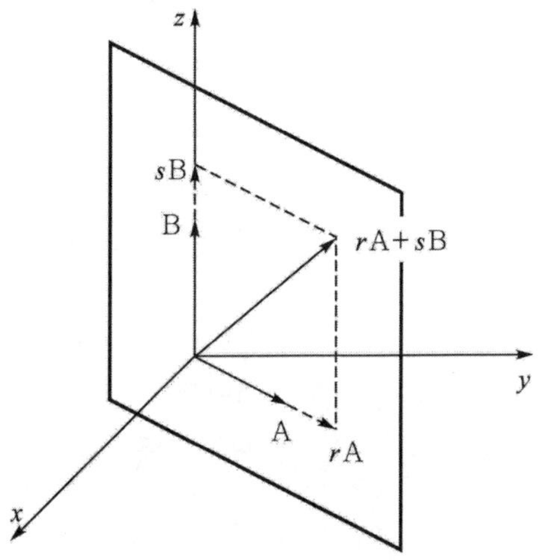

$\boldsymbol{R}^3$에서 두 벡터 $A=(1,\ 1,\ 0)$과 $B=(0,\ 0,\ 1)$에 의해 생성된 부분공간 $\langle A,\ B\rangle$의 원소는

$$\begin{aligned} rA+sB &= r(1,\ 1,\ 0)+s(0,\ 0,\ 1) \\ &= (r,\ r,\ s) \end{aligned}$$

의 형태이다. 즉 $\boldsymbol{R}^3$의 벡터 $(x,\ y,\ z)$중에서 x좌표와 y좌표가 같은 것들이다. 따라서 $\langle A,\ B\rangle=\{(x,\ y,\ z)\in\boldsymbol{R}^3 \mid x-y=0\}$이고, 또한 이것은 세 점 O, A, B를 지나는 평면이다.

정리 3.5

$\mathcal{U}$ 와 $\mathcal{W}$ 가 $\mathcal{V}$ 의 부분공간이면 $\mathcal{U} \cap \mathcal{W}$ 도 $\mathcal{V}$ 의 부분공간이다.

증명 $\boldsymbol{O} \in \mathcal{U}$, $\boldsymbol{O} \in \mathcal{W}$ 이므로 $\boldsymbol{O} \in \mathcal{U} \cap \mathcal{W}$. 따라서 $\mathcal{U} \cap \mathcal{W} \neq \phi$이다.
$A \in \mathcal{U} \cap \mathcal{W}$, $B \in \mathcal{U} \cap \mathcal{W}$라고 하고, r, $s \in \boldsymbol{R}$이라 하자. 그러면 $A \in \mathcal{U}$, $B \in \mathcal{U}$ 이고 $\mathcal{U}$ 가 부분공간이므로 $rA + sB \in \mathcal{U}$ 이다.
마찬가지로 $A \in \mathcal{W}$, $B \in \mathcal{W}$ 이고 $\mathcal{W}$ 가 부분공간이므로 $rA + sB \in \mathcal{W}$ 이다.
따라서 $rA + sB \in \mathcal{U} \cap \mathcal{W}$ 이다. ■

정의 3.5

$\mathcal{U}$ 와 $\mathcal{W}$ 가 $\mathcal{V}$ 의 부분공간일 때 $\mathcal{U}$ 와 $\mathcal{W}$ 의 합 $\mathcal{U} + \mathcal{W}$ 를 $\mathcal{U} + \mathcal{W} = \{ A + B \mid A \in \mathcal{U},\ B \in \mathcal{W} \}$로 정의한다.

정리 3.6

$\mathcal{U}$ 와 $\mathcal{W}$ 가 $\mathcal{V}$ 의 부분공간일 때, $\mathcal{U} + \mathcal{W}$ 도 $\mathcal{V}$ 의 부분공간이다.

증명 $\boldsymbol{O} \in \mathcal{U}$, $\boldsymbol{O} \in \mathcal{W}$ 이므로 $\boldsymbol{O} = \boldsymbol{O} + \boldsymbol{O} \in \mathcal{U} + \mathcal{W}$ 이다.
따라서 $\mathcal{V} + \mathcal{W} \neq \phi$이다.
C_1, $C_2 \in \mathcal{U} + \mathcal{W}$ 라고 하자. 그러면

$$C_1 = A_1 + B_1 \qquad A_1 \in \mathcal{U},\ B_1 \in \mathcal{W}$$
$$C_2 = A_2 + B_2 \qquad A_2 \in \mathcal{U},\ B_2 \in \mathcal{W}$$

로 나타낼 수 있다. 임의의 a, $b \in \boldsymbol{R}$ 에 대하여

$$\begin{aligned} aC_1 + bC_2 &= a(A_1 + B_1 + b(A_2 + B_2) \\ &= (aA_1 + bA_2) + (aB_1 + bB_2) \end{aligned}$$

가 된다. 여기서 $\mathcal{U}$는 부분공간이므로 $aA_1 + bA_2 \in \mathcal{U}$ 이고 $\mathcal{W}$ 도 부분공간이므로 $aB_1 + bB_2 \in \mathcal{W}$ 이다. 따라서 $aC_1 + bC_2 \in \mathcal{U} + \mathcal{W}$ 이다.
■

물음 $\mathscr{U}$ 와 $\mathscr{W}$ 가 $\mathscr{V}$ 의 부분공간일 때 $\mathscr{U} \cup \mathscr{W}$ 는 일반적으로 $\mathscr{V}$ 의 부분공간이 되지 못한다. 언제 $\mathscr{U} \cup \mathscr{W}$ 도 $\mathscr{V}$ 의 부분공간이 되겠는가?

답 $\mathscr{U} \subset \mathscr{W}$ 이거나 $\mathscr{W} \subset \mathscr{U}$ 인 경우가 필요충분조건이다. (증명은 연습문제 11 참조)

연습문제

1. 다음 $\boldsymbol{R}^2$의 부분집합이 $\boldsymbol{R}^2$의 부분공간이 되는지를 조사하라.
   ① $E=\{(x,\ y)\in \boldsymbol{R}^2 \mid x\geq 0\}$
   ② $F=\{(x,\ 2x+1)\in \boldsymbol{R}^2 \mid x\in \boldsymbol{R}\}$
   ③ $G=\{(2a,\ a)\in \boldsymbol{R}^2 \mid a\in \boldsymbol{R}\}$
   ④ $H=\{(b,\ b)\in \boldsymbol{R}^2 \mid b\in \boldsymbol{R}\}$

2. 다음 $\boldsymbol{R}^3$의 부분집합의 $\boldsymbol{R}^3$의 부분공간이 되는지를 조사하라.
   ① $\mathscr{W}_1=\{(x,\ y,\ z)\in \boldsymbol{R}^3 \mid x+y+z=0\}$
   ② $\mathscr{W}_2=\{(x,\ y,\ z)\in \boldsymbol{R}^3 \mid y\geq 0\}$
   ③ $\mathscr{W}_3=\{(x,\ y,\ z)\in \boldsymbol{R}^3 \mid x=-z, y=2z\}$
   ④ $\mathscr{W}_4=\{(x,\ y,\ z)\in \boldsymbol{R}^3 \mid x+y=1\}$
   ⑤ $\mathscr{W}_5=\{(x,\ y,\ z)\in \boldsymbol{R}^3 \mid x^2-z=0\}$

3. $\boldsymbol{R}^3$에서 세 벡터 (0, 1, 0), (1, 0, 1), (1, 1, 0)으로 생성된 부분공간을 구하라.

4. $\boldsymbol{R}^3$에서 세 벡터 (0, 1, 0), (1, 0, 1), (1, 1, 1)으로 생성된 부분공간을 구하라.

5. $\boldsymbol{R}^3$의 네 벡터 $A=(1,\ 0,\ 0)$, $B=(0,\ 1,\ 1)$, $C=(1,\ 1,\ 1)$, $D=(1,\ -1,\ -1)$에 대하여 $\langle A,\ B\rangle=\langle C,\ D\rangle$임을 보여라.

6. $\mathscr{U}$와 $\mathscr{W}$가 $\mathscr{V}$의 부분공간일 때 다음 두 조건은 동치임을 보여라.
   (1) $\mathscr{U}\cap\mathscr{W}=\{\boldsymbol{O}\}$
   (2) $\mathscr{U}+\mathscr{W}$의 임의의 벡터를 $A+B$(단, $A\in\mathscr{U}$, $B\in\mathscr{W}$)의 꼴로 나타낼 수 있는 방법은 유일하다.

7. $\boldsymbol{R}^1$의 임의의 0이 아닌 벡터는 $\boldsymbol{R}^1$을 생성함을 증명하라.

8. $\mathscr{V}$의 벡터공간이고 E와 F는 $\mathscr{V}$의 부분집합일 때 다음을 증명하라.
   ① $E \subset F \Rightarrow \langle E \rangle \subset \langle F \rangle$
   ② $\langle E \cup F \rangle = \langle E \rangle + \langle F \rangle$
   ③ $\langle E \cap F \rangle \subset \langle E \rangle \cap \langle F \rangle$

9. 연습문제 8. ①의 역은 성립하지 않는다. 예를 찾아보라.

10. $\mathscr{V}$가 벡터공간이고, $E \subset \mathscr{V}$일 때 $\mathscr{W}$가 E를 포함하는 부분공간이면 $\mathscr{W}$는 $\langle E \rangle$를 포함함을 보여라. (즉, $\langle E \rangle$는 E를 포함하는 부분공간 중에서 가장 작은 것이다.)

11. $\mathscr{U}$, $\mathscr{W}$는 $\mathscr{V}$의 부분공간이다. $\mathscr{U} \cup \mathscr{W}$도 $\mathscr{V}$의 부분공간이고 $\mathscr{U} \not\subset \mathscr{W}$이면 $\mathscr{W} \subset \mathscr{U}$임을 증명하라.

12. $\boldsymbol{R}^1$의 부분공간을 모두 구하라.

13. $\boldsymbol{R}^2$의 부분공간을 모두 구하라.

14. $\boldsymbol{R}^3$의 부분공간을 모두 구하라.

15. 연습문제 1의 G와 H에 대하여 $G \cap H$, $G \cup H$, $G+H$를 구하라. 또, 이 셋 중 어느 것이 $\boldsymbol{R}^2$의 부분공간인가?

16. $\mathscr{U}$와 $\mathscr{W}$가 $\mathscr{V}$의 부분공간일 때 다음이 성립함을 증명하라.
   ① $\mathscr{U} + \mathscr{W} = < \mathscr{U} \cup \mathscr{W} >$
   ② $\mathscr{U} \cap (\mathscr{U} + \mathscr{W}) = \mathscr{U}$
   ③ $\mathscr{U} \subset \mathscr{W}$이면 $\mathscr{U} + \mathscr{W} = \mathscr{W}$

17. 벡터공간 $\mathscr{V}$의 세 원소 A, B, C에 대하여 $A+B+C=\boldsymbol{O}$이면 $\langle A,\ B \rangle = \langle A,\ C \rangle$임을 보여라.

18. $\mathscr{W}$ 가 벡터공간 $\mathscr{V}$ 의 부분공간일 때 $\mathscr{W}$ 의 여집합

$$\mathscr{W}^c = \{ A \in \mathscr{V} \mid A \notin \mathscr{W} \}$$

는 $\mathscr{V}$ 의 부분공간이 될 수 없음을 증명하라.

19. $\mathscr{S}$, $\mathscr{T}$, $\mathscr{U}$ 가 $\mathscr{V}$ 의 부분공간 일 때

$$\mathscr{S} \cap (\mathscr{T} + \mathscr{U}) = (\mathscr{S} \cap \mathscr{T}) + (\mathscr{S} \cap \mathscr{U})$$

는 항상 성립하는가? 성립하지 않으면 반례를 들어라.

20. $\boldsymbol{R}^3 = \langle A, B \rangle$ 가 되는 두 벡터 $A, B \in \boldsymbol{R}^3$가 존재하는가?

21. E가 벡터공간 $\mathscr{V}$ 의 부분집합이고, $A, B \in \mathscr{V}$ 이다. 이때 $A \notin \langle E \rangle$ 이고 $A \in \langle E \cup \{B\} \rangle$이면 $B \in \langle E \cup \{A\} \rangle$임을 보여라.

22. $\boldsymbol{R}^2$의 부분공간 $\{(x, y) \mid 3x - 2y = 0\}$을 생성하는 벡터를 찾아라.

23. $\boldsymbol{R}^3$의 부분공간 $\{(x, y, z) \mid x + y - 3z = 0\}$을 생성하는 두 벡터를 찾아라.

24. $\boldsymbol{R}^3$의 두 부분공간

$$\mathscr{V} = \{(x, y, z) \mid x + y - z = 0\}$$

$$\mathscr{W} = \{(x, y, z) \mid 3x - y + 4z = 0\}$$

에 대하여 $\mathscr{V} \cap \mathscr{W}$ 를 구하라.

제 4 장

벡터공간의 예

벡터공간의 기본적인 성질을 더 조사하기 전에 몇 가지 벡터공간의 예를 살펴보자.

우리는 이미 유클리드공간 $\boldsymbol{R}^n$을 알고 있다. 다음에 소개하는 벡터공간은 벡터란 크기와 방향을 갖는 것이라는 고정 관념으로부터 탈출시켜 줄 것이다.

예제 4.1

$\boldsymbol{R}_n[x]$

$\boldsymbol{R}_n[x]$는 차수가 n 이하인 실계수 다항식

$$p(x) = a_0 + a_1x + \cdots + a_mx^m \ (a_i\text{는 실수, } m \leqq n)$$

전체의 집합이다. 벡터의 덧셈은 다항식의 덧셈이고, 스칼라곱셈은 실수와 다항식의 통상적인 곱셈이다. 즉 벡터공간의 기본용어는 다음과 같이 번역한다.

벡터 ⟷ 차수가 n 이하인 실계수 다항식
벡터의 덧셈 ⟷ 다항식의 덧셈
스칼라곱셈 ⟷ 실수와 다항식의 곱셈

그러면 $\boldsymbol{R}_n[x]$는 벡터공간이 된다. 이것을 확인하려면 벡터공간의 공리 여덟 가지가 모두 성립한다는 것을 보여야 하는데, 자세한 것은 $\boldsymbol{R}^n$의 경우와 비슷하므로 독자에게 맡긴다. 여기서는 영다항식이 영벡터이다.

예제 4.2

$\boldsymbol{R}[x]$

$\boldsymbol{R}[x]$는 실계수 다항식

$$p(x) = a_0 + a_1x + \cdots + a_mx^m \ (a_i\text{는 실수})$$

전체의 집합이다. 차수에는 전혀 제한조건이 없다. 이 경우에 벡터공간의 기본용어는 다음과 같이 변역한다.

벡터 ←→ 실계수 다항식
벡터의 덧셈 ←→ 다항식의 덧셈
스칼라곱셈 ←→ 실수와 다항식의 곱셈

그러면 $\boldsymbol{R}[x]$는 벡터공간이 되고, 따라서 $\boldsymbol{R}_n[x]$는 $\boldsymbol{R}[x]$의 부분공간이 된다.

$\boldsymbol{R}[x]$에서는 다항식의 곱셈을 이용하여 벡터의 곱셈도 정의할 수 있다. 그러나 일반적인 벡터공간에서 벡터의 곱셈을 항상 정의할 수 있는 것은 아니다.

위의 두 예제에서 벡터의 크기 또는 방향이 무엇인지 분명하지 않은 점에 주목해야 한다.

예제 4.3

$\mathrm{Mat}_{2\times2}(\boldsymbol{R})$

$\mathrm{Mat}_{2\times2}(\boldsymbol{R})$은 2×2 행렬

$$A = \begin{pmatrix} a & b \\ c & d \end{pmatrix} \qquad (\text{단, } a,\ b,\ c,\ d \in \boldsymbol{R})$$

전체의 집합이다. 행렬에 관한 기본적인 것은 고등학교에서 공부하였을 것이다. $\mathrm{Mat}_{2\times2}(\boldsymbol{R})$에서는 벡터공간의 기본용어들을 다음과 같이 번역한다.

벡터 ←→ 2×2 행렬
벡터의 덧셈 ←→ 행렬의 덧셈
스칼라곱셈 ←→ 실수와 행렬의 곱셈

$\mathrm{Mat}_{2\times2}(\boldsymbol{R})$의 영벡터는 영행렬

$$O = \begin{pmatrix} 0 & 0 \\ 0 & 0 \end{pmatrix}$$

이고, 벡터공간의 공리 여덟 가지는 다름 아닌 행렬 연산의 기본성질이다. 따라서 $\mathrm{Mat}_{2\times2}(\boldsymbol{R})$은 벡터공간이다.

마찬가지로 $m \times n$ 행렬

$$A = \begin{pmatrix} a_{11} & a_{12} & \cdots & a_{1n} \\ a_{21} & a_{22} & \cdots & a_{2n} \\ \vdots & \vdots & & \vdots \\ a_{m1} & a_{m2} & \cdots & a_{mn} \end{pmatrix} \quad (\text{단, 모든 } a_{ij} \in \boldsymbol{R})$$

전체의 집합 $\mathrm{Mat}_{2\times2}(\boldsymbol{R})$도 벡터공간이 된다.

예제 4.4

$Mat_{m\times n}(\boldsymbol{R})$

예제 4.5

$\mathscr{E}(a,\ b)$는 개구간 $a < x < b$에서 정의된 연속함수 전체의 집합이다. 벡터의 합은 함수의 합으로 정의한다. 즉 $f,\ g \in \mathscr{E}(a,\ b)$일 때 $f+g$는 모든 $x\ (a < x < b)$에 대하여

$$(f+g)(x) = f(x) + g(x)$$

로 정의된 함수를 뜻하기로 한다. 또 스칼라곱셈은 실수와 함수의 곱셈으로 정의한다. 즉 $f \in \mathscr{E}(a,\ b)$, $r \in \boldsymbol{R}$일 때 rf는 모든 $x(a < x < b)$에 대하여

$$(rf)(x) = r \cdot f(x)$$

로 정의된 함수를 뜻하기로 한다. 그러면 이번에도 벡터공간의 공리들을 쉽게 확인할 수 있다.

예제 4.6

$\boldsymbol{C}$

이 경우 벡터공간의 기본용어는 다음과 같이 번역된다.

벡터 ←→ 복소수
벡터의 덧셈 ←→ 복소수의 덧셈
스칼라곱셈 ←→ 실수와 복소수의 곱셈

그러면 $\boldsymbol{C}$는 (실)벡터공간이 된다. (물론, $\boldsymbol{C}$가 복소벡터공간이 됨을 알고 있다.) $\boldsymbol{C}$에서는 $\boldsymbol{R}[x]$, $\mathscr{E}(a, b)$에서와 마찬가지로 벡터의 곱셈도 정의된다. 즉 복소수의 곱셈이 바로 그것이다.

예제 4.7

$\boldsymbol{C}^n$

$\boldsymbol{C}^n$이 복소벡터공간이 됨을 이미 보았고, 이때 스칼라를 실수로 제한하면 $\boldsymbol{C}^n$이 (실)벡터공간도 됨을 알 수 있다.

마찬가지로 모든 복소벡터공간은 스칼라를 실수로 제한함으로써 (실)벡터공간으로도 볼 수 있다.

예제 4.8

동차일차방정식의 해집합

변수 $x_1, \cdots, x_n$에 관한 동차일차방정식(homogeneous linear equation)은

$$a_1x_1 + a_2x_2 + \cdots + a_nx_n = 0 \qquad \cdots\cdots\cdots (*)$$

형태의 방정식이다. 이 방정식의 해집합을 S는 $\boldsymbol{R}^n$의 부분집합이다. 즉

$$S = \{ (s_1, \cdots, s_n) \in \boldsymbol{R}^n | a_1s_1 + \cdots + a_ns_n = 0 \}$$

이다. 이제 S가 벡터공간이 됨을 보이기 위하여 S가 $\boldsymbol{R}^n$의 부분공간임을 보이자.

명백히 $(0, 0, \cdots, 0)$은 방정식 $(*)$의 해이므로 S의 원소이다.
따라서 $S \neq \phi$이다.
만약 $A = (s_1, \cdots, s_n)$, $B = (t_1, \cdots, t_n)$이 모두 S의 원소이면

$$a_1 s_1 + \cdots + a_n s_n = 0$$
$$a_1 t_1 + \cdots + a_n t_n = 0$$

이다. 임의의 실수 a, b에 대하여

$$\begin{aligned} & a_1(as_1 + bt_1) + a_2(as_2 + bt_2) + \cdots + a_n(as_n + bt_n) \\ &= a(a_1 s_1 + a_2 s_2 + \cdots + a_n s_n) + b(a_1 t_1 + a_2 t_2 + \cdots + a_n t_n) \\ &= a \cdot 0 + b \cdot 0 = 0 \end{aligned}$$

이므로 $aA + bB = (as_1 + bt_1, \cdots, as_n + bt_n)$도 방정식 $(*)$의 해가 된다. 즉 $aA + bB \in S$이다.
이상에서 S는 $\boldsymbol{R}^n$의 부분공간임이 증명되었다.

위의 예는 방정식이 한 개인 경우이지만 방정식이 여럿인 경우에도 해집합은 $\boldsymbol{R}^n$의 부분공간이 된다. 즉 해들의 합과 상수곱은 다시 해가 된다.

예제 4.9

$\mathscr{F}(S, \boldsymbol{R})$

S가 집합일 때, $\mathrm{F}(S, \boldsymbol{R})$은 S에서 $\boldsymbol{R}$로의 함수 f 전체의 집합이다. 여기서 $f, g \in \mathrm{F}(S, \boldsymbol{R})$일 때 함수

$$f + g : S \longrightarrow \boldsymbol{R}$$

은 모든 $s \in S$에 대하여

$$(f + g)(s) = f(s) + g(s)$$

로 정의된 함수를 뜻하기로 하고, r이 실수일 때 함수

$$rf : S \longrightarrow \boldsymbol{R}$$

은 모든 $s \in S$에 대하여

$$(rf)(s) = r \cdot f(s)$$

로 정의된 함수를 뜻하기로 한다.
$\mathscr{F}(S, \boldsymbol{R})$의 영벡터는 영함수 $\boldsymbol{O} : S \longrightarrow \boldsymbol{R}$, 즉 모든 $s \in S$에 대하여

$$\boldsymbol{O}(s) = 0$$

으로 정의된 함수이다.
또, $f \in \mathscr{F}(S, \boldsymbol{R})$에 대하여 $-f$를 $(-1)f$로 정의한다.
그러면 집합 $\mathscr{F}(S, \boldsymbol{R})$은 벡터공간이 된다.

같은 방법으로 S에서 $\boldsymbol{C}$로의 함수 f 전체를 집합 $\mathscr{F}(S, \boldsymbol{C})$를 복소벡터공간으로 만들 수 있다.

다음과 같은 다소 인위적으로 만들어진 벡터공간도 있다.

예제 4.10

$\mathscr{V} = \{ (a, b) \in \boldsymbol{R}^2 \mid a > 0, b > 0 \}$
단, 벡터의 덧셈과 스칼라곱셈은 아래와 같다.

$\mathscr{V}$는 $\boldsymbol{R}^2$에서의 덧셈과 스칼라곱셈으로는 벡터공간이 될 수 없다. 그러나 $\mathscr{V}$의 벡터의 곱셈과 스칼라곱셈을 다음과 같이 정의하면 $\mathscr{V}$를 벡터공간으로 만들 수 있다. $(a, b), (c, d) \in \mathscr{V}$이고 $r \in \boldsymbol{R}$일 때 벡터의 덧셈과 스칼라곱셈을 각각

$$(a, b) \oplus (c, d) = (ac, bd)$$
$$r \cdot (a, b) = (a^r, b^r)$$

로 정의하자.
그러면 $\mathscr{V}$는 벡터공간이 된다. 이때 $\mathscr{V}$의 영벡터는 $(1, 1)$이라는 것도 알 수 있다.

지금까지 경험한 벡터공간들은 실제 아주 많은 벡터공간의 극히 일부분에 불과하다. 앞으로 더 많은 벡터공간을 만날 것이다.

연습문제

1. $m \le n$이면 $\boldsymbol{R}_m[x]$는 $\boldsymbol{R}_n[x]$의 부분공간임을 보여라.

2. $\boldsymbol{R}_4[x]$에서 $\{1,\ x^2,\ x^4\}$으로 생성된 부분공간을 구하라

3. $\boldsymbol{R}[x]$에서 $\{1+x,\ 1-x\}$로 생성된 부분공간을 구하라.

4. $\boldsymbol{R}_n[x]$의 부분집합 $\mathscr{E}$ 와 $\mathscr{O}$를 각각

$$\mathscr{E} = \{\, p(x) \in \boldsymbol{R}_n[x] \mid p(-x) = p(x) \,\}$$

$$\mathscr{O} = \{\, p(x) \in \boldsymbol{R}_n[x] \mid p(-x) = -p(x) \,\}$$

로 정의하면, $\mathscr{E}$와 $\mathscr{O}$는 모두 $\boldsymbol{R}_n[x]$의 부분공간임을 보여라.

5. 연습문제 4에서 $\mathscr{E} + \mathscr{O} = \boldsymbol{R}_n[x]$임을 보여라.

6. 미분방정식

$$y'' + y' - 2y = 0$$

을 만족시키는 두 번 미분가능한 함수 $y = f(x)$ ($f : \boldsymbol{R} \longrightarrow \boldsymbol{R}$) 전체의 집합은 벡터공간이 됨을 보여라. (사실 미분방정식론에 의하면 위 미분방정식의 임의의 해는 $y = e^x$와 $y = e^{-2x}$의 일차결합이 된다.)

7. $a_0(x),\ a_1(x),\ \cdots,\ a_n(x) \in \mathscr{E}(a,\ b)$일 때, 미분방정식

$$a_0(x)\ y^{(n)} + a_1(x)\ y^{(n-1)} + \cdots + a_{n-1}(x) y' + a_n(x)\ y = 0$$

의 해집합은 $\mathscr{E}(a,\ b)$의 부분공간임을 보여라.

8. 개구간 $(a,\ b)$에서 미분가능한 함수 전체의 집합을 $\mathscr{D}(a,\ b)$로 나타낼 때 $\mathscr{D}(a,\ b)$는 $\mathscr{E}(a,\ b)$의 부분공간임을 보여라.

9. 개구간 (a, b)에서 정의된 x의 다항함수 $p(x)$ 전체의 집합을 $P(a, b)$로 나타낼 때, $P(a, b)$는 $\mathscr{D}(a, b)$의 부분공간임을 보여라.

10. S는 집합이고, $\mathscr{V}$는 벡터공간일 때 S에서 $\mathscr{V}$로의 함수 $f: S \longrightarrow \mathscr{V}$ 전체의 집합을 $\mathscr{F}(S, \mathscr{V})$로 나타내자.
$f, g \in \mathscr{F}(S, \mathscr{V})$일 때 함수 $f+g: S \longrightarrow \mathscr{V}$를

$$(f+g)(s) = f(s) + g(s) \quad (s \in S)$$

로 정의하고, $r \in \boldsymbol{R}$일 때 함수 $rf: S \longrightarrow \mathscr{V}$를

$$(rf)(s) = (rf)(s) \quad (s \in S)$$

로 정의하자.
① 위에서 정의한 두 연산으로 $\mathscr{F}(S, \mathscr{V})$는 벡터공간이 됨을 보여라.
② $\mathscr{W}$가 $\mathscr{V}$의 부분공간이면 $\mathscr{F}(S, \mathscr{W})$는 $\mathscr{F}(S, \mathscr{V})$의 부분공간이 됨을 보여라.
③ $\mathscr{U}$와 $\mathscr{W}$가 $\mathscr{V}$의 부분공간이면

$$\mathscr{F}(S, \mathscr{U}) + \mathscr{F}(S, \mathscr{W}) = \mathscr{F}(S, \mathscr{U} + \mathscr{W})$$

임을 보여라.

11. $\mathscr{V}$는 벡터공간, S는 집합이고, s를 S의 한 고정된 원소라고 하자.
이때 함수

$$e_s : \mathscr{F}(S, \mathscr{V}) \longrightarrow \mathscr{V}$$

를 모든 $f \in \mathscr{F}(S, \mathscr{V})$에 대하여

$$e_s(f) = f(s)$$

로 정의하자. 그러면

$$N = \{ f \in \mathscr{F}(S, \mathscr{V}) \mid e_s(f) = \boldsymbol{O} \}$$

은 $\mathscr{F}(S, \mathscr{V})$의 부분공간임을 보여라.

12. $\mathscr{V}$ 와 $\mathscr{W}$ 가 벡터공간일 때 이들의 곱집합(Cartesian product) $\mathscr{V}\times\mathscr{W}$ 는 순서쌍 $(A,\ B)$ (단, $A\in\mathscr{V}$, $B\in\mathscr{W}$) 전체의 집합이다. $\mathscr{V}\times\mathscr{W}$ 에서의 원소들의 덧셈과 스칼라곱셈을 성분별(componentwise)로 정의한다. 즉

$$(A_1,\ B_1)+(A_2,\ B_2)=(A_1+A_2,\ B_1+B_2)$$
$$r(A,\ B)=(rA,\ rB)$$

이다. 그러면 $\mathscr{V}\times\mathscr{W}$ 는 벡터공간이 됨을 증명하라.

13. 고정된 실수 a에 대하여, 함수

$$e_a : \boldsymbol{R}[x] \longrightarrow \boldsymbol{R}$$

을 모든 $p(x)\in \boldsymbol{R}[x]$ 에 대하여

$$e_a(p(x))=p(a)$$

로 정의하자. 그러면

$$N=\{\, p(x)\in \boldsymbol{R}[x] \mid e_a(p(x))=0\,\}$$

은 $\boldsymbol{R}[x]$의 부분공간임을 보여라.

14. $\mathrm{Mat}_{2\times 2}(\boldsymbol{R})$의 부분집합

$$\mathscr{V}=\left\{\begin{pmatrix} a & b \\ c & d\end{pmatrix} \middle|\ a+d=0\right\}$$

는 $\mathrm{Mat}_{2\times 2}(\boldsymbol{R})$의 부분공간임을 보여라.

제 5 장

일차독립성과 일차종속성

정의 5.1

V 를 벡터공간이라 하고, $A_1, \cdots, A_n \in \mathrm{V}$ 라고 하자. 적어도 하나는 0이 아닌(모두 다 0은 아닌) 스칼라 $a_1, \cdots, a_n$이 존재하여

$$a_1A_1 + a_2A_2 + \cdots + a_nA_n = \boldsymbol{O}$$

으로 될 때, 벡터 $A_1, \cdots, A_n$를 일차종속(linearly dependent)이라고 한다. 또 $\mathscr{V}$의 부분집합 E가 일차종속인 벡터(들)를 포함할 때 E를 일차종속인 집합이라고 한다.

예제 5.1

$\boldsymbol{R}^3$의 세 벡터 (1, 0, 0), (0, 1, 0), (1, 1, 0)은 일차종속이다. 왜냐하면

$$1(1,\ 0,\ 0) + 1(0,\ 1,\ 0) + (-1)(1,\ 1,\ 0) = \boldsymbol{O}$$

이 성립하기 때문이다.

예제 5.2

$\boldsymbol{R}[x]$의 세 벡터 1, $1-x$, $1+x$는

$$(-2)1 + 1(1-x) + 1(1+x) = 0$$

이므로 일차종속이다.

정의 5.2

벡터공간 V 의 원소 $A_1, \cdots, A_n$이 일차종속이 아닐 때, 즉 $a_1A_1 + \cdots + a_nA_n = \boldsymbol{O}$이 되고 모두 다 0은 아닌 스칼라

$a_1, \cdots, a_n$이 존재하지 않을 때, 즉

$$a_1A_1 + \cdots + a_nA_n = \boldsymbol{O} \ (a_1, \cdots, a_n \text{은 실수})$$
$$\Rightarrow a_1 = \cdots = a_n = 0$$

일 때 벡터 $A_1, \cdots, A_n$은 일차독립(linearly independent)이라 한다. 또, $\mathscr{V}$의 부분집합 E가 일차종속인 집합이 아닐 때 E를 일차독립인 집합이라 한다. 편의상 공집합 ϕ는 일차독립인 집합으로 생각한다.

예제 5.3

$\boldsymbol{R}^3$의 부분집합 $E = \{(1, 0, 0), (1, 1, 0), (1, 1, 1)\}$은 일차독립인 집합이다. 이를 증명하기 위해

$$a_1(1, 0, 0) + a_2(1, 1, 0) + a_3(1, 1, 1) = (0, 0, 0)$$

이라고 가정하고 $a_1 = a_2 = a_3 = 0$임을 보이면 된다.

$$a_1(1, 0, 0) + a_2(1, 1, 0) + a_3(1, 1, 1)$$
$$= (a_1 + a_2 + a_3, a_2 + a_3, a_3) = (0, 0, 0)$$

에서

$$a_1 + a_2 + a_3 = 0, \quad a_2 + a_3 = 0, \quad a_3 = 0$$

이 연립방정식을 풀면

$$a_1 = a_2 = a_3 = 0$$

따라서 E는 일차독립인 집합이다.

예제 5.4

$\boldsymbol{C}$의 부분집합 $E = \{1, i\}$는 일차독립인 집합이다.
왜냐하면 a_1, a_2가 실수이고 $a_1 \cdot 1 + a_2 \cdot i = 0$이면 복소수상등에 의

한 $a_1 = a_2 = 0$이기 때문이다.

참고 $\boldsymbol{C}$를 복소벡터공간으로 생각하고, $a_1 = i$, $a_2 = -1$로 잡으면

$$a_1 \cdot 1 + a_2 \cdot i = i \cdot 1 + (-1) \cdot i = 0$$

이므로 집합 E는 일차종속인 집합이 된다. 즉 스칼라가 복소수일 경우에는 두 벡터 1, i는 일차종속이다.

예제 5.5

$\boldsymbol{R}_1[x]$의 두 벡터 $1-x$, $1+x$는 일차독립이다.
이를 보이기 위하여 두 실수 a_1, a_2에 대하여

$$a_1(1-x) + a_2(1+x) = 0$$

이라고 가정하자. 그러면

$$(a_1 + a_2) + (a_2 - a_1)x = 0$$

이 된다. 그런데 어떤 다항식이 영다항식이려면 모든 계수가 0이어야 하므로

$$a_1 + a_2 = 0,\quad a_2 - a_1 = 0$$

이것을 풀면

$$a_1 = a_2 = 0$$

따라서 $1-x$, $1+x$는 일차독립이다.

예제 5.6

S가 집합일 때 각각의 $s \in S$에 대하여 s의 특징함수(characteristic function)

$$\chi_s : S \longrightarrow \boldsymbol{R}$$

을

$$\chi_s(t) = \begin{cases} 1 & (t = s\text{일 때}) \\ 0 & (t \neq s\text{일 때}) \end{cases}$$

으로 정의하자. $s_1, s_2, \cdots, s_n \in S$가 서로 다르면, 이들의 특징함수 $\chi_{s_1}, \chi_{s_2}, \cdots, \chi_{s_n} \in \mathscr{F}(S, \boldsymbol{R})$은 일차독립이다.

만약 이들 사이에 일차관계

$$a_1\chi_{s_1} + a_2\chi_{s_2} + \cdots + a_n\chi_{s_n} = \boldsymbol{O}$$

이 있다고 가정하면

$$\begin{aligned} 0 &= (a_1\chi_{s_1} + \cdots + a_n\chi_{s_n}(s_i) \\ &= (a_1\chi_{s_1}(s_i) + \cdots + a_n\chi_{s_n}(s_i) \\ &= a_1 \cdot 0 + \cdots + a_{i-1} \cdot 0 + a_i \cdot 1 + a_{i+1} \cdot 0 + \cdots + a_n \cdot 0 \\ &= a_i \end{aligned}$$

이고, 이것은 모든 i에 대하여 성립하므로

$$a_1 = a_2 = \cdots = a_n = 0$$

이다. 따라서 $\chi_{s_1}, \cdots, \chi_{s_n}$은 일차독립이다.

이제, 일차종속 및 일차독립의 의미를 더욱 자세하게 알아보자.

정리 5.1

벡터공간 $\mathscr{V}$ 의 부분집합 E가 벡터 $\boldsymbol{O}$을 포함하면 E는 일차종속인 집합이다.

증명 명백히

$$1 \cdot \boldsymbol{O} = \boldsymbol{O}$$

이므로 일차종속의 정의에서 $A_1 = \mathbf{O} \in E$, $a_1 = 1$, $n = 1$이라고 생각하면 E가 일차종속임이 분명하다. ■

부분공간은 항상 영벡터를 포함하므로 위의 정리에 의하여 다음 따름정리가 성립한다.

따름정리 5.2

E가 $\mathscr{V}$의 부분공간이면 E는 일차종속인 집합이다.

정리 5.3

벡터공간 $\mathscr{V}$의 부분집합 E가 적어도 두 개의 벡터를 포함한다고 하자. 이때 집합 E가 일차종속일 필요충분조건은
$A \in \langle E - \{A\} \rangle$인 벡터 $A \in E$가 존재하는 것이다.

증명 먼저 E가 일차종속이라고 가정하면

$$a_1A_1 + a_2A_2 + \cdots + a_nA_n = \mathbf{O}$$

인 E의 서로 다른 벡터 $A_1, \cdots, A_n$과 모두 다 0은 아닌 실수 $a_1, \cdots, a_n$이 존재한다. 실수 $a_1, \cdots, a_n$중 적어도 하나는 0이 아니므로 적당히 순서를 바꾸어 $a_1 \neq 0$이라고 할 수 있다. 그러면

$$a_1A_1 = -a_2A_2 - a_3A_3 - \cdots - a_nA_n$$

이고 $a_1 \neq 0$이므로

$$A_1 = \frac{-a_2}{a_1}A_2 + \frac{-a_3}{a_1}A_3 + \cdots + \frac{-a_n}{a_1}A_n$$

이 된다. 따라서 $A_1 \in \langle A_2, A_3, \cdots, A_n \rangle$ 이다.
그런데 $\{A_2, A_3, \cdots, A_n\} \subset E - \{A_1\}$이므로 $A_1 \in \langle E - \{A_1\} \rangle$ 이다.
역으로 $A \in \langle E - \{A\} \rangle$ 인 벡터 $A \in E$가 존재하면

$$A = a_1A_1 + a_2A_2 + \cdots + a_kA_k$$

를 만족시키는 벡터 $A_1, \cdots, +A_k \in E-\{A\}$가 존재한다. 그러면

$$a_1A_1 + a_2A_2 + \cdots + a_kA_k + (-1)A = \boldsymbol{O}$$

이므로 $(k+1)$개의 벡터 $A_1, A_2, \cdots, A_k, A$는 일차종속이다. 이들이 모두 E의 원소이므로 E는 일차종속이다. ■

참고 하나의 벡터 A가 일차종속일 필요충분조건은 $A=\boldsymbol{O}$이다.

정리 5.4

유한집합 E가 벡터공간 $\mathscr{V}$의 부분집합일 때, $\langle E \rangle = \langle F \rangle$가 되는 E의 일차독립인 부분집합 F가 존재한다.

증명 E는 벡터 $\boldsymbol{O}$를 포함할 수도 포함하지 않을 수도 있다. 어느 경우에나 $E' = E-\{\boldsymbol{O}\}$를 생각하면 $\boldsymbol{O} \notin E'$이고 $\langle E \rangle = \langle E' \rangle$이다.
만약 $\langle E' \rangle$가 일차독립이면 $F=E'$로 잡으면 증명은 끝난다. 따라서 E'이 일차종속이라고 가정한다. 그러면 E'은 적어도 두 개의 벡터를 포함한다. 왜냐하면 공집합 ϕ은 일차독립이므로(정의 5.2) $E' \neq \phi$이다. 또 E'이 하나의 벡터 A로 이루어진 집합이면 $A \neq \boldsymbol{O}$이므로 A는 일차독립이다. 이제 정리 5.3에 의하여 $\langle A \in E'-\{A\} \rangle$인 벡터 $A \neq E'$가 존재한다.
집합 E''를 $E''=E'-\{A\}$로 정의하면, $A \in \langle E'' \rangle$이므로

$$\langle E \rangle = \langle E' \rangle = \langle E'' \cup \{A\} \rangle = \langle E'' \rangle + \langle A \rangle = \langle E'' \rangle$$

이 된다. 이젠 E''에 대하여 똑같은 작업을 반복한다. 즉 E''가 일차독립이면 $F=E''$로 잡고 일차종속이면 위와 같은 방법으로 E''보다 원소의 수가 하나 작은 집합을 얻는다. E는 유한집합이므로 이러한 작업을 유한 번 계속하면 결국 일차독립인 집합을 얻는다. ■

예제 5.7

$\boldsymbol{R}^3$의 부분집합

$$E=\{(0,0,0),(1,0,0),(0,1,0),(0,0,1),(1,1,1)\}$$

에 대하여 $\langle E\rangle=\langle F\rangle$가 되는 E의 일차독립인 부분집합 F를 찾아라.

풀이 정리 5.4의 증명에서와 같이 일단 영벡터 $(0, 0, 0)$을 제거한 후, 자신을 제외한 벡터들의 일차결합이 되는 벡터를 찾아내어 제거하면 된다. 이러한 작업을 계속할 수 없을 때, 즉 일차독립인 부분집합을 얻을 때까지 반복한다.

$$(1, 1, 1)=1(1, 0, 0)+1(0, 1, 0)+1(0, 0, 1)$$

이므로 $F=\{(1, 0, 0), (0, 1, 0), (0, 0, 1)\}$이라고 하면
$\langle F\rangle=\langle E\rangle$이다.
그런데 F는 일차독립이므로 구하는 집합이 된다.

주의 위의 풀이과정 중에서

$$(0, 0, 1)=(-1)(1, 0, 0)+(-1)(0, 1, 0)+1(1, 1, 1)$$

임을 이용하여 $G=\{(1, 0, 0), (0, 1, 0), (1, 1, 1)\}$이라고 하면
$\langle G\rangle=\langle E\rangle$이고 G는 일차독립이므로 G도 구하는 집합이 된다. 따라서 정리 5.4의 집합 F는 유일하게 결정되지는 않음을 알 수 있다.

연습문제

1. 다음 $\boldsymbol{R}^3$의 부분집합 중 일차독립인 집합을 찾아라.

$$E=\{(1,\ 1,\ 1),\ (1,\ 0,\ 1),\ (0,\ 1,\ 0)\}$$
$$F=\{(1,\ 1,\ 0),\ (1,\ 0,\ 1),\ (0,\ 1,\ 1)\}$$
$$G=\{(6,\ 2,\ -3),\ (-2,\ -4,\ 1),\ (4,\ -7,\ 2)\}$$

2. 다음 $\boldsymbol{R}_3[x]$의 부분집합 중 일차독립인 집합을 찾아라.

$$E=\{1,\ 1+x,\ 1+x^2,\ 1+x^3\}$$
$$F=\{1+x,\ 1-x,\ x^3,\ x\}$$
$$G=\{x^2-x,\ x^2+x,\ x^2-1,\ x^2+1\}$$

3. $\boldsymbol{R}^5$의 부분집합

$$E=\{(0,\ 1,\ 1,\ 1,\ 0),\ (1,\ 1,\ 1,\ 1,\ 0),\ (1,\ 1,\ 0,\ 1,\ 1),\ (0,\ 1,\ 2,\ 1,\ -1)\}$$

에 대하여 $\langle E \rangle = \langle F \rangle$가 되는 E의 일차독립인 부분집합 F를 찾아라.

4. $\boldsymbol{R}_3[x]$의 부분집합

$$E=\{x^3-x^2,\ x^3+x^2,\ x^2,\ x^3-1\}$$

에 대하여 $\langle E \rangle = \langle F \rangle$가 되는 E의 일차독립인 부분집합 F를 찾아라.

5. $\boldsymbol{R}^4$의 벡터

$$A=(1,\ 0,\ -2,\ 3),\quad B=(3,\ -4,\ 9,\ -2),$$
$$C=(2,\ 0,\ 3,\ -1),\quad D=(2,\ 2,\ -1,\ 1)$$

에 대하여 $A \in \langle B,\ C,\ D \rangle$ 인가?

6. $\boldsymbol{R}_3[x]$의 벡터

$$A=1-2x+x^2+4x^3,\quad B=1-x^2,\quad C=1-x,\quad D=1-x^3$$

에 대하여 $A \in \langle B,\ C,\ D \rangle$ 인가?

7. E와 F가 벡터공간 $\mathscr{V}$의 부분집합이고 $E \subset F$라고 할 때, F가 일차독립이면 E도 일차독립임을 보여라.

8. 다음 $\mathscr{E}(-\infty,\ \infty)$의 부분집합 중 일차독립인 집합을 찾아라.

$$E = \{ e^x,\ e^{2x} \}$$

$$F = \left\{ \cos x,\ \sin x,\ \sin\left(x + \frac{\pi}{4}\right) \right\}$$

9. E가 벡터공간 $\mathscr{V}$의 부분집합이라고 할 때 다음 두 조건은 동치임을 보여라.
   (1) E는 일차독립인 집합
   (2) E의 임의의 진부분집합 E'에 대하여 $\langle E' \rangle \neq \langle E \rangle$

10. E, F를 벡터공간 $\mathscr{V}$의 일차독립인 부분집합이라고 할 때
   (1) $E \cap F$는 일차독립임을 증명하라.
   (2) $\langle E \rangle \cap \langle F \rangle = \{ \boldsymbol{O} \}$이면 $E \cup F$는 일차독립임을 증명하라.

11. $\{ A,\ B,\ C \}$가 일차독립이면 $\{ A-B,\ B-C,\ C-A \}$도 일차독립인가?

12. $\{ A,\ B,\ C \}$가 일차독립이기 위한 필요충분조건은 $\{ A+B,\ B+C,\ C+A \}$가 일차독립임을 보여라.

13. $\boldsymbol{R}^3$의 임의의 네 벡터는 일차종속임을 보여라.

14. 두 벡터 A, B가 일차독립이고 $C \notin \langle A,\ B \rangle$이면 세 벡터 A, B, C가 일차독립임을 보여라.

15. $f_1, \cdots,\ f_n \in \boldsymbol{R}[x]$일 때
   ① $f_1, \cdots,\ f_n$이 일차독립이면 이들의 도함수 $f_1', \cdots,\ f_n'$도 일차독립인가?
   ② $f_1, \cdots,\ f_n$이 일차종속이면 $f_1', \cdots,\ f_n'$도 일차종속인가?

제 6 장

벡터공간의 기저와 차원

정의 6.1

벡터공간 V 에 대하여 V $=\langle E\rangle$ 인 유한집합 E가 존재할 때, 즉 V 가 유한 개의 벡터로 생성될 때 V 를 유한차원(finite dimensional) 벡터공간이라고 한다.

정리 6.1

$\mathscr{V}$ 가 유한차원 벡터공간이고 $\mathscr{V} \neq \{O\}$이면, $\langle F\rangle = \mathscr{V}$ 가 되고 일차독립인 유한집합 F가 존재한다.

증명 $\mathscr{V}$ 가 유한차원이므로 $\langle E\rangle = \mathscr{V}$ 인 유한집합 E가 존재한다. 그러면 정리 5.4에 의하여 $\langle E\rangle = \langle F\rangle$가 되는 E의 일차독립인 부분집합 F를 찾을 수 있다. 이 집합 F가 정리에서 요구하는 집합이다. ■

정의 6.2

벡터공간 $\mathscr{V}$ 의 부분집합 $\mathscr{B}$ 가 일차독립이고 $\mathscr{V}$ 를 생성하면 $\mathscr{B}$를 $\mathscr{V}$ 의 기저(basis)라고 한다. 편의상 $\mathscr{V} = \{O\}$의 기저는 공집합 ϕ로 정의한다. (사실 공집합 ϕ는 일차독립이고 $\langle\phi\rangle = \{O\}$이라고 정의한 바 있다.)

임의의 유한차원 벡터공간은 정리 6.1에 의하여 적어도 하나의 기저를 갖는다.

예제 6.1

$\boldsymbol{R}^n$의 벡터 E_i를

$$E_i = (0,\ 0,\ \cdots,\ \underset{\substack{\uparrow \\ i\text{ 번째}}}{1},\ 0,\ \cdots,\ 0) \qquad i = 1,\ 2,\ \cdots,\ n$$

라고 하면, $\mathscr{B}=\{E_1, E_2, \cdots, E_n\}$은 $\boldsymbol{R}^n$의 기저가 된다. 실제로

$$a_1E_1+\cdots+a_nE_n=(0, \cdots, 0) \Rightarrow (a_1, \cdots, a_n)=(0, \cdots, 0)$$
$$\Rightarrow a_1=a_2=\cdots=a_n=0$$

이므로 $\mathscr{B}$는 일차독립이고, 임의의 $A=(x_1, \cdots, x_n)\in\boldsymbol{R}^n$에 대하여

$$A=x_1E_1+\cdots+x_nE_n\in\langle\mathscr{B}\rangle$$

이므로 $\mathscr{B}$ 는 $\boldsymbol{R}^n$을 생성한다.
기저 $\mathscr{B}=\{E_1, \cdots, E_n\}$을 $\boldsymbol{R}^n$의 표준기저(standard basis)라고 한다.

예제 6.2

$\boldsymbol{R}_n[x]$의 부분집합

$$\mathscr{B}=\{1, x, x^2, \cdots, x^n\}$$

은 $\boldsymbol{R}_n[x]$의 기저이다. 실제로

$$a_0\cdot 1+a_1\cdot x+\cdots+a_n\cdot x^n=0 \Rightarrow a_0=a_1=\cdots=a_n=0$$

이므로 $\mathscr{B}$는 일차독립이고, 임의의 $p(x)=a_0+a_1x+\cdots+a_nx^n\in\boldsymbol{R}_n[x]$에 대하여 $p(x)\in\langle\mathscr{B}\rangle$임을 알 수 있다.
기저 $\mathscr{B}=\{1, x, \cdots, x^n\}$을 $\boldsymbol{R}_n[x]$의 표준기저라고 한다.

예제 6.3

$\{(1, 0), (1, 1)\}$은 $\boldsymbol{R}^2$의 기저이다.
이를 증명하려면 $(1, 0)$, $(1, 1)$이 일차독립이고 $\boldsymbol{R}^2$를 생성한다는 것을 보여야 한다.

$$a(1, 0)+b(1, 1)=(0, 0) \Rightarrow (a+b, b)=(0, 0)$$
$$\Rightarrow a+b=b=0$$
$$\Rightarrow a=b=0$$

이므로 (1, 0), (1, 1)은 일차독립이다. 또 전체를 생성함을 보이기 위해 $(x, y) \in \boldsymbol{R}^2$라고 하자. 이때

$$(x, y) = a(1, 0) + b(1, 1)$$

이 되는 실수 a, b를 찾아야 한다.

$$x = a + b, \quad y = b$$

이므로 $a = x - y$, $b = y$가 된다. 따라서

$$(x, y) = (x-y)(1, 0) + y(1, 1)$$

이므로 $(x, y) \in \langle (1, 0), (1, 1) \rangle$이다. 그러므로 (1, 0), (1, 1)은 $\boldsymbol{R}^2$를 생성한다.

예제 6.4

$\{1, 2-x, 1-x^2\}$은 $\boldsymbol{R}_2[x]$의 기저이다.
실제로

$$\begin{aligned} & a_1 \cdot 1 + a_2(2-x) + a_3(1-x^2) = 0 \\ & \quad \Rightarrow (a_1 + 2a_2 + a_3) - a_2 x - a_3 x^2 = 0 \\ & \quad \Rightarrow a_1 + 2a_2 + a_3 = a_2 = a_3 = 0 \\ & \quad \Rightarrow a_1 + a_2 + a_3 = 0 \end{aligned}$$

이므로 $\{1, 2-x, 1-x^2\}$은 일차독립이다. $\boldsymbol{R}_2[x]$를 생성함을 보이기 위하여 $p(x) = a_0 + a_1 x + a_2 x^2$을 $\boldsymbol{R}_2[x]$의 임의의 원소라고 하자. 이때

$$a_0 + a_1 x + a_2 x^2 = b_0 \cdot 1 + b_1(2-x) + b_2(1-x^2)$$

이 되는 실수 b_0, b_1, b_2를 찾고자 한다. 위 식의 우변을 전개하여 계수를 비교하면

$$a_0 = b_0 + 2b_1 + b_2, \quad a_1 = -b_1, \quad a_2 = -b_2$$

가 되고, 이것을 풀면

$$b_0 = a_0 + 2a_1 + a_2,\ \ b_1 = -a_1,\ \ b_2 = -a_2$$

즉

$$p(x) = (a_0 + 2a_1 + a_2)1 - a_1(2-x) - a_2(1-x^2) \in \langle 1,\ 2-x,\ 1=x^2 \rangle$$

이므로 $\{1,\ 2-x,\ 1-x^2\}$은 $\boldsymbol{R}_2[x]$를 생성한다.

예제 6.5

$\{(1,\ -1,\ 0),\ (1,\ 0,\ -1)\}$은 $\boldsymbol{R}^3$의 부분공간

$$\mathscr{V} = \{(x,\ y,\ z) \in \boldsymbol{R}^3 \mid x+y+z=0\}$$

의 기저가 된다. 먼저 생성하는 것을 보이자. 임의의 $(x,\ y,\ z) \in \mathrm{V}$에 대하여

$$x+y+z=0$$

이다. $x = -y-z$ 이므로

$$(x,\ y,\ z) = (-y-z,\ y,\ z) = -y(1,\ -1,\ 0) - z(1,\ 0,\ -1)$$

즉 $(x,\ y,\ z) \in \langle (1,\ -1,\ 0),\ (1,\ 0,\ -1) \rangle$이다.
따라서 $\{(1,\ -1,\ 0),\ (1,\ 0,\ -1)\}$은 $\mathscr{V}$를 생성한다. 이 두 벡터가 일차독립임을 확인하는 것은 독자에게 맡긴다.

예제 6.6

$\boldsymbol{R}[x]$는 유한차원이 아님을 증명하라.

증명 만약 $\boldsymbol{R}[x]$가 유한차원이라면 $\boldsymbol{R}[x] = \langle p_1,\ \cdots, p_k \rangle$인 유한 개의 다항식 $p_1,\ \cdots, p_k$가 존재한다. 이때 $p_1,\ \cdots, p_k$중에서 차수가 가장 큰 다항식의 차수를 n이라고 하면 $\langle p_1,\ \cdots, p_k \rangle \subset \boldsymbol{R}_n[x]$가 된다. 따라서 차수가 $n+1$ 이상인 다항식은 $p_1,\ \cdots, p_k$의 일차결합으로 나타낼

수 없다. 이것은 $\boldsymbol{R}[x]=\langle p_1, \cdots, p_k\rangle$라는 사실에 모순이다. 따라서 $\boldsymbol{R}[x]$는 유한차원이 아니다.

참고 $\boldsymbol{R}[x]$의 무한 부분집합

$$\mathscr{B}=\{1, x, x^2, \cdots, x^n, \cdots\}$$

는 $\boldsymbol{R}[x]$를 생성한다. 또, $\mathscr{B}$ 의 임의의 유한 개의 원소는 일차독립이다. 따라서 $\mathscr{B}$ 는 일차독립인 집합이다. 그러므로 $\mathscr{B}$ 는 $\boldsymbol{R}[x]$의 기저가 된다.

모든 유한차원 벡터공간은 언제나 기저를 갖는다. 사실은 기저가 너무 많이 존재하기 때문에 문제가 된다. 즉 기저를 달리 선택하였을 때의 상태변화를 기술해야 할 필요가 있는 것이다. 이것은 나중에 논의할 것이고, 우선 서로 다른 두 기저를 잡았을 때 두 기저의 원소의 수는 서로 같다는 사실을 증명하자. 이 중요한 사실을 증명하려면 다음의 두 가지 예비정리가 필요하다.

정리 6.2

$E=\{A_1, \cdots, A_m\}$이 벡터들의 유한집합이면 E가 일차종속이기 위한 필요충분조건은

$$A_k \in \langle A_1, \cdots, A_{k-1}\rangle$$

인 어떤 정수 $k(1\leq k\leq m)$가 존재하는 것이다.

증명 어떤 정수 $k(1\leq k\leq m)$에 대하여

$$A_k \in \langle A_1, \cdots, A_{k-1}\rangle$$

이면 A_k는 자신을 제외한 E의 벡터들의 일차결합이 된다. 따라서 정리 5.3에 의하여 E는 일차종속이다.

역으로, E가 일차종속이라고 가정하면 일차관계

$$a_1A_1 + a_2A_2 + \cdots + a_mA_m = \boldsymbol{O}$$

이 존재한다. 이때 1과 m사이에 $a_k \neq 0$인 가장 큰 k를 찾으면 $a_{k+1} = \cdots a_m = 0$ 이므로 위의 일차관계는

$$a_1A_1 + a_2A_2 + \cdots + a_kA_k = \boldsymbol{O}$$

이 된다. 여기서 $a_k \neq 0$이므로

$$A_k = \frac{-a_1}{a_k}A_1 + \frac{-a_2}{a_k}A_2 + \cdots + \frac{-a_{k-1}}{a_k}A_{k-1}$$

즉 $A_k \in \langle A_1, \cdots, A_{k-1} \rangle$이다. ■

정리 6.3

벡터공간 $\mathcal{V}$가 n개의 벡터 $A_1, \cdots, A_n$에 의하여 생성된다고 하자. 즉 $\mathcal{V} = \langle A_1, \cdots, A_n \rangle$이라고 하자.
이때 m개의 벡터 $B_1, \cdots, B_m \in \mathcal{V}$이 일차독립이면 $m \leq n$이다. 따라서 $m > n$이면 m개의 벡터 $B_1, \cdots, B_m \in \mathcal{V}$은 일차종속이다.

증명 귀류법을 사용하기로 하고 $m > n$이라고 가정하자. 먼저 $B_m \in \langle A_1, \cdots, A_n \rangle$이므로

$$B_m = a_1A_1 + \cdots + a_nA_n$$

으로 나타낼 수 있다. 이때 $a_1, \cdots, a_n$은 모두 다 0일 수 없다. 따라서 적어도 하나의 a_i는 0이 아니고 A_i의 순서를 적당히 바꾸면 $a_n \neq 0$이라고 해도 된다. 그러면

$$A_n \in \langle B_m, A_1, \cdots, A_{n-1} \rangle$$

이 되므로

$$\langle B_m, A_1, \cdots, A_{n-1} \rangle = \langle A_1, \cdots, A_n \rangle = \mathcal{V}$$

가 된다. 또

$$B_{m-1} = b_m B_m + c_1 A_1 + \cdots + c_{n-1} A_{n-1}$$

로 나타낼 수 있고, 이때 적어도 하나의 c_i는 0이 아니다. 여기서도 A_i의 순서를 바꾸어 $c_{n-1} \neq 0$이라고 생각하면

$$A_{n-1} \in \langle B_{m-1},\ B_m,\ A_1,\ \cdots,\ A_{n-2} \rangle$$

가 되고, 따라서

$$\begin{aligned}\langle B_{m-1},\ B_m,\ A_1,\ \cdots,\ A_{n-2} \rangle &= \langle B_m,\ A_1,\ \cdots,\ A_{n-1} \rangle \\ &= \langle A_1,\ \cdots,\ A_n \rangle = \mathscr{V}\end{aligned}$$

가 된다. 이러한 작업을 n번 반복하면

$$\langle B_{m-n+1},\ \cdots,\ B_m \rangle = \langle A_1, \cdots,\ A_n \rangle = \mathscr{V}$$

임을 알 수 있다. 그러나

$$B_{m-n} \in \langle A_1,\ \cdots,\ A_n \rangle = \langle B_{m-n+1},\ \cdots,\ B_m \rangle$$

이 되므로 정리 5.3에 의하여 $\{B_1, \cdots,\ B_m\}$은 일차종속이 된다. 이것은 가정에 모순이다. 그러므로 $m \leq n$이다. ■

정리 6.4

$\{O\}$이 아닌 유한차원 벡터공간의 임의의 두 기저는 같은 수의 원소를 갖는다.

증명 $\mathscr{B}_1 = \{A_1,\ \cdots,\ A_n\}$, $\mathscr{B}_2 = \{B_1,\ \cdots,\ B_n\}$가 $\mathscr{V}$의 기저라고 하면 $\langle \mathscr{B}_1 \rangle = \mathscr{V}$ 이고 $\mathscr{B}_2$는 일차독립이므로 정리 6.3에 의하여 $m \leq n$이다. 한편 $\langle \mathscr{B}_2 \rangle = \mathscr{V}$ 이고 $\mathscr{B}_1$은 일차독립이므로 다시 정리 6.3에 의하여 $n \leq m$이다. 따라서 $m \leq n$이다. ■

정의 6.3

$\mathcal{V}$ 가 유한차원 벡터공간일 때 $\mathcal{V}$ 의 기저의 원소의 수를 $\mathcal{V}$ 의 차원(dimension)이라고 하고 $\dim \mathcal{V}$ 로 나타낸다.

단, $\{\boldsymbol{O}\}$의 차원은 0으로 한다. (사실, $\{\boldsymbol{O}\}$의 기저는 ϕ이라고 정의한 바 있고 ϕ의 원소의 수는 0이다.)

예제 6.7

$\dim \boldsymbol{R}^n = n$

예제 6.1에서 $\boldsymbol{R}^n$의 표준기저의 원소의 수가 n임을 알 수 있다.

예제 6.8

$\dim \boldsymbol{R}_n[x] = n+1$

예제 6.2에서 $\{1,\ x,\ \cdots,\ x^n\}$이 $\boldsymbol{R}_n[x]$의 기저가 됨을 알고 있다.

정의 6.4

벡터공간 $\mathcal{V}$가 유한차원이 아니면 무한차원(infinite dimensional) 벡터공간이라고 한다. 예를 들어 예제 6.6에 의하여 $\boldsymbol{R}[x]$는 무한차원 벡터공간이다.

참고 $\mathcal{V}$ 가 무한차원 벡터공간일 때 $\dim \mathcal{V} = \infty$로 나타내기도 한다.

앞에서는 유한차원과 무한차원을 생성에 관한 성질로 정의했으나, 다음 정리에 의하면 일차독립에 관한 어떤 성질과 동치가 된다.

정리 6.5

벡터공간 $\mathcal{V}$ 가 무한차원이기 위한 필요충분조건은 $\mathcal{V}$ 가 일차독립인 무한부분집합을 갖는 것이다.

증명 $\mathscr{V}$가 무한차원이라고 가정하자. 그러면 $\mathscr{V}$는 유한집합에 의하여 생성될 수 없다. 따라서 $\mathscr{V} \neq \{\boldsymbol{O}\}$이고 $\boldsymbol{O} \neq A_1 \in \mathscr{V}$인 원소 A_1이 존재한다. $A_1 \neq \boldsymbol{O}$이므로 $\{A_1\}$은 일차독립인 집합이다. $\mathscr{V}$는 유한집합에 의하여 생성될 수 없으므로 $\langle A_1 \rangle \neq \mathscr{V}$이다. 따라서 $\langle A_1 \rangle$에 속하지 않는 벡터 A_2를 찾을 수 있고, 정리 6.2에 의하여 $\{A_1, A_2\}$는 일차독립이다. 이 과정을 반복하면 모든 i에 대하여

$$A_{i+1} \notin \langle A_1, \cdots, A_i \rangle$$

인 벡터 $A_1, A_2, A_3, \cdots$을 찾을 수 있다. 그러면 정리 6.2에 의하여 무한집합 $\{A_1, A_2, A_3, \cdots\}$은 일차독립이 된다.

역을 증명하기 위하여 역의 대우명제를 증명하자.

$\mathscr{V}$가 무한차원이 아니라고 가정하자. 그러면 $\mathscr{V}$는 유한차원이다. 따라서 $\mathscr{V} = \langle A_1, \cdots, A_n \rangle$으로 나나낼 수 있다. 이제 정리 6.3에 의하여 $\mathscr{V}$의 모든 일차독립인 부분집합의 원소의 수는 n 이하이다. 따라서 $\mathscr{V}$는 일차독립인 무한부분집합을 가질 수 없다. ■

정리 6.6

$\mathscr{V}$를 벡터공간이라고 하고, $\mathscr{B}\langle A_1, \cdots, A_n \rangle \subset \mathscr{V}$라고 할 때 다음 두 조건은 서로 동치이다.

(1) $\mathscr{B}$는 $\mathscr{V}$의 기저이다.

(2) 각각의 벡터 $A \in \mathscr{V}$는 단 한 가지 방법으로 $A_1, \cdots, A_n$의 일차결합

$$A = a_1 A_1 + \cdots + a_n A_n$$

의 꼴로 나타낼 수 있다.

이때 $(a_1, \cdots, a_n)$을 기저 $\mathscr{B}$에 관한 A의 좌표라고 한다.

증명 (1) ⇒ (2)

$\mathscr{B}$가 $\mathscr{V}$의 기저라고 가정하면 $\langle \mathscr{B} \rangle = \mathscr{V}$이므로 각각의 벡터 $A \in \mathscr{V}$는 $A_1, \cdots, A_n$의 일차결합으로 나타낼 수 있다. 또

$$A = a_1A_1 + \cdots + a_nA_n = b_1A_1 + \cdots + b_nA_n$$

이라고 하면

$$(a_1 - b_1)A_1 + \cdots + (a_n - b_n)A_n = \boldsymbol{O}$$

이고, 따라서 $A_1, \cdots, A_n$의 일차독립성에 의하여

$$a_1 - b_1 = \cdots = a_n - b_n = 0$$

즉 $a_1 = b_1, \cdots, a_n = b_n$ 이므로 A를 $A_1, \cdots, A_n$의 일차결합으로 나타낼 수 있는 방법은 한 가지 뿐이다.

(2) ⇒ (1)

명제 (2)가 성립한다고 가정하자. 그러면 각각의 벡터 $A \in \mathscr{V}$ 는 $A_1, \cdots, A_n$의 일차결합으로 나타낼 수 있으므로 $\langle \mathscr{B} \rangle = \mathscr{V}$ 이다. 또

$$a_1A_1 + \cdots + a_nA_n = \boldsymbol{O}$$

이라고 하면,

$$a_1A_1 + \cdots + a_nA_n = \boldsymbol{O} = 0A_1 + \cdots + 0A_n$$

이므로 $a_1 = 0, \cdots, a_n = 0$ 이다.
따라서 $A_1, \cdots, A_n$은 일차독립이다. ■

예제 6.9

$\boldsymbol{R}^3$의 기저 $\{(1, 0, 0), (1, 1, 0), (1, 1, 1)\}$에 관한 벡터 $(1, 1, 1)$의 좌표는 $(0, 0, 1)$이다. 왜냐하면

$$(1, 1, 1) = 0(1, 0, 0) + 0(1, 1, 0) + 1(1, 1, 1)$$

이기 때문이다.

예제 6.10

$\boldsymbol{R}_2[x]$의 기저 $\{1, 2-x, 1-x^2\}$ (예제 6.4)에 관한 $1+x+x^2$의 좌표를 구하라.

풀이 $1+x+x^2=a\cdot 1+b(2-x)+c(1-x^2)$이 되는 실수 a, b, c를 찾으면 된다. (정리 6.6에 의하여 그러한 a, b, c는 존재하고 유일하다.) 위 식의 우변을 전개하면

$$1+x+x^2=(a+2b+c)-bx-cx^2$$

이 되므로 양변의 계수를 비교하면

$$1=a+2b+c$$
$$1=-b$$
$$1=-c$$

가 되고, 이것을 풀면

$$a=4,\ b=-1,\ c=-1$$

따라서

$$1+x+x^2=4\cdot 1-(2-x)-(1-x^2)$$

이고, 구하는 좌표는 $(4, -1, -1)$이다.

정리 6.7

$\mathscr{V}$가 n차원 벡터공간이고, r개$(r<n)$의 벡터 A_1, $\cdots$, A_r이 일차독립이라고 하자. 그러면 $\{A_1, \cdots, A_r, B_1, \cdots, B_s\}$가 $\mathscr{V}$의 기저가 되는 벡터 B_1, $\cdots$, B_s가 존재한다.

증명 만약 $\langle A_1, \cdots, A_r\rangle=\mathscr{V}$이라면 $\{A_1, \cdots, A_r\}$은 $\mathscr{V}$의 기저가 되고 따라서 $\dim\mathscr{V}=r<n=\dim\mathscr{V}$가 되어 모순이다.
따라서 $\langle A_1, \cdots, A_r\rangle\neq\mathscr{V}$이다. 이제 B_1이 $\langle A_1, \cdots, A_r\rangle$에 속

하지 않는 벡터이면 $\{A_1, \cdots, A_r, B_1\}$은 일차독립이 된다. 왜냐하면 만약 일차종속이라면 정리 6.2에 의하여 $B_1 \in \langle A_1, \cdots, A_r \rangle$ 이거나 $A_k \in \langle A_1, \cdots, A_{k-1} \rangle$ 인 k가 존재하여야 한다. 그러나 $B_1 \in \langle A_1, \cdots, A_r \rangle$ 이고 $\{A_1, \cdots, A_r\}$은 일차독립이므로 이는 모두 불가능하다. 따라서 $\{A_1, \cdots, A_r, B_1\}$은 일차독립이다.
만약 $\langle A_1, \cdots, A_r, B_1 \rangle = \mathscr{V}$ 이면 더 이상 증명할 것이 없다. 그렇지 않다면 위의 과정을 반복한다. 결국 일차독립인 집합 $\{A_1, \cdots, A_r, B_1, \cdots, B_s\}$를 얻게 될 것이다. 정리 6.3과 정리 6.4에 의하여 이 과정은 $r+s=n=\dim \mathscr{V}$ 가 될 때 끝난다.
즉, 이때 $\langle A_1, \cdots, A_r, B_1, \cdots, B_s \rangle = \mathscr{V}$ 가 된다. ■

정리 6.8

유한차원 벡터공간 $\mathscr{V}$ 의 부분공간 $\mathscr{W}$ 는 유한차원이고

$$\dim \mathscr{W} \leq \dim \mathscr{V}$$

이다.

증명 $\mathscr{W}$ 가 유한차원이 아니라고 가정하면 $\mathscr{W}$ 는 무한차원이 되고 정리 6.5에 의하여 $\mathscr{W}$ 는 일차독립인 무한집합을 포함한다. 이 일차독립인 무한집합은 $\mathscr{V}$ 에도 포함되므로, 다시 정리 6.5에 의하여 $\mathscr{V}$ 는 무한차원이 된다. 이는 가정에 모순이 되므로 $\mathscr{W}$ 는 유한차원이어야 한다.
또, $\{B_1, \cdots, B_m\}$이 $\mathscr{W}$ 의 기저이고 $\{A_1, \cdots, A_n\}$이 $\mathscr{V}$ 의 기저이면 정리 6.3에 의하여 $m \leq n$이다.

실제로, 구체적인 공간들, 예를 들어 $\boldsymbol{R}^n$, $\boldsymbol{R}_n[x]$등을 다룰 때에 우리는 그 공간의 차원을 이미 알고 있는 경우가 많다. 이런 경우에 어떤 집합 $\{A_1, \cdots, A_r\}$이 기저가 되는지를 조사하려면 우선 원소의 수가 벡터공간의 차원과 같은지를 확인하고, 기저를 정의하는 두 성질, 전체 생성과 일차독립 중 하나만 확인하면 된다. 이 사실은 두 정리에서 증명한다.

정리 6.9

$\mathscr{V}$가 n차원 벡터공간이고, n개의 벡터 $A_1, \cdots, A_n$이 $\mathscr{V}$를 생성하면 $\{A_1, \cdots, A_n\}$은 $\mathscr{V}$의 기저가 된다.

증명 $\langle A_1, \cdots, A_n \rangle = \mathscr{V}$이므로 정리 5.4에 의하여 $\{A_1, \cdots, A_n\}$의 적당한 부분집합이 $\mathscr{V}$의 기저가 된다. 그러나 $\{A_1, \cdots, A_n\}$에서 한 벡터라도 제거하면 나머지 벡터의 수는 n보다 적어지고, 따라서 $\mathscr{V}$의 차원은 n보다 작아진다. 이것은 가정에 모순이다. 따라서 $\{A_1, \cdots, A_n\}$이 $\mathscr{V}$의 기저가 될 수밖에 없다. ■

정리 6.10

$\mathscr{V}$가 n차원 벡터공간이고 n개의 벡터 $A_1, \cdots, A_n$이 일차독립이면 $\{A_1, \cdots, A_n\}$은 $\mathscr{V}$의 기저가 된다.

증명 만약 $\langle A_1, \cdots, A_n \rangle \neq \mathscr{V}$ 라면 $\langle A_1, \cdots, A_n \rangle$에 속하지 않는 벡터 B_1 이 존재한다. 그러면 $\{A_1, \cdots, A_n, B_1\}$은 일차독립이 된다. (정리 6.7의 증명과정 참조). 그러데 $\dim \mathscr{V} = n$ 이므로 $\mathscr{V}$는 어떤 n개의 벡터에 의하여 생성된다. 따라서 정리 6.3에 의하여 $n+1 \leq n$ 이 되어 모순이다. 따라서 $\langle A_1, \cdots, A_n \rangle = \mathscr{V}$가 되어 $\{A_1, \cdots, A_n\}$은 $\mathscr{V}$의 기저가 된다. ■

정리 6.11

$\mathscr{W}$가 $\mathscr{V}$의 부분공간이고 $\dim \mathscr{W} = \dim \mathscr{V}$ 이면 $\mathscr{W} = \mathscr{V}$ 이다.

증명 $\dim \mathscr{W} = n$ 이므로 $\mathscr{W}$는 n개의 벡터로 이루어진 기저 $\{A_1, \cdots, A_n\}$을 갖는다. 그런데 $A_1, \cdots, A_n$은 일차독립이므로, 정리 6.10에 의하여 $\{A_1, \cdots, A_n\}$은 $\mathscr{V}$의 기저가 된다. 따라서

$$\mathscr{W} = \langle A_1, \cdots, A_n \rangle = \mathscr{V}$$

이다. ■

예제 6.11

$\{(1, 1, 1), (-1, 2, 0), (0, 1, -1)\}$이 $\boldsymbol{R}^3$의 기저가 됨을 보여라.

증명 정리 6.10에 의하여 세 벡터가 일차독립인 것만 보이면 된다.

$$a_1(1, 1, 1)+a_2(-1, 2, 0)+a_3(0, 1, -1)=(0, 0, 0)$$

이라면

$$(a_1-a_2,\ a_1+2a_2+a_3,\ a_1-a_3)=(0, 0, 0)$$

이고

$$\begin{cases} a_1-a_2 = 0 \\ a_1+2a_2+a_3 = 0 \\ a_1 - a_3 = 0 \end{cases}$$

이 된다. 이것을 풀면

$$a_1=a_2=a_3=0$$

이다.

예제 6.12

$\{(1, -1, 0), (1, 0, -1)\}$이 $\boldsymbol{R}^3$의 부분공간

$$\mathscr{V}=\{(x, y, z)\}\in\boldsymbol{R}^3 \mid x+y+z=0\}$$

의 기저가 됨을 예제 6.5에서 확인하였다. 따라서 $\dim \mathscr{V}=2$ 이다. 이제 $\mathscr{V}$의 다른 기저를 하나 찾아보자. 정리 6.10에 의하여 $\mathscr{V}$에 속하는 두 개의 일차독립인 벡터를 찾으면 된다. 예를 들어 두 벡터 $(1, 1, -2)$, $(0, 1, -1)$은 $\mathscr{V}$의 벡터이고 일차독립임을 보일 수 있다. 따라서 $\{(1, 1, -2), (0, 1, -1)\}$도 $\mathscr{V}$의 기저가 된다.

예제 6.13

$\boldsymbol{R}^4$의 벡터

$$A_1=(1,\ 1,\ -1,\ -1),\ A_2=(1,\ 1,\ -2,\ -2),$$
$$A_3=(0,\ 0,\ 1,\ 1)$$

과

$$B_1=(1,\ 1,\ 0,\ 0),\ B_2=(0,\ 0,\ -1,\ -1)$$

는 같은 부분공간을 생성함을 보여라. 또, 이 부분공간의 기저를 구하라.

풀이 $\langle A_1,\ A_2,\ A_3\rangle=\langle B_1,\ B_2\rangle$임을 보이는 것은

$$A_1,\ A_2,\ A_3\in\langle B_1,\ B_2\rangle$$
$$B_1,\ B_2\in\langle A_1,\ A_2,\ A_3\rangle$$

임을 보이는 것으로 충분하다. 실제로

$$A_1=B_1+B_2$$
$$A_2=B_1+2B_2$$
$$A_3=-B_3$$
$$B_1=2A_1-A_2$$
$$B_2=-A_3$$

임을 쉽게 확인할 수 있다. 또 $\{B_1,\ B_2\}$는 일차독립이므로 $\{B_1,\ B_2\}$는 $\langle B_1,\ B_2\rangle=\langle A_1,\ A_2,\ A_3\rangle$의 기저가 된다. 특히

$$\dim\langle B_1,\ B_2\rangle=\dim\langle A_1,\ A_2,\ A_3\rangle=2$$

이다.

예제 6.14

$\boldsymbol{R}^4$의 부분공간 $\mathscr{V}$와 $\mathscr{W}$를

$$\mathscr{V} = \{ A = (x_1,\ x_2,\ x_3,\ x_4) \mid x_1 + x_2 + x_3 + x_4 = 0 \}$$
$$\mathscr{W} = \{ A = (x_1,\ x_2,\ x_3,\ x_4) \mid x_1 - x_2 + x_3 - x_4 = 0 \}$$

으로 정의하자. 이때 $\mathscr{V} \cap \mathscr{W}$ 의 기저를 구하라.

풀이 $A = (x_1,\ x_2,\ x_3,\ x_4)$가 $\mathscr{V} \cap \mathscr{W}$ 에 속하기 위한 필요충분조건은

$$x_1 + x_2 + x_3 + x_4 = 0$$
$$x_1 - x_2 + x_3 - x_4 = 0$$

즉

$$x_1 + x_3 = 0$$
$$x_2 + x_4 = 0$$

즉

$$x_3 = -x_1$$
$$x_4 = -x_2$$

따라서

$$\mathscr{V} \cap \mathscr{W} = \{ (x_1,\ x_2,\ -x_1,\ -x_2) \in \boldsymbol{R}_4 \mid x_1,\ x_2 \text{는 실수} \}$$

이다. 이제

$$\begin{aligned}(x_1,\ x_2,\ -x_1,\ -x_2) &= x_1(1,\ 0,\ -1,\ 0) + x_2(0,\ 1,\ 0,\ -1) \\ &\in \langle (1,\ 0,\ -1,\ 0),\ (0,\ 1,\ 0,\ -1) \rangle\end{aligned}$$

이므로 $B_1(1,\ 0,\ -1,\ 0)$, $B_2 = (0,\ 1,\ 0,\ -1)$이라고 하면

$$\mathscr{V} \cap \mathscr{W} \subset \langle B_1,\ B_2 \rangle$$

이다. 또 명백히

$$B_1,\ B_2 \in \mathscr{V} \cap \mathscr{W}$$

이므로

$$\langle B_1, B_2 \rangle \subset \mathscr{V} \cap \mathscr{W}$$

이다. 따라서

$$\mathscr{V} \cap \mathscr{W} = \langle B_1, B_2 \rangle$$

이다. 또한

$$a_1B_1 + a_2B_2 = \boldsymbol{O} \Rightarrow (a_1, a_2, -a_1, -a_2) = (0, 0, 0, 0)$$
$$\Rightarrow a_1 = a_2 = 0$$

이므로 B_1, B_2는 일차독립이다. 따라서 $\{B_1, B_2\}$는 $\mathscr{V} \cap \mathscr{W}$의 기저이다. 특히 $\dim \mathscr{V} \cap \mathscr{W} = 2$ 이다.

예제 6.15

$\boldsymbol{R}^3$의 부분공간 $\mathscr{V}$와 $\mathscr{W}$를

$$\mathscr{V} = \{(x, y, z) \mid x = y = z\}$$
$$\mathscr{W} = \{(x, y, z) \mid x = 0\}$$

으로 정의하자. 이때 $\mathscr{V} + \mathscr{W}$를 구하라.

풀이 $\mathscr{V}$의 임의의 벡터는

$$A = (x, x, x)$$

의 형태이고, $\mathscr{W}$의 임의의 벡터는

$$B = (0, y, z)$$

의 형태이다. 따라서

$$A + B = (x, x, x) + (0, y, z) = (x, x+y, x+z)$$

의 형태가 된다. 여기서 x, y, z를 변화시키면 $\boldsymbol{R}^3$의 모든 벡터를 얻을 수 있음을 추측할 수 있다. 즉 $\mathscr{V} + \mathscr{W} = \boldsymbol{R}^3$라고 추측할 수 있

다. 실제로 $\boldsymbol{R}^3$의 임의의 벡터 $(x,\ y,\ z)$에 대하여

$$(x,\ y,\ z) = (x,\ x,\ x) + (0,\ y-x,\ z-x)$$

이고

$$(x,\ x,\ x) \in \mathscr{V},$$
$$(0,\ y-x,\ z-x) \in \mathscr{W}$$

이므로

$$(x,\ y,\ z) \in \mathscr{V} + \mathscr{W}$$

이다. 따라서 $\mathscr{V} + \mathscr{W} = \boldsymbol{R}^3$이다. 이것은 다음 그림과 같이 기하학적으로 알 수 있다. 즉 공간의 임의의 벡터는 $\mathscr{V}$의 벡터와 $\mathscr{W}$의 벡터의 합으로 쓸 수 있다.

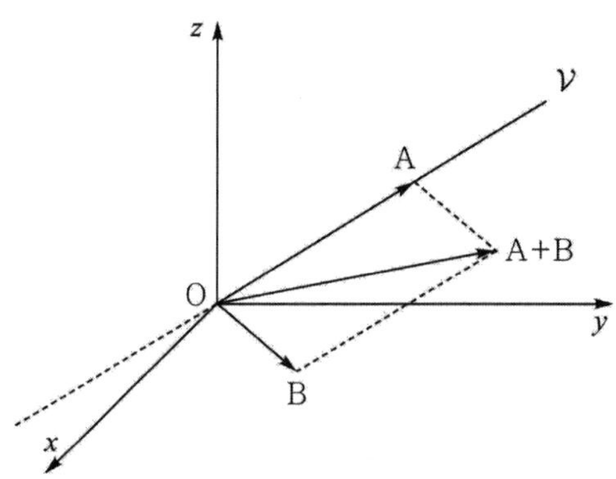

예제 6.16

$\{1,\ x+1,\ (x+1)^2\}$이 $\boldsymbol{R}_2[x]$의 기저가 됨을 보이고, 이 기저에 관한 $A = 3x^2 - 4x + 2$의 좌표를 구하라.

풀이 예제 6.8에서 $\dim \boldsymbol{R}_2[x] = 3$ 임을 알고 있으므로 세 벡터 $1,\ x+1,\ (x+1)^2$이 일차독립이기만 하면 기저가 된다.

$$a_1 \cdot 1 + a_2(x+1) + a_3(x+1)^2 = 0$$

이면

$$(a_1+a_2+a_3)+(a_2+2a_3)x+a_3x^2=0$$

이고, 따라서

$$\begin{aligned} a_1+a_2+a_3&=0 \\ a_2+2a_3&=0 \\ a_3&=0 \end{aligned}$$

즉

$$a_1=a_2=a_3=0$$

이 되므로 $\{1,\ x+1,\ (x+1)^2\}$은 일차독립이고 기저가 된다.
다음에 A의 좌표를 구하면

$$A=a_1\cdot 1+a_2(x+1)+a_3(x+1)^2$$

이 되는 a_1, a_2, a_3를 찾으면 된다. 양변의 계수를 비교하면

$$\begin{cases} 2=a_1+a_2+\ a_3 \\ -4=\qquad a_2+2a_3 \\ 3=\qquad\qquad a_3 \end{cases}$$

이고, 이것을 풀면

$$a_1=9,\ a_2=-10,\ a_3=3$$

이다. 따라서 기저 $\{1,\ x+1,\ (x+1)^2\}$에 관한 A의 좌표는 $(9,\ -10,\ 3)$이다.

예제 6.17

$\boldsymbol{R}^3$의 부분공간

$$\mathscr{V}=\{(x,\ y,\ z)\,|\,3x+y+z=0,\ x+3y+z=0,\ x+y+3z=0\}$$

의 차원을 구하라.

풀이 벡터 $A=(x,\ y,\ z)$가 $\mathscr{V}$에 속하기 위한 필요충분조건은

$$\begin{cases} 3x+y+z=0 \\ x+3y+z=0 \\ x+y+3z=0 \end{cases}$$

즉

$$\begin{cases} 2x-2y \qquad\ =0 \\ 2x \qquad -2z=0 \\ x+y \quad\ +3z=0 \end{cases}$$

즉

$$x=y=z=0$$

이므로 $\mathscr{V}=\{\boldsymbol{O}\}$이고, 따라서 $\dim\mathscr{V}=0$이다.

연습문제

1. 다음 집합 중 $\boldsymbol{R}^3$의 기저인 것을 찾아라.

$\mathscr{E} = \{(1, 2, 3), (2, 3, 1), (3, 1, 2)\}$

$\mathscr{F} = \{(1, -1, 0), (2, 1, 5), (0, 3, 4)\}$

$\mathscr{C} = \{(1, 1, -1), (1, -1, 1), (-1, 1, 1)\}$

2. 다음 집합 중 $\boldsymbol{R}_3[x]$의 기저인 것을 찾아라.

$\mathscr{E} = \{1, 1+x, 1+x+x^2, 1+x+x^2+x^3\}$

$\mathscr{F} = \{1, 1+x, x^2+x^3\}$

$\mathscr{C} = \{1+x^2, 1-x^2, x+x^3, x-x^3\}$

3. $\boldsymbol{C}$를 실벡터공간으로 생각할 때, 다음 집합 중 $\boldsymbol{C}$의 기저인 것을 찾아라.

$\mathscr{E} = \{1+i, 1-i\}$

$\mathscr{F} = \{i, -i\}$

$\mathscr{C} = \{1+2i, 2+3i\}$

4. 다음 $\boldsymbol{R}^3$의 부분공간의 기저를 구하라. 또 차원도 구하라.

$\mathscr{U} = \{(x, y, z) \mid x-2y+3z=0\}$

$\mathscr{V} = \{(x, y, z) \mid x=0, y+z=0\}$

$\mathscr{W} = \{(x, y, z) \mid x+y=0, y+z=0, x+2y+z=0\}$

5. 다음 $\boldsymbol{R}_3[x]$의 부분공간의 기저를 구하라. 또, 차원도 구하라.

$\mathscr{U} = \{p(x) \mid p(0)=0\}$

$\mathscr{V} = \{p(x) \mid \frac{d}{dx}p(x)=0\}$

$\mathscr{W} = \{p(x) \mid p(-x)=p(x)\}$

6. $\mathscr{U}$ 가 유한차원 벡터공간 $\mathscr{V}$ 의 부분공간이면,

$$\mathscr{U} \cap \mathscr{W} = \{ \boldsymbol{O} \} \text{이고 } \mathscr{U} + \mathscr{W} = \mathscr{V}$$

인 $\mathscr{V}$ 의 부분공간 $\mathscr{W}$ 가 존재함을 보여라. (힌트 : 정리 6.7을 이용한다.)

7. $\mathscr{U}$ 와 $\mathscr{W}$ 가 유한차원 벡터공간 $\mathscr{V}$ 의 부분공간이고 $\mathscr{U} \cap \mathscr{W} = \{ \boldsymbol{O} \}$이면

$$\dim (\mathscr{U} \cap \mathscr{W}) = \dim \mathscr{U} + \dim \mathscr{W}$$

임을 증명하라.

8. $\mathscr{U}$ 와 $\mathscr{W}$ 가 유한차원 벡터공간 $\mathscr{V}$ 의 부분공간이면

$$\dim(\mathscr{U} + \mathscr{W}) = \dim \mathscr{U} + \dim \mathscr{W} - \dim(\mathscr{U} \cap \mathscr{W})$$

임을 보여라(힌트 : $\mathscr{U} \cap \mathscr{W}$의 기저를 하나 선택하고, 이것을 $\mathscr{U}$ 의 기저로 확장하고, 또 $\mathscr{W}$ 의 기저로 확장한다. 이제 $\mathscr{U} + \mathscr{W}$ 의 기저를 찾아본다).

9. $\boldsymbol{R}^3$의 부분집합

$$\mathscr{U} = \{ (a,\ 0,\ 0) \mid a \in \boldsymbol{R} \} \text{과 } \mathscr{W} = \{ (0,\ b,\ b) \mid b \in \boldsymbol{R} \} \text{과}$$

은 모두 부분공간임을 보여라. 또, $\mathscr{U} + \mathscr{W}$ 의 차원을 구하라.

10. $\boldsymbol{R}^3$의 부분공간 $\mathscr{U}$를

$$\mathscr{U} = \{ (x,\ y,\ z) \mid x - y = 0 \}$$

으로 정의할 때 $\mathscr{U} \cap \mathscr{W} = \{ \boldsymbol{O} \}$이고 $\mathscr{U} + \mathscr{W} = \boldsymbol{R}^3$인 $\boldsymbol{R}^3$의 부분공간 $\mathscr{W}$ 를 하나 구하라(이러한 $\mathscr{W}$ 는 무수히 많다).

11. 집합 $\{ (r,\ 1,\ 1),\ (1,\ r,\ 1),\ (1,\ 1,\ r) \}$인 $\boldsymbol{R}^3$의 기저가 되는 실수 r을 모두 구하라.

12. $A = (a,\ b)$가 $\boldsymbol{R}^2$의 벡터일 때 다음 기저에 관한 A의 좌표를 구하라.

$$\mathscr{B}_1 = \{ (1,\ 0),\ (0,\ 1) \}$$

$$\mathscr{B}_2 = \{ (1,\ 0),\ (0,\ 2) \}$$

$$\mathscr{B}_3 = \{(1,\ 1),\ (-1,\ 2)\}$$

13. $\boldsymbol{R}_4[x]$의 부분집합

$$\mathscr{V} = \left\{ p(x) \in \boldsymbol{R}_4[x] \mid p(x) = x^4 p\left(\frac{1}{x}\right) \right\}$$

는 $\boldsymbol{R}_4[x]$의 부분공간임을 보이고, $\mathscr{V}$ 의 기저를 구하라.

14. 다음 집합은 $\mathrm{Mat}_{2\times2}(\boldsymbol{R})$의 기저임을 증명하라.

① $\left\{\begin{pmatrix} 1 & 0 \\ 0 & 0 \end{pmatrix},\ \begin{pmatrix} 0 & 1 \\ 0 & 0 \end{pmatrix},\ \begin{pmatrix} 0 & 0 \\ 1 & 0 \end{pmatrix},\ \begin{pmatrix} 0 & 0 \\ 1 & 2 \end{pmatrix}\right\}$

② $\left\{\begin{pmatrix} 1 & -1 \\ 0 & 0 \end{pmatrix},\ \begin{pmatrix} 1 & 1 \\ 0 & 0 \end{pmatrix},\ \begin{pmatrix} 0 & 0 \\ 1 & 1 \end{pmatrix},\ \begin{pmatrix} 0 & 0 \\ 1 & 2 \end{pmatrix}\right\}$

③ $\left\{\begin{pmatrix} 1 & 0 \\ 2 & 0 \end{pmatrix},\ \begin{pmatrix} 0 & 0 \\ 1 & 3 \end{pmatrix},\ \begin{pmatrix} 4 & 0 \\ 1 & 1 \end{pmatrix},\ \begin{pmatrix} 0 & 1 \\ 1 & 2 \end{pmatrix}\right\}$

참고 ① 과 같은 기저를 $\mathrm{Mat}_{2\times2}(\boldsymbol{R})$의 표준기저라고 한다.

15. $\{A_1,\ A_2,\ A_3\}$가 $\mathscr{V}$ 의 기저이면 $\{A_1,\ A_1+A_2,\ A_1+A_2+A_3\}$도 $\mathscr{V}$ 의 기저임을 보여라.

16. $\dim \mathscr{V} = n$일 때 다음 두 조건은 동치임을 보여라.

(1) $\{A_1,\ \cdots,\ A_n\}$이 $\mathscr{V}$ 의 기저

(2) $\dim \langle A_1,\ \cdots,\ A_n \rangle = n$

17. 좌표평면에서 직선 $y=2x$ 위의 두 점 A, B를 택할 때 $\vec{A}$, $\vec{B}$는 일차종속임을 보여라.

18. 평면 α 위의 서로 다른 네 점 A, B, C, D에 대하여 세 벡터 $\overrightarrow{AB}$, $\overrightarrow{AC}$, $\overrightarrow{AD}$는 일차종속임을 설명하라.

19. 좌표공간의 세 점 A, B, C가 동일 직선 위에 있기 위한 필요충분조건은 $\{\overrightarrow{AB},\ \overrightarrow{BC}\}$가 일차종속임을 보여라.

20. $S=\{s_1, \cdots, s_n\}$은 유한집합이고 $\chi_{s_i} : S \longrightarrow \boldsymbol{R}$을 s_i의 특징함수(예제 5.6 참조)라고 하자. 그러면

$$\langle \chi_{s_1}, \cdots, \chi_{s_n} \rangle = \mathscr{F}(S, \boldsymbol{R})$$

임을 증명하라. 따라서 예제 5. 6의 결과와 결합하면 $\{\chi_{s_1}, \cdots, \chi_{s_n}\}$은 $\mathscr{F}(S, \boldsymbol{R})$의 기저가 된다. 특히 $\dim \mathscr{F}(S, \boldsymbol{R}) = n = |S|$이다($|S|$는 S의 원소의 수를 나타낸다).

21. S가 유한집합이고 $\mathscr{V}$가 유한차원 벡터공간이면 $\mathscr{F}(S, \mathscr{V})$의는 유한차원임을 보이고 $\dim \mathscr{F}(S, \mathscr{V}) = |S| \cdot \mathscr{V}$ 임을 보여라.

22. $\mathscr{V}$가 복소벡터공간일 때 스칼라를 실수로 제한하면 $\mathscr{V}$를 실벡터공간으로 볼 수 있음은 이미 언급한 바 있다. 이때

$$\dim_R \mathscr{V} = 2 \dim_C \mathscr{V}$$

임을 보여라. 여기서 $\dim_R \mathscr{V}$, $\dim_C \mathscr{V}$는 각각 $\mathscr{V}$를 실벡터공간, 복소벡터공간으로 생각할 때의 차원이다.

23. $\boldsymbol{R}_3[x]$의 부분집합

$$\mathscr{V} = \left\{ p(x) \mid p(0) = 0, \ \frac{d}{dx} \Big|_{x=0} p(x) = 0 \right\}$$

는 $\boldsymbol{R}_3[x]$의 부분공간임을 보이고, $\mathscr{V}$의 기저를 구하라.

24. $\mathrm{Mat}_{2\times 2}(\boldsymbol{R})$의 두 부분집합

$$\mathscr{V} = \left\{ \begin{pmatrix} a & b \\ b & d \end{pmatrix} \middle| \ a, \ b, \ d \in \boldsymbol{R} \right\}, \quad \mathscr{W} = \left\{ \begin{pmatrix} 0 & -b \\ b & 0 \end{pmatrix} \middle| \ b \in \boldsymbol{R} \right\}$$

에 대하여 다음을 증명하라.

① $\mathscr{V}$와 $\mathscr{W}$는 $\mathrm{Mat}_{2\times 2}(\boldsymbol{R})$의 부분공간이다.

② $\dim \mathscr{V} = 3$

③ $\dim \mathscr{W} = 1$

④ $\mathscr{V} \cap \mathscr{W} = \{\boldsymbol{O}\}$

⑤ $\mathscr{V} + \mathscr{W} = \mathrm{Mat}_{2\times 2}(\boldsymbol{R})$

제 7 장

선형사상

벡터공간에서 기저를 정하면 좌표를 이용하여 벡터를 나타낼 수 있음을 알아보았다. 이때 기저가 바뀌면 벡터의 좌표가 어떻게 바뀌는지를 조사해보는 것이 매우 중요하다. 기저의 변환 또는 좌표의 변환을 가장 효과적으로 설명할 수 있는 수단이 선형사상이다.

독자들은 고등학교에서 좌표평면 위에서의 일차변환에 대하여 공부하였을 것이다. 이러한 일차변환을 일반화한 개념이 바로 선형사상이다. 먼저 일차변환에 대하여 간단히 복습해 보자.

좌표평면 위에서의 함수

$$f:\ \mathbf{R}^2 \longrightarrow \mathbf{R}^2$$

가

$$f(x,\ y) = (ax+by,\ cx+dy)\ (a,\ b,\ c,\ d\text{는 상수}) \cdots ①$$

와 같은 꼴로 주어질 때 f를 일차변환이라고 한다. 이때 ①을 행렬을 사용하여

$$f:\begin{pmatrix} x \\ y \end{pmatrix} \longrightarrow \begin{pmatrix} ax+by \\ cx+dy \end{pmatrix} = \begin{pmatrix} a & b \\ c & d \end{pmatrix}\begin{pmatrix} x \\ y \end{pmatrix}$$

와 같이 나타낼 수도 있다. 일차변환 f는 다음과 같은 두 가지 성질을 만족시킨다는 것은 행렬의 연산에 관한 성질로부터 쉽게 알 수 있다.

(1) $P,\ Q \in \mathbf{R}^2$이면 $f(P+Q) = f(P) + f(Q)$

(2) $P \in \mathbf{R}^2,\ r \in \mathbf{R}$ 이면 $f(rP) = rf(P)$

이제 선형사상이란 위의 두 가지 성질을 만족시키는 백터공간 사이의 함수로 정의한다.

정의 7.1

$\mathscr{V}$ 와 $\mathscr{W}$ 가 벡터공간일 때 함수 $T:\mathscr{V} \longrightarrow \mathscr{W}$ 가 다음 두 조건을 만족시키면 선형사상(linear map)이라고 한다.

(1) $A,\ B \in \mathscr{V}$ 이면 $T(A+B) = T(A) + T(B)$

(2) $A \in \mathscr{V},\ r \in \boldsymbol{R}$ 이면 $T(rA) = rT(A)$

특히 $\mathscr{V}$ 에서 $\mathscr{V}$ 자신으로의 선형사상 $T:\mathscr{V} \longrightarrow \mathscr{V}$ 를 $\mathscr{V}$ 위의 선형변환 또는 일차변환(linear transformation), 또는 선형작용소(linear operator)라고 한다.

위 정의에 따르면 선형사상이란 벡터의 덧셈과 스칼라곱셈을 보존하는 $\mathscr{V}$ 에서 $\mathscr{W}$ 로의 함수라고 해석할 수 있다.

$\mathscr{V}$ 와 $\mathscr{W}$ 의 차원이 1이상이기만 하면 $\mathscr{V}$ 에서 $\mathscr{W}$ 로의 선형사상은 무수히 많다는 것을 곧 알게 될 것이다. 이 사실이 선형대수학을 흥미롭고 유용한 과목으로 만드는 요소의 하나이며, 이렇게 많은 선형사상들을 분류하는 것이 지금부터 가장 중요한 관심사이다.

우선 선형사상의 몇 가지 예를 살펴본다.

예제 7.1

좌표평면 $\boldsymbol{R}^2$ 위에서

$$T(x,\ y) = (ax + by,\ cx + dy)(a,\ b,\ c,\ d\text{는 상수})$$

로 정의되는 일차변환 $T:\boldsymbol{R}^2 \longrightarrow \boldsymbol{R}^2$는 선형사상이다.
특히

$$T(x,\ y) = (x\cos\Theta - y\sin\Theta,\ x\sin\Theta + y\cos\Theta)\ (\Theta\text{는 상수})$$

로 주어지는 선형사상을 회전변환이라고 한다. 왜냐하면 원점을 중심으로 점 $(x,\ y)$를 반시계방향으로 Θ(radian)만큼 회전이동시킨 점의 좌표가 $(x\cos\Theta - y\sin\Theta,\ x\sin\Theta + y\cos\Theta)$이기 때문이다.

예제 7.2

$\boldsymbol{R}^3$에서 $\boldsymbol{R}^2$로의 함수 T를

$$T(x,\ y,\ z)=(x,\ y)$$

로 정의하면 T는 선형사상이다. 실제로 두 벡터 $A=(a_1,\ a_2,\ a_3)$, $B=(b_1,\ b_2,\ b_3)$와 실수 r에 대하여

$$\begin{aligned} T(A+B) &= T(a_1+b_1,\ a_2+b_2,\ a_3+b_3) \\ &= (a_1+b_1,\ a_2+b_2) = (a_1,\ a_2)+(b_1,\ b_2) \\ &= T(A)+T(B) \end{aligned}$$

이고

$$\begin{aligned} T(rA) &= T(ra_1,\ ra_2,\ ra_3) = (ra_1,\ ra_2) \\ &= r(a_1,\ a_2) = r\,T(A) \end{aligned}$$

이므로 T는 선형사상의 두 가지 특성을 만족시킨다.

예제 7.3

위의 예를 약간 변형시켜서 $T : \boldsymbol{R}^3 \longrightarrow \boldsymbol{R}^3$를

$$T(x,\ y,\ z)=(x,\ y,\ 0)$$

으로 정의하자. 그러면 예제 7.2와 같은 방법으로 T가 선형사상이 되는 것을 보일 수 있다. 기하적으로 해석하면 T는 xy 평면 위로의 정사영(orthogonal projection)이다.

예제 7.4

$\boldsymbol{R}^4$에서 $\boldsymbol{R}_3[x]$로의 함수 T를

$$T(a_1,\ a_2,\ a_3,\ a_4)=a_1+a_2x+a_3x^2+a_4x^3$$

으로 정의하면 T가 선형사상이 됨을 보이는 일은 역시 기계적인 계산이다. 이 선형사상 T를 잘 살펴보면 T를 통하여 $\boldsymbol{R}^4$와 $\boldsymbol{R}_3[x]$는 "동일

한" 벡터공간으로 생각할 수 있음을 발견하게 된다. 상세한 것은 뒤에서 다룬다.

예제 7.5

하나의 2×2 행렬 A를 고정하고, 함수

$$T : \mathrm{Mat}_{2\times2}(\boldsymbol{R}) \longrightarrow \mathrm{Mat}_{2\times2}(\boldsymbol{R})$$

을

$$T(X) = AX \ (X \in \mathrm{Mat}_{2\times2}(\boldsymbol{R})$$

로 정의하자. T가 선형사상이 되는 것은 행렬연산의 성질로부터 확인할 수 있다. 즉 X, $Y \in \mathrm{Mat}_{2\times2}(\boldsymbol{R})$, $r \in \boldsymbol{R}$일 때

$$T(X+Y) = A(X+Y) = AX + AY = T(X) + T(Y)$$
$$T(rX) = A(rX) = rAX = rT(X)$$

이므로 T는 선형사상이다.

예제 7.6

$D : \boldsymbol{R}[x] \longrightarrow \boldsymbol{R}[x]$

$$D(p(x)) = \frac{d}{dx} P(x)$$

로 정의하면 D가 선형사상이 되는 것은 미분의 성질로부터 분명하다.

예제 7.7

$L : \boldsymbol{R}[x] \longrightarrow \boldsymbol{R}[x]$를

$$L(p(x)) = \int_0^x p(t)dt$$

로 정의하면 L도 적분의 성질로부터 선형사상이 된다.

이제 선형사상의 일반적인 성질을 살펴보자.

정리 7.1

$T:\mathscr{V} \longrightarrow \mathscr{W}$ 가 선형사상이면 $T(\boldsymbol{O})=\boldsymbol{O}$이다.
(여기서 $\mathscr{V}$ 와 $\mathscr{W}$ 의 영벡터를 같은 기호 $\boldsymbol{O}$으로 표기하였다.)

증명 $T(\boldsymbol{O})=T(0\,\boldsymbol{O})=0\,T(\boldsymbol{O})=\boldsymbol{O}$ ■

정리 7.2

$T:\mathrm{V} \longrightarrow \mathrm{W}$ 가 선형사상이고, $A_1, \cdots, A_n \in \boldsymbol{R}$이면

$$T(a_1A_1+\cdots+a_nA_n)=a_1T(A_1)+\cdots+a_nT(A_n)$$

이다.

증명 선형사상은 벡터의 덧셈을 보존하므로 귀납법을 사용하면

$$T(a_1A_1+\cdots+a_nA_n)=T(a_1A_1)+\cdots+T(a_nA_n)$$

이 되고, 또 선형사상은 스칼라곱셈을 보존하므로

$$T(a_1A_1)+\cdots+T(a_nA_n)=a_1T(A_1)+\cdots+a_nT(A_n)$$

이 된다. ■

정의 7.2

$T:\mathscr{V} \longrightarrow \mathscr{W}$ 가 선형사상이고, E가 $\mathscr{V}$ 의 부분집합일 때

$$T(E)=\{T(A)\in\mathscr{W} \mid A\in E\}$$

라고 정의한다. 집합 $T(E)$는 $\mathscr{W}$ 의 부분집합이다.

정리 7.3

$T:\mathscr{V} \longrightarrow \mathscr{W}$ 가 선형사상이고 $\mathscr{U}$ 가 $\mathscr{V}$ 의 부분공간이면 $T(\mathscr{U})$는

$\mathscr{W}$ 의 부분공간이다.

증명 $O \in \mathscr{U}$ 이므로 $O = T(O) \in T(\mathscr{U})$, 따라서 $T(\mathscr{U}) \neq \phi$ 이다.
A', $B' \in T(\mathscr{U})$이면

$$A' = T(A),\ B' = T(B)$$

인 $\mathscr{U}$ 의 원소 A, B가 존재한다. 그러면

$$A' + B' = T(A) + T(B) = T(A+B)$$

이고, $A+B \in \mathscr{U}$ 이므로 $T(A+B) \in T(\mathscr{U})$이다. 즉

$$A' + B' \in T(\mathscr{U})$$

이다. 또, 실수 r에 대하여

$$rA' = rT(A) = T(rA)$$

이고, $rA \in \mathscr{U}$ 이므로 $T(rA) \in T(\mathscr{U})$이다. 즉 $rA' \in T(\mathscr{U})$이다.
■

정리 7.4

$T : \mathscr{V} \longrightarrow \mathscr{W}$ 가 선형사상이고 E가 $\mathscr{V}$ 의 부분집합이면

$$T(\langle E \rangle) = \langle T(E) \rangle$$

이다.

증명 먼저 $T(\langle E \rangle) \subset \langle T(E) \rangle$임을 보이자.
$A' \in T(\langle E \rangle)$이면, 적당한 $A \in \langle E \rangle$ 에 대하여 $A' = T(A)$가 된다.
또 $A \in \langle E \rangle$ 이므로

$$A = a_1 A_1 + \cdots + a_n A_n$$

이 되는 벡터 $A_1, \cdots, A_n \in E$와 실수 $a_1, \cdots, a_n$이 존재한다. 따라서 정리 7.2에 의하여

$$A' = T(A) = T(a_1 A_1 + \cdots + a_n A_n)$$
$$= a_1 T(A_1) + \cdots + a_n T(A_n)$$

이 되고, $T(A), \cdots, T(A_n)$은 모두 $T(E)$의 원소이므로 $A' \in \langle T(E) \rangle$ 이다. 따라서 $T(\langle E \rangle) \subset \langle T(E) \rangle$임이 증명되었다. 다음에 $A' \in \langle T(E) \rangle$ 이면

$$A' = b_1 A_1' + \cdots + b_n A_n'$$

이 되는 벡터 $A_1', \cdots, A_n' \in T(E)$과 실수 $b_1, \cdots, b_n$이 존재한다. 또

$$A_1', = T(A_1), \cdots, A_n' = T(A_n)$$

이 되는 E의 벡터 $A_1, \cdots, A_n$을 찾을 수 있다. 이제,

$$A = b_1 A_1 + \cdots + b_n A_n$$

으로 놓으면 $A \in \langle E \rangle$ 이고, 정리 7.2에 의하여

$$\begin{aligned} A' &= b_1 A_1' + \cdots + b_n A_n' \\ &= b_1 T(A_1) + \cdots + b_n T(A_n) \\ &= T(b_1 A_1 + \cdots + b_n A_n) \\ &= T(A) \in T(\langle E \rangle) \end{aligned}$$

가 되어 $\langle T(E) \rangle \subset T(\langle E \rangle)$임도 증명되었다. ■

정리 7.5

$T : \mathscr{V} \longrightarrow \mathscr{W}$ 와 $S : \mathscr{W} \longrightarrow \mathscr{U}$ 가 선형사상이면 T와 S의 합성함수

$$S \circ T : \mathscr{V} \longrightarrow \mathscr{U}, \quad (S \circ T)(A) = S(T(A))$$

도 선형사상이다.

증명 먼저 $A,\ B \in \mathscr{V}$ 이면 T과 S는 선형사상이므로

$$\begin{aligned}(S\circ T)(A+B) &= S(T(A+B)) \\ &= S(T(A)+T(B)) \\ &= S(T(A))+S(T(B)) \\ &= (S\circ T)(A)+(S\circ T)(B)\end{aligned}$$

가 된다. 또 r이 스칼라이면

$$\begin{aligned}(S\circ T)(rA) &= S(T(rA)) = S(rT(A)) \\ &= rS(T(A)) = r(S\circ T)(A)\end{aligned}$$

가 된다. 따라서 $(S\circ T)$는 선형사상이다. ■

정리 7.6

임의의 두 선형사상 $T:\mathscr{V} \longrightarrow \mathscr{W}$, $S:\mathscr{V} \longrightarrow \mathscr{W}$ 와 임의의 실수 r에 대하여 다음과 같이 정의된 함수 $T+S$, rT는 모두 $\mathscr{V}$ 에서 $\mathscr{W}$ 로의 선형사상이다.

$$T+S:\mathscr{V} \longrightarrow \mathscr{W},\quad (T+S)(A) = T(A)+S(A)$$
$$rT:\mathscr{V} \longrightarrow \mathscr{W},\quad (rT)(A) = rT(A)$$

증명 임의의 $A,\ B \in \mathscr{V}$ 와 $a \in \boldsymbol{R}$에 대하여

$$\begin{aligned}(T+S)(A+B) &= T(A+B)+S(A+B) \\ &= T(A)+T(B)+S(A)+S(B) \\ &= T(A)+S(A)+T(B)+S(B) \\ &= (T+S)(A)+(T+S)(B)\end{aligned}$$

$$\begin{aligned}(T+S)(aA) &= T(aA)+S(aA) \\ &= aT(A)+aS(A) \\ &= a(T(A)+S(A)) \\ &= a((T+S)(A))\end{aligned}$$

이므로 $T+S$는 선형사상이다. 그리고

$$(rT)(A+B) = r(T(A+B)) = r(T(A)+T(B))$$
$$= rT(A) + rT(B) = (rT)(A) + (rT)(B)$$
$$(rT)(aA) = r(T(aA)) = r(aT(A)) = raT(A)$$
$$= (ar)T(A) = a(rT(A)) = a((rT)(A))$$

이므로 rT는 선형사상이다. ■

정의 7.3

$\mathscr{V}$ 와 $\mathscr{W}$ 가 벡터공간일 때, 영사상(zero linear map) $\boldsymbol{O} : \mathscr{V} \longrightarrow \mathscr{W}$ 를 모든 $A \in \mathscr{V}$ 에 대하여 $\boldsymbol{O}(A) = \boldsymbol{O}$으로 정의한다. 영사상은 분명히 선형사상이다.

이제 정리 7.6과 정의 7.3을 사용하여 $\mathscr{V}$ 에서 $\mathscr{W}$ 로의 선형사상 전체의 집합도 역시 벡터공간이 됨을 보일 수 있다.

정의 7.4

$\mathscr{V}$ 와 $\mathscr{W}$ 가 벡터공간일 때 $\mathscr{V}$ 에서 $\mathscr{W}$ 로의 선형사상 전체의 집합을 $\mathscr{L}(\mathscr{V}, \mathscr{W})$로 나타낸다. 즉

$$\mathscr{L}(\mathscr{V}, \mathscr{W}) = \{T \mid T : \mathscr{V} \longrightarrow \mathscr{W} \text{ 는 선형사상}\}$$

정리 7.7

$\mathscr{L}(\mathscr{V}, \mathscr{W})$는 벡터공간이다.

증명 정리 7.6에서 정의된 선형사상의 덧셈과 스칼라의 곱셈이 벡터공간의 공리 VS 1~8을 만족시키는 것을 보아야 한다. 정의 7.3의 영사상이 영벡터가 되는 것과 $T \in \mathscr{L}(\mathscr{V}, \mathscr{W})$일 때 $(-1)T$가 공리 VS 4의 $-T$가 되는 것은 쉽게 알 수 있다. 자세한 것은 독자에게 맡긴다. ■

정리 7.7은 벡터가 크기와 방향을 갖는 양이 아니라는 것을 다시 한 번 강조한다. 벡터공간 $\mathscr{L}(\mathscr{V}, \mathscr{W})$는 앞으로 우리가 공부할 중요한 대상이다.

정의 7.5

$T : \mathscr{V} \longrightarrow \mathscr{W}$가 선형사상일 때 $\mathscr{W}$의 부분집합

$$\operatorname{im} T = T(\mathscr{V})$$

를 T의 상(image)이라고 하고, $\mathscr{V}$의 부분집합

$$\ker T = \{A \in \mathscr{V} \mid T(A) = \boldsymbol{O}\}$$

를 T의 핵(kernel)이라고 한다.

정리 7.8

$T : \mathscr{V} \longrightarrow \mathscr{W}$가 선형사상이면, $\operatorname{im} T$는 $\mathscr{W}$의 부분공간이고 $\ker T$는 $\mathscr{V}$의 부분공간이다.

증명 정리 7.3을 $\mathscr{U} = \mathscr{V}$인 경우에 적용하면 $\operatorname{im} T$가 $\mathscr{W}$의 부분공간이 됨을 알 수 있다. 다음으로 $\ker T$가 $\mathscr{V}$의 부분공간임을 보이자.
먼저 $T(\boldsymbol{O}) = \boldsymbol{O}$이므로, $\boldsymbol{O} \in \ker T$이고 따라서 $\ker T \neq \phi$이다.
$A, B \in \ker T$이고 $r \in \boldsymbol{R}$이면

$$T(A+B) = T(A) + T(B) = \boldsymbol{O} + \boldsymbol{O} = \boldsymbol{O}$$
$$T(rA) = rT(A) = r \cdot \boldsymbol{O} = \boldsymbol{O}$$

이므로, $A+B,\ rA \in \ker T$
따라서 $\ker T$는 $\mathscr{V}$의 부분공간이다. ■

정리 7.9

$T : \mathscr{V} \longrightarrow \mathscr{W}$가 선형사상이고, $\mathscr{V}$가 유한차원이면 $\ker T$와 $\operatorname{im} T$도 유한차원이며, 다음이 성립한다.

$$\dim \mathscr{V} = \dim \ker T + \dim \operatorname{im} T$$

증명 T가 영사상이면 $\ker T = \mathscr{V}$ 이고 $\operatorname{im} T = \{\boldsymbol{O}\}$ 이므로 정리는 명백히 성립한다. 이제 정리 6.8에 의하여 $\ker T$도 유한차원이다. 또 $\{A_1, \cdots, A_r\}$를 $\ker T$의 기저라고 하면 정리 6.7에 의하여 $\{A_1, \cdots, A_r, B_1, \cdots, B_s\}$가 $\mathscr{V}$의 기저가 되도록 $B_1, \cdots, B_s$를 찾을 수 있다. 그러면 정리 7.4에 의하여

$$\begin{aligned}\operatorname{im} T = T(\mathscr{V}) &= T(\langle A_1, \cdots, A_r, B_1, \cdots, B_s \rangle) \\ &= \langle T(A_1), \cdots, T(A_r), T(B_1), \cdots, T(B_s) \rangle \\ &= \langle \boldsymbol{O}, \cdots, \boldsymbol{O}, T(B_1), \cdots, T(B_s) \rangle \\ &= \langle T(B_1), \cdots, T(B_s) \rangle\end{aligned}$$

가 되고, 따라서 $\operatorname{im} T$는 유한차원이다. 이제 $\{T(B_1), \cdots, T(B_s)\}$가 사실 $\operatorname{im} T$의 기저임을 보이고자 한다. $T(B_1), \cdots, T(B_s)$가 $\operatorname{im} T$를 생성하는 것은 이미 보였으므로 그들이 일차독립인 것을 증명하면 된다. 실제로

$$b_1 T(B_1) + \cdots + b_s T(B_s) = \boldsymbol{O}$$

이면 정리 7.2에 의하여

$$T(b_1 B_1 + \cdots + b_s B_s) = \boldsymbol{O}$$

이 되어

$$b_1 B_1 + \cdots + b_s B_s \in \ker T$$

이다. 한편 $\{A_1, \cdots, A_r\}$이 $\ker T$의 기저이므로

$$b_1 B_1 + \cdots + b_s B_s = a_1 A_1 + \cdots + a_r A_r$$

이 되는 스칼라 $a_1, \cdots, a_r$이 존재한다. 이 등식을 다시 쓰면

$$-a_1A_1-\cdots-a_rA_r+b_1B_1+\cdots+b_sB_s=\boldsymbol{O}$$

이 되고, $\{A_1, \cdots, A_r, B_1, \cdots, B_s\}$는 일차독립이므로

$$-a_1=\cdots=-a_r=b_1=\cdots=b_s=0$$

이어야 한다. 특히 $b_1=\cdots=b_s=0$이 된다. 따라서 $T(B_1), \cdots, T(B_s)$는 일차독립이다. 이제

$$\dim \ker T=r$$
$$\dim \operatorname{im} T=s$$
$$\dim \mathscr{V}=r+s$$

이므로 정리는 증명되었다. ■

예제 7.8

$T: \boldsymbol{R}^4 \longrightarrow \boldsymbol{R}^3$가

$$T(x_1, x_2, x_3, x_4)=(x_1+x_2, x_3+x_4, 0)$$

으로 정의된 선형사상일 때, $\ker T$와 $\operatorname{im} T$를 구하라.

풀이

$$\ker T=\{x_1, x_2, x_3, x_4)\in \boldsymbol{R}^4 \mid (x_1+x_2, x_3+x_4, 0)=\boldsymbol{O}\}$$
$$=\{u, -u, v, -v)\in \boldsymbol{R}^4 \mid u, v\in \boldsymbol{R}\}$$

또 $\operatorname{im} T$는 xy평면이다.

$$\operatorname{im} T=\{(a, b, 0)\in \boldsymbol{R}^3 \mid a, b\in \boldsymbol{R}\}=\mathscr{V}_{xy}$$

이다. 왜냐하면

$$T(a, 0, b, 0)=(a, b, 0)$$

이므로 $(a, b, 0)$꼴의 벡터는 항상 $\operatorname{im} T$에 속하고, 따라서 $\operatorname{im} T\supset \mathrm{V}_{xy}$ 이다. 한편 $\operatorname{im} T$에 속하는 벡터의 마지막 성분은 0이어

야 하므로 $\operatorname{im} T \supset V_{xy}$ 임은 자명하다. 따라서 $\operatorname{im} T = V_{xy}$ 이다.
참고로 $\ker T = \langle (1, -1, 0, 0), (0, 0, 1, -1) \rangle$ 이므로 $\dim \ker T = 2$ 이고 $\operatorname{im} T = \langle (1, 0, 0), (0, 1, 0) \rangle$ 이므로 $\dim \operatorname{im} T = 2$ 가 되어 정리 7.9가 성립함을 확인할 수 있다.

예제 7.9

$D : \boldsymbol{R}_n[x] \longrightarrow \boldsymbol{R}_n[x]$를

$$D(p(x)) = \frac{d}{dx} p(x)$$

로 정의된 선형사상이라 하자. 또 D를 m번 합성한 선형사상을 D^m 으로 나타내면

$$\begin{aligned} &\ker D = \boldsymbol{R}_0[x], && \operatorname{im} D = \boldsymbol{R}_{n-1}[x] \\ &\ker D^2 = \boldsymbol{R}_1[x], && \operatorname{im} D^2 = \boldsymbol{R}_{n-2}[x] \\ &\quad\vdots && \quad\vdots \\ &\ker D^m = \boldsymbol{R}_{m-1}[x], && \operatorname{im} D^m = \boldsymbol{R}_{n-m}[x] \end{aligned}$$

이것을 쉽게 확인할 수 있다. 이 경우에도 정리 7.9가 성립함을 알 수 있다. 또 $D^{n+1} : \boldsymbol{R}_n[x] \longrightarrow \boldsymbol{R}_n[x]$은 영사상이 된다. 왜냐하면 차수가 n 이하인 다항식을 $n+1$번 미분하면 영다항식이 되기 때문이다. 이렇게 자기 자신을 몇 번 합성하면 영사상이 되는 선형사상을 멱영(nilpotent)사상이라고 한다. 멱영사상은 장차 Jordan 표준형을 공부할 때 중요한 역할을 한다.

정의 7.6

집합 X에서 집합 Y로의 함수 $f : X \longrightarrow Y$가 다음 조건 (1)을 만족시키면 f를 단사(injective)함수 또는 일대일함수라고 하며, 조건 (2)를 만족시키면 전사(surjective)함수라고 한다.

(1) $x_1, x_2 \in X$, $f(x_1) = f(x_2) \Rightarrow x_1 = x_2$, 즉 f는 정의역의 서로 다른 원소에 대하여 공역의 서로 다른 원소를 대응시킨다.

(2) $f(X) = Y$, 즉 임의의 $y \in Y$에 대하여 $f(x) = y$인 $x \in X$가 존

재한다.
함수 f가 단사이고 전사일 때 f를 전단사함수 또는 일대일 대응이라고 한다.

정리 7.10

$T:\mathscr{V}\longrightarrow\mathscr{W}$ 가 선형사상일 때 다음이 성립한다.

(i) $\ker T=\{\boldsymbol{O}\}\iff T$는 단사함수이다.

(ii) $\operatorname{im} T=\mathscr{W}\iff T$는 전사함수이다.

증명 (i) 먼저 $\ker T=\{\boldsymbol{O}\}$이면

$$\begin{aligned} T(A_1)=T(A_2)\ &\Rightarrow\ T(A_1-A_2)=\boldsymbol{O}\\ &\Rightarrow\ A_1-A_2\in \mathrm{kerT}=\{\boldsymbol{O}\}\\ &\Rightarrow\ A_1-A_2=\{\boldsymbol{O}\}\\ &\Rightarrow\ A_1=A_2 \end{aligned}$$

이므로 T는 단사이다. 역으로 T가 단사이면

$$A\in\ker T\ \Rightarrow\ T(A)=\boldsymbol{O}=T(\boldsymbol{O})\ \Rightarrow\ A=\boldsymbol{O}$$

이므로 $\ker T$의 원소는 $\boldsymbol{O}$뿐이다. 즉 $\ker T=\{\boldsymbol{O}\}$이다.

(ii) 정의에 의하여 명백하다. ■

예제 7.10

선형사상 $D:\boldsymbol{R}[x]\longrightarrow\boldsymbol{R}[x]$, $D(p(x))=\dfrac{d}{dx}p(x)$의 핵과 상은 각각

$$\ker D=\boldsymbol{R}_0[x],\quad \operatorname{im} D=\boldsymbol{R}[x]$$

이다. 따라서 D는 단사는 아니지만 전사이다.

정의 7.7

선형사상 $T : \mathscr{V} \longrightarrow \mathscr{W}$ 가 일대일 대응일 때, 즉 $\ker T = \{\boldsymbol{O}\}$, $\operatorname{im} T = \mathscr{W}$ 일 때 T를 동형사상(isomorphism)이라고 한다. 또 벡터공간 $\mathscr{V}$ 에서 벡터공간 $\mathscr{W}$ 로의 동형사상이 존재할 때 $\mathscr{V}$ 와 $\mathscr{W}$ 는 동형(isomorphic)이라 하고, 이 사실을 $\mathscr{V} \cong \mathscr{W}$ 로 나타낸다.

동형사상은 함수로서 일대일 대응이므로, 역함수를 생각할 수 있다.

정리 7.11

$T : \mathscr{V} \longrightarrow \mathscr{W}$ 가 동형사상이면 T의 역함수 $T^{-1} : \mathscr{W} \longrightarrow \mathscr{V}$ 도 동형사상이다.
특히 $\mathscr{V} \cong \mathscr{W}$ 이면 $\mathscr{W} \cong \mathscr{V}$ 이다.

증명 T의 역함수 T^{-1}는 일대일 대응이다. 따라서 T^{-1}가 동형사상임을 보이려면 T^{-1}가 선형사상임을 보여야 한다. B_1, $B_2 \in \mathscr{W}$ 이면 T는 일대일 대응이면

$$B_1 = T(A_1),\ \ B_2 = T(A_2)$$

인 A_1, $A_2 \in \mathscr{V}$ 가 각각 유일하게 존재한다. 이때

$$T^{-1}(B_1) = A_1,\ \ T^{-1}(B_2) = A_2$$

가 된다. 또

$$B_1 + B_2 = T(A_1) + T(A_2) = T(A_1 + A_2)$$

이므로

$$T^{-1}(B_1 + B_2) = A_1 + A_2$$

이다. 따라서

$$T^{-1}(B_1 + B_2) = T^{-1}(B_1) + T^{-1}(B_2)$$

가 된다. 또 r이 스카라일 때

$$rB_1 = rT(A_1) = T(rA_1)$$

이므로

$$T^{-1}(rB_1) = rA_1 = T^{-1}(B_1)$$

이 된다. 따라서, T^{-1}는 선형사상이고 동형사상이다. ■

동형사상 $T : \mathscr{V} \longrightarrow \mathscr{W}$ 는 벡터공간의 덧셈과 스칼라곱셈을 보존시키고 $\mathscr{V}$ 와 $\mathscr{W}$ 를 일대일로 대응시키므로, 동형인 두 벡터공간 $\mathscr{V}$, $\mathscr{W}$ 는 벡터공간으로서 본질적으로 같다고 할 수 있다.

예제 7.11

$\boldsymbol{R}^n \cong \boldsymbol{R}_{n-1}[x]$

이것을 보이기 위하여 다음과 같은 함수를 생각한다.

$$T : \boldsymbol{R}^n \longrightarrow \boldsymbol{R}_{n-1}[x],\ T(a_1, \cdots, a_n) = a_1 + a_2x + \cdots + a_nx^{n-1}$$

그러면 T는 선형사상이고, 단사이며 전사임을 쉽게 확인할 수 있다. 따라서 T는 동형사상이다.

위의 예에서 $\boldsymbol{R}^n$과 $\boldsymbol{R}_{n-1}[x]$가 동형이라면 친숙한 $\boldsymbol{R}^n$만을 다루면 될 것을 왜 두 벡터공간을 모두 다루는지 의아해 할 수 있다. 이것에 대한 대답은 실제로 그리 간단하지 않으며 20세기 후반의 수학의 "스타일"과도 다소 관련이 있다. 두 벡터공간을 모두 다루는 이유 중의 하나는 물론 그 각각이 어떤 자연스러운 의미를 내포하고 있기 때문이다. 예를 들어 예제 7.1과 예제 7.3에서 보듯이 $\boldsymbol{R}^n$에서는 회전과 사영의 의미가 기하적으로 자연스럽게 설명되지만 $\boldsymbol{R}_{n-1}[x]$에서는 그다지 자연스럽지 못하다. 또 멱영사상이 가장 자연스러운 예는 예제 7.9의 $\boldsymbol{R}_n[x]$에서 정의된 선형사상 D이다. 그러나 D를 $\boldsymbol{R}^{n+1}$에서 생각하는 것은 너무 인위적인 것 같다.

예제 7.12

$\mathscr{V}$가 벡터공간일 때, 항등함수

$$I_v : \mathscr{V} \longrightarrow \mathscr{V}, \quad I_v(A) = A$$

는 분명히 선형사상이고 일대일 대응이다. 따라서 I_v는 동형사상이 된다. 즉 $\mathscr{V} \cong \mathscr{V}$ 이다.
벡터공간에서의 항등함수를 항등사상이라고 한다.

예제 7.13

선형사상 $T : \boldsymbol{R}^4 \longrightarrow \boldsymbol{R}^4$를

$$T(x_1, x_2, x_3, x_4) = (x_1, x_1 + x_2, x_1 + x_2 + x_3, x_1 + x_2 + x_3 + x_4)$$

로 정의하자. 그러면 T는 동형사상이 된다. 실제로

$$\begin{aligned}
& T(x_1, x_2, x_3, x_4) = 0 \\
& \Rightarrow (x_1, x_1 + x_2, x_1 + x_2 + x_3, x_1 + x_2 + x_3 + x_4) = (0, 0, 0, 0) \\
& \Rightarrow x_1 = x_1 + x_2 = x_1 + x_2 + x_3 = x_1 + x_2 + x_3 + x_4 = 0 \\
& \Rightarrow x_1 = x_2 = x_3 = x_4 = 0
\end{aligned}$$

이므로 $\ker T = \{ \boldsymbol{O} \}$이다. 다음에 정리 7.9를 적용하면

$$4 = \dim \boldsymbol{R}^4 = \dim \ker T + \dim \operatorname{im} T = \dim \operatorname{im} T$$

이고, 정리 6.11에 의하여 $\operatorname{im} T = \boldsymbol{R}^4$가 된다. 따라서 $\ker T = \{ \boldsymbol{O} \}$ 이고 $\operatorname{im} T = \boldsymbol{R}^4$이므로 T는 동형사상이다.

예제 7.14

고정된 2×2 행렬 A에 대하여, 선형사상

$$T : \mathrm{Mat}_{2\times 2}(\boldsymbol{R}) \Rightarrow \mathrm{Mat}_{2\times 2}(\boldsymbol{R}), \quad T(X) = AX$$

를 생각하자(예제 7.5 참조). 이때 A의 역행렬이 존재하면 T는 동

형사상이 됨을 보여라

증명 $T(X)=\boldsymbol{O} \Rightarrow AX=\boldsymbol{O} \Rightarrow X=A^{-1}\boldsymbol{O}=\boldsymbol{O}$
이므로 $\ker T=\{\boldsymbol{O}\}$이다. 또 임의의 $Y\in \mathrm{Mat}_{2\times 2}(\boldsymbol{R})$에 대하여 $A^{-1}Y\in \mathrm{Mat}_{2\times 2}(\boldsymbol{R})$이고, $T(A^{-1}Y)=A(A^{-1}Y)=Y$이므로 $\mathrm{im}\,T=\mathrm{Mat}_{2\times 2}(\boldsymbol{R})$이다. 따라서 T는 동형사상이다.

예제 7.15

선형사상 $S,\ T:\boldsymbol{R}^3 \longrightarrow \boldsymbol{R}^3$가

$$S(x,\ y,\ z)=(y,\ -z,\ 0)$$
$$T(x,\ y,\ z)=(0,\ x,\ x+y+z)$$

로 정의되어 있을 때, $S,\ T,\ S+T,\ S-T,\ S\circ T$ 중 동형사상을 찾아라.

풀이 S와 T는 명백히 전사가 아니다. 따라서 S와 T는 동형사상이 아니다. 다음에 $S+T$의 식을 구해보면

$$\begin{aligned}(S+T)(x,\ y,\ z)&=S(x,\ y,\ z)+T(x,\ y,\ z)\\&=(y,\ -z,\ 0)+(0,\ x,\ x+y+z)\\&=(y,\ x-z,\ x+y+z)\end{aligned}$$

이다.

$$\begin{aligned}&(S+T)(x,\ y,\ z)=(y,\ x-z,\ x+y+z)=(0,\ 0,\ 0)\\&\Rightarrow y=x-z=x+y+z=0\\&\Rightarrow x=y=z=0\end{aligned}$$

이므로 이다. 또 예제 7.13과 마찬가지로 정리 7.9와 정리 6.11을 차례로 적용하면 $\mathrm{im}(S+T)=\boldsymbol{R}^3$가 됨을 알 수 있다. 따라서 $S+T$는 동형사상이다. $S-T$의 식을 구하면

$$(S-T)(x,\ y,\ z)=S(x,\ y,\ z)-T(x,\ y,\ z)$$

$$\begin{aligned} &= (y, \ -z, \ 0) - (0, \ x, \ x+y+z) \\ &= (y, \ -x-z, \ -x-y-z) \end{aligned}$$

이다.

$$\begin{aligned} &(S-T)(x, \ y, \ z) = (y, \ -x-z, \ -x-y-z) = (0, \ 0, \ 0) \\ &\Rightarrow \ y = -x-z = -x-y-z = 0 \\ &\Rightarrow \ y = 0, \ z = -x \end{aligned}$$

이므로

$$\ker(S-T) = \{(a, \ 0, \ -a) \mid a \in \boldsymbol{R}\} \neq \{\boldsymbol{O}\}$$

이 되어 $S-T$는 동형사상이 아니다. 마지막으로

$$\begin{aligned} S \circ T(x, \ y, \ z) &= S(T(x, \ y, \ z)) \\ &= S(0, \ x, \ x+y+z) \\ &= (x, \ -x-y-z, \ 0) \end{aligned}$$

이다. 따라서 $S \circ T$는 전사가 아니므로 $S \circ T$는 동형사상이 될 수 없다.

위의 예제에서 동형사상이 아닌 두 선형사상의 합이 동형사상이 될 수도 있음을 보았다. 또한 두 동형사상의 합이 동형사상이 아닐 수도 있다. 예를 들어 위의 예제에서 $2S-T$를 생각하면 $2S-T$는 동형사상임을 보일 수 있다. 그러나 $3S = (S+T) + (2S-T)$는 동형사상이 아니다.

다음에는 선형사상을 만드는 가장 일반적인 방법을 소개한다.

정리 7.12

$\mathscr{V}$ 는 유한차원 벡터공간이고, $\{A_1, \cdots, A_n\}$은 $\mathscr{V}$ 의 기저라고 하자. 임의의 유한차원 또는 무한차원 벡터공간 $\mathscr{W}$ 와 임의의 $B_1, \cdots, B_n \in \mathscr{W}$ 에 대하여, 다음 조건을 만족시키는 선형사상 $T : \mathscr{V} \longrightarrow \mathscr{W}$ 가 단 하나 존재한다.

$$T(A_i)=B_i \quad (i=1,\ 2,\ \cdots,\ n)$$

여기서, $B_1, \cdots, B_n$은 서로 다를 필요가 없다.

증명 정리 6.6에 의하여 각 $A \in \mathscr{V}$는 단 한 가지 방법으로 $A_1, \cdots, A_n$의 일차결합

$$A = a_1A_1 + \cdots + a_nA_n$$

으로 나타낼 수 있으므로, 다음과 같이 함수 $T : \mathscr{V} \longrightarrow \mathscr{W}$를 정의할 수 있다.

$$T(a_1A_1 + \cdots + a_nA_n) = a_1B_1 + \cdots + a_nB_n$$

이때

$$T(A_i)=B_i \ (i=1,\ 2,\ \cdots,\ n)$$

가 됨은 분명하다. 또, T는 선형사상이 된다. 실제로

$$\begin{aligned} T\left(\sum_{i=1}^{n} a_iA_i + \sum_{i=1}^{n} b_iA_i\right) &= T\left(\sum_{i=1}^{n}(a_i+b_i)A_i\right) \\ &= \sum_{i=1}^{n}(a_i+b_i)B_i \\ &= \sum_{i=1}^{n} a_iB_i + \sum_{i=1}^{n} b_iB_i \\ &= T\left(\sum_{i=1}^{n} a_iA_i\right) + T\left(\sum_{i=1}^{n} b_iA_i\right) \end{aligned}$$

$$\begin{aligned} T\left(r\sum_{i=1}^{n} a_iA_i\right) = T\left(\sum_{i=1}^{n} ra_iA_i\right) &= \sum_{i=1}^{n} ra_iB_i \\ &= r\sum_{i=1}^{n} a_iB_i = rT\left(\sum_{i=1}^{n} a_iA_i\right) \end{aligned}$$

다음에 그러한 T가 유일함을 보이자.
만약 어떤 선형사상 $S : \mathscr{V} \longrightarrow \mathscr{W}$ 가

$$S(A_i)=B_i \quad (i=1,\ 2,\ \cdots,\ n)$$

을 만족시키면, 임의의 $A=a_1A_1+\cdots+a_nA_n\in\mathscr{V}$ 에 대하여

$$\begin{aligned}S(A)&=S(a_1A_1+\cdots+a_nA_n)=a_1S(A_1)+\cdots+a_nS(A_n)\\&=a_1B_1+\cdots+a_nB_n=T(a_1A_1+\cdots+a_nA_n)=T(A)\end{aligned}$$

이므로 $S=T$ 이다.
따라서 주어진 조건을 만족시키는 선형사상은 T 단 하나뿐이다. ■

위의 정리의 증명에 의하여 다음 따름정리가 성립한다.

따름정리 7.13

두 선형사상 $S:\mathscr{V}\longrightarrow\mathscr{W}$ 와 $T:\mathscr{V}\longrightarrow\mathscr{W}$ 가 $\mathscr{V}$ 의 임의의 기저 $\mathscr{B}=\{A_1,\ \cdots,\ A_n\}$에 대하여

$$S(A_i)=T(A_1)\quad(i=1,\ 2,\ \cdots,\ n)$$

이면 $S=T$ 이다.

정의 7.8

정리 7.12의 선형사상 $T:\mathscr{V}\longrightarrow\mathscr{W}$ 를

$$T(A_i)=B_i\quad(i=1,\ 2,\ \cdots,\ n)$$

의 선형확장(linear extension)이라고 한다.

예제 7.16

선형사상 $T:\boldsymbol{R}^3\longrightarrow\boldsymbol{R}_6[x]$를

$$\begin{aligned}T(1,\ 1,\ 1)&=x^3+x^5\\T(0,\ 1,\ 1)&=x^2+x^4+x^6\\T(0,\ 0,\ 1)&=x\end{aligned}$$

의 선형확장이라고 할 때 $T(1,\ 3,\ -1)$을 구하라.

풀이 먼저 $\{(1, 1, 1), (0, 1, 1), (0, 0, 1)\}$이 $\boldsymbol{R}^3$의 기저임은 쉽게 확인할 수 있다. 다음에 이 기저에 관한 $(1, 3, -1)$의 좌표를 구해야 한다. 즉

$$\begin{aligned}(1, 3, -1) &= a_1(1, 1, 1) + a_2(0, 1, 1) + a_3(0, 0, 1)\\ &= (a_1, a_1+a_2, a_1+a_2+a_3)\end{aligned}$$

인 a_1, a_2, a_3를 구해야 한다.

$$\begin{cases} 1 &= a \\ 3 &= a_1 + a_2 \\ -1 &= a_1 + a_2 + a_3 \end{cases}$$

에서 a_1, a_2, a_3를 구하면

$$a_1 = 1, \ a_2 = 2, \ a_3 = -4$$

이다. 즉

$$(1, 3, -1) = 1(1, 1, 1) + 2(0, 1, 1) - 4(0, 0, 1)$$

이고 따라서

$$\begin{aligned}T(1, 3, -1) &= 1(x^3+x^5) + 2(x^2+x^4+x^6) - 4x\\ &= -4x + 2x^2 + x^3 + 2x^4 + x^5 + 2x^6\end{aligned}$$

정의 7.14

유한차원 벡터공간 $\mathscr{V}$와 $\mathscr{W}$에 대하여 $\dim \mathscr{V} = \dim \mathscr{W}$이기 위한 필요충분조건은 $\mathscr{V} \cong \mathscr{W}$이다.

증명 $\dim \mathscr{V} = \dim \mathscr{W}$라고 하고, $\mathscr{V}$와 $\mathscr{W}$의 기저를 각각 $\{A_1, \cdots, A_n\}$, $\{B_1, \cdots, B_n\}$이라고 하자. (두 벡터공간의 차원이 같으므로 기저의 원소의 수는 같다.) 이제 선형사상 $T : \mathscr{V} \longrightarrow \mathscr{W}$를

$$T(A_i) = B_i \quad (i = 1, 2, \cdots, n)$$

의 선형확장이라고 하자. 그러면 정리 7.4에 의하여

$$\begin{aligned} \operatorname{im} T = T(\mathscr{V}) &= T(\langle A_1, \cdots, A_n \rangle) \\ &= \langle T(A_1), \cdots, T(A_n) \rangle \\ &= \langle B_1, \cdots, B_n \rangle = \mathscr{W} \end{aligned}$$

가 된다. 또 여기서 정리 7.9를 적용하면

$$\begin{aligned} n = \dim \mathscr{V} &= \dim \ker T + \dim \operatorname{im} T = \dim \ker T + \dim \mathscr{W} \\ &= \dim \ker T + n \end{aligned}$$

이 되므로

$$\dim \ker T = 0, \text{ 즉 } \ker T = \{ \boldsymbol{O} \}$$

이 된다. 따라서 T는 동형사상이다.

역으로 $\mathscr{V} \cong \mathscr{W}$ 이면 동형사상 $T : \mathscr{V} \longrightarrow \mathscr{W}$ 가 존재한다. T는 동형사상이므로 $\ker T = \{ \boldsymbol{O} \}$이고 $\operatorname{im} T = \mathscr{W}$ 이다. 여기에 정리 7.9를 적용하면

$$\begin{aligned} \dim \mathscr{V} &= \dim \ker T + \dim \operatorname{im} T \\ &= \dim \{ \boldsymbol{O} \} + \dim \mathscr{W} = \dim \mathscr{W} \end{aligned}$$

이 된다. ■

따름정리 7.15

유한차원 벡터공간 $\mathscr{V}$ 의 차원이 n이면 $\mathscr{V} \cong \boldsymbol{R}^n$이다.

예제 6.1에서 $\boldsymbol{R}^n$의 표준기저 $\{E_1, \cdots, E_n\}$을 정의하였다. 즉

$$E_i = (0, 0, \cdots, \underset{\substack{\uparrow \\ i \text{ 번째}}}{1}, 0, \cdots, 0) \qquad i = 1, 2, \cdots, n$$

정리 7.16

$A_1, \cdots, A_n$이 $\mathscr{V}$ 의 벡터일 때 선형사상 $T : \boldsymbol{R}^n \longrightarrow \mathscr{V}$를

$$T(E_i) = A_i \quad (i=1,\ 2,\ \cdots,\ n)$$

의 선형확장이라고 하면 다음이 성립한다.

(i) $\{A_1, \cdots, A_n\}$이 일차독립 $\Longleftrightarrow$ $\ker T = \{ \boldsymbol{O} \}$

(ii) $\{A_1, \cdots, A_n\} = \mathscr{V}$ $\Longleftrightarrow$ $\operatorname{im} T = \mathscr{V}$

증명 (i) $\{a_1, \cdots, a_n\} = aE_1 + \cdots + a_nE_n$이므로 선형확장의 정의에 의하여

$$T(a_1,\ \cdots,\ a_n) = a_1A_1 + \cdots + a_nA_n$$

이 된다. 먼저 $\{A_1, \cdots, A_n\}$이 일차독립이라고 가정하자. 만약

$$T(a_1,\ \cdots,\ a_n) = \{ \boldsymbol{O} \}$$

이면

$$a_1A_1 + \cdots + a_nA_n = \{ \boldsymbol{O} \}$$

이 되고 $\{A_1, \cdots, A_n\}$은 일차독립이므로

$$\{a_1, \cdots, a_n\} = (0,\ \cdots,\ 0)$$

이어야 한다. 따라서 $\ker T = \{ \boldsymbol{O} \}$이다. 역으로 $\ker T = \{ \boldsymbol{O} \}$이라고 가정하자. 만약

$$a_1A_1 + \cdots + a_nA_n = \{ \boldsymbol{O} \}$$

이면

$$T(a_1,\ \cdots,\ a_n) = a_1A_1 + \cdots + a_nA_n = \boldsymbol{O}$$

이고 $\ker T = \{ \boldsymbol{O} \}$이라고 하였으므로

$$a_1 = \cdots = a_n = 0$$

이 된다. 따라서 $\{A_1, \cdots, A_n\}$은 일차독립이다.

(ii) 정리 7.4에 의하여

$$\begin{aligned}\operatorname{im} T &= T(\langle E_1, \cdots, E_n\rangle) = \langle T(E_1), \cdots, T(E_n)\rangle \\ &= \langle A_1, \cdots, A_n\rangle\end{aligned}$$

이므로 (ii) 도 성립한다. ■

예제 7.17

예제 7.13에서 $\{x^3+x^5,\ x^2+x^4+x^6,\ x\}$는 일차독립이므로 $\ker T=\{O\}$이다. 즉 T는 단사이다.

연습문제

1. 다음 함수 중에서 선형사상인 것을 찾아라.
   ① $T : \boldsymbol{R}^2 \longrightarrow \boldsymbol{R}^2,\ T(x,\ y) = (2x-y,\ x^2)$
   ② $T : \boldsymbol{R}^3 \longrightarrow \boldsymbol{R}^2,\ T(x,\ y,\ z) = (2x+3z,\ 5y)$
   ③ $T : \boldsymbol{R}^2 \longrightarrow \boldsymbol{R}^3,\ T(x,\ y) = (xy,\ x,\ y)$
   ④ $T : \boldsymbol{R}^3 \longrightarrow \boldsymbol{R}^3,\ T(x,\ y,\ z) = (x+y+z,\ 1,\ -1)$
   ⑤ $T : \boldsymbol{R}_2[x] \longrightarrow \boldsymbol{R}_2[x],\ T(a+bx+cx^2) = 1+bx-cx^2$
   ⑥ $T : \mathrm{Mat}_{2\times2}(\boldsymbol{R}) \longrightarrow \boldsymbol{R},\ T\begin{pmatrix} a & b \\ c & d \end{pmatrix} = ad-bc$
   ⑦ $T : \mathrm{Mat}_{2\times2}(\boldsymbol{R}) \longrightarrow \mathrm{Mat}_{2\times2}(\boldsymbol{R}),\ T\begin{pmatrix} a & b \\ c & d \end{pmatrix} = \begin{pmatrix} a & c \\ b & d \end{pmatrix}$
   ⑧ $T : \mathrm{Mat}_{2\times2}(\boldsymbol{R}) \longrightarrow \boldsymbol{R},\ T\begin{pmatrix} a & b \\ c & d \end{pmatrix} = a+d$

2. 다음 함수 T는 선형사상임을 보이고 $\ker T$와 $\mathrm{im}\, T$의 기저를 구하라.
   ① $T : \boldsymbol{R}^3 \longrightarrow \boldsymbol{R},\ T(x,\ y,\ z) = x-2y+3z$
   ② $T : \boldsymbol{R}^3 \longrightarrow \boldsymbol{R}^3,\ T(x,\ y,\ z) = (z,\ 0,\ y)$
   ③ $T : \boldsymbol{R}_3[x] \longrightarrow \boldsymbol{R}_2[x],\ T(a_0+a_1x+a_2x^2+a_3x^3) = a_1+a_2x+a_3x^2$
   ④ $T : \boldsymbol{R}_3 \longrightarrow \boldsymbol{R}_2[x],\ T(a_1,\ a_2,\ a_3) = a_1+(a_1,\ a_2)x+(a_1+a_2+a_3)x^2$
   ⑤ $T : \boldsymbol{R}^3 \longrightarrow \boldsymbol{R}^2,\ T(x,\ y) = (x,\ -x)$

3. $\mathscr{V}$와 $\mathscr{W}$가 벡터공간일 때 함수 $T : \mathscr{V} \longrightarrow \mathscr{W}$에 대하여 다음 두 명제는 서로 동치임을 보여라.
   (1) T는 선형사상이다.
   (2) 임의의 $A,\ B \in \mathscr{V},\ a,\ b \in \boldsymbol{R}$에 대하여
   $T(aA+bB) = aT(A)+bT(B)$

4. ① $T : \boldsymbol{R} \longrightarrow \boldsymbol{R}$이 선형사상이면 모든 $x \in \boldsymbol{R}$에 대하여 $T(x) = kx$가 되고, 오직 T에 의해서만 결정되는 상수 k가 존재함을 보여라.

② $T: \boldsymbol{R} \longrightarrow \boldsymbol{R}$이 선형사상이고 $T(-3)=5$일 때, $T(2000)$을 구하라.

5. ① $T: \boldsymbol{R}^2 \longrightarrow \boldsymbol{R}$이 선형사상이면 모든 $(x, y) \in R^2$에 대하여 $T(x, y) = ax+by$가 되고, 오직 T에 의해서만, 결정되는 상수 a, b가 존재함을 보여라.

② $T: \boldsymbol{R}^2 \longrightarrow \boldsymbol{R}$이 선형사상이고 $T(1, 1)=-3$, $T(1, 2)=4$일 때, $T(2, 1)$을 구하라.

6. a_i, b_i, c_i가 실수일 때

$$T(x, y, z)=(a_1x+a_2y+a_3z,\ b_1x+b_2y+b_3z, c_1x+c_2y+c_3z)$$

로 정의되는 함수 $T: \boldsymbol{R}^3 \longrightarrow \boldsymbol{R}^3$은 선형사상임을 보여라. 또 역으로 $\boldsymbol{R}^3$에서 $\boldsymbol{R}^3$으로의 선형사상은 모두 이러한 형태임을 보여라.

7. 다음 함수는 동형사상임을 보여라.

① $T: \boldsymbol{R}^{n+1} \longrightarrow \boldsymbol{R}_n[x]$,

$T(a_1, \cdots, a_{n+1})=a_1+(a_1+a_2)x+\cdots+(a_1+a_2+\cdots+a_{n+1})x^n$

② $T: \boldsymbol{R}^{n+1} \longrightarrow \boldsymbol{R}_n[x]$,

$T(a_1, \cdots, a_{n+1})=a_2+a_3x+\cdots+a_{n+1}x^{n-1}+a_1x^n$

③ $T: \boldsymbol{R}^4 \longrightarrow \mathrm{Mat}_{2\times2}(\boldsymbol{R})$, $T(a, b, c, d)=\begin{pmatrix} a & b \\ c & d \end{pmatrix}$

8. 선형사상 $T: \boldsymbol{R}^n \longrightarrow \boldsymbol{R}^n$을 $T(a_1, \cdots, a_n)=(0, a_1, a_2, \cdots, a_{n-1})$으로 정의하자. 이때 T는 멱영사상이 됨을 보여라. T^m을 T를 m번 합성한 사상이라고 할 때 $\dim \ker T^m$과 $\dim \mathrm{im}\, T^m$을 구하라.

9. 고정된 다항식 $k(x) \in \boldsymbol{R}[x]$에 대하여 함수

$$M_{k(x)}: \boldsymbol{R}[x] \longrightarrow \boldsymbol{R}[x],$$

$$L_{k(x)}: \boldsymbol{R}[x] \longrightarrow \boldsymbol{R}[x]$$

를

$$M_{k(x)}(p(x)) = k(x)\ p(x),$$

$$L_{k(x)}(p(x)) = \int_0^x k(t)\ p(t)\ dt$$

로 정의하자. 그러면 $M_{k(x)}$와 $L_{k(x)}$는 모두 선형사상임을 보여라.

10. 선형사상 $S : \boldsymbol{R}^3 \longrightarrow \boldsymbol{R}^4$, $T : \boldsymbol{R}^4 \longrightarrow \boldsymbol{R}^2$를

$$S(a_1,\ a_2,\ a_3) = (a_1 + a_2,\ a_1 + a_3,\ a_2 + a_3,\ a_1 + a_2 + a_3)$$
$$L(b_1,\ b_2,\ b_3,\ b_4) = (b_1 + b_2,\ b_3 + b_4)$$

로 정의하자. 이때 $\ker(T \circ S)$의 기저를 구하라. 또, $(T \circ S)(1,\ 2,\ 3)$을 구하여라.

11. 선형사상 $S, T : \boldsymbol{R}^3 \longrightarrow \boldsymbol{R}^3$가

$$S(x,\ y,\ z) = (0,\ x,\ y)$$
$$T(x,\ y,\ z) = (x + y + z,\ x + y,\ 0)$$

으로 정의되어 있을 때, $S + T$, $2S - T$, $S \circ T$, $T \circ S$ 중 동형사상을 찾아라.

12. 선형사상 $T : \boldsymbol{R}^3 \longrightarrow \boldsymbol{R}^3$를

$$T(x,\ y,\ z) = (y + z,\ z + x,\ x + y)$$

로 정의하면 T는 동형사상임을 보이고, T^{-1}를 구하라.

13. 선형사상 $T : \boldsymbol{R}^3 \longrightarrow \boldsymbol{R}^3$에 대하여

$$2x - y + 3z = 0 \text{이면 } T(x,\ y,\ z) = (0,\ 0,\ 0)$$

이고 $T(1,\ 0,\ 0)$과 $(1,\ 2,\ 3)$이라고 하자.
이때 $T(0,\ 1,\ 0)$과 $T(0,\ 0,\ 1)$을 구하라. 또 $\dim \operatorname{im} T$도 구하라.

14. a, b, c, d가 실수일 때

$$T(x,\ y) = (ax + by,\ cx + dy)$$

로 정의된 일차변환 $T: \boldsymbol{R}^2 \longrightarrow \boldsymbol{R}^2$가 동형사상이기 위한 필요충분조건은 $ad-bc \neq 0$임을 보여라.

15. $S: \mathscr{V} \longrightarrow \mathscr{W}$와 $T: \mathscr{W} \longrightarrow \mathscr{U}$가 모두 동형사상이면 $T \circ S: \mathscr{V} \longrightarrow \mathscr{W}$도 동형사상임을 보여라(따라서 $\mathscr{V} \cong \mathscr{W}$, $\mathscr{W} \cong \mathscr{U}$ 이면 $\mathscr{V} \cong \mathscr{U}$ 이다). 또 $(T \circ S)^{-1} = S^{-1} \circ T^{-1}$임을 보여라.

16. $\mathscr{V}$가 유한차원 벡터공간이고 $T: \mathscr{V} \longrightarrow \mathscr{V}$가 선형사상일 때, 다음 명제들은 동치임을 보여라.
   (1) T는 동형사상
   (2) $\ker T = \{\boldsymbol{O}\}$
   (3) $\operatorname{im} T = \mathscr{V}$
   (힌트 : 정리 7.9를 이용한다.)

17. $A_1 = (-1, 1, 0)$ $A_2 = (0, 2, 1)$ $A_3 = (0, 1, 1)$에 대하여 성형사상 $T: \boldsymbol{R}^3 \longrightarrow \boldsymbol{R}^3$를

$$T(E_i) = A_i, \quad i = 1, 2, 3$$

의 선형확장이라고 하자. 이때 $\ker T$와 $\operatorname{im} T$를 구하라. 또, $T(1, 2, 3)$도 구하라.

18. $T: \boldsymbol{R}^n \longrightarrow \boldsymbol{R}^n$을

$$\begin{aligned} T(E_1) &= (0, 1, 0, \cdots, 0) \\ T(E_2) &= (0, 0, 2, 0, \cdots, 0) \\ &\vdots \\ T(E_{n-1}) &= (0, 0, \cdots, n-1) \\ T(E_n) &= (0, 0, \cdots, 0) \end{aligned}$$

의 선형확장이라고 하면 T는 멱영사상임을 보여라. 또 $\ker T$와 $\operatorname{im} T$를 구하라.

19. S와 T가 유한집합일 때 $\mathscr{F}(S, \boldsymbol{R}) \cong \mathscr{F}(T, \boldsymbol{R})$이기 위한 필요충분조건은 $|S| = |T|$임을 증명하라. (힌트 : 제6장 연습문제 20을 이용한다.)

20. $S=\{a, b, c\}$일 때 $T: \mathscr{F}(S, \boldsymbol{R}) \longrightarrow \boldsymbol{R}^3$을

$$T(\chi_a)=(1, 0, 0)$$
$$T(\chi_b)=(1, 0, 1)$$
$$T(\chi_c)=(0, 0, 1)$$

의 선형확장이라고 하자. 그러면 $\ker T$는 $f(a)=-1$, $f(b)=1$, $f(c)=-1$로 정의된 함수 $f: S \longrightarrow \boldsymbol{R}$로 생성됨을 보여라.

21. S, T가 집합이고 $\phi : S \longrightarrow T$는 함수라고 하자.
이때 $\phi^* : \mathscr{F}(T, \boldsymbol{R}) \longrightarrow \mathscr{F}(S, \boldsymbol{R})$을
$(\phi^* f)(s) = f(\phi(s))$로 정의할 때,
① ϕ^*는 선형사상임을 보여라.
② ϕ가 전사이면 ϕ^*는 단사임을 보여라.
③ 일반적으로

$$\ker\phi^* = \{f \in \mathscr{F}(T, \boldsymbol{R}) \mid \text{모든 } t \in \phi(S)\text{에 대하여 } f(t)=0\}$$

임을 보여라.
④ ϕ가 단사이면 ϕ^*는 전사임을 보여라.

22. 유한차원 벡터공간 $\mathscr{V}$의 부분공간 $\mathscr{W}_1$, $\mathscr{W}_2$, 에 대하여 다음 두 조건은 서로 동치임을 보여라.
(1) $\dim \mathscr{W}_1 = \dim \mathscr{W}_2$
(2) $T(\mathscr{W}_1) = \mathscr{W}_2$ 인 동형사상 $T: \mathscr{V} \longrightarrow \mathscr{V}$가 존재한다.

23. 함수 $T: \boldsymbol{R}_n[x] \longrightarrow \boldsymbol{R}_n[x]$를

$$T(p(x)) = p(x+1)$$

로 정의하면 T는 선형사상인가? 만약, 그렇다면 동형사상인가?

24. 유한차원 벡터공간 $\mathscr{V}$ 의 부분공간의 순서쌍 $(\mathscr{W}_1, \mathscr{W}_2)$를 생각하자. 부분공간의 순서쌍 $(\mathscr{W}_1, \mathscr{W}_2)$과 $(\mathscr{W}_1', \mathscr{W}_2')$에 대하여 다음 두 조건은 서로 동치임을 보여라.

(1) $\dim \mathscr{W}_1 = \dim \mathscr{W}_1'$, $\dim \mathscr{W}_2 = \dim \mathscr{W}_2'$,

$\dim (\mathscr{W}_1 \cap \mathscr{W}_2) = \dim(\mathscr{W}_1' \cap \mathscr{W}_2')$

(2) $T(\mathscr{W}_1) = \mathscr{W}_1'$, $T(\mathscr{W}_2) = \mathscr{W}_2'$인 동형사상 $T : \mathscr{V} \longrightarrow \mathscr{V}$가 존재한다.

25. $\mathscr{V}$ 가 유한차원 벡터공간이고, $\mathscr{B} = \{A_1, \cdots A_n\}$은 $\mathscr{V}$ 의 기저이다.

$1 \le j \le n$일 때 선형사상 $A_i^* : \mathscr{V} \longrightarrow \boldsymbol{R}$을

$$A_i^*(A_j) = \begin{cases} 0 & (j \neq i) \\ 1 & (j = i) \end{cases}$$

의 선형확장이라고 정의하자. 이때

① $A_i^*(a_1A_1 + \cdots + a_nA_n) = a_i$임을 보여라.

② $\ker A_i^*$의 기저를 구하라.

③ $\{A_1^*, \cdots, A_n^*\}$가 벡터공간 $\mathscr{L}(\mathscr{V}, \boldsymbol{R})$의 기저가 됨을 보여라.

특히, $\dim \mathscr{L}(\mathscr{V}, \boldsymbol{R}) = n = \dim \mathscr{V}$ 이다.

정의 벡터공간 $\mathscr{L}(\mathscr{V}, \boldsymbol{R})$을 벡터공간 $\mathscr{V}$ 의 쌍대공간(dual space)이라고 하고 $\mathscr{V}^*$로 나타낸다. $\mathscr{V}^* = \mathscr{L}(\mathscr{V}, \boldsymbol{R})$이다. $\mathscr{V}^*$ 원소, 즉 $\mathscr{V}$ 에서 $\boldsymbol{R}$로의 선형사상을 선형범함수(linear functional)라고 한다.

$\mathscr{B} = \{A_1, \cdots, A_n\}$가 $\mathscr{V}$ 의 기저일 때, $\mathscr{V}^*$의 기저 $\{A_1^*, \cdots, A_n^*\}$를 기저 $\mathscr{B}$ 의 쌍대기저(dual basis)라고 한다.

26. $\mathscr{V}$ 가 벡터공간일 때

$$\mathscr{V}^{**} = (\mathscr{V}^*)^* = \mathscr{L}(\mathscr{V}^*, \boldsymbol{R})$$

로 정의하고, 또 $B : \mathscr{V} \longrightarrow \mathscr{V}^{**}$를

$$B(A)(f) = f(A)$$

로 정의하자. 이때

① B는 선형사상임을 보여라.

② $\ker B = \{O\}$임을 보여라.

③ $\mathscr{V}$가 유한차원이면 B는 동형사상임을 보여라.

④ $\mathscr{V}$가 무한차원이면 $\operatorname{im} B \neq \mathscr{V}^{**}$ 인 예를 찾아라.

27. $\mathscr{V}$와 $\mathscr{W}$가 유한차원 벡터공간이고, $\{A_1, \cdots, A_n\}$은 $\mathscr{V}$의 기저, $\{B_1, \cdots, B_m\}$은 $\mathscr{W}$의 기저라고 하자. 임의의 $1 \leq i \leq n$, $1 \leq j \leq m$에 대하여

$$T_{i,j} : \mathscr{V} \longrightarrow \mathscr{W}$$
$$T_{i,j}(a_1 A_1 + \cdots + a_n A_n) = a_i B_j$$

로 정의하면,

① $T_{i,j}$는 선형사상임을 보여라.

② $\{T_{i,j} \mid 1 \leq i \leq n,\ 1 \leq j \leq m\}$은 $\mathscr{L}(\mathscr{V}, \mathscr{W})$의 기저가 됨을 보여라.

③ $\dim \mathscr{L}(\mathscr{V}, \mathscr{W}) = nm$ 임을 보여라.

28. $\mathscr{V}$가 벡터공간이고, $S,\ T \in \mathscr{V}^*\ \mathscr{L}(\mathscr{V}, \boldsymbol{R})$일 때

$$L : \mathscr{V} \longrightarrow \boldsymbol{R}^2$$

를

$$L(A) = (S(A),\ T(A))$$

로 정의하자.

① L이 선형사상임을 보여라.

② $\ker L = \ker S \cap \ker T$임을 보여라.

③ $\operatorname{im} L = \boldsymbol{R}^2$이기 위한 필요충분조건은 $\{S,\ T\}$가 $\mathscr{V}^*$의 일차독립인 부분집합임을 보여라.

29. $\mathscr{V}$가 (실)벡터공간일 때 모든 $A \in \mathscr{V}$에 대하여

$$J^2(A) = -A$$

인 선형사상 $J : \mathscr{V} \longrightarrow \mathscr{V}$를 $\mathscr{V}$의 복소구조(complex structure)라고 한다.

① 함수 $J : \boldsymbol{R}^2 \longrightarrow \boldsymbol{R}^2$를

$$J(x,\ y) = (-y,\ x)$$

로 정의하면 J는 $\boldsymbol{R}^2$의 복소구조임을 보여라. (사실, J는 복소평면에서 복소수 $x+iy$에 i를 곱하는 연산에 대응된다.)

② $J(x,\ y) = (y,\ -x)$는 위의 ①과는 다른 $\boldsymbol{R}^2$의 복소구조임을 보여라.

30. 실벡터공간 $\mathscr{V}$에 복소구조 J가 있을 때 복소수 $a+bi$와 $\mathscr{V}$의 벡터 A의 스칼라곱셈을

$$(a+bi)\cdot A = aA + bJ(A)$$

로 정의하자. 그러면

① $\mathscr{V}$는 복소벡터공간이 되는 것을 보여라.

② $\boldsymbol{R}^3$는 복소구조를 갖지 못함을 보여라.

31. $\mathscr{V}$, $\mathscr{W}$가 유한차원 벡터공간이고, $T:\mathscr{V} \longrightarrow \mathscr{W}$가 선형사상일 때 다음을 증명하라.

① $\dim\mathscr{V} < \dim\mathscr{W}$ 이면 T는 전사일 수 없다.

② $\dim\mathscr{V} > \dim\mathscr{W}$ 이면 T는 단사일 수 없다.

32. $\mathscr{V}$, $\mathscr{W}$가 유한차원 벡터공간이고 $\dim\mathscr{V} = \dim\mathscr{W}$ 라고 할 때 선형사상 $T:\mathscr{V} \longrightarrow \mathscr{W}$에 대한 다음 명제들은 동치임을 보여라.

(1) T가 동형사상이다.

(2) $S\circ T = I_{\mathscr{V}}$인 선형사상 $S:\mathscr{W} \longrightarrow \mathscr{V}$가 존재한다.

(3) $T\circ S = I_{\mathscr{W}}$인 선형사상 $S:\mathscr{W} \longrightarrow \mathscr{V}$가 존재한다.

33. $T:\mathscr{V} \longrightarrow \mathscr{W}$가 선형사상일 때 T의 그래프 $G(T)$를

$$G(T) = \{(A,\ T(A)) \in \mathscr{V}\times\mathscr{W} \mid A \in \mathscr{V}\}$$

로 정의하자. 이때 $G(T)$는 $\mathscr{V}\times\mathscr{W}$의 부분공간이 됨을 보여라. 또, $\mathscr{V} \cong G(T)$임을 보여라.

제 8 장

행렬

행렬에 관하여 기본적인 것은 이미 고등학교에서 다루었다. 이 장에서는 행렬의 기본성질을 간단히 복습하고, 여러 가지 특수한 형태의 행렬을 알아본다. 또, 행렬의 기본변형과 행렬의 계수 등에 대해서도 공부한다.

아래와 같이 직사각형 모양으로 배열된 수 또는 문자를 괄호로 묶어서 나타낸 것을 행렬이라고 한다.

$$A=\begin{pmatrix} a_{11} & a_{12} & \cdots & a_{1n} \\ a_{21} & a_{22} & \cdots & a_{2n} \\ \vdots & \vdots & & \vdots \\ a_{m1} & a_{m2} & \cdots & a_{mn} \end{pmatrix}$$

이때 A를 $\boldsymbol{m\times n}$ 행렬 또는 크기(size)가 $m\times n$ 인 행렬이라 하고, 각 a_{ij} 를 이 행렬의 $(i,\ j)$ 성분(component)이라고 한다.

위의 행렬 A의 제 i 행(i -th row)은

$$a_{i1},\ a_{i2},\ \cdots,\ a_{in}$$

이고, 제 j 열(j -th column)은

$$\begin{matrix} a_{1j} \\ a_{2j} \\ \vdots \\ a_{mj} \end{matrix}$$

이다 행렬 A 를 간단히

$$A=(a_{ij})_{m\times n} \text{ 또는 } A=(a_{ij})$$

로 나타낸다.

정의 8.1

$A=(a_{ij})$와 $B=(b_{ij})$가 $m\times n$ 행렬이고, r 이 수일 때

(i) A 의 성분과 그에 대응하는 B 의 성분이 각각 같을 때 A 와 B 는 같다고 하고, $A=B$ 로 나타낸다.

(ii) A 와 B 의 $A+B$ 를 행렬 $C=(c_{ij})$로 정의한다. 단

$$c_{ij}=a_{ij}+b_{ij} \quad (1\leq i\leq m,\ 1\leq j\leq n)$$

(iii) r과 A의 스칼라곱 rA 를 행렬 $C=(c_{ij})$로 정의한다. 단

$$c_{ij}=ra_{ij} \quad (1\leq i\leq m,\ 1\leq j\leq n)$$

정리 8.1

모든 성분이 실수인 $m\times n$행렬 전체의 집합 $\mathrm{Mat}_{m\times n}(\boldsymbol{R})$ 는 정의 8.1의 벡터의 덧셈과 스칼라곱셈에 관하여 벡터공간이 된다.

물론 모든 성분이 복소수인 $m\times n$행렬 전체의 집합 $\mathrm{Mat}_{m\times n}(\boldsymbol{C})$ 는 정의 8.1의 벡터의 덧셈과 스칼라곱셈에 관하여 복소벡터공간이 된다.

벡터공간 $\mathrm{Mat}_{m\times n}(\boldsymbol{R})$의 차원도 쉽게 구할 수 있다. 그 방법은 $\boldsymbol{R}^n$ 의 차원을 구하는 것과 유사하다. 먼저, 고정된 정수 $i,\ j(1\leq i\leq m,\ 1\leq j\leq n)$에 대하여 $m\times n$ 행렬 E_{ij}를 $(i,\ j)$성분만이 1 이고 그 밖의 나머지 성분은 모두 0 인 행렬로 정의하자. 예를 들어 4×5 행렬 E_{32}는

$$E_{32}=\begin{pmatrix} 0 & 0 & 0 & 0 & 0 \\ 0 & 0 & 0 & 0 & 0 \\ 0 & 1 & 0 & 0 & 0 \\ 0 & 0 & 0 & 0 & 0 \end{pmatrix}$$

이다. 다음 정리도 쉽게 증명할 수 있다.

정리 8.2

벡터들의 집합 $\{E_{ij}|1\leq i\leq m,\ 1\leq j\leq n\}$ 은 벡터공간 $\mathrm{Mat}_{m\times n}(\boldsymbol{R})$

의 기저가 된다. $\dim \text{Mat}_{m\times n}(\boldsymbol{R}) = mn$ 이다.

정의 8.2

$A=(a_{ij})$가 $m\times n$ 행렬이고, $B=(b_{ij})$가 $n\times p$ 행렬일 때 A와 B의 곱 $AB=(c_{ij})$는

$$c_{ij} = \sum_{k=1}^{n} a_{ik}b_{kj} = a_{i1}b_{1j} + a_{i2}b_{2j} + \cdots + a_{in}b_{nj} \quad (1 \le i \le m,\ 1 \le j \le p)$$

로 주어진 $m\times p$ 행렬이라고 정의한다.

예제 8.1

1×3 행렬 $A=(1\ 2\ 3)$와 3×1 행렬 $B=\begin{pmatrix}4\\5\\6\end{pmatrix}$에 대하여

$$AB=(1\ 2\ 3)\begin{pmatrix}4\\5\\6\end{pmatrix}=(4+10+18)=(32)$$

$$BA=\begin{pmatrix}4\\5\\6\end{pmatrix}(1\ 2\ 3)=\begin{pmatrix}4&8&12\\5&10&15\\6&12&18\end{pmatrix}$$

행렬 A와 B를 곱하려면 A의 열의 수와 B의 행의 수가 같아야 한다. 따라서 A와 B를 곱하는 순서가 중요하다. 또 AB가 정의된다고 하더라도 BA는 정의되지 않을 수도 있고, 설사 정의된다 하더라도 일반적으로 AB와 같지 않다.

다음은 행렬의 연산에 관한 기본 법칙들을 모은 것이다. 각 법칙에서 나타내는 행렬의 연산은 모두 잘 정의되어 있다고 가정하자. 즉 행렬의 크기가 모두 의미있도록 주어졌다고 가정하자.

(1) $A+(B+C)=(A+B)+C$

(2) $A+B=B+A$

(3) $A+O=A$

(4) $A+(-A)=O$

(5) $r(A+B)=rA+rB$

(6) $(r+s)A=rA+sA$

(7) $(rs)A=r(sA)$

(8) $1A=A,\ 0A=O$

(9) $(A+B)C=AC+BC$

(10) $C(A+B)=CA+CB$

(11) $r(AB)=(rA)B=A(rB)$

(12) $OA=O,\ AO=O$

(13) $(AB)C=A(BC)$

위의 법칙 (1)~(8)은 이미 정리 8.1에서 확인한 바 있다. 그 밖의 나머지 법칙들도 쉽게 확인할 수 있다. 예를 들어 두 행렬 $(AB)C$와 $A(BC)$의 $(i,\ s)$성분

$$\sum_{j=1}^{p}\left(\sum_{k=1}^{n} a_{ik}b_{kj}\right)c_{js},\quad \sum_{k=1}^{n} a_{ik}\left(\sum_{j=1}^{n} b_{kj}c_{js}\right)$$

은 서로 같고, 따라서 $(AB)C=A(BC)$이다. 즉 법칙 (13)이 성립한다.

정의 8.3

A가 $n\times n$ 행렬일 때 A를 **n차 정사각행렬** 또는 크기 n인 정사각행렬(square matrix of size n)이라고 한다.

A가 정사각행렬일 때 A 자신을 n번 곱한 것을 A^n으로 나타낸다. 예를들어 $A^2=AA,\ A^3=AAA$이다.

이제 특수한 형태의 정사각행렬을 알아보자.

예제 8.2

항등행렬 (또는 단위행렬)

n차 정사각행렬

$$I=\begin{pmatrix} 1 & 0 & & \cdots & 0 \\ 0 & 1 & & \cdots & 0 \\ 0 & 0 & 1 & \cdots & 0 \\ \vdots & \vdots & & & \vdots \\ 0 & 0 & & \cdots & 1 \end{pmatrix}=(\delta_{ij}),\ \ \delta_{ij}=\begin{cases} 1 & (i=j\text{일 때}) \\ 0 & (i\neq j\text{일 때}) \end{cases}$$

를 n차 항등행렬(identity matrix of size n) 또는 n차 단위행렬이라고 한다. 예를 들면 1차, 2차, 3차, 4차의 단위행렬은 각각 다음과 같다.

$$(1),\ \ \begin{pmatrix} 1 & 0 \\ 0 & 1 \end{pmatrix},\ \ \begin{pmatrix} 1 & 0 & 0 \\ 0 & 1 & 0 \\ 0 & 0 & 1 \end{pmatrix},\ \ \begin{pmatrix} 1 & 0 & 0 & 0 \\ 0 & 1 & 0 & 0 \\ 0 & 0 & 1 & 0 \\ 0 & 0 & 0 & 1 \end{pmatrix}$$

I가 n차 항등행렬이면

모든 $m\times n$ 행렬 A에 대하여 $AI=A$,
모든 $n\times p$ 행렬 B에 대하여 $IB=B$

가 성립함을 쉽게 알 수 있다.

예제 8.3

대각행렬

n차 정사각행렬 $A=(a_{ij})$의 대각성분(diagonal entries) a_{11}, $a_{22}, \cdots$, a_{nn}, a_{22}을 제외한 성분이 모두 0일 때, A를 대각행렬(diagonal matrix)이라 한다. A와 B가 n차 대각행렬이면 AB와 BA도 대각행렬이고, $AB=BA$이다. 왜냐하면

$$A=\begin{pmatrix} a_{11} & 0 & \cdots & 0 \\ 0 & a_{22} & \cdots & 0 \\ \vdots & \vdots & & \vdots \\ 0 & 0 & \cdots & a_{nn} \end{pmatrix},\ \ B=\begin{pmatrix} b_{11} & 0 & \cdots & 0 \\ 0 & b_{22} & \cdots & 0 \\ \vdots & \vdots & & \vdots \\ 0 & 0 & \cdots & b_{nn} \end{pmatrix}$$

이면

$$AB = \begin{pmatrix} a_{11}b_{11} & 0 & \cdots & 0 \\ 0 & a_{22}b_{22} & \cdots & 0 \\ \vdots & \vdots & \cdots & \vdots \\ 0 & 0 & \cdots & a_{nn}b_{nn} \end{pmatrix} = BA$$

이기 때문이다.

또 대각행렬 A의 대각성분이 모두 같을 때, 즉 $A = aI$(단, a는 스칼라)일 때 A를 스칼라행렬(scalar matrix)이라고 한다. I가 n차 항등행렬이면

모든 $m \times n$ 행렬 A에 대하여 $A(aI) = aA$,
모든 $n \times p$ 행렬 B에 대하여 $(aI)B = aB$

가 성립함도 쉽게 알 수 있다. 즉 스칼라행렬 aI를 곱하는 것은 스칼라 a를 곱하는 것과 같다.

예제 8.4

삼각행렬
n차 정사각행렬 $A = (a_{ij})$가 다음 조건

$$j > i \text{ 이면 } a_{ij} = 0$$

을 만족시키면 A를 아래삼각행렬(lower triangular)이라고 한다. 마찬가지 방법으로 위삼각행렬(upper triangular matrix)도 정의할 수 있을 것이다.

$$\begin{pmatrix} a_{11} & 0 & \cdots & 0 \\ a_{21} & a_{22} & \cdots & 0 \\ \vdots & \vdots & \cdots & \vdots \\ a_{n1} & a_{n2} & \cdots & a_{nn} \end{pmatrix} \quad \begin{pmatrix} a_{11} & a_{12} & \cdots & a_{1n} \\ 0 & a_{22} & \cdots & a_{2n} \\ \vdots & \vdots & \cdots & \vdots \\ 0 & 0 & \cdots & a_{nn} \end{pmatrix}$$

예제 8.5

멱동형행렬
$A^2 = A$인 정사각행렬 A를 멱동형행렬(idempotent matrix)이라고 한다.

$$\begin{pmatrix} 1 & 0 \\ -1 & 0 \end{pmatrix}, \quad \begin{pmatrix} 1 & 0 & 0 \\ 0 & 1 & 0 \\ 0 & 0 & 0 \end{pmatrix}$$

이 멱동형행렬의 예이다.

예제 8.6

멱영행렬

정사각행렬 A가 적당한 자연수 q에 대하여, $A^q = O$을 만족시킬 때 A를 멱영행렬(nilpotent matrix)이라고 한다. 이때 $A^q = O$인 최소의 자연수 q를 멱영행렬 A의 지수(index)라고 한다. 예를 들어

$$A = \begin{pmatrix} 0 & 0 & 0 \\ 1 & 0 & 0 \\ 0 & 1 & 0 \end{pmatrix}$$

이면

$$A^2 = \begin{pmatrix} 0 & 0 & 0 \\ 1 & 0 & 0 \\ 0 & 1 & 0 \end{pmatrix} \begin{pmatrix} 0 & 0 & 0 \\ 1 & 0 & 0 \\ 0 & 1 & 0 \end{pmatrix} = \begin{pmatrix} 0 & 0 & 0 \\ 0 & 0 & 0 \\ 1 & 0 & 0 \end{pmatrix}$$

$$A^3 = \begin{pmatrix} 0 & 0 & 0 \\ 0 & 0 & 0 \\ 1 & 0 & 0 \end{pmatrix} \begin{pmatrix} 0 & 0 & 0 \\ 1 & 0 & 0 \\ 0 & 1 & 0 \end{pmatrix} = \begin{pmatrix} 0 & 0 & 0 \\ 0 & 0 & 0 \\ 0 & 0 & 0 \end{pmatrix}$$

이므로 A는 지수가 3인 멱영행렬이다.

더 일반적으로 대각성분이 모두 0인 임의의 삼각행렬

$$B = \begin{pmatrix} 0 & 0 & 0 \\ a & 0 & 0 \\ b & c & 0 \end{pmatrix}, \quad C = \begin{pmatrix} 0 & 0 & 0 & 0 \\ a & 0 & 0 & 0 \\ b & c & 0 & 0 \\ d & e & f & 0 \end{pmatrix}$$

는 모두 멱영행렬이 됨을 확인할 수 있을 것이다.

정의 8.4

$m \times n$ 행렬 $A = (a_{ij})$에 대하여 (i, j) 성분이 a_{ji}인 $n \times m$ 행렬을 A의 전치행렬(transpose)이라 하고, 이 행렬을 A^t로 나타낸다.

즉

$$A^t(b_{ij}),\ b_{ij}=a_{ji}\quad (1\le i\le n,\ 1\le j\le m)$$

$$A=\begin{pmatrix} a_{11} & a_{12} & \cdots & a_{1n} \\ a_{21} & a_{22} & \cdots & a_{2n} \\ \vdots & \vdots & & \vdots \\ a_{m1} & a_{m2} & \cdots & a_{mn} \end{pmatrix},\quad A^t=\begin{pmatrix} a_{11} & a_{21} & \cdots & a_{m1} \\ a_{12} & a_{22} & \cdots & a_{m2} \\ \vdots & \vdots & & \vdots \\ a_{1n} & a_{2n} & \cdots & a_{mn} \end{pmatrix}$$

예제 8.7

대칭행렬과 교대행렬
n 차 정사각행렬 $A=(a_{ij})$가

$$A^t=A,\ 즉\ a_{ji}=a_{ij}\quad (1\le i,\ j\le n)$$

를 만족시킬 때 A 를 대칭행렬(symmetric matrix)이라고 한다. 또

$$A^t=-A,\ 즉\ a_{ji}=-a_{ij}\quad (1\le i,\ j\le n)$$

를 만족시킬 때 A 를 교대행렬(skew-symmetric matrix)이라고 한다. 교대행렬의 대각성분은 모두 0이어야 한다. 왜냐하면

$$a_{ii}=-a_{ii},\ 즉\ a_{ii}=0\quad (1\le i\le n)$$

이기 때문이다.

예제 8.8

가역행렬 (또는 정칙행렬)
정사각행렬 A 에 대하여

$$AB=I \text{ 이고 } BA=I$$

인 정사각행렬 B 가 존재하면 A 를 가역행렬(invertible matrix) 또는 정칙행렬(nonsingular matrix)이라고 한다. 이때 B 의 크기는 물론 A 의 크기와 같다. 이 경우에 B 를 A 의 역행렬(inverse matrix)이라고 하며, A^{-1} 로 나타낸다.

행렬 A가 가역행렬일 때 $AB=BA=I$인 행렬 B는 단 하나 존재한다. 실제로 $AC=CA=I$이면

$$C=CI=C(AB)=(CA)B=IB=B$$

이다.

다음 장에서

$$AB=I \Longleftrightarrow BA=I$$

임을 증명할 것이다. 따라서 B가 A^{-1}인 것을 보이려면 AB나 BA 둘 중 하나만 I라는 것을 확인하면 된다. 예를 들어

$$A=\begin{pmatrix}0&1&0\\0&0&1\\1&0&0\end{pmatrix},\ B=\begin{pmatrix}0&0&1\\1&0&0\\0&1&0\end{pmatrix}$$

이면

$$A=\begin{pmatrix}0&1&0\\0&0&1\\1&0&0\end{pmatrix}\begin{pmatrix}0&0&1\\1&0&0\\0&1&0\end{pmatrix}=\begin{pmatrix}1&0&0\\0&1&0\\0&0&1\end{pmatrix}=I$$

이므로 $B=A^{-1}$이다.

가역이 아닌 행렬의 예는

$$\begin{pmatrix}0&0&0\\1&0&0\\0&1&0\end{pmatrix}$$

이다. 더 일반적으로 모든 멱영행렬은 가역이 아니다. 이를 보이기 위하여 멱영행렬 A가 가역이라고 가정하자. A는 멱영행렬이므로

$$A^q=O$$

인 자연수 q가 존재한다. 이제 A의 역행렬을 B라고 하면

$$O=A^qB=A^{q-1}AB=A^{q-1}I=A^{q-1}$$

즉

$$A^{q-1}=O$$

이다. 위의 과정을 한 번 더 수행하면

$$A^{q-2}=O$$

이 되고, 같은 과정을 반복하면 결국

$$A=O$$

이 된다. 따라서

$$I=AB=OB=O$$

이 되어 모순에 도달한다.

항등행렬 I가 아닌 멱동형행렬 A도 가역이 아님을 쉽게 보일 수 있다. 실제로 A가 가역인 멱동형행렬이라면

$$A^2=A$$

이므로 B를 A의 역행렬이라고 하면

$$A=AI=AAB=A^2B=AB=I$$

가 되어 조건에 모순이다.

정리 8.3

(i) A가 가역행렬이면 A의 역행렬 A^{-1}도 가역행렬이고 $(A^{-1})^{-1}=A$ 이다.

(ii) A, B가 같은 크기의 가역행렬이면 AB도 가역행렬이고 $(AB)^{-1}=B^{-1}A^{-1}$이다.

증명 (i) A가 가역행렬이면 $AA^{-1}=A^{-1}A=I$이므로 정의에 의하여 A^{-1}는 가역이고 $(A^{-1})^{-1}=A$ 이다.

(ii) A와 B가 가역행렬이면 A^{-1}와 B^{-1}가 존재하고 또

$$(AB)(B^{-1}A^{-1}) = A(BB^{-1})A^{-1} = AIA^{-1} = AA^{-1} = I$$
$$(B^{-1}A^{-1})(AB) = B^{-1}(A^{-1}A)B = B^{-1}IB = B^{-1}B = I$$

이므로 AB 는 가역이고, $(AB)^{-1} = B^{-1}A^{-1}$이다. ■

이제 행렬의 행과 열에 대한 변형을 알아보자

정의 8.5

$m \times n$ 행렬 A의 행(열)에 대한 다음과 같은 유형의 변형을 기본행(열)변형(elementary row(column) operation)이라고 하고, 기본행변형과 기본열변형을 통틀어 기본변형이라고 한다.

(제Ⅰ변형) A의 제 i 행과 제 j 행(제 i 열과 제 j 열)을 바꾸어 놓는다.

(제Ⅱ변형) A의 제 i 행(제 j 열)을 a배 한다. (단, $a \neq 0$)

(제Ⅲ변형) A의 제 i 행에 제 j 행의 a 배를 더한다.
(A의 제 i 열에 제 j 열의 a 배를 더한다.)

예제 8.9

기본행렬

n차 항등행렬 I에 다음과 같이 기본변형을 한 번 시행하여 얻은 행렬을 n차 기본행렬(elementary matrix)이라고 한다.

(제Ⅰ형) I의 제 i 행과 제 j 행(제 i 열과 제 j 열)을 서로 바꾸어 놓은 행렬

$$M_{ij} = \begin{pmatrix} 1 & \cdots & 0 & \cdots & 0 & \cdots & 0 \\ \vdots & \vdots & \vdots & \vdots & \vdots & \vdots & \vdots \\ 0 & \cdots & 0 & \cdots & 1 & \cdots & 0 \\ \vdots & \vdots & \vdots & \vdots & \vdots & \vdots & \vdots \\ 0 & \cdots & 1 & \cdots & 0 & \cdots & 0 \\ \vdots & \vdots & \vdots & \vdots & \vdots & \vdots & \vdots \\ 0 & \cdots & 0 & \cdots & 0 & \cdots & 1 \end{pmatrix} \begin{matrix} \\ \\ i \\ \\ j \\ \\ \\ \end{matrix}$$

(제Ⅱ형) I의 제 i 행(제 i 열)을 a배 하여 얻은 행렬

$$M_i(a)\begin{pmatrix} 1 & \cdots & 0 & \cdots\cdots & 0 \\ \vdots & & \vdots & & \vdots \\ 0 & \cdots & a & \cdots\cdots & 0 \\ \vdots & & \vdots & & \vdots \\ 0 & \cdots & 0 & \cdots\cdots & 1 \end{pmatrix} i$$

(제 Ⅲ 형) I의 제 i 행에 제 j 행의 a 배를 더하여 얻은 행렬(I 의 제 j 열에 제 i 열의 a 배를 더하여 얻은 행렬)

$$M_{ij}(a)=\begin{pmatrix} 1 & \cdots & 0 & \cdots & 0 & \cdots & 0 \\ \vdots & \vdots & \vdots & \vdots & \vdots & \vdots & \vdots \\ 0 & \cdots & 1 & \cdots & a & \cdots & 0 \\ \vdots & \vdots & \vdots & \vdots & \vdots & \vdots & \vdots \\ 0 & \cdots & 0 & \cdots & 1 & \cdots & 0 \\ \vdots & \vdots & \vdots & \vdots & \vdots & \vdots & \vdots \\ 0 & \cdots & 0 & \cdots & 0 & \cdots & 1 \end{pmatrix}\begin{matrix} \\ \\ i \\ \\ j \\ \\ \\ \end{matrix}$$

예를 들어 2차 기본행렬의 예는

$$M_{12}=M_{21}=\begin{pmatrix} 0 & 1 \\ 1 & 0 \end{pmatrix},\ M_2(7)=\begin{pmatrix} 1 & 0 \\ 0 & 7 \end{pmatrix},$$

$$M_{21}(-3)=\begin{pmatrix} 1 & 0 \\ -3 & 1 \end{pmatrix}$$

등이고, 3차 기본행렬의 예는

$$M_{23}=M_{32}=\begin{pmatrix} 1 & 0 & 0 \\ 0 & 0 & 1 \\ 0 & 1 & 0 \end{pmatrix},\ M_3(2)=\begin{pmatrix} 1 & 0 & 0 \\ 0 & 1 & 0 \\ 0 & 0 & 2 \end{pmatrix}$$

$$M_{21}(3)=\begin{pmatrix} 1 & 0 & 0 \\ 3 & 1 & 0 \\ 0 & 0 & 0 \end{pmatrix},\ M_{12}(3)=\begin{pmatrix} 1 & 3 & 0 \\ 0 & 1 & 0 \\ 0 & 0 & 1 \end{pmatrix}$$

등이다. 또 $A=\begin{pmatrix} 1 & 2 & 3 \\ 4 & 5 & 6 \end{pmatrix}$에 대하여 다음이 성립함을 알 수 있다.

$$M_{12}A=\begin{pmatrix} 0 & 1 \\ 1 & 0 \end{pmatrix}\begin{pmatrix} 1 & 2 & 3 \\ 4 & 5 & 6 \end{pmatrix}=\begin{pmatrix} 4 & 5 & 6 \\ 1 & 2 & 3 \end{pmatrix}$$

$$M_2(7)A=\begin{pmatrix} 1 & 0 \\ 0 & 7 \end{pmatrix}\begin{pmatrix} 1 & 2 & 3 \\ 4 & 5 & 6 \end{pmatrix}=\begin{pmatrix} 1 & 2 & 3 \\ 7\cdot 4 & 7\cdot 5 & 7\cdot 6 \end{pmatrix}$$

$$M_{21}(-3)A=\begin{pmatrix} 1 & 0 \\ -3 & 1 \end{pmatrix}\begin{pmatrix} 1 & 2 & 3 \\ 4 & 5 & 6 \end{pmatrix}=\begin{pmatrix} 1 & 2 & 3 \\ 4-3 & 5-6 & 6-9 \end{pmatrix}$$

$$AM_{23}=\begin{pmatrix}1&2&3\\4&5&6\end{pmatrix}\begin{pmatrix}1&0&0\\0&0&1\\0&1&0\end{pmatrix}=\begin{pmatrix}1&3&2\\4&6&5\end{pmatrix}$$

$$AM_{12}(3)=\begin{pmatrix}1&2&3\\4&5&6\end{pmatrix}\begin{pmatrix}1&3&0\\0&1&0\\0&0&1\end{pmatrix}=\begin{pmatrix}1&2+3&3\\4&5+12&6\end{pmatrix}$$

정리 8.4

$m\times n$ 행렬 A에 기본행(열) 변형을 한 번 시행하여 얻은 행렬을 B라고 할 때 이 기본변형에 대응하는 m차 기본행렬(n차 기본행렬)을 E라고 하면 $B=EA(B=AE)$이다.

증명 E가 제Ⅰ, Ⅱ, Ⅲ 형일 때 각각 직접 계산하여 보면 확인할 수 있다. ■

예제 8.10

(1) 행에 대한 변형

$$A=\begin{pmatrix}3&8&22\\2&6&16\end{pmatrix}\xrightarrow[M_2\left(\frac{1}{2}\right)]{\text{II}}\begin{pmatrix}3&8&22\\1&3&8\end{pmatrix}\xrightarrow[M_{12}]{\text{I}}\begin{pmatrix}1&3&8\\3&8&22\end{pmatrix}$$

$$\xrightarrow[M_{21}(-3)]{\text{III}}\begin{pmatrix}1&3&8\\0&-1&-2\end{pmatrix}\xrightarrow[M_2(-1)]{\text{II}}\begin{pmatrix}1&3&8\\0&1&2\end{pmatrix}$$

$$\xrightarrow[M_{12}(-3)]{\text{III}}\begin{pmatrix}1&0&2\\0&1&2\end{pmatrix}=C$$

따라서

$$C=M_{12}(-3)M_2(-1)M_{21}(-3)M_{12}M_2\left(\frac{1}{2}\right)A$$

(2) 열에 대한 변형

$$A=\begin{pmatrix}-2&3&1\\-5&7&2\end{pmatrix}\xrightarrow[M_{13}]{\text{I}}\begin{pmatrix}1&3&-2\\2&7&-5\end{pmatrix}\xrightarrow[M_{12}(-3)]{\text{III}}\begin{pmatrix}1&0&-2\\2&1&-5\end{pmatrix}$$

$$\xrightarrow[M_{13}(2)]{\text{III}} \begin{pmatrix} 1 & 0 & 0 \\ 2 & 1 & -1 \end{pmatrix} \xrightarrow[M_{21}(-2)]{\text{II}} \begin{pmatrix} 1 & 0 & 0 \\ 0 & 1 & -1 \end{pmatrix}$$

$$\xrightarrow[M_{23}(1)]{\text{III}} \begin{pmatrix} 1 & 0 & 0 \\ 0 & 1 & 0 \end{pmatrix} = C$$

따라서

$$C = AM_{13}M_{12}(-3)M_{13}(2)M_{21}(-2)M_{23}(1)$$

정리 8.5

기본행렬들은 모두 가역행렬이다. 실제로

$$M_{ij}^{-1} = M_{ij},\ \ M_i(a)^{-1} = M_i\left(\frac{1}{a}\right),\ \ M_{ij}(a)^{-1} = M_{ij}(-a)$$

증명 항등행렬 I에서 제 i 행과 제 j 행을 서로 바꾸는 기본변형을 두 번 시행하면 I를 얻으므로

$$M_{ij}M_{ij}I = I,\ \ \text{즉}\ \ M_{ij}^{-1} = M_{ij}$$

이다. 또 I의 제 i 행을 a배 한 후 다시 $\frac{1}{a}$배를 하면 I를 얻으므로

$$M_i\left(\frac{1}{a}\right)M_i(a)\,I = I,\ \ \text{즉}\ \ M_i(a)^{-1} = M_i\left(\frac{1}{a}\right)$$

이고, I를 제 i 행에 제 j 행의 a배를 더한 후 다시 제 j 행의 $-a$ 배를 또 더하면 I를 얻으므로

$$M_{ij}(-a)\ M_{ij}(a)\ I = I,\ \ \text{즉}\ \ M_{ij}(a)^{-1} = M_{ij}(-a)$$

이다. ■

정의 8.6

행렬 A의 각 행의 처음으로 0이 아닌 성분은 1이고, 그 위 행의 처음으로 0이 아닌 성분보다 오른쪽으로 더 치우쳐 있을 때 A를 행사다리꼴행렬(row-echelon matrix)이라고 한다. 또 행사다리꼴행렬 A의 각 행의 처음으로 0이 아닌 성분은 그 성분이 속한 열의 0이 아닌 유일한 성분이며 A를 행간소사다리꼴행렬(reduced row-echelon matrix)이라고 한다. 예를 들어

$$\begin{pmatrix} 1 & 0 & 3 & 2 \\ 0 & 0 & 1 & 0 \\ 0 & 0 & 0 & 0 \end{pmatrix}, \quad \begin{pmatrix} 1 & 1 & 1 & 1 & 1 & 1 \\ 0 & 0 & 1 & 0 & 0 & 0 \\ 0 & 0 & 0 & 1 & 2 & 3 \\ 0 & 0 & 0 & 0 & 1 & 2 \\ 0 & 0 & 0 & 0 & 0 & 1 \end{pmatrix}$$

은 행사다리꼴이지만 행간소사다리꼴은 아니다. 한편

$$\begin{pmatrix} 0 & 1 & 0 & 2 & 3 \\ 0 & 0 & 1 & 4 & 5 \end{pmatrix}, \quad \begin{pmatrix} 1 & 0 & 2 & 0 & 1 & 0 \\ 0 & 1 & 1 & 0 & 2 & 1 \\ 0 & 0 & 0 & 1 & 3 & 4 \\ 0 & 0 & 0 & 0 & 0 & 0 \end{pmatrix}$$

은 행간소사다리꼴이다.

정리 8.6

임의의 $m \times n$ 행렬 A에 적당한 기본행변형을 유한 번 시행하면 A는 행간소사다리꼴행렬 C로 변형된다. 이때 이들 기본행변형에 대응하는 m차 기본행렬을 차례로 $E_1, \cdots, E_r$이라고 하면 $C = E_r \cdots E_1 A$이고, $P = E_r \cdots E_1$은 가역행렬이다.

정리 8.6의 뒷 부분은 정리 8.4와 8.5로부터 쉽게 증명된다. 정리 8.6의 앞 부분에 대한 증명은 별로 어렵지는 않으나, 실제로 글로 써서 나타내기에는 너무 복잡하므로 생략한다. 이 증명의 본질적인 내용은 다음 예에서 수행하는 작업과 크게 다를 바 없다.

예제 8.11

$$A=\begin{pmatrix}1&2&-3&4&1\\1&3&1&11&2\\2&5&-4&13&3\\2&6&2&22&4\end{pmatrix}$$

를 행간소사다리꼴행렬로 변형시키면

$$\xrightarrow{\begin{matrix}M_{21}(-1)\cdots\\M_{31}(-2)\cdots\\M_{41}(-2)\cdots\end{matrix}}\begin{pmatrix}1&2&-3&4&1\\0&1&4&7&1\\0&1&2&5&1\\0&2&8&14&2\end{pmatrix}$$

$$\xrightarrow{\begin{matrix}M_{12}(-2)\cdots\\M_{32}(-1)\cdots\\M_{42}(-2)\cdots\end{matrix}}\begin{pmatrix}1&0&-11&-10&-1\\0&1&4&7&1\\0&0&-2&-2&0\\0&0&0&0&0\end{pmatrix}$$

$$\xrightarrow{M_3\left(-\frac{1}{2}\right)\cdots}\begin{pmatrix}1&0&-11&-10&-1\\0&1&4&7&1\\0&0&1&1&0\\0&0&0&0&0\end{pmatrix}$$

$$\xrightarrow{\begin{matrix}M_{13}(11)\cdots\\M_{23}(-4)\cdots\end{matrix}}\begin{pmatrix}1&0&0&1&-1\\0&1&0&3&1\\0&0&1&1&0\\0&0&0&0&0\end{pmatrix}=C$$

정리 8.7

정사각행렬 A 에 대하여 다음 세 조건은 서로 동치이다.

(1) A 는 가역행렬이다.

(2) A의 행간소사다리꼴행렬은 항등행렬 I이다.
즉 $E_r\cdots E_1A=I$ 인 기본행렬 E_1, $\cdots$, E_r이 존재한다.

(3) A 는 유한 개의 기본행렬의 곱으로 나타낼 수 있다.

증명 (1) ⇒ (2)

행렬 A 의 행간소사다리꼴행렬을 C라고 하면

$$C=E_r\cdots E_1A$$

인 기본행렬 $E_1, \cdots, E_r$이 존재한다. 행렬 A가 가역행렬이면 C는 가역행렬들의 곱이므로 C는 가역행렬이다. 따라서 C의 행 중에는 0 만으로 이루어진 행은 없다. 그런데 C는 행간소다리꼴이면서 정사각행렬이므로 $C = I$이어야 한다.

(2) ⇒ (3)
$E_r \cdots E_1 A = I$이면

$$A = (E_r \cdots E_1)^{-1} = E_1^{-1} \cdots E_r^{-1}$$

이고 각각의 E_i^{-1}는 기본행렬이다(정리 8.5 참조).

(3) ⇒ (1)
A가 유한 개의 기본행렬의 곱이면 각 기본행렬은 가역행렬이므로 A는 가역행렬이다. ■

위의 정리는 어떤 행렬이 가역행렬인지 말하고 있을 뿐만 아니라 임의의 가역행렬의 역행렬을 구하는 방법도 시사한다. 즉 A가 가역행렬이며 적당한 기본행렬 $E_r, \cdots, E_r$에 대하여 다음이 성립한다.

$$A \longrightarrow E_1 A \longrightarrow E_2 E_1 A \longrightarrow \cdots\cdots \longrightarrow E_r \cdots E_1 A = I$$
$$I \longrightarrow E_1 \longrightarrow E_2 E_1 \longrightarrow \cdots\cdots \longrightarrow E_r \cdots E_1 = A^{-1}$$

따라서 A와 I를 덧붙인 행렬$(A \mid I)$에 기본행렬 $E_1, \cdots, E_r$에 대응하는 기본행변형을 이 순서대로 시행하면 $(A \mid I)$는 $(I \mid A^{-1})$로 변형된다. 역으로 적당한 기본행렬을 유한 번 시행하여 $(A \mid I)$가 $(I \mid P)$의 꼴로 변형되면 정리 8.7에 의하여 A는 가역행렬이고 $A^{-1} = P$이다.

예제 8.12

$$A=\begin{pmatrix}1&0&1\\1&1&3\\2&6&15\end{pmatrix}$$

의 역행렬을 구하라.

풀이 A와 I를 덧붙인 행렬 $(A \mid I)$를 행간소사다리꼴로 변형한다.

$$\left(\begin{array}{ccc|ccc}1&0&1&1&0&0\\1&1&3&0&1&0\\2&6&15&0&0&1\end{array}\right)\xrightarrow{\text{III}}\left(\begin{array}{ccc|ccc}1&0&1&1&0&0\\0&1&2&-1&1&0\\0&6&13&-2&0&1\end{array}\right)$$

$$\xrightarrow{\text{III}}\left(\begin{array}{ccc|ccc}1&0&1&1&0&0\\0&1&2&-1&1&0\\0&0&1&4&-6&1\end{array}\right)$$

$$\xrightarrow{\text{III}}\left(\begin{array}{ccc|ccc}1&0&0&-3&6&-1\\0&1&0&-9&13&-2\\0&0&1&4&-6&1\end{array}\right)$$

따라서

$$A^{-1}=\begin{pmatrix}-3&6&-1\\-9&13&-2\\4&-6&1\end{pmatrix}$$

여기서

$$A^{-1}=M_{13}(-1)\ M_{23}(-2)\ M_{32}(-6)\ M_{31}(-2)\ M_{21}(-1)$$

임을 알 수 있으나, A^{-1}를 구하는 데에는 기본행렬을 일일이 계산할 필요는 없다.

제 12 장에서 행렬식을 공부하면 역행렬을 구하는 다른 방법을 알게 될 것이다. 행렬의 크기에 따라서는 위의 기본행변형에 의한 방법이 더 간편한 경우가 많다.

예제 8.3

$$A=\begin{pmatrix} 1 & 6 & 3 \\ 2 & 4 & -1 \\ -1 & -6 & -3 \end{pmatrix}$$

이 가역행렬인지를 판정하라.

풀이 A와 I를 덧붙인 행렬 $(A \mid I)$를 행간소사다리꼴로 변형한다.

$$\left(\begin{array}{ccc|ccc} 1 & 6 & 3 & 1 & 0 & 0 \\ 2 & 4 & -1 & 0 & 1 & 0 \\ -1 & -6 & -3 & 0 & 0 & 1 \end{array}\right) \xrightarrow{\text{III}} \left(\begin{array}{ccc|ccc} 1 & 6 & 3 & 1 & 0 & 0 \\ 0 & -8 & -7 & -2 & 1 & 0 \\ 0 & 0 & 0 & 1 & 0 & 1 \end{array}\right)$$

여기서 $(A \mid I)$는 $(I \mid P)$의 꼴로 변형될 수 없음을 알게 된다. 따라서 A는 가역행렬이 아니다.

기본행변형과 마찬가지로 기본열변형에 대해서도 다음과 같이 말할 수 있다. 임의의 $m\times n$ 행렬 A에 적당한 기본열변형을 유한 번 시행하면 A는 열간소사다리꼴행렬 C로 변형된다. 이때 이들 기본열변형에 대응하는 n차 기본행렬을 차례로 $E_1, \cdots, E_s$라고 하면 $C=AE_1\cdots E_s$이고, $Q=E_1\cdots E_s$는 가역행렬이다.

정리 8.8

임의의 $m\times n$ 행렬 A에 적당한 기본행변형과 기본열변형을 유한 번 시행하면 A는 다음과 같은 꼴의 행렬로 변형된다.

$$D=\left(\begin{array}{c:c} I_r & O \\ \hdashline O & O \end{array}\right) \quad \left(\begin{array}{l}\text{여기서 큰 활자 } O\text{은 성분들이} \\ \text{모두 0임을 뜻하고, } I_r\text{은 } r\times r \\ \text{단위행렬이다.}\end{array}\right)$$

또 적당한 $m\times n$ 가역행렬 P와 적당한 $n\times n$ 가역행렬 Q가 존재하여 $D=PAQ$가 된다.

정리 8.8의 증명은 정리 8.6에서와 같은 이유로 생략한다. 이 증명의 본질적인 내용은 다음 예에서 수행하는 작업에 포함되어 있다.

예제 8.14

$$A=\begin{pmatrix} 1 & -1 & -2 & 5 \\ -2 & -1 & 1 & -1 \\ 5 & 1 & -4 & 7 \end{pmatrix}$$

에 적당한 기본행변형과 기본열변형을 시행하면

$$A \xrightarrow{\text{행}} \begin{pmatrix} 1 & -1 & -2 & 5 \\ 0 & -3 & -3 & 9 \\ 0 & 6 & 6 & -18 \end{pmatrix} \xrightarrow{\text{열}} \begin{pmatrix} 1 & 0 & 0 & 0 \\ 0 & -3 & -3 & 9 \\ 0 & 6 & 6 & -18 \end{pmatrix}$$

$$\xrightarrow{\text{행}} \begin{pmatrix} 1 & 0 & 0 & 0 \\ 0 & -3 & -3 & 9 \\ 0 & 0 & 0 & 0 \end{pmatrix} \xrightarrow{\text{행}} \begin{pmatrix} 1 & 0 & 0 & 0 \\ 0 & 1 & 1 & -3 \\ 0 & 0 & 0 & 0 \end{pmatrix}$$

$$\xrightarrow{\text{열}} \begin{pmatrix} 1 & 0 & 0 & 0 \\ 0 & 1 & 0 & 0 \\ 0 & 0 & 0 & 0 \end{pmatrix} = D = PAQ$$

여기서

$$P = M_2\left(-\frac{1}{3}\right)\ M_{32}(2)\ M_{31}(-5)\ M_{21}(2)$$

$$Q = M_{12}(1)\ M_{13}(2)\ M_{14}(-5)\ M_{23}(-1)\ M_{24}(3)$$

정의 8.7

위 정리 8.8의 행렬 D를 A의 행·열간소행렬이라고 한다.

행·열간소행렬은 예제 8.14와 같이 기본행변형과 기본열변형을 섞어 시행함으로써 구할 수도 있고, 또는 기본행변형만을 시행하여 먼저 행간소사다리꼴을 구한 후에 기본열변형을 시행하여 구할 수도 있다. 물론 행·열간소행렬은 구하는 방법에 관계 없이 유일하게 결정된다.

마지막으로 행렬의 계수(rank)에 대하여 알아본다.

정의 8.8

$$A=\begin{pmatrix} a_{11} & a_{12} & \cdots & a_{1n} \\ a_{21} & a_{22} & \cdots & a_{2n} \\ \vdots & & & \vdots \\ a_{m1} & a_{m2} & \cdots & a_{mn} \end{pmatrix} \in \mathrm{Mat}_{m\times n}(\mathbf{R})$$

의 각 행으로 이루어진 m개의 벡터

$$A_1=(a_{11},\ a_{12},\ \cdots,\ a_{1n}),\ \cdots,\ A_m=(a_{m1},\ a_{m2},\ \cdots,\ a_{mn})$$

의 A의 행벡터(row vector)라 하고, 또 벡터공간 $\boldsymbol{R}^n$에서 이 행벡터들로 생성되는 $\boldsymbol{R}^n$의 부분공간 $\langle A_1,\ \cdots,\ A_m\rangle$을 A의 행공간(row space)이라 한다. 그리고 이 행공간의 차원을 A의 행계수(row rank) 또는 계수라 하고 $\mathrm{rank}(A)$로 나타낸다. 즉

$$\mathrm{rank}(A)=\dim\langle A_1,\ \cdots,\ A_m\rangle$$

마찬가지로, 행렬 A의 각 열로 이루어진 n개의 벡터

$$A^1=\begin{pmatrix} a_{11} \\ a_{21} \\ \vdots \\ a_{m1} \end{pmatrix},\ A^2=\begin{pmatrix} a_{12} \\ a_{22} \\ \vdots \\ a_{m2} \end{pmatrix},\ \cdots,\ A^n=\begin{pmatrix} a_{1n} \\ a_{2n} \\ \vdots \\ a_{mn} \end{pmatrix}$$

을 A의 열벡터(column vector)라 하고, 또 벡터공간 $\boldsymbol{R}^m$에서 이 열벡터들로 생성되는 $\boldsymbol{R}^m$의 부분공간 $\langle A^1,\ \cdots,\ A^n\rangle$을 A의 열공간(column space)이라 한다. 그리고 이 열공간의 차원을 A의 열계수(colum rank)라 하고 $\mathrm{crank}(A)$로 나타낸다. 즉

$$\mathrm{crank}(A)=\dim\langle A^1,\ \cdots,\ A^n\rangle$$

예제 8.15

$$A=\begin{pmatrix} 1 & 2 & -3 \\ 4 & 5 & -6 \end{pmatrix}$$

의 행공간과 열공간은 각각 다음과 같다.

$$(A\text{의 행공간}) = \langle (1,\ 2,\ -3),\ (4,\ 5,\ -6) \rangle \subset \boldsymbol{R}^3$$

$$(A\text{의 열공간}) = \left\langle \begin{pmatrix} 1 \\ 4 \end{pmatrix}, \begin{pmatrix} 2 \\ 5 \end{pmatrix}, \begin{pmatrix} -3 \\ -6 \end{pmatrix} \right\rangle \subset \boldsymbol{R}^2$$

위 정의 및 예제에서 $\boldsymbol{R}^n$의 벡터를 행벡터로 생각할 뿐만 아니라 열벡터로도 생각하고 있다. 앞으로도 경우에 따라 행벡터로, 또는 열벡터로 $\boldsymbol{R}^n$의 벡터를 나타낼 것이다.

정리 8.9

행렬 $A \in \text{Mat}_{m\times n}(\boldsymbol{R})$에 대하여 다음이 성립한다.

(i) A의 행간소사다리꼴행렬을 C라 하면 $\text{rank}(A) = \text{rank}(C)$

(ii) A의 열간소사다리꼴행렬을 B라 하면 $\text{crank}(A) = \text{crank}(B)$

증명 (i) 행렬 A의 행공간 $\langle A_1,\ \cdots,\ A_m \rangle$을 생각하자.

$$\langle A_1, \cdots,\ A_i,\ \cdots,\ A_j,\ \cdots A_m \rangle = \langle A_1, \cdots,\ A_j,\ \cdots,\ A_i,\ \cdots A_m \rangle$$

$$\langle A_1, \cdots,\ A_i,\ \cdots,\ A_m \rangle = \langle A_1, \cdots,\ aA_j,\ \cdots,\ A_m \rangle \ (a \neq 0)$$

$$\langle A_1,\ \cdots,\ A_i,\ \cdots,\ A_m \rangle = \langle A_1,\ \cdots,\ A_i + aA_j,\ \cdots,\ A_m \rangle$$

이므로, 행렬 A에 기본행변형을 한 번 시행하여 얻은 행렬의 행공간은 A의 행공간과 일치한다. 따라서 A에 기본행변형을 유한 번 시행하면 행간소사다리꼴 C를 얻을 수 있으므로 (A의 행공간) = (C의 행공간) 임을 알 수 있다. 그러므로

$$\text{rank}(A) = \dim(A\text{의 행공간}) = \dim(C\text{의 행공간}) = \text{rank}(C)$$

(ii) 마찬가지로 $(A\text{의 열공간}) = (B\text{의 열공간})$임을 알 수 있고, 따라서 $\text{crank}(A) = \dim(A\text{의 열공간}) = \dim(B\text{의 열공간}) = \text{crank}(B)$

■

행 계수의 정의에 따르면 $\text{rank}(A)$는 A의 행벡터들 중 일차독립인 것들의 최대 개수이다. 정리 8.9는 $\text{rank}(A)$를 구하는 방법을 시사한다.

예제 8.16

예제 8.11에서 행렬

$$A=\begin{pmatrix} 1 & 2 & -3 & 4 & 1 \\ 1 & 3 & 1 & 11 & 2 \\ 2 & 5 & -4 & 13 & 3 \\ 2 & 6 & 2 & 22 & 4 \end{pmatrix}$$

의 행간소사다리꼴이

$$C=\begin{pmatrix} 1 & 0 & 0 & 1 & -1 \\ 0 & 1 & 0 & 3 & 1 \\ 0 & 0 & 1 & 1 & 0 \\ 0 & 0 & 0 & 0 & 0 \end{pmatrix}$$

임을 알았다. 그런데 C의 영벡터가 아닌 행벡터들은 일차독립이므로 행계수의 정의에 따라

$$\text{rank}(C)=3$$

이다. 따라서 정리 8.9에 의하여

$$\text{rank}(A)=\text{rank}(C)=3$$

임을 알 수 있다.

이제 곧 행렬의 행계수와 열계수는 서로 같다는 사실을 증명할 것이다. 우선 다음 정리가 필요하다.

정의 8.10

A를 임의의 $m\times n$ 행렬이라 할 때 다음이 성립한다.

(i) 임의의 $n\times n$ 기본행렬 F에 대하여 $\text{rank}(A)=\text{rank}(AF)$

(ii) 임의의 $m\times n$ 기본행렬 E에 대하여 $\text{crank}(A)=\text{crank}(EA)$

증명 (i) A의 행간소사다리꼴을 C라 하면 적당한 $m\times m$ 기본행렬 $E_1, \cdots, E_r$이 존재하여 $C=E_r\cdots E_1A$가 된다. 행계수는 기본행변형을 시행하여도 변하지 않으므로(정리 8.9의 증명)

$$\begin{aligned}&\text{rank}(C) = \text{rank}(A),\\&\text{rank}(CF) = \text{rank}(E_r \cdots E_1(CF)) = \text{rank}(AF),\end{aligned}$$

이다. 한편 C는 행간소사다리꼴이므로 rank(C)는 C의 영벡터가 아닌 행벡터의 수와 같고, C에 기본열변형을 한 번 시행하여도 영벡터가 아닌 행벡터의 수는 늘지 않는다. 즉

$$\begin{aligned}\text{rank}(C) &= (C\text{의 } O\text{이 아닌 행벡터의 수})\\&\geq (CF\text{의 } O\text{이 아닌 행벡터의 수})\\&\geq \text{rank}(CF)\end{aligned}$$

이다. 따라서

$$\text{rank}(A) = \text{rank}(C) \geq \text{rank}(CF) = \text{rank}(AF)$$

즉

$$\text{rank}(A) \geq \text{rank}(AF) \qquad \cdots\cdots (1)$$

이다. (1)은 임의의 $m \times n$ 행렬 A와 임의의 $n \times n$ 기본행렬 F에 대하여 성립하므로 A 대신 AF, F 대신 F^{-1}일 때도 성립한다. 즉

$$\text{rank}(AF) \geq \text{rank}((AF)F^{-1}) = \text{rank}(A) \qquad \cdots\cdots (2)$$

이다. (1)과 (2)에 의하여 등식이 성립한다.

(ii) 마찬가지로 증명할 수 있다. 자세한 것은 독자에게 맡긴다. ■

정리 8.10은 행계수는 기본열변형에 관하여도 불변이고, 열계수는 기본행변형에 관하여도 불변이라는 것을 뜻한다.

정리 8.11

임의의 $m \times n$ 행렬 A의 행계수와 열계수는 같다. 즉

$$\text{rank}(A) = \text{crank}(A)$$

증명 A의 행·열간소행렬을 D라 하면

$$D=\left(\begin{array}{c:c} I_r & O \\ \hdashline O & O \end{array}\right)$$

의 형태이고 적당한 $m\times m$ 기본행렬 $E_1, \cdots, E_r$과 $n\times n$ 기본행렬 $F_1, \cdots, F_s$가 존재하여

$$D=E_r\cdots E_1AF_1\cdots F_s$$

이 된다. 이제 행계수는 기본행변형과 기본열변형 모두에 관하여 불변이므로

$$\operatorname{rank}(D)=\operatorname{rank}(A)$$

이고, 또 열계수도 기본열변형과 기본행변형 모두에 관하여 불변이므로

$$\operatorname{crank}(D)=\operatorname{crank}(A)$$

이다. 그런데 행렬 D의 행계수와 열계수는 분명히 모두 r과 같다. 따라서

$$\operatorname{rank}(A)=\operatorname{rank}(D)=r=\operatorname{crank}(D)=\operatorname{crank}(A)$$

가 된다. ■

위 정리는 행렬 A의 행벡터 중 일차독립인 것들의 최대 개수는 A의 열벡터 중 일차독립인 것들의 최대 개수와 같다는 것을 말한다.

정의 8.12

두 행렬 $A, B\in \operatorname{Mat}_{m\times n}(\boldsymbol{R})$에 대하여 다음 세 조건은 서로 동치이다.

(1) A와 B의 행·열간소행렬은 서로 같다.

(2) $A=PBQ$인 $m\times m$ 가역행렬 P와 $n\times n$ 가역행렬 Q가 존재한다.

(3) $\text{rank } A = \text{rank } B$

증명 (1) ⇒ (2)
A와 B의 행·열간소행렬은 같다고 가정하고, 이 행렬을 D라고 하면 정리 8.8에 의하여 적당한 $m\times m$ 가역행렬 P_1, P_2와 적당한 $n\times n$ 가역행렬 Q_1, Q_2가 존재하여

$$D = P_1 A Q_1, \quad D = P_2 B Q_2$$

가 된다. 따라서

$$A = P_1^{-1} P_2 B Q_2 Q_1^{-1}$$

이므로 $P = P_1^{-1} P_2$, $Q = Q_2 Q_1^{-1}$로 놓으면 (2)가 증명된다.

(2) ⇒ (3)
$A = PBQ$라고 하자. P와 Q는 가역행렬이므로 각각 유한 개의 기본행렬의 곱으로 나타낼 수 있고(정리 8.7), 따라서 A는 B에 기본행변형과 기본열변형을 시행함으로써 얻는다. 그런데 행렬의 계수는 기본행변형과 기본열변형에 대하여 불변이므로(정리 8.9의 증명과 정리 8.10) $\text{rank}(A) = \text{rank}(B)$이다.

(3) ⇒ (1)
$\text{rank } A = \text{rank } B$ 라 하고, A와 B의 행·열간소행렬을 각각 D_1, D_2라 하면 정리 8.11의 증명에 의하여

$$\text{rank}(D_1) = \text{rank}(A) = \text{rank}(B) = \text{rank}(D_2)$$

가 된다. 그런데 크기가 같은 행·열간소행렬은 계수에 의하여 결정되므로 D_1, D_2 이다. ■

예제 8.17

두 행렬

$$A=\begin{pmatrix}1 & 0 & 1\\ 0 & 2 & 0\\ 2 & -2 & 2\end{pmatrix},\quad B=\begin{pmatrix}1 & 0 & 0\\ 6 & 1 & 1\\ 3 & -1 & -1\end{pmatrix}$$

에 대하여 $A=PBQ$ 인 가역행렬 P와 Q가 존재하는지를 판정하라.

풀이 직접 행렬계산에 의하여 P와 Q가 존재함을 보이려 한다면 매우 복잡한 계산을 수행해야 할 것이다. 그러나 A, B의 행간소사다리꼴은 각각

$$\begin{pmatrix}1 & 0 & 1\\ 0 & 1 & 0\\ 0 & 0 & 0\end{pmatrix},\quad \begin{pmatrix}1 & 0 & 0\\ 0 & 1 & 1\\ 0 & 0 & 0\end{pmatrix}$$

이므로 $\text{rank}(A)=2=\text{rank}(B)$가 되므로 정리 8.12에 의하여 그러한 행렬 P와 Q는 존재한다.

연습문제

1. A가 대각행렬일 때 A가 가역행렬이기 위한 필요충분조건은 A의 대각성분이 모두 0이 아닌 것임을 보여라.

2. 임의의 $m \times n$ 행렬 A에 대하여 $(A^t)^t = A$ 임을 보여라.

3. 두 아래삼각행렬의 곱은 다시 아래삼각행렬이 됨을 보여라.

4. 모든 정사각행렬 A에 대하여 $\frac{A+A^t}{2}$는 대칭행렬이고, $\frac{A-A^t}{2}$는 교대행렬임을 보여라.

5. 벡터공간 $\text{Mat}_{n \times n}(\boldsymbol{R})$의 부분집합 $\mathscr{W}_1$, $\mathscr{W}_2$를

$$\mathscr{W}_1 = \{A \in \text{Mat}_{n \times n}(\boldsymbol{R}) \mid A^t = A,\ \text{즉 } A\text{는 대칭행렬}\}$$

$$\mathscr{W}_2 = \{A \in \text{Mat}_{n \times n}(\boldsymbol{R}) \mid A^t = -A,\ \text{즉 } A\text{는 교대행렬}\}$$

   으로 정의할 때, 다음을 증명하라.

   ① $\mathscr{W}_1$과 $\mathscr{W}_2$는 $\text{Mat}_{n \times n}(\boldsymbol{R})$의 부분공간이다.

   ② $\mathscr{W}_1 \cap \mathscr{W}_2 = \{\mathbf{O}\}$

   ③ $\text{Mat}_{n \times n}(\boldsymbol{R}) = \mathscr{W}_1 + \mathscr{W}_2$

6. 두 행렬 A와 B의 곱이 정의될 때 $(AB)^t = B^t A^t$임을 보여라.

7. 정사각행렬 A가 가역행렬이면 $(A^t)^{-1} = (A^{-1})^t$임을 보여라.

8. A가 멱동형행렬이면 $I - A$도 멱동형행렬임을 보여라.

9. $A^3 = I \iff (I - A)(I + A + A^2) = O$임을 보여라.

10. 정사각행렬 A, B가 $AB=BA$를 만족시키면 A와 B는 가환(commute)이라고 한다. E_{12}와 가환인 3×3 행렬은 어떤 꼴인가?

11. 3×3 행렬 A가 모든 3×3 행렬과 가환이면 A는 스칼라행렬임을 보여라. (힌트: 먼저 A는 9개의 행렬 $E_{ij}(i,\ j=1,\ 2,\ 3)$와 가환임을 주목하고 연습문제 10을 이용한다.)

12. A가 3×3 행렬이고 D는 대각행렬

$$D=\begin{pmatrix} e_1 & 0 & 0 \\ 0 & e_2 & 0 \\ 0 & 0 & e_3 \end{pmatrix}$$

일 때 DA와 AD를 구하고, 그 차이점을 말하라.

13. A가 멱영행렬이면 $I-2A$는 가역임을 보여라.

14. A가 멱동형행렬이면 $I-2A$는 가역임을 보여라.

15. A, B, $A+B$가 모두 가역인 $n\times n$ 행렬일 때, $A^{-1}+B^{-1}$도 가역이고

$$(A^{-1}+B^{-1})^{-1}=A(A+B)^{-1}B$$

임을 보여라.

16. $A^2+I=O$인 2×2 행렬 A를 모두 찾아라.

17. $A\in \boldsymbol{R}^n$을 $1\times n$ 행렬로 생각할 때 다음을 증명하라.

$$AA^t=O \iff A=O$$

18. 다음 행렬 A의 행간소사다리꼴행렬 C를 구하라. 또 $C=PA$인 가역행렬 P를 구하라.

① $A=\begin{pmatrix} 0 & 1 & 3 \\ 0 & 2 & 0 \\ 1 & 0 & 0 \end{pmatrix}$ ② $A=\begin{pmatrix} 2 & 4 \\ -1 & 3 \\ 6 & 2 \end{pmatrix}$

③ $A=\begin{pmatrix} 0 & 4 & 1 & 3 \\ 2 & 8 & 5 & 3 \\ 1 & 4 & 2 & 7 \end{pmatrix}$ ④ $A=\begin{pmatrix} 0 & -2 & 4 & 5 & 1 \\ 0 & 3 & -6 & -6 & -1 \\ 0 & -1 & 2 & 4 & 1 \\ 0 & -4 & 7 & -5 & 0 \end{pmatrix}$

19. 연습문제 18의 각 행렬 A에 대하여 $\mathrm{rank}(A)$를 구하라.

20. 정사각행렬 A의 어느 한 행 또는 한 열의 성분이 모두 0이면 A는 가역행렬이 아니다. 이 사실을 다음의 경우에 설명하라.

① $A=\begin{pmatrix} 0 & 0 & \cdots & 0 \\ a_{21} & a_{22} & \cdots & a_{2n} \\ \vdots & \vdots & & \vdots \\ a_{n1} & a_{n2} & \cdots & a_{nn} \end{pmatrix}$ ② $A=\begin{pmatrix} a_{11} & a_{12} & \cdots & 0 \\ a_{21} & a_{22} & \cdots & 0 \\ \vdots & \vdots & & \vdots \\ a_{n1} & a_{n2} & \cdots & 0 \end{pmatrix}$

21. 다음 행렬의 역행렬을 구하라.

① $\begin{pmatrix} 0 & 1 & 1 \\ 3 & 7 & 9 \\ 2 & 4 & 6 \end{pmatrix}$ ② $\begin{pmatrix} 1 & 4 & 3 \\ 0 & -2 & -1 \\ 5 & 0 & 2 \end{pmatrix}$

③ $\begin{pmatrix} 0 & 1 & 0 & 4 \\ -2 & -3 & -4 & -4 \\ 5 & 0 & 8 & 1 \\ 3 & 0 & 6 & 0 \end{pmatrix}$

22. 다음 행렬 A의 행·열간소행렬 D를 구하라. 또 $D=PAQ$인 가역행렬 P와 Q를 구하라.

① $\begin{pmatrix} 2 & -4 & 8 \\ 1 & -3 & 2 \end{pmatrix}$ ② $\begin{pmatrix} 1 & 2 & 4 \\ 3 & 5 & 1 \\ -1 & -3 & -2 \end{pmatrix}$

23. n차 정사각행렬 $A=(a_{ij})$의 대각성분의 합을 A의 트레이스(trace)라고 하고, $\mathrm{tr}(A)$로 나타낸다. 즉

$$\mathrm{tr}(A)=a_{11}+a_{22}+\cdots+a_{nn}=\sum_{i=1}^{n} a_{ii}$$

이다. 트레이스에 대한 다음 성질을 증명하라.

① $\text{tr}(A^t)=\text{tr}(A)$

② $\text{tr}(A+B)=\text{tr}(A)+\text{tr}(B)$, $\text{tr}(aA)=a\,\text{tr}(A)$

③ $\text{tr}(AB)=\text{tr}(BA)$

④ P가 가역행렬이면 $\text{tr}(PAP^{-1})=\text{tr}(A)$

24. A가 $n\times n$ 행렬일 때 A의 행벡터들이 일차독립이기 위한 필요충분조건은 A의 열벡터들이 일차독립임을 보여라.

25. 두 행렬

$$A=\begin{pmatrix}1 & 2 & 3 & 4\\ 5 & 6 & 7 & 8\\ 6 & 4 & 2 & 0\end{pmatrix},\quad B=\begin{pmatrix}4 & 3 & 2 & 1\\ 5 & 6 & 7 & 8\\ 1 & 1 & 1 & 1\end{pmatrix}$$

에 대하여 $A=PBQ$인 가역행렬 P와 Q가 존재하는지 판정하라.

26. $m>n$일 때, $\boldsymbol{R}^n$의 m 개의 벡터는 일차종속임을 보여라.

27. 임의의 3×4 행렬의 계수를 구하는 컴퓨터 프로그램을 작성하라.

제 9 장

선형사상과 행렬

이 장에서는 선형사상을 행렬로 표현하는 방법과 행렬을 사용하여 선형사상을 정의하는 방법에 대하여 알아본다.

유한차원 벡터공간 $\mathscr{V}$ 와 $\mathscr{W}$ 에 대하여 선형사상

$$T : \mathscr{V} \longrightarrow \mathscr{W}$$

를 생각하자. $\mathscr{B} = \{A_1, \cdots, A_n\}$을 $\mathscr{V}$ 의 순서기저(즉 벡터들의 순서까지 고려한 기저)라고 하고, $\mathscr{E} = \{B_1, \cdots, B_m\}$을 $\mathscr{W}$ 의 순서기저라고 하자. 그러면

$$\begin{aligned} T(A_1) &= a_{11}B_1 + a_{21}B_2 + \cdots + a_{m1}B_m \\ T(A_2) &= a_{12}B_1 + a_{22}B_2 + \cdots + a_{m2}B_m \\ &\vdots \\ T(A_n) &= a_{1n}B_1 + a_{2n}B_2 + \cdots + a_{mn}B_m \end{aligned}$$

인 스칼라 a_{ij}(단, $i=1, \cdots, m$, $j=1, \cdots, n$)가 유일하게 결정된다. 따라서 T에 의하여 다음과 같은 $m \times n$ 행렬이 단 하나 결정된다.

$$A = (a_{ij}) = \begin{pmatrix} a_{11} & a_{12} & \cdots & a_{1n} \\ a_{21} & a_{22} & \cdots & a_{2n} \\ \vdots & \vdots & & \vdots \\ a_{m1} & a_{m2} & \cdots & a_{mn} \end{pmatrix}$$

$$\begin{matrix} \uparrow & \uparrow & \uparrow \\ T(A_1) & T(A_2) & T(A_n) \end{matrix}$$

이 행렬 A를 기저 $\mathscr{B}$, $\mathscr{E}$에 관한 T의 행렬(matrix of T with respect to $\mathscr{B}$ and $\mathscr{E}$)이라 하고 $(T)^{\mathscr{E}}_{\mathscr{B}}$ 로 나타낸다.

예제 9.1

선형사상 $T: \boldsymbol{R}^2 \longrightarrow \boldsymbol{R}^2$가

$$T(x, y) = (x+2y, 3x-y)$$

로 정의되어 있고 $\boldsymbol{R}^2$의 표준기저를 $\mathscr{B} = \{E_1, E_2\}$, 또 다른 기저를 $\mathscr{E} = \{F_1, F_2\}$라고 하자. 단 $F_1 = (1, 3)$, $F_2 = (2, -1)$이다. 이때 다음 행렬을 구하라.

① $\mathscr{B}$, $\mathscr{B}$에 관한 T의 행렬

② $\mathscr{B}$, $\mathscr{E}$에 관한 T의 행렬

풀이 ① $T(E_1) = T(1, 0) = (1, 3) = 1E_1 + 3E_2$

$T(E_2) = T(0, 1) = (2, -1) = 2E_1 - 1E_2$

이므로

$$(T)_{\mathscr{B}}^{\mathscr{B}} = \begin{pmatrix} 1 & 2 \\ 3 & -1 \end{pmatrix}$$

② $T(E_1) = (1, 3) = 1F_1 + 0F_2$

$T(E_2) = (2, -1) = 0F_1 + 1F_2$

이므로

$$(T)_{\mathscr{B}}^{\mathscr{E}} = \begin{pmatrix} 1 & 0 \\ 0 & 1 \end{pmatrix}$$

예제 9.1은 기저가 바뀌면 대응하는 행렬의 모양이 크게 달라질 수 있음을 보여준다. 따라서 언제 두 행렬이 한 선형사상에 대응하는지(서로 다른 기저에 관하여)에 대한 질문이 발생하는 것은 당연하다. 이에 답하기 전에 먼저 몇 가지 예를 더 살펴보자.

예제 9.2

미분연산자

$$D: \boldsymbol{R}_n[x] \longrightarrow \boldsymbol{R}_n[x], \quad D(p(x)) = \frac{d}{dx}p(x)$$

를 생각하자. $\boldsymbol{R}_n[x]$의 표준기저를 $\mathscr{B} = \{1, x, \cdots, x^n\}$이라 할 때 기저 $\mathscr{B}$, $\mathscr{B}$에 관한 D의 행렬을 구하라.

풀이 $D(1)=0$이고, $1 \le m \le n$ 일 때

$$D(x^m) = mx^{m-1} = 0 \cdot 1 + 0 \cdot x + \cdots + mx^{m-1} + 0 \cdot x^m + \cdots + 0 \cdot x^n$$

이므로

$$(D)_{\mathscr{B}}^{\mathscr{B}} = \begin{pmatrix} 0 & 1 & 0 & \cdots & 0 \\ 0 & 0 & 2 & \cdots & 0 \\ \vdots & \vdots & \vdots & & \vdots \\ 0 & 0 & 0 & \cdots & n \\ 0 & 0 & 0 & \cdots & 0 \end{pmatrix}$$

이다. 예를 들어 $n=3$이면

$$(D)_{\mathscr{B}}^{\mathscr{B}} = \begin{pmatrix} 0 & 1 & 0 & 0 \\ 0 & 0 & 2 & 0 \\ 0 & 0 & 0 & 3 \\ 0 & 0 & 0 & 0 \end{pmatrix}$$

이다. 물론, 정사각행렬의 경우만 생각할 필요는 없다. 예를 들어 미분연산자

$$D: \boldsymbol{R}_n[x] \longrightarrow \boldsymbol{R}_{n-1}[x]$$

를 생각하고, $\boldsymbol{R}_n[x]$와 $\boldsymbol{R}_{n-1}[x]$의 표준기저를 각각 $\mathscr{B}$, $\mathscr{E}$라고 하면 $\mathscr{B}$, $\mathscr{E}$에 관한 D의 행렬은 $(n+1)\times n$ 행렬

$$(D)_{\mathscr{B}}^{\mathscr{E}} = \begin{pmatrix} 0 & 1 & 0 & \cdots & 0 \\ 0 & 0 & 2 & \cdots & 0 \\ \vdots & \vdots & \vdots & & \vdots \\ 0 & 0 & 0 & \cdots & n \end{pmatrix}$$

이 된다.

예제 9.3

선형사상 $T: \boldsymbol{R}^4 \longrightarrow \boldsymbol{R}_1[x]$가

$$T(a_1, a_2, a_3, a_4) = (a_1 + a_3) + (a_2 + a_4)x$$

로 정의되어 있을 때 $\boldsymbol{R}^4$의 순서기저 $\mathscr{B} = \{A_1, A_2, A_3, A_4\}$

$$\begin{aligned} A_1 &= (1, 0, 0, 0) \\ A_2 &= (1, 1, 0, 0) \\ A_3 &= (1, 1, 1, 0) \\ A_4 &= (1, 1, 1, 1) \end{aligned}$$

과 $\boldsymbol{R}_1[x]$의 순서기저 $\mathscr{E} = \{B_1, B_2\}$,

$$\begin{aligned} B_1 &= 1 + x \\ B_2 &= 1 - x \end{aligned}$$

에 관한 T의 행렬을 구하라.

풀이 $1 = \frac{1}{2}(B_1 + B_2)$, $x = \frac{1}{2}(B_1 - B_2)$임을 이용하면

$$\begin{aligned} T(A_1) &= T(1, 0, 0, 0) = 1 &&= \tfrac{1}{2}B_1 + \tfrac{1}{2}B_2 \\ T(A_2) &= T(1, 1, 0, 0) = 1 + x &&= 1B_1 + 0B_2 \\ T(A_3) &= T(1, 1, 1, 0) = 2 + x &&= \tfrac{3}{2}B_1 + \tfrac{1}{2}B_2 \\ T(A_4) &= T(1, 1, 1, 1) = 2 + 2x &&= 2B_1 + 0B_2 \end{aligned}$$

이므로

$$(T)_{\mathscr{B}}^{\mathscr{E}} = \begin{pmatrix} \frac{1}{2} & 1 & \frac{3}{2} & 2 \\ \frac{1}{2} & 0 & \frac{1}{2} & 0 \end{pmatrix}$$

예제 9.4

선형사상 $T: \boldsymbol{R}^3 \longrightarrow \boldsymbol{R}^2$를

$$T(x, y, z) = (x+y, x+z)$$

로 정의할 때 다음을 구하라.

① $\boldsymbol{R}^3$의 표준기저 $\mathscr{B}$와 $\boldsymbol{R}^2$의 표준기저 $\mathscr{E}$에 관한 T의 행렬

② $\boldsymbol{R}^3$의 표준기저 $\mathscr{B}' = \{A_1, A_2, A_3\}$와 $\boldsymbol{R}^2$의 기저 $\mathscr{E}' = \{B_1, B_2\}$

$$A_1 = (1, 0, 0) \qquad B_1 = (1, 1)$$
$$A_2 = (0, 1, 0) \qquad B_2 = (1, 0)$$
$$A_3 = (1, -1, -1)$$

에 관한 T의 행렬

풀이 ① $T(1, 0, 0) = (1, 1) = 1(1, 0) + 1(0, 1)$

$T(0, 1, 0) = (1, 0) = 1(1, 0) + 0(0, 1)$

$T(0, 0, 1) = (0, 1) = 0(1, 0) + 1(0, 1)$

이므로

$$(T)_{\mathscr{B}}^{\mathscr{E}} = \begin{pmatrix} 1 & 1 & 0 \\ 1 & 0 & 1 \end{pmatrix}$$

② $T(A_1) = (1, 1) = 1B_1 + 0B_2$

$T(A_2) = (1, 0) = 0B_1 + 1B_2$

$T(A_3) = (0, 0) = 0B_1 + 0B_2$

이므로

$$(T)_{\mathscr{B}'}^{\mathscr{E}'} = \begin{pmatrix} 1 & 0 & 0 \\ 0 & 1 & 0 \end{pmatrix}$$

예제 9.5

선형사상 $T: \boldsymbol{R}_2(x) \longrightarrow \boldsymbol{R}_4(x)$를

$$T(p(x)) = (1-x+x^2)p(x)$$

로 정의할 때 $\boldsymbol{R}_2(x)$의 기저 $\mathscr{B} = \{1,\ x,\ x^2\}$과 $\boldsymbol{R}_4(x)$의 기저 $\mathscr{E} = \{1,\ x,\ x^2, x^3, x^4\}$에 관한 T의 행렬을 구하라.

풀이

$$T(1) = 1-x+x^2$$
$$T(x) = x-x^2+x^3$$
$$T(x^2) = x^2-x^3+x^4$$

이므로 구하는 행렬은 다음과 같다.

$$(T)_{\mathscr{B}}^{\mathscr{E}} = \begin{pmatrix} 1 & 0 & 0 \\ -1 & 1 & 0 \\ 1 & -1 & 1 \\ 0 & 1 & -1 \\ 0 & 0 & 1 \end{pmatrix}$$

예제 9.6

$S = a,\ b,\ c$라고 하고 선형사상 $T: \mathscr{P}(S,\ \boldsymbol{R}) \longrightarrow \boldsymbol{R}$을

$$T(f) = f(a) - f(b) + f(c)$$

로 정의하자. $\mathscr{P}(S,\ R)$의 기저 $\mathscr{B} = \{\chi_a,\ \chi_b,\ \chi_c\}$와 $\boldsymbol{R}$의 기저 $\mathscr{E} = \{1\}$에 관한 T의 행렬을 구하라.

풀이

$$T(\chi_a) = \chi_a(a) - \chi_a(b) + \chi_a(c) = 1-0+0 = 1$$
$$T(\chi_b) = \chi_b(a) - \chi_b(b) + \chi_b(c) = 0-1+0 = -1$$
$$T(\chi_c) = \chi_c(a) - \chi_c(b) + \chi_c(c) = 0-0+1 = 1$$

이므로 구하는 행렬은 다음과 같다.

$$(T)_{\mathscr{B}}^{\mathscr{E}} = (1\ \ -1\ \ 1)$$

이제 선형사상과 행렬의 대응관계를 구체적으로 다루어 보자.

정리 9.1

$\mathscr{V}$ 와 $\mathscr{W}$ 의 순서기저를 각각

$$\mathscr{B} = \{A_1, \cdots, A_n\}, \quad \mathscr{E} = \{B_1, \cdots, B_m\}$$

이라 하자. 선형사상 $T : \mathscr{V} \longrightarrow \mathscr{W}$ 에 대하여 행렬 $(T)^{\mathscr{E}}_{\mathscr{B}}$를 대응시키는 함수

$$\Phi : \mathscr{L}(\mathscr{V}, \mathscr{W}) \longrightarrow \mathrm{Mat}_{m\times n}(\boldsymbol{R}), \quad \Phi(T) = (T)^{\mathscr{E}}_{\mathscr{B}}$$

는 벡터공간 $\mathscr{L}(\mathscr{V}, \mathscr{W})$에서 벡터공간 $\mathrm{Mat}_{m\times n}(\boldsymbol{R})$로의 동형사상이다.

증명 먼저, Φ가 선형사상임을 보이자. 임의의 $S, T \in \mathscr{L}(\mathscr{V}, \mathscr{W})$에 대하여

$$(S)^{\mathscr{E}}_{\mathscr{B}} = (a_{ij}), \quad (T)^{\mathscr{E}}_{\mathscr{B}} = (b_{ij})$$

라고 하자. 이때

$$S(A_j) = \sum_{i=1}^{m} a_{ij} B_i, \quad T(A_j) = \sum_{i=1}^{m} b_{ij} B_i \quad (1 \le j \le n)$$

이므로

$$\begin{aligned}(S+T)(A_j) &= S(A_j) + T(A_j) = \sum_{i=1}^{m} a_{ij} B_i + \sum_{i=1}^{m} b_{ij} B_i \\ &= \sum_{i=1}^{m} (a_{ij} + b_{ij}) B_i \quad (1 \le j \le n)\end{aligned}$$

또, 임의의 스칼라 $a \in R$에 대하여

$$(aS)(A_j) = aS(A_j) = a \sum_{i=1}^{m} a_{ij} B_i = \sum_{i=1}^{m} a a_{ij} B_i \quad (1 \le j \le n)$$

이다. 따라서

$$\Phi(S+T)=(S+T)^{\mathscr{E}}_{\mathscr{B}}=(a_{ij}+b_{ij})$$
$$=(a_{ij})+(b_{ij})=(S)^{\mathscr{E}}_{\mathscr{B}}+(T)^{\mathscr{E}}_{\mathscr{B}}=\Phi(S)+\Phi(T)$$
$$\Phi(aS)=(aS)^{\mathscr{E}}_{\mathscr{B}}=(aa_{ij})$$
$$=a(a_{ij})=a(S)^{\mathscr{E}}_{\mathscr{B}}=a\Phi(S)$$

이므로 Φ 는 선형사상이다.

한편 $\Phi(T)=(T)^{\mathscr{E}}_{\mathscr{B}}=O$ 이라고 가정하면

$$T(A_j)=0B_1+0B_2+\cdots+0B_m=\boldsymbol{O}\quad(1\le j\le n)$$

이므로 T는 영선형사상이 되고, 따라서 Φ 는 단사함수이다. 또 임의의 행렬 $A=(a_{ij})\in \mathrm{Mat}_{m\times n}(\boldsymbol{R})$에 대하여 선형사상 $T:\mathscr{V}\longrightarrow\mathscr{W}$ 를

$$T(A_j)=a_{1j}B_1+a_{2j}B_2+\cdots+a_{mj}B_m\quad(1\le j\le n)$$

의 선형확장으로 정의하면 $(T)^{\mathscr{E}}_{\mathscr{B}}=A$ 가 된다. 즉 $\Phi(T)=A$인 T가 존재하므로 Φ는 전사함수가 된다. 따라서 Φ는 동형사상이다. ■

정리 9.1의 증명과정에는 다음과 같은 중요한 사실이 포함되어 있다.

(1) 유한차원 벡터공간 $\mathscr{V}$ 와 순서기저 $\mathscr{B}=\{A_1,\cdots,A_n\}$

(2) 유한차원 벡터공간 $\mathscr{W}$ 와 순서기저 $\mathscr{E}=\{B_1,\cdots,B_m\}$

(3) $m\times n$ 행렬 $A=(a_{ij})$

의 세 가지가 주어지면 $(T)^{\mathscr{E}}_{\mathscr{B}}=A$인 선형사상 $T:\mathscr{V}\longrightarrow\mathscr{W}$ 는 유일하게 결정된다. 이때 $C=\sum_{j=1}^{n}c_jA_j$ 에 대하여

$$\begin{aligned} T(C) &= T\left(\sum_{j=1}^{n} c_j A_j\right) \\ &= \sum_{j=1}^{n} c_j T(A_j) \\ &= \sum_{j=1}^{n} c_j \left(\sum_{j=1}^{n} a_{ij} B_i\right) \\ &= \sum_{i=1}^{m} \left(\sum_{j=1}^{n} a_{ij} c_j\right) B_i \end{aligned}$$

이므로 $\mathscr{W}$ 의 순서기저 $\mathscr{E} = \{B_1, \cdots, B_m\}$에 관한 $T(C)$의 좌표는 바로 다음과 같은 열벡터로 주어진다는 것을 발견한다.

$$A\begin{pmatrix} c_1 \\ \vdots \\ c_n \end{pmatrix} = \begin{pmatrix} a_{11} & a_{12} & \cdots & a_{1n} \\ \vdots & \vdots & & \vdots \\ a_{m1} & a_{m2} & \cdots & a_{mn} \end{pmatrix}\begin{pmatrix} c_1 \\ \vdots \\ c_n \end{pmatrix}$$

예제 9.7

선형사상 $T: \boldsymbol{R}^3 \longrightarrow \boldsymbol{R}_2(x)$의 기저 $\{E_1, E_2, E_3\}$, $\{1, x, x_2\}$에 관한 행렬이

$$A = \begin{pmatrix} 1 & 0 & -1 \\ 2 & 3 & -4 \\ 3 & 0 & 2 \end{pmatrix}$$

일 때 $T(1, 2, -3)$을 구하라.

풀이 (방법 1)

$$\begin{pmatrix} 1 & 0 & -1 \\ 2 & 3 & -4 \\ 3 & 0 & 2 \end{pmatrix}\begin{pmatrix} 1 \\ 2 \\ -3 \end{pmatrix} = \begin{pmatrix} 4 \\ 20 \\ -3 \end{pmatrix}$$

이므로 기저 $\{1, x, x^2\}$에 관한 $T(1, 2, -3)$의 좌표는 $(4, 20, -3)$이다. 따라서 $T(1, 2, -3) = 4 + 20x - 3x^2$이다.

(방법 2)

$$\begin{aligned} T(1, 2, -3) &= T(1E_1 + 2E_2 - 3E_3) \\ &= T(E_1) + 2T(E_2) - 3T(E_3) \\ &= (1 + 2x + 3x^2) + 2(3x) - 3(-1 - 4x + 2x^2) \\ &= 4 + 20x - 3x^2 \end{aligned}$$

예제 9.8

선형사상 $T: \boldsymbol{R}^3 \longrightarrow \boldsymbol{R}^4$ 의 $\boldsymbol{R}^3$의 표준기저와 $\boldsymbol{R}^4$ 의 표준기저에 관한 행렬이

$$A=\begin{pmatrix} 3 & -1 & 0 \\ 0 & 4 & 1 \\ 2 & -5 & -1 \\ -1 & 2 & 0 \end{pmatrix}$$

일 때 $T(1,\ -2,\ 3)$을 구하라.

풀이

$$A=\begin{pmatrix} 3 & -1 & 0 \\ 0 & 4 & 1 \\ 2 & -5 & -1 \\ -1 & 2 & 0 \end{pmatrix}\begin{pmatrix} 1 \\ -2 \\ 3 \end{pmatrix}=\begin{pmatrix} 5 \\ -5 \\ 9 \\ -5 \end{pmatrix}$$

이므로 $T(1,\ -2,\ 3)=(5,\ -5,\ 9,\ -5)$이다.

위에서 C의 좌표를 평상시와 같이 행벡터로 쓰지 않고 열벡터로 썼고, $T(C)$의 좌표 역시 열벡터로 나타났음을 알 수 있다. 따라서 선형사상에 관한 계산을 행렬을 사용하여 수행할 때에는 좌표를 열벡터로 나타내어야 한다. 사실 처음부터 세로쓰기를 했더라면 아무런 문제가 없었을 것이나, 지금까지 그렇게 하지 않은 이유는 단지 이 책이 가로쓰기를 채택하고 있기 때문이다.

예제 9.9

선형사상 $T: \boldsymbol{R}^3 \longrightarrow \boldsymbol{R}^4$ 의 $\boldsymbol{R}^3$의 표준기저와 $\boldsymbol{R}^4$ 의 표준기저에 관한 행렬이

$$\begin{pmatrix} 1 & 0 & 0 \\ 1 & -1 & 1 \\ 0 & 1 & -1 \\ 0 & 0 & 1 \end{pmatrix}$$

일 때 T 의 핵과 상의 기저를 구하라.

풀이

$$\begin{pmatrix}1 & 0 & 0\\ 1 & -1 & 1\\ 0 & 1 & -1\\ 0 & 0 & 1\end{pmatrix}\begin{pmatrix}x\\ y\\ z\end{pmatrix}=\begin{pmatrix}x\\ x-y+z\\ y-z\\ z\end{pmatrix}$$

이므로

$$T(x,\ y,\ z)=(x,\ x-y+z,\ y-z,\ z)$$

이다. 따라서 $(x,\ y,\ z)\in\ker\ T$이면

$$x=0,\ x-y+z=0,\ y-z=0,\ z=0$$

이므로

$$x=y=z=0$$

이고, 따라서 $\ker\ T=O$이다. 그러므로 T의 상의 차원은 3이고

$$\{T(1,\ 0,\ 0),\ T(0,\ 1,\ 0),\ T(0,\ 0,\ 1)\}$$

즉

$$\{(1,\ 1,\ 0,\ 0),\ (0,\ -1,\ 1,\ 0),\ (0,\ 1,\ -1,\ 1)\}$$

이 $\operatorname{im}\ T$의 기저이다.

이제 정리 9.1의 결과에 대하여 알아보자.

정리 9.2

$\mathscr{V}$와 $\mathscr{W}$가 유한차원 벡터공간이면 $\mathscr{L}(\mathscr{V},\ \mathscr{W})$도 유한차원이고

$$\dim\mathscr{L}(\mathscr{V},\ \mathscr{W})=(\dim\ \mathscr{V})(\dim\ \mathscr{W})$$

증명 $\dim\ \mathscr{V}=n$, $\dim\ \mathscr{W}=m$이라고 하면, 정리 9.1에 의하여 $\mathscr{L}(\mathscr{V},\ \mathscr{W})\cong\mathrm{Mat}_{m\times n}(\boldsymbol{R})$이므로 정리 7.14와 정리 8.2에 의하여 정리는 증명된다. ■

참고로 위 정리는 다른 방법으로도 증명될 수 있다(제7장 연습문제 27 참조).

정리 9.3

$\mathscr{V}$, $\mathscr{W}$, $\mathscr{U}$ 가 유한 차원 벡터공간이고 $\mathscr{B}$, $\mathscr{E}$, $\mathscr{D}$가 각각 $\mathscr{V}$, $\mathscr{W}$, $\mathscr{U}$ 의 순서기저라고 하자. 이때 두 선형사상

$$T : \mathscr{V} \longrightarrow \mathscr{W} , \mathscr{W} \longrightarrow \mathscr{U}$$

에 대하여 다음이 성립한다.

$$(S \circ T)^{\mathscr{D}}_{\mathscr{B}} = (S)^{\mathscr{D}}_{\mathscr{E}} \ (T)^{\mathscr{D}}_{\mathscr{B}}$$

증명 $\mathscr{B} = \{A_1, \cdots, A_n\}$, $\mathscr{E} = \{B_1, \cdots, B_m\}$, $\mathscr{D} = \{C_1, \cdots, C_p\}$ 라 하고

$$(T)^{\mathscr{E}}_{\mathscr{B}} = A = (a_{ij})_{m\times n}, \text{ 즉 } T(A_j) = \sum_{k=1}^{m} a_{kj} B_k \quad (1 \le j \le n)$$

$$(S)^{\mathscr{D}}_{\mathscr{E}} = B = (b_{ij})_{p\times m}, \text{ 즉 } S(B_j) = \sum_{i=1}^{p} b_{ij} C_i \quad (1 \le j \le m)$$

이라고 하면

$$\begin{aligned}(S \circ T)(A_j) &= S\left(\sum_{k=1}^{m} a_{kj} B_k \right) \\ &= \sum_{k=1}^{m} a_{kj} \left(\sum_{i=1}^{p} b_{ik} C_i \right) \\ &= \sum_{i=1}^{p} \left(\sum_{k=1}^{m} b_{ik} a_{kj} \right) C_i\end{aligned}$$

이고

$$\sum_{k=1}^{m} b_{ik} a_{kj}$$

는 바로 두 행렬의 곱 BA의 $(i,\ j)$ 원소이다. ■

예제 9.10

표준기저에 관한 $T: \boldsymbol{R}^3 \longrightarrow \boldsymbol{R}^4$, $S: \boldsymbol{R}^4 \longrightarrow \boldsymbol{R}^2$ 의 행렬이 각각

$$A=\begin{pmatrix} 1 & 0 & -1 \\ -2 & 1 & -2 \\ 0 & -2 & 5 \\ 4 & -3 & 0 \end{pmatrix},\quad B=\begin{pmatrix} -1 & 0 & 3 & -1 \\ 2 & -4 & 1 & 2 \end{pmatrix}$$

일 때 선형사상 $S \circ T: \boldsymbol{R}^3 \longrightarrow \boldsymbol{R}^2$ 의 표준기저들에 관한 행렬은

$$\begin{aligned} BA &= \begin{pmatrix} -1 & 0 & 3 & -1 \\ 2 & -4 & 1 & 2 \end{pmatrix}\begin{pmatrix} 1 & 0 & -1 \\ -2 & 1 & -2 \\ 0 & -2 & 5 \\ 4 & -3 & 0 \end{pmatrix} \\ &= \begin{pmatrix} -5 & -3 & 16 \\ 18 & -12 & 11 \end{pmatrix} \end{aligned}$$

이다.

정리 9.4

선형사상 $T: \mathscr{V} \longrightarrow \mathscr{V}$ 가 동형사상이면 $\mathscr{V}$ 의 임의의 두 기저 $\mathscr{B}$, $\mathscr{E}$에 관한 T의 행렬 $A=(T)_{\mathscr{B}}^{\mathscr{E}}$는 가역행렬이다(여기서 $\mathscr{B}$, $\mathscr{E}$는 같을 수도 있다).

증명 T가 동형사상이므로 T의 역사상 $T^{-1}: \mathscr{V} \longrightarrow \mathscr{V}$ 가 존재한다. 즉

$$T^{-1} \circ T = I_{\mathscr{V}},\quad T \circ T^{-1} = I_{\mathscr{V}}$$

이다. 이제 $B=(T^{-1})_{\mathscr{E}}^{\mathscr{B}}$ 로 놓으면 정리 9.3에 의하여

$$AB=(T)_{\mathscr{B}}^{\mathscr{E}}\ (T^{-1})_{\mathscr{E}}^{\mathscr{B}} = (T \circ T^{-1})_{\mathscr{E}}^{\mathscr{E}} = (I_{\mathscr{V}})_{\mathscr{E}}^{\mathscr{E}}$$

이다. 그런데 기저 $\mathscr{E}$, $\mathscr{E}$에 관한 항등사상 $I_{\mathscr{V}}$의 행렬은 분명히 항등행렬이다. 따라서

$$AB = I$$

이다. 한편 마찬가지 방법으로

$$BA = (T^{-1})^{\mathscr{B}}_{\mathscr{E}} \ (T)^{\mathscr{E}}_{\mathscr{B}} \ (T^{-1} \circ T)^{\mathscr{B}}_{\mathscr{B}} = (I_{\mathscr{V}})^{\mathscr{B}}_{\mathscr{B}} = I$$

이다. 따라서 A는 가역행렬이다. ■

정리 9.5

V의 적당한 두 기저 B, E에 관한 선형사상 $T: \mathrm{V} \longrightarrow \mathrm{V}$의 행렬 $A = (T)^{\mathscr{E}}_{\mathscr{B}}$가 가역행렬이면 T는 동형사상이다(여기서도 B, E는 같을 수도 있다).

증명 A가 가역행렬이므로 $AB = BA = I$인 행렬 B가 존재한다.

이제, 정리 9.1에 의하여 $(S)^{\mathscr{B}}_{\mathscr{E}} = B$인 선형사상 $S: \mathscr{V} \longrightarrow \mathscr{V}$가 존재한다. S가 T의 역함수임을 보일 것이다.

$$(S \circ T)^{\mathscr{B}}_{\mathscr{B}} = (S)^{\mathscr{B}}_{\mathscr{E}} \ (T)^{\mathscr{E}}_{\mathscr{B}} = BA = I = (I_{\mathscr{V}})^{\mathscr{B}}_{\mathscr{B}}$$

즉 $(S \circ T)$와 $I\!V$의 기저 B, B에 관한 행렬이 서로 같다. 따라서 정리 9.1에 의하여 $S \circ T = I\!V$이다.
마찬가지로 $T \circ S = I\!V$임도 보일 수 있으므로 S는 T의 역함수이다. 따라서 T의 역함수가 존재하므로 T는 일대일 대응이 되고, 결국 동형사상이 된다. ■

정리 9.4와 9.5의 증명에서 기저 E, E에 관한 항등사상 $I\!V : \mathrm{V} \longrightarrow \mathrm{V}$의 행렬이 항등행렬임을 이용하였다. 그러나 두 개의 다른 기저를 택한다면 그 결과는 물론 항등행렬이 아니다.

예제 9.11

$\boldsymbol{R}^3$의 기저 $\mathscr{B} = \{E_1, E_2, E_3\}$와 $\mathscr{E} = \{F_1, F_2, F_3\}$에 관한 항등사상 $I: \boldsymbol{R}^3 \longrightarrow \boldsymbol{R}^3$의 행렬을 구하여라. 단

$$F_1=(1, 0, 0), F_2=(1, 1, 0), F_3=(1, 1, 1)$$

풀이 $I(E_1)=E_1=(1, 0, 0)=\ \ 1F_1+0F_2+0F_3$

$I(E_2)=E_2=(0, 1, 0)=-1F_1+1F_2+0F_3$

$I(E_3)=E_3=(0, 0, 1)=\ \ 0F_1-1F_2+1F_3$

이므로 구하는 행렬은 다음과 같다.

$$(I)_{\mathscr{B}}^{\mathscr{E}}=\begin{pmatrix}1&-1&0\\0&1&-1\\0&0&1\end{pmatrix}$$

앞 장에서 이미 언급한 역행렬에 관한 다음 정리도 정리 9.1의 결과이다.

정의 9.6

A와 B가 n차 정사각행렬일 때 $AB=I$이면 $BA=I$이다(따라서 B가 A의 역행렬임을 보이려면 $AB=I$ 혹은 $BA=I$ 중 하나만 확인하면 된다).

증명 $\boldsymbol{R}^n$의 표준기저를 $\mathscr{B}$라 하고,

$$(T)_{\mathscr{B}}^{\mathscr{B}}=A,\ (S)_{\mathscr{B}}^{\mathscr{B}}=B$$

인 선형사상을 잡는다.

그러면 $T: \boldsymbol{R}^n \longrightarrow \boldsymbol{R}^n$과 $S: \boldsymbol{R}^n \longrightarrow \boldsymbol{R}^n$을 잡는다. 그러면

$$(T\circ S)_{\mathscr{B}}^{\mathscr{B}}=(T)_{\mathscr{B}}^{\mathscr{B}}(S)_{\mathscr{B}}^{\mathscr{B}}=AB=I=(I)_{\mathscr{B}}^{\mathscr{B}}$$

이므로 정리 9.1에 의하여 $T\circ S=I$이다. 이제 $T\circ S=I$로부터 S가 동형사상이고 T가 그 역사상임을 보이려 한다. 먼저 $C\in \ker S$이면

$$S(C)=\boldsymbol{O}$$

이므로

$$\boldsymbol{O}=T(\boldsymbol{O})=T(S(C))=(T\circ S)(C)=I(C)=C$$

이고, 따라서 $\ker S=\{\boldsymbol{O}\}$이다. 또 정리 7.9에 의하여

$$n=\dim \boldsymbol{R}^n=\dim\operatorname{im} S+\dim \ker S=\dim\operatorname{im} S$$

이므로 정리 6.11에 의하여 $\operatorname{im} S=\boldsymbol{R}^n$이다. 그러므로 S는 동형사상이다. 이제 S의 역사상을 $\overline{T}$라고 하면

$$S\circ\overline{T}=I=\overline{T}\circ S$$

이다. 그러면

$$T=T\circ I=T\circ(S\circ\overline{T})=(T\circ S)\circ\overline{T}=I\circ\overline{T}=\overline{T}$$

이므로

$$S\circ T=I$$

가 된다. 따라서

$$BA=(S)_{\mathscr{B}}^{\mathscr{B}}\ (T)_{\mathscr{B}}^{\mathscr{B}}=(S\circ T)_{\mathscr{B}}^{\mathscr{B}}=(I)_{\mathscr{B}}^{\mathscr{B}}=I$$

이다. ■

제12장에서 행렬식을 공부하면 행렬식을 이용하여 정리 9.6을 다르게 증명할 것이다. 그러나 현 단계에서는 위의 증명이 최선이다. 만약 위의 정리를 행렬을 계산하여 직접 증명하려 한다면 거의 불가능에 가깝다. 사실 3×3 행렬의 경우만 하더라도 독자들은 곧 포기할 것이다. 정리 9.2와 9.6의 증명이 말해주는 것은 선형사상이나 행렬의 어떤 성질을 증명할 때에는 증명하기 쉬운 쪽에서 먼저 증명을 하고 정리 9.1을 이용하여 다른 쪽으로 그 결과를 옮기면 된다는 것이다.

선형사상에 관한 어떤 정리를 증명할 때에나 계산할 때에는 선형사상의 행렬표현을 자주 이용한다. 선형사상 $T: \mathscr{V} \longrightarrow \mathscr{W}$의 행렬 표현이 $\mathscr{V}$와 $\mathscr{W}$의 기저의 선택에 따라 달라지는 것은 물론이다. 따라서 우리가 구하려고 하는 것에 가장 적절한 기저들을 선택해야 할 필요가 있다. 기저를 바꾼다고 해서 선형사상 자체가 바뀌는 것은 아니고, 그 행렬표현만이 바뀐다. 따라서 자연히 다음 의문들을 갖게 된다. 즉 선형사상 T의 다른 기저들에 관한 행렬 사이에는 어떤 관계가 있는가, 또 역으로 두 $m \times n$ 행렬 A와 B가 어떤 한 선형사상의 다른 행렬 표현이려면 A와 B 사이에 어떤 관계가 있어야 하는가라는 의문이다. 이제 이 두 질문에 동시에 답하게 될 것이다.

정리 9.7

A와 B는 $m \times n$ 행렬이고, $\mathscr{V}$와 $\mathscr{W}$는 차원이 각각 n, m인 벡터 공간이라고 할 때 다음 세 조건은 서로 동치이다.

(1) 어떤 선형사상 $T: \mathscr{V} \longrightarrow \mathscr{W}$가 존재하여 $\mathscr{V}$의 적당한 기저 $\mathscr{B}$, $\mathscr{B}'$, $\mathscr{W}$의 적당한 기저 $\mathscr{E}$, $\mathscr{E}'$에 대하여 다음이 성립한다.

$$(T)_{\mathscr{B}}^{\mathscr{E}} = A \text{ 이고 } (T)_{\mathscr{B}'}^{\mathscr{E}'} = B$$

(2) $A = PBQ$인 $m \times m$ 가역행렬 P와 $n \times n$ 가역행렬 Q가 존재한다.

(3) $\operatorname{rank}(A) = \operatorname{rank}(B)$

증명 (1) ⇒ (2)

$T = I_{\mathscr{W}} \circ T \circ I_{\mathscr{V}}$이므로 정리 9.3에 의하여

$$(T)_{\mathscr{B}}^{\mathscr{E}} = (I_{\mathscr{W}})_{\mathscr{E}'}^{\mathscr{E}} \quad (T)_{\mathscr{B}'}^{\mathscr{E}'} = (I_{\mathscr{V}})_{\mathscr{B}}^{\mathscr{B}'}$$

이다. $P = (I_{\mathscr{W}})_{\mathscr{E}'}^{\mathscr{E}}$, $Q = (I_{\mathscr{V}})_{\mathscr{B}}^{\mathscr{B}'}$ 으로 놓으면

$$A = PBQ$$

가 된다. 그런데 항등사상은 동형사상이므로 정리 9.4에 의하여 P

와 Q는 모두 가역행렬이다.

(2) ⇒ (1)
$\mathscr{V}$의 기저 $\mathscr{B}=\{A_1, \cdots, A_n\}$과 $\mathscr{W}$의 기저 $\mathscr{E}=\{B_1, \cdots, B_m\}$을 일단 아무것이나 선택하고, $(T)_{\mathscr{B}}^{\mathscr{E}}=A$ 인 선형사상 $T: \mathscr{V} \longrightarrow \mathscr{W}$를 잡는다. 또

$$(S)_{\mathscr{E}}^{\mathscr{E}}=P \text{ 인 선형사상 } S: \mathscr{W} \longrightarrow \mathscr{W}$$
$$(U)_{\mathscr{B}}^{\mathscr{B}}=Q^{-1} \text{ 인 선형사상 } U: \mathscr{V} \longrightarrow \mathscr{V}$$

도 잡으면 P와 Q^{-1}가 가역이므로 S와 U는 동형사상이다(정리 9.5). 다음에

$$D_1=S(B_1), \cdots, D_m=S(B_m)$$
$$C_1=U(A_1), \cdots, C_n=U(A_n)$$

이라고 정하면 S 와 U 는 동형사상이므로

$$\mathscr{E}'=\{D_1, \cdots, D_m\}, \mathscr{B}'=\{C_1, \cdots, C_n\}$$

은 각각 $\mathscr{W}$와 $\mathscr{V}$의 기저가 된다. 분명히

$$(S)_{\mathscr{E}}^{\mathscr{E}'}=I, (U)_{\mathscr{B}'}^{\mathscr{B}'}=I$$

이므로

$$I=(S)_{\mathscr{E}}^{\mathscr{E}'}=(I_{\mathscr{W}} \circ S)_{\mathscr{E}}^{\mathscr{E}'}=(I_{\mathscr{W}})_{\mathscr{E}}^{\mathscr{E}'}(S)_{\mathscr{E}}^{\mathscr{E}}=(I_{\mathscr{W}})_{\mathscr{E}}^{\mathscr{E}'}P$$
$$I=(U)_{\mathscr{B}}^{\mathscr{B}'}=(I_{\mathscr{V}} \circ U)_{\mathscr{B}}^{\mathscr{B}'}=(I_{\mathscr{V}})_{\mathscr{B}}^{\mathscr{B}'}(U)_{\mathscr{B}}^{\mathscr{B}}=(I_{\mathscr{V}})_{\mathscr{B}}^{\mathscr{B}'}Q^{-1}$$

이고, 따라서

$$(I_{\mathscr{W}})_{\mathscr{E}}^{\mathscr{E}'}=P^{-1}, =(I_{\mathscr{V}})_{\mathscr{B}}^{\mathscr{B}'}=Q$$

이다. 또

$$I=(I_{\mathscr{V}})_{\mathscr{B}}^{\mathscr{B}}=(I_{\mathscr{V}}\circ I_{\mathscr{V}})_{\mathscr{B}}^{\mathscr{B}}=(I_{\mathscr{V}})_{\mathscr{B}'}^{\mathscr{B}}\ (I_{\mathscr{V}})_{\mathscr{B}}^{\mathscr{B}'}=(I_{\mathscr{V}})_{\mathscr{B}'}^{\mathscr{B}}\ Q$$

이므로

$$(I_{\mathscr{V}})_{\mathscr{B}'}^{\mathscr{B}}=Q^{-1}$$

이다. 이제

$$\begin{aligned}(T)_{\mathscr{B}'}^{\mathscr{E}'}&=(I_{\mathscr{W}}\circ T\circ I_{\mathscr{V}})_{\mathscr{B}'}^{\mathscr{E}'}=(I_{\mathscr{W}})_{\mathscr{E}}^{\mathscr{E}'}\ (T)_{\mathscr{B}}^{\mathscr{E}}\ (I_{\mathscr{V}})_{\mathscr{B}'}^{\mathscr{B}}\\&=P^{-1}AQ^{-1}=B\end{aligned}$$

가 된다.

(2) $\Longleftrightarrow$ (3)
이것은 다름 아닌 정리 8.12이다. ■

위 정리로부터 선형사상 $T:\mathscr{V}\longrightarrow\mathscr{W}$를 행렬로 표현할 때 기저의 선택에 따라 행렬은 달라지지만 그 행렬의 계수는 일정함을 알 수 있다. 이때, 이 일정한 계수를 선형사상 T의 계수(rank)라고 하고 $\operatorname{rank}(T)$로 나타낸다. 즉, $\mathscr{V}$와 $\mathscr{W}$의 임의의 기저 $\mathscr{B}$, $\mathscr{E}$에 대하여

$$\operatorname{rank}(T)=\operatorname{rank}((T)_{\mathscr{B}}^{\mathscr{E}})$$

이다.

다음 정리는 이미 예측하고 있던 결과이다.

정리 9.8

$\operatorname{rank}(T)=\dim(\operatorname{im}\ T)$

증명 $T:\mathscr{V}\longrightarrow\mathscr{W}$는 선형사상이고, $\dim\mathscr{V}=n$, $\dim\mathscr{W}=m$이라고 하자. 또, $\dim(\ker T)=n-r$이라고 하면 $n-r$개의 벡터로 된 $\ker T$의 기저 $\{A_{r+1},\ \cdots,\ A_n\}$이 존재한다. 정리 6.7에 r개의

벡터 $A_1, \cdots, A_r$ 이 존재하여 $\{A_1, \cdots, A_r, A_{r+1}, \cdots, A_n\}$은 $\mathscr{V}$ 의 기저가 된다. 이 기저를 $\mathscr{B}$ 라고 한다. 이제 정리 7.9의 증명과 같이

$$\text{im } T = \langle T(A_1), \cdots, T(A_r) \rangle$$

임을 보일 수 있고, 또 $T(A_1), \cdots, T(A_r)$은 일차독립임을 알 수 있다.

$$B_1 = T(A_1), \cdots, B_r = T(A_r)$$

이라 하면 $B_1, \cdots, B_r$은 일차독립이므로 벡터 $B_{r+1}, \cdots, B_m$ 이 존재하여

$$\mathscr{E} = \{B_1, \cdots, B_r, B_{r+1}, \cdots, B_m\}$$

는 $\mathscr{W}$의 기저가 된다. 그러면 분명히

$$(T)_{\mathscr{B}}^{\mathscr{E}} = \left(\begin{array}{c|c} I_r & O \\ \hline O & O \end{array}\right)$$

이므로

$$\text{rank}(T) = \text{rank}((T)_{\mathscr{B}}^{\mathscr{E}}) = r$$

이다. 한편

$$\dim(\text{im } T) = r$$

임은 명백하다. ■

위의 정리의 증명 과정에서 선형사상 T가 주어지면 T의 행렬이 행·열간소행렬이 되도록 하는 기저를 찾을 수 있음을 알 수 있다.

연습문제

1. $\mathscr{B}$와 $\mathscr{E}$를 각각 $\boldsymbol{R}^3$, $\boldsymbol{R}^2$의 표준기저라고 할 때 다음 선형사상의 $\mathscr{B}$, $\mathscr{E}$에 관한 행렬을 구하라.
   ① $T: \boldsymbol{R}^3 \longrightarrow \boldsymbol{R}^2$, $T(x, y, z) = (x+2y-3z, x+z)$
   ② $S: \boldsymbol{R}^3 \longrightarrow \boldsymbol{R}^2$, $T(x, y, z) = (2x-3y, 3x+4z)$
   ③ $3T-7S: \boldsymbol{R}^3 \longrightarrow \boldsymbol{R}^2$, 단 T와 S는 ①, ②와 같다.

2. $\mathscr{B}$와 $\mathscr{E}$를 각각 $\boldsymbol{R}_2[x]$, $\boldsymbol{R}_3[x]$의 표준기저라고 할 때 다음 선형사상 T의 $\mathscr{B}$, $\mathscr{E}$에 관한 행렬을 구하라.
   ① $T: \boldsymbol{R}_2[x] \longrightarrow \boldsymbol{R}_3[x]$, $T(p(x)) = xp(x+1)$
   ② $T: \boldsymbol{R}_2[x] \longrightarrow \boldsymbol{R}_3[x]$, $T(p(x)) = \frac{d}{dx}(x^2 p(x))$

3. $\mathscr{B}$, $\mathscr{E}$, $\mathscr{D}$를 각각 R^4, R^6, R^3의 표준기저라고 할 때 선형사상

$$T: \boldsymbol{R}^4 \longrightarrow \boldsymbol{R}^6, \quad S: \boldsymbol{R}^6 \longrightarrow \boldsymbol{R}^3$$

   의 $\mathscr{B}$, $\mathscr{E}$에 관한 행렬과 $\mathscr{E}$, $\mathscr{D}$에 관한 행렬이 각각

$$\begin{pmatrix} 0 & -1 & 4 & 1 \\ 2 & 0 & -2 & 0 \\ 0 & 1 & 3 & -1 \\ 3 & 2 & -5 & 0 \\ 4 & 0 & 1 & 0 \\ 0 & 0 & 7 & 1 \end{pmatrix}, \quad \begin{pmatrix} 1 & 0 & 0 & 0 & 0 & 0 \\ 0 & 1 & 0 & 1 & 0 & 0 \\ 0 & 0 & 1 & 0 & 1 & 1 \end{pmatrix}$$

   이라고 한다. 이때 $S \circ T: \boldsymbol{R}^4 \longrightarrow \boldsymbol{R}^3$의 $\mathscr{B}$, $\mathscr{D}$에 관한 행렬을 구하라. 또 $(S \circ T)(1, -1, 0, -1)$도 구하라.

4. 행렬

$$A=\begin{pmatrix} 0 & 0 & 0 & 0 \\ a & 0 & 0 & 0 \\ b & c & 0 & 0 \\ d & e & f & 0 \end{pmatrix}$$

일 때 $A^4=O$ 임을 보여라. 또 이 결과를 $n \times n$ 행렬의 경우로 확장하라.

5. $A^3=I,\ A \neq I$인 3×3 행렬 A를 하나 찾아라(힌트 : 선형사상의 문제로 바꾸어 생각한다).

6. 선형사상 $T:\ \boldsymbol{R}^2 \longrightarrow \boldsymbol{R}^2$가

$$T(x,\ y)=(x+2y,\ 2x+y)$$

로 정의되어 있다. $\boldsymbol{R}^2$의 표준기저 $\mathscr{B}$와 기저 $\mathscr{E}=\{F_1=(1,\ 1),\ F_2=(1,\ -1)\}$에 대하여 다음을 구하라.

① $(T)_{\mathscr{B}}^{\mathscr{B}}$ ② $(T)_{\mathscr{E}}^{\mathscr{E}}$ ③ $(T)_{\mathscr{E}}^{\mathscr{B}}$

7. 선형사상 $T:\ \boldsymbol{R}^3 \longrightarrow \boldsymbol{R}^3$

$$T(x,\ y,\ z)=(2y+3z,\ 3x,\ 4x)$$

로 정의되어 있다. $\boldsymbol{R}^3$의 표준기저 $\mathscr{B}$와 기저 $\mathscr{E}=\{F_1=(0,\ 1,\ -1),\ F_2=(3,\ 2,\ 4),\ F_3=(5,\ -3,\ -4)\}$에 대하여 다음을 구하라.

① $(T)_{\mathscr{B}}^{\mathscr{B}}$ ② $(T)_{\mathscr{E}}^{\mathscr{E}}$ ③ $(T)_{\mathscr{B}}^{\mathscr{E}}$

8. $\boldsymbol{R}^3$의 표준기저를 $\mathscr{B}$라 할 때 $\mathscr{B}$, $\mathscr{B}$에 관한 행렬이

$$\begin{pmatrix} 1 & 1 & 1 \\ 1 & -1 & 0 \\ 1 & 1 & 0 \end{pmatrix}$$

인 선형사상 $T:\ \boldsymbol{R}^3 \longrightarrow \boldsymbol{R}^3$가 있다. 이때 $\mathscr{E}$, $\mathscr{E}$에 관한 T의 행렬을 구하라. 단

$$\mathscr{E} = \{F_1 = (1,\ 1,\ 1),\ F_2 = (0,\ 1,\ 1),\ F_3 = (0,\ 0,\ 1)\}$$

9. $\boldsymbol{R}^3$의 기저 $\mathscr{B}$, $\mathscr{E}$는 위 문제 8과 같고,

$$(T)_{\mathscr{E}}^{\mathscr{E}} = \begin{pmatrix} 1 & 0 & 0 \\ 0 & 1 & -1 \\ 0 & 0 & 1 \end{pmatrix}$$

인 선형사상 T에 대하여 $(T)_{\mathscr{B}}^{\mathscr{B}}$를 구하라.

10. 행렬

$$A = \begin{pmatrix} 1 & 1 & 0 \\ 0 & 1 & 1 \\ 1 & 0 & 1 \end{pmatrix}$$

의 역행렬을 다음과 같이 구할 수 있다.

① $\boldsymbol{R}^3$의 표준기저를 $\mathscr{B}$라 할 때 $(T)_{\mathscr{B}}^{\mathscr{B}} = A$ 인 선형사상 $T:\ \boldsymbol{R}^3 \longrightarrow \boldsymbol{R}^3$를 생각하고,

$$T(A_1) = E_1,\ T(A_2) = E_2,\ T(A_3) = E_3$$

가 되는 벡터 $A_1,\ A_2,\ A_3$를 구하라.

② T는 동형사상임을 보여라.

③ $S:\ \boldsymbol{R}^3 \longrightarrow \boldsymbol{R}^3$를

$$S(E_1) = A_1,\ S(E_2) = A_2,\ S(E_3) = A_3$$

의 선형확장으로 정의하고, $B = (S)_{\mathscr{B}}^{\mathscr{B}}$를 구하라.

④ B는 A의 역행렬임을 설명하라.

11. $T:\ \boldsymbol{R}_2[x] \longrightarrow \boldsymbol{R}_2[x]$가

$$T(a + bx + cx^2) = (3a + 5b + c) + (2a + 4b + c)x + (a + 3b + c)x^2$$

로 정의된 선형사상일 때 다음 물음에 답하라.

① $\boldsymbol{R}_2[x]$의 표준기저 $\mathscr{B}=\{1,\ x,\ x^2\}$에 대하여 $A=(T)_{\mathscr{B}}^{\mathscr{B}}$라고 할 때, rank$(A)$를 구하라.

② rank(T)를 구하고, im T의 기저를 구하라.

12. 선형사상 $T:\ \boldsymbol{R}_3[x] \longrightarrow \boldsymbol{R}^2$를

$$T(p(x))=\left(p(0),\ \int_0^1 p(x)dx\right)$$

로 정의할 때 기저 $\{1,\ x,\ x^2,\ x^3\}$, $\{E_1,\ E_2\}$에 관한 T의 행렬을 구하라.

13. 두 행렬

$$\begin{pmatrix} 1 & 1 & 0 \\ 1 & -1 & 0 \end{pmatrix},\ \begin{pmatrix} 1 & 1 & 2 \\ -1 & -1 & -2 \end{pmatrix}$$

은 같은 선형사상 $T:\ \boldsymbol{R}^3 \longrightarrow \boldsymbol{R}^2$의 다른 기저들에 관한 행렬이 될 수 있는지 답하라(힌트 : 정리 9.7을 이용한다).

14. 두 행렬

$$\begin{pmatrix} 1 & 0 & 1 & 1 \\ 0 & 3 & 0 & 1 \\ 1 & 0 & 1 & 1 \end{pmatrix},\ \begin{pmatrix} 1 & 0 & 0 & 1 \\ 0 & 3 & 3 & 1 \\ 0 & 1 & 1 & 1 \end{pmatrix}$$

이 같은 선형사상 $T:\ \boldsymbol{R}^4 \longrightarrow \boldsymbol{R}^3$의 다른 기저들에 관한 행렬이 될 수 있는지 답하라.

15. $T:\ \boldsymbol{C}^2 \longrightarrow \boldsymbol{C}$를

$$T(z_1,\ z_2)=z_1+z_2$$

로 정의하자. $\boldsymbol{C}^2$와 $\boldsymbol{C}$를 각각 기저가 $\{(1,\ 0),\ (i,\ 0),\ (0,\ 1),\ (0,\ i)\}$,

$\{1, i\}$인 실벡터공간으로 생각하고, 이들 기저에 관한 T의 행렬을 구하라.

16. $T : \mathscr{V} \longrightarrow \mathscr{V}$가 선형사상일 때

$T(A)=A,\ A \neq \boldsymbol{O}$인 벡터 $A \in \mathscr{V}$를 T의 고정점

$T(A)=-A,\ A \neq \boldsymbol{O}$인 벡터 $A \in \mathscr{V}$를 T의 반고정점

이라고 한다. $\boldsymbol{R}^2$의 표준기저를 $\mathscr{B}$라고 할 때 다음 각 경우의 선형사상 T의 고정점과 반고정점을(만약 존재한다면) 찾아라.

① $(T)_{\mathscr{B}}^{\mathscr{B}} = \begin{pmatrix} 0 & 1 \\ 1 & 0 \end{pmatrix}$　　② $(T)_{\mathscr{B}}^{\mathscr{B}} = \begin{pmatrix} 1 & 1 \\ 1 & 0 \end{pmatrix}$

17. $\mathscr{B}=\{A_1, \cdots, A_n\}$, $\mathscr{E}=\{B_1, \cdots, B_m\}$이 각각 벡터공간 $\mathscr{V}$와 $\mathscr{W}$의 순서기저이고, 선형사상 $T : \mathscr{V} \longrightarrow \mathscr{W}$의 $\mathscr{B}$, $\mathscr{E}$에 관한 행렬이 M이라고 하자. 또 $\mathscr{V}^*$, $\mathscr{W}^*$를 각각 $\mathscr{V}$와 $\mathscr{W}$의 쌍대공간이라고 하자(제7장 연습문제 25 참조).

① $T^* : \mathscr{W}^* \longrightarrow \mathscr{V}^*$를 $A \in \mathscr{V}$, $f \in \mathscr{W}^*$에 대하여

$$(T^*(f))(A) = f(T(A))$$

로 정의하면, T^*는 선형사상임을 보여라.

② $\mathscr{B}^*=\{A_1^*, \cdots, A_n^*\}$, $\mathscr{E}^*=\{B_1^*, \cdots, B_m^*\}$이 각각 $\mathscr{B}$, $\mathscr{E}$의 쌍대기저라고 할 때

$$T^{*\mathscr{B}^*}_{\mathscr{E}^*} = M^t$$

임을 보여라.

제 10 장

선형변환과 행렬

이 장에서 정의역과 공역이 같은 선형사상, 즉 선형변환 $T: \mathscr{V} \longrightarrow \mathscr{V}$의 행렬표현에 대하여 알아본다.

선형변환 $T: \mathscr{V} \longrightarrow \mathscr{V}$의 행렬을 생각할 때에는 T의 정의역과 공역에 같은 기저를 사용하면 편리하다. 왜냐하면 함수로서 T의 대응관계를 구체적으로 알 수 있기 때문이다.

이제 유한차원 벡터공간 $\mathscr{V}$의 기저를 $\mathscr{B}$, $\mathscr{B}$에 관한 T의 행렬을 간단히 $\mathscr{B}$에 관한 T의 행렬이라고 하고 $(T)_{\mathscr{B}}$로 나타낸다. 즉

$$(T)_{\mathscr{B}} = (T)_{\mathscr{B}}^{\mathscr{B}}$$

이다.

선형변환 $T: \mathscr{V} \longrightarrow \mathscr{V}$에 대하여, 정리 9.8의 증명에서, 정의역과 공역의 기저를 임의로 택할 수 있다면 T의 행렬이 다음과 같은 행·열간소행렬

$$\begin{pmatrix} 1 & & & & & \\ & \ddots & & & O & \\ & & 1 & & & \\ & & & 0 & & \\ & O & & & \ddots & \\ & & & & & 0 \end{pmatrix}$$

이 되도록 할 수 있음을 살펴본 바 있다. 그러나 정의역과 공역의 기저를 같은 것으로 택해야 한다면 이는 일반적으로 불가능하다. 즉 일반적인 선형변환 $T: \mathscr{V} \longrightarrow \mathscr{V}$는 $\mathscr{V}$의 기저 $\mathscr{B}$를 아무리 잘 선택하여도 그 행렬 $(T)_{\mathscr{B}}$가 위와 같은 행·열간소행렬이 되도록 할 수 없다. 더 완화하여 대각행렬이 되도록 할 수도 없다(어떤 선형변환이 대각행렬로 표현가능한지는 제13장에서 다룬다). 이 장의 후반부에서는 행·열간소행렬로 표현가능한 사영변환과 또 비교적 간단한 형태의 행렬로 표현가능한 멱영사상 및 순환사상을 소개한다.

먼저 다음 예제를 살펴보자.

예제 10.1

선형변환 $T: \boldsymbol{R}^3 \longrightarrow \boldsymbol{R}^3$을

$$T(x,\ y,\ z)=(y+z,\ z+x,\ x+y)$$

를 정의할 때 $\boldsymbol{R}^3$의 다음 기저에 관한 T의 행렬로 각각 구하라.

① 표준기저 $\mathscr{B}=\{E_1,\ E_2,\ E_3\}$

②기저$\mathscr{B}'=\{F_1=(1,\ -1,\ 0),\ F_2=(1,\ 1,\ -2),\ F_3=(1,\ 1,\ 1)\}$

풀이 ① $T(1,\ 0,\ 0)=(0,\ 1,\ 1)$

$T(0,\ 1,\ 0)=(1,\ 0,\ 1)$

$T(0,\ 0,\ 1)=(1,\ 1,\ 0)$

이므로

$$(T)_{\mathscr{B}}=\begin{pmatrix}0 & 1 & 1\\ 1 & 0 & 1\\ 1 & 1 & 0\end{pmatrix}$$

② $T(F_1)=T(1,\ -1,\ 0)=(-1,\ 1,\ 0)=-F_1+0F_2+0F_3$

$T(F_2)=T(1,\ 1,\ -2)=(-1,\ -1,\ 2)=0F_1-F_2+0F_3$

$T(F_3)=T(1,\ 1,\ 1)=(2,\ 2,\ 2)=0F_1+0F_2+2F_3$

이므로

$$(T)_{\mathscr{B}'}=\begin{pmatrix}-1 & 0 & 0\\ 0 & -1 & 0\\ 0 & 0 & 2\end{pmatrix}$$

위 예제의 선형변환 T는 대각행렬로 표현가능함을 알 수 있다. 어떤 선형변환들이 대각행렬로 표현가능한지는 제13장에서 밝혀질 것이다.

다음 정리는 정리 9.7을 선형변환의 경우에 다시 쓴 것이다.

정리 10.1

A와 B는 $n\times n$ 행렬이고, $\mathscr{V}$는 차원이 n인 벡터공간이라고 할 때 다음 두 조건은 서로 동치이다.

(1) 어떤 선형변환 $T: \mathscr{V} \longrightarrow \mathscr{V}$가 존재하여 $\mathscr{V}$의 적당한 기저 $\mathscr{B}$, $\mathscr{B}'$에 대하여 다음이 성립한다.

$$(T)_{\mathscr{B}} = A, \ (T)_{\mathscr{B}'} = B$$

(2) $A = PBP^{-1}$인 $n\times n$ 가역행렬 P가 존재한다.

증명 (1) ⇒ (2)

$T = I_{\mathscr{V}} \circ T \circ I_{\mathscr{V}}$ 이므로 정리 9.3에 의하여

$$A = (T)_{\mathscr{B}}^{\mathscr{B}} = (I_{\mathscr{V}})_{\mathscr{B}'}^{\mathscr{B}} \ (T)_{\mathscr{B}'}^{\mathscr{B}'} \ (I_{\mathscr{V}})_{\mathscr{B}}^{\mathscr{B}'} = (I_{\mathscr{V}})_{\mathscr{B}'}^{\mathscr{B}} \ B (I_{\mathscr{V}})_{\mathscr{B}}^{\mathscr{B}'}$$

이다. 여기서 $P = (I_{\mathscr{V}})_{\mathscr{B}'}^{\mathscr{B}}$ 로 놓으면 $P^{-1} = (I_{\mathscr{V}})_{\mathscr{B}}^{\mathscr{B}'}$가 된다. 왜냐하면

$$(I_{\mathscr{V}})_{\mathscr{B}'}^{\mathscr{B}} \ (I_{\mathscr{V}})_{\mathscr{B}}^{\mathscr{B}'} = (I_{\mathscr{V}})_{\mathscr{B}}^{\mathscr{B}} = I$$

이기 때문이다. 따라서 $A = PBP^{-1}$이다.

(2) ⇒ (1)

정리 9.7의 증명과정에서 $\mathscr{B} = \mathscr{E}$, $\mathscr{B}' = \mathscr{E}'$, $Q = P^{-1}$로 바꾸어 증명하면 된다. 자세한 것은 독자에게 맡긴다. ■

예제 10.2

예제 10.1에서 $A = (T)_{\mathscr{B}}$, $B = (T)_{\mathscr{B}'}$라고 할 때 $A = PBP^{-1}$인 가역행렬 P를 구하라.

풀이 정리 10.1의 증명에서 $P = (I_{\mathscr{V}})_{\mathscr{B}'}^{\mathscr{B}}$ 이다.

$$I_{\mathscr{V}}(F_1) = I_{\mathscr{V}}(1, \ -1, \ 0) = (1, \ -1, \ 0) = E_1 - E_2 + 0E_3$$

$$I_{\mathscr{V}}(F_2) = I_{\mathscr{V}}(1,\ 1,\ -2) = (1,\ 1,\ -2) = E_1 + E_2 - 2E_3$$
$$I_{\mathscr{V}}(F_3) = I_{\mathscr{V}}(1,\ 1,\ 1) = (1,\ 1,\ 1) = E_1 + E_2 + E_3$$

이므로

$$P = (I_{\mathscr{V}})^{\mathscr{B}}_{\mathscr{B}'} = \begin{pmatrix} 1 & 1 & 1 \\ -1 & 1 & 1 \\ 0 & -2 & 1 \end{pmatrix}$$

실제로 $A = PBP^{-1}$ 즉 $AP = PB$임을 행렬계산으로 확인할 수 있다.

이제, 특수한 선형변환들의 행렬표현에 대하여 알아보자. 그 첫째는 사영이다.

예제 10.3

$\boldsymbol{R}^3$의 부분공간인 평면

$$\mathscr{W} = \{(x,\ y,\ z) \mid x + y + z = 0\}$$

을 생각해 보자. 그리고 $\boldsymbol{R}^3$의 벡터 A에 대하여 A에서 평면 $\mathscr{W}$에 내린 수선의 발을 $P(A)$라고 하면 함수

$$P:\ \boldsymbol{R}^3 \longrightarrow \boldsymbol{R}^3,\ A \longrightarrow P(A)$$

는 선형사상이 된다. (왜 그런가?) 이때 $\mathscr{W}$ 위의 모든 A에 대하여 $P(A) = A$이므로 $\mathscr{W}$의 기저를 이루는 두 벡터 $F_1 = (1,\ -1,\ 0)$, $F_2 = (1,\ 0,\ -1)$에 대하여

$$P(F_1) = F_1,\ P(F_2) = F_2$$

이다. 또 $F_3(1,\ 1,\ 1)$은 평면 $\mathscr{W}$의 법선벡터이므로

$$P(F_3) = \boldsymbol{O}$$

이다. 이제 $\mathscr{B} = \{F_1,\ F_2,\ F_3\}$는 $\boldsymbol{R}^3$의 기저가 됨은 당연하고, 이 기저 $\mathscr{B}$에 관한 P의 행렬은

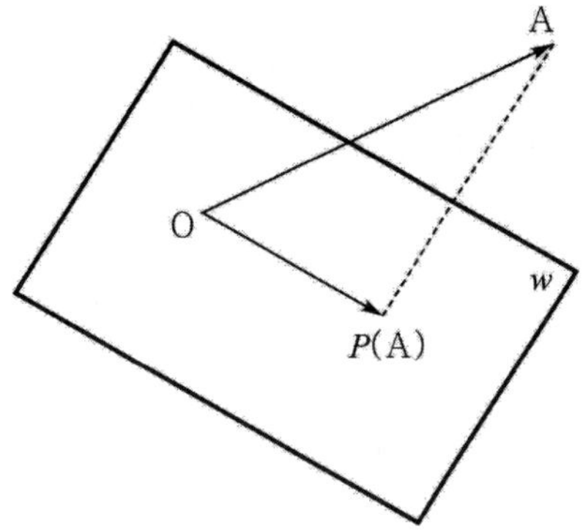

$$(P)_{\mathscr{B}} = \begin{pmatrix} 1 & 0 & 0 \\ 0 & 1 & 0 \\ 0 & 0 & 0 \end{pmatrix} = M$$

이다. 그러나 언제나 표준기저에 관한 행렬을 구하는 것이 최선이라고 생각하는 독자는 다음과 같이 표준기저 $\mathscr{E}$에 관한 P의 행렬을 구할 수 있다.

$$(1,\ 0,\ 0) = \frac{1}{3}(1,\ -1,\ 0) + \frac{1}{3}(1,\ 0,\ -1) + \frac{1}{3}(1,\ 1,\ 1)$$

$$(0,\ 1,\ 0) = -\frac{2}{3}(1,\ -1,\ 0) + \frac{1}{3}(1,\ 0,\ -1) + \frac{1}{3}(1,\ 1,\ 1)$$

$$(0,\ 0,\ 1) = \frac{1}{3}(1,\ -1,\ 0) - \frac{2}{3}(1,\ 0,\ -1) + \frac{1}{3}(1,\ 1,\ 1)$$

이므로

$$\begin{aligned} P(E_1) &= \frac{1}{3}\,P(F_1) + \frac{1}{3}\,P(F_2) + \frac{1}{3}\,P(F_3) \\ &= \frac{1}{3}F_1 + \frac{1}{3}F_2 = \left(\frac{2}{3},\ -\frac{1}{3},\ -\frac{1}{3}\right) \\ P(E_2) &= -\frac{2}{3}\,P(F_1) + \frac{1}{3}\,P(F_2) + \frac{1}{3}\,P(F_3) \\ &= -\frac{2}{3}F_1 + \frac{1}{3}F_2 = \left(-\frac{1}{3},\ \frac{2}{3},\ -\frac{1}{3}\right) \\ P(E_3) &= \frac{1}{3}\,P(F_1) - \frac{2}{3}\,P(F_2) + \frac{1}{3}\,P(F_3) \end{aligned}$$

$$=\frac{1}{3}F_1-\frac{2}{3}F_2=\left(-\frac{1}{3},\ -\frac{1}{3},\ \frac{2}{3}\right)$$

이고, 따라서 표준기저 $\mathscr{E}$에 관한 T의 행렬은

$$(P)_{\mathscr{E}}=\begin{pmatrix} \frac{2}{3} & -\frac{1}{3} & -\frac{1}{3} \\ -\frac{1}{3} & \frac{2}{3} & -\frac{1}{3} \\ -\frac{1}{3} & -\frac{1}{3} & \frac{2}{3} \end{pmatrix}=N$$

이다. 또

$$P(x,\ y,\ z)=\left(\frac{2}{3}x-\frac{1}{3}y-\frac{1}{3}z,\ -\frac{1}{3}x+\frac{2}{3}y-\frac{1}{3}z,\ -\frac{1}{3}x-\frac{1}{3}y+\frac{2}{3}z\right)$$

로 표현할 수도 있을 것이다. 이제 P를 기저에 관하여 표현하는 것이 더 나은지 살펴보자. 물론 기저 $\mathscr{B}=\{F_1,\ F_2,\ F_3\}$에 관하여 P를 표현한 행렬이 P에 관한 모든 정보를 잘 보여준다는 점에 동의할 것이다. 즉 행렬 M은 P가 F_1, F_2에 의하여 생성된 부분공간, 곧 평면 $\mathscr{W}$ 위로의 정사영임을 한눈에 보여준다. 그 반면에 표준 기저 $\mathscr{E}$에 관한 P의 행렬은 P의 기하적 성질을 잘 보여주지 못한다.

위의 예에서 모든 $A\in \boldsymbol{R}^3$ 에 대하여 $P(A)\in\mathscr{W}$이므로

$$P(P(A))=P(A),\ \text{즉}\ P^2=P$$

임을 알 수 있다. 따라서 다음과 같이 정의하면 유용하다.

정의 10.1

선형변환 $P:\mathscr{V}\longrightarrow\mathscr{V}$에 대하여 $P^2=P$일 때, 즉 모든 벡터 $A\in\mathscr{V}$에 대하여 $P(P(A))=P(A)$, 일 때 P를 사영(projection)이라고 한다.

위 정의에 따르면 예제 10.3의 P는 사영이다. 그런데 위 정

의에 의하면 사영이지만, 지금까지 우리가 통상적으로 "사영"(즉, 정사영)이라고 하지 않았던 선형사상 $S: \boldsymbol{R}^3 \longrightarrow \boldsymbol{R}^3$이 있음을 알 수 있다. 그 예를 들어보자

예제 10.4

앞의 예와 마찬가지로 $\mathscr{W} = \{(x, y, z) \mid x+y+z=0\}$이라고 하자. 또, $D=(1, 0, 1)$이라고 하면 $D \notin \mathscr{W}$이다. 이제 임의의 벡터 $A \in \boldsymbol{R}^3$에 대하여 점 A를 지나고 벡터 D에 평행한 직선이 평면 $\mathscr{W}$와 만나는 점을 $S(A)$라고 하면 함수

$$S: \boldsymbol{R}^3 \longrightarrow \boldsymbol{R}^3, \ A \longrightarrow S(A)$$

는 선형사상이 된다. (왜 그런가?) 그리고

$$A \in \mathscr{W}\text{이면} \quad S(A) = A$$
$$A \in \langle D \rangle \text{ 이면} \quad S(A) = \boldsymbol{O}$$

임을 알 수 있다. 만약 $\{F, E\}$를 $\mathscr{W}$의 기저라고 하면 D는 $\mathscr{W}$에 속하지 않으므로 $\{F, E, D\}$는 $\boldsymbol{R}^3$의 기저가 된다. 이제 S가 사영임을 보이자. $A \in \boldsymbol{R}^3$이면

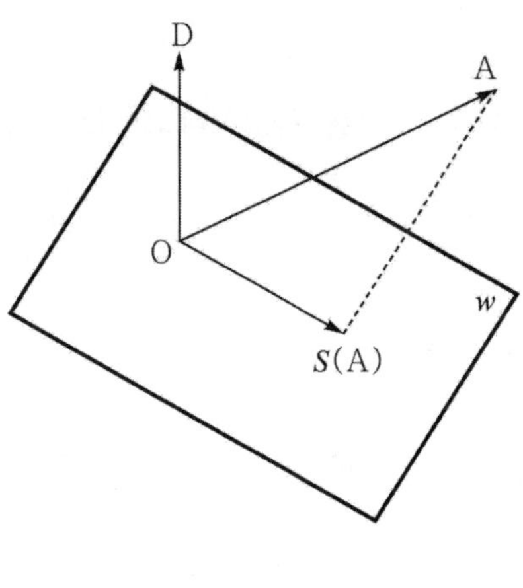

$$A = a_1F + a_2E + a_3D$$

로 쓸 수 있고, F, $E \in \mathscr{W}$, $D \in \langle D \rangle$이므로

$$\begin{aligned} S(A) &= a_1 S(F) + a_2 S(E) + a_3 S(D) \\ &= a_1 F + a_2 E \end{aligned}$$

가 되고, 따라서

$$\begin{aligned} S^2(A) &= S(a_1 F + a_2 E) = a_1 S(F) + a_2 S(E) \\ &= a_1 F + a_2 E = S(A) \end{aligned}$$

가 된다. 따라서 $S^2 = S$, 즉 S는 사영이다.

우리가 통상적으로 사영이라고 하는 정사영은 위의 예에서 D가 $\mathscr{W}$에 수직인 경우이다. 이제 사실은 $\dim(\text{im } S) = 2$인 사영

$$S : \boldsymbol{R}^3 \longrightarrow \boldsymbol{R}^3$$

은 모두가 위의 예와 같은 기하적 의미를 갖는다는 것을 보일 수 있다. 더 일반적으로 다음 정리가 성립한다.

정리 10.2

$S : \mathscr{V} \longrightarrow \mathscr{V}$를 사영이라고 하고, $\dim \mathscr{V} = n$이라고 하자. 그러면

$$(S)_{\mathscr{B}} = \left(\begin{array}{c|c} I_r & O \\ \hline O & O \end{array} \right)$$

인 기저 $\mathscr{B} = \{A_1, \cdots, A_n\}$이 존재한다. 여기서 $r = \dim(\text{im } S)$이다.

증명 $\{A_1, \cdots, A_r\}$을 $\text{im } S$의 기저라고 하면 정리 7.9에 의하여

$$\dim(\ker S) = \dim \mathscr{V} - \dim(\text{im } S) = n - r$$

이므로 $\ker S$의 기저가 되는 $(n-r)$개의 벡터가 존재한다. 이 벡터들을 $A_{r+1}, \cdots, A_n$이라고 하자. 이제 $\{A_1, \cdots, A_n\}$이 $\mathscr{V}$의

기저임을 보이자

이것은 정리 6.10에 의하여 일차독립인 것만 보이면 충분하다.

$$a_1A_1+\cdots+a_nA_n=\boldsymbol{O}$$

이라고 가정하고 양변에 S를 적용하면

$$\begin{aligned}\boldsymbol{O}&=S(a_1A_1+\cdots+a_nA_n)\\&=a_1S(A_1)+\cdots+a_rS(A_r)+a_{r+1}S(A_{r+1})+\cdots+a_nS(A_n)\\&=a_1S(A_1)+\cdots+a_rS(A_r)\end{aligned}$$

이 된다. 그런데 $1\le i\le r$에 대하여 $A_i\in \text{im } S$이므로 $A_i=S(B_i)$로 놓을 수 있고, 따라서

$$S(A_i)=S(S(B_i)=S^2(B_i)=S(B_i)=A_i \quad (1\le i\le r)$$

이다. 이것을 위 식에 대입하면

$$\boldsymbol{O}=a_1A_1+\cdots+a_rA_r$$

이 되고, $\{A_1,\cdots, A_r\}$은 일차독립이므로

$$a_1=\cdots=a_r=0$$

이다. 또 이것을 처음 식에 대입하면

$$a_{r+1}A_{r+1}+\cdots+a_nA_n=\boldsymbol{O}$$

이 되고 $\{A_{r+1},\cdots, A_n\}$도 일차독립이므로

$$a_{r+1}=\cdots=a_n=0$$

이다. 그러므로 $\mathscr{B}=\{A_1, \cdots, A_n\}$은 $\mathscr{V}$의 기저이다. 또 위에서

$$\begin{aligned}&S(A_1)=A_1\\&\quad\vdots\\&S(A_r)=A_r\end{aligned}$$

임을 이미 보였고

$$S(A_{r+1}) = \boldsymbol{O}$$
$$\vdots$$
$$S(A_n) = \boldsymbol{O}$$

임은 당연하다. 따라서 이 기저 $\mathscr{B}$에 관한 T의 행렬은 정리에서 주어진 형태와 같다. ■

위 정리에 의하면

$$S^2 = S \text{ 이고 } \dim(\text{im } S) = 2$$

인 선형변환 $S: \boldsymbol{R}^3 \longrightarrow \boldsymbol{R}^3$은 모두 예제 10.4의 그림과 같은 형태임을 알 수 있다.

정의역과 공역에 같은 기저를 택해야 한다면 일반적으로 선형변환을 행·열간소행렬로 표현할 수 없다고 이미 앞에서 언급한 바 있다. 정리 10.2에 의하면 사영은 그러한 행렬로 표현가능한 선형변환이다. 또, 역으로 어떤 선형변환이 그러한 행렬로 표현가능하면 그 선형변환이 사영이 됨을 쉽게 보일 수 있다.

다음으로, 특수한 선형변환의 두 번째 예를 알아본다.

선형변환 $T: \mathscr{V} \longrightarrow \mathscr{V}$에 대하여 $T^k = \boldsymbol{O}$인 자연수 k가 존재하면 T를 멱영사상이라고 정의하였다(예제 7.9 참조). 또 그러한 자연수 k중 최소인 것을 멱영사상 T의 지수라고 한다. 미분연산자

$$D: \boldsymbol{R}_n[x] \longrightarrow \boldsymbol{R}_n[x], \ D(p(x)) = \frac{d}{dx} p(x)$$

가 멱영사상이 됨을 이미 살펴본 바 있다(예제 7.9). 이때 D의 지수는 $n+1$ 이다. 또 올림사상

$$S: \boldsymbol{R}^n \longrightarrow \boldsymbol{R}^n$$

을

$$S(a_1, \cdots, a_n)=(0, a_1, a_2, \cdots, a_{n-1})$$

로 정의하면 S는 지수가 n인 멱영사상임을 쉽게 알 수 있다. 위의 두 멱영사상의 지수는 각각 정의역의 차원과 같다. 이는 매우 특수한 경우이며, 이러한 특수한 멱영사상은 간단한 행렬로 항상 표현할 수 있다. 이를 보이려면 먼저 다음 정리가 필요하다.

정리 10.3

$T : \mathscr{V} \longrightarrow \mathscr{V}$를 지수가 k인 멱영사상이라고 하고, B를 $T^{k-1}(B) \neq \boldsymbol{O}$인 벡터라고 하자. 그러면 $\{B, T(B), \cdots, T^{k-1}(B)\}$는 일차독립이다(여기서 $T^{k-1} \neq \boldsymbol{O}$이므로 $T^{k-1}(B) \neq \boldsymbol{O}$인 벡터 B는 적어도 하나 존재한다).

증명 $a_0B + a_1T(B) + \cdots + a_{k-1}T^{k-1}(B) = \boldsymbol{O}$

이라고 가정하고 $a_0 = a_1 = \cdots = a_{k-1} = 0$임을 보이면 된다.]

$T^k(B) = \boldsymbol{O}$ 이므로

$$\boldsymbol{O} = T^k(B) = T^{k+1}(B) = \cdots$$

임은 분명하다. 이제 처음 식의 양변에 T^{k-1}을 적용하면

$$\begin{aligned}\boldsymbol{O} &= a_0T^{k-1}(B) + a_1T^k(B) + \cdots + a_{k-1}T^{2k-2}(B) \\ &= a_0T^{k-1}(B)\end{aligned}$$

이 되고 $T^{k-1}(B) \neq \boldsymbol{O}$이므로 $a_0 = 0$이다. 따라서 처음 식은 이제

$$a_1T(B) + \cdots + a_{k-1}T^{k-1}(B) = \boldsymbol{O}$$

이 된다. 이 식의 양변에 이번에는 T^{k-2}를 적용하면

$$\begin{aligned}\boldsymbol{O} &= a_1T^{k-1}(B) + a_2T^k(B) + \cdots + a_{k-1}T^{2k-3}(B) \\ &= a_1T^{k-1}(B)\end{aligned}$$

이므로, $a_0=0$이다. 이 과정을 반복하면 결국 $a_0=a_1=\cdots=a_{k-1}=0$ 임이 증명된다. ■

정의 10.4

$T:\mathscr{V}\longrightarrow\mathscr{V}$가 멱영사상이고 T의 지수가 $\mathscr{V}$의 차원 n과 같다고 할 때 $\{B,\ T(B),\ \cdots,\ T^{n-1}(B)\}$가 $\mathscr{V}$의 기저가 되는 벡터 $B\in\mathscr{V}$가 존재한다. 특히 이 기저에 관한 T의 행렬은 다음과 같다.

$$\begin{pmatrix} 0 & 0 & \cdots & 0 & 0 \\ 1 & 0 & \cdots & 0 & 0 \\ 0 & 1 & \cdots & 0 & 0 \\ \vdots & \vdots & & \vdots & \vdots \\ 0 & 0 & \cdots & 1 & 0 \end{pmatrix}$$

증명 위 정리 10.3과 정리 6.10을 적용하면 된다. ■

위 정리의 기저를 이용하여 $\mathscr{V}$를 $\boldsymbol{R}^n$과 같은 것으로 생각하면 T는 $\boldsymbol{R}^n$에서의 올림사상과 같은 것으로 생각할 수 있다. 즉 멱영사상 $T:\mathscr{V}\longrightarrow\mathscr{V}$의 지수가 $\dim\mathscr{V}$와 같으면 본질적으로 T는 $\boldsymbol{R}^n$의 올림사상과 다를 것이 없다. 지수가 $\dim\mathscr{V}$가 아닌 일반적인 멱영사상을 분류하는 것은 제16장에서 다룬다.

특수한 선형변환의 세 번째 예는 순환사상이다.

정의 10.2

선형변환 $T:\mathscr{V}\longrightarrow\mathscr{V}$에 대하여 $\{A,\ T(A),\ T^2(A),\ \cdots\}$이 $\mathscr{V}$를 생성하는 벡터 $A\in\mathscr{V}$가 존재하면 T를 순환사상(cyclic transformation)이라고 한다. 또 이와 같은 벡터 A를 T의 순환벡터(cyclic vector)이라고 한다. 순환사상의 예는 흔하다. 우선 정리 10.4에 의하여 지수가 $\dim\mathscr{V}$인 멱영사상 $T:\mathscr{V}\longrightarrow\mathscr{V}$는 순환사상이다.

정리 10.5

벡터 $A\in\mathscr{V}$가 순환사상 $T:\mathscr{V}\longrightarrow\mathscr{V}$의 순환벡터이고, $\mathscr{V}$의 차원이 n이면 $\{A, T(A), \cdots, T^{n-1}(A)\}$는 $\mathscr{V}$의 기저이다.

증명 역시 정리 6.10에 의하여 $\{A, T(A), \cdots, T^{n-1}(A)\}$가 일차독립인 것만 보이면 된다. 만약 일차종속이라면 정리 6.2에 의하여

$$T^k(A)\in\langle A, T(A), \cdots, T^{k-1}(A)\rangle$$

인 자연수 $k\leq n-1$이 존재하여야 한다. 여기에 T를 적용하면

$$\begin{aligned}T^{k+1}(A)&\in\langle T(A), T^2(A), \cdots, T^k(A)\rangle\\&\subset\langle A, T(A), \cdots, T^{k-1}(A)\rangle\end{aligned}$$

이고, 여기서 다시 T를 적용하면

$$\begin{aligned}T^{k+2}(A)&\in\langle T(A), T^2(A), \cdots, T^k(A)\rangle\\&\subset\langle A, T(A), \cdots, T^{k-1}(A)\rangle\end{aligned}$$

가 된다. 따라서 이 작업을 반복하면

$$\begin{aligned}&T^k(A), T^{k+1}(A), T^{k+2}(A), \cdots,\\&\in\langle A, T(A), \cdots, T^{k-1}(A)\rangle\end{aligned}$$

임을 알 수 있다. 그러므로

$$\begin{aligned}\mathscr{V}&=\langle A, T(A), \cdots, T^k(A)\rangle\\&\subset\langle A, T(A), \cdots, T^{k-1}(A)\rangle\end{aligned}$$

가 되어 $\dim\mathscr{V}\leq k\leq n-1$이다. 그런데 이것은 가정에 모순이므로 $\{A, T(A), \cdots, T^{n-1}(A)\}$는 일차독립이다. ■

위 정리에서 기저 $\{A, T(A), \cdots, T^{n-1}(A)\}$에 관한 순환사상 T의 행렬은

$$\begin{pmatrix} 0 & 0 & \cdots & 0 & a_0 \\ 1 & 0 & \cdots & 0 & a_1 \\ 0 & 1 & \cdots & 0 & a_2 \\ \vdots & \vdots & & \vdots & \vdots \\ 0 & 0 & \cdots & 1 & a_{n-1} \end{pmatrix}$$

이 된다. 단 $T^n(A) = a_0 A + a_1 T(A) + \cdots + a_{n-1} T^{n-1}(A)$이다. 따라서 순환사상의 경우에도 비교적 간단한 형태의 행렬표현이 가능하다. 물론, 모든 선형변환이 순환사상인 것은 아니다. 그러나 $\boldsymbol{R}^2$ 위에서는 거의 모든 선형변환이 순환사상이 되는 것을 보일 수 있다.

예제 10.5

선형변환 $T: \boldsymbol{R}^2 \longrightarrow \boldsymbol{R}^2$가 순환사상이 아니기 위한 필요충분조건은 $T = eI$ 임을 보여라. 단 e는 실수이고 $I: \boldsymbol{R}^2 \longrightarrow \boldsymbol{R}^2$는 항등사상이다.

증명 먼저 T가 순환사상이 아니라고 가정하자. 그러면 모든 $A \in \boldsymbol{R}^2$에 대하여 $T(A) \in \langle A \rangle$가 되어야 한다. 왜냐하면 만일 $T(A) \notin \langle A \rangle$ 이면 $\{A, T(A)\}$는 $\boldsymbol{R}^2$의 기저가 되고, 따라서 A는 T의 순환벡터가 되어 조건에 모순이 되기 때문이다. 그러므로 모든 $A \in \boldsymbol{R}^2$에 대하여 $T(A) \in \langle A \rangle$이다. 특히

$$T(1, 0) = e_1(1, 0)$$
$$T(0, 1) = e_2(0, 1)$$
$$T(1, 1) = e(1, 1)$$

인 실수 e_1, e_2, e가 존재하여야 한다. 그러면

$$\begin{aligned}(e, e) &= T(1, 1) = T(1, 0) + T(0, 1) \\ &= e_1(1, 0) + e_2(0, 1) = (e_1, e_2)\end{aligned}$$

가 되어 $e_1 = e_2 = e$ 이다. 따라서

$$T(1,\ 0) = e(1,\ 0)$$
$$T(0,\ 1) = e(0,\ 1)$$

이고, $T = eI$ 이다.
또, 역으로 eI 의 형태의 선형변환은 분명히 순환사상이 아니다.

참고로, 이 예제에 의하면 선형변환 $T: \boldsymbol{R}^2 \longrightarrow \boldsymbol{R}^2$는 다음 두 가지 중 하나의 형태로 행렬표현이 가능함을 알 수 있다.

$$\begin{pmatrix} e & 0 \\ 0 & e \end{pmatrix} \text{ 또는 } \begin{pmatrix} 0 & a_0 \\ 1 & a_1 \end{pmatrix}$$

연습문제

1. 두 행렬

$$A=\begin{pmatrix}1&0&1\\0&2&0\\1&0&1\end{pmatrix},\quad B=\begin{pmatrix}1&0&0\\0&1&1\\0&1&1\end{pmatrix}$$

에 대하여 다음을 증명하라.

① $\mathrm{rank}(A)=\mathrm{rank}(B)$, (따라서, $(T)_{\mathscr{B}}^{\mathscr{E}}=A$, $(T)_{\mathscr{B}'}^{\mathscr{E}'}=B$를 만족시키는 선형사상 $T:\ \boldsymbol{R}^3\longrightarrow\boldsymbol{R}^3$와 $\boldsymbol{R}^3$의 기저 $\mathscr{B}$, $\mathscr{E}$, $\mathscr{B}'$, $\mathscr{E}'$ 이 존재한다.)

② $A=PBP^{-1}$인 가역행렬 P는 존재하지 않는다(따라서, $(T)_{\mathscr{B}}=A$, $(T)_{\mathscr{B}'}=B$를 만족시키는 선형사상 $T:\ \boldsymbol{R}^3\longrightarrow\boldsymbol{R}^3$와 $\boldsymbol{R}^3$의 기저 $\mathscr{B}$, $\mathscr{B}'$는 동시에 존재하지 않는다).

2. 선형변환 $T:\ \boldsymbol{R}^3\longrightarrow\boldsymbol{R}^3$을

$$T(x,\ y,\ z)=(x+y,\ y+z,\ z+x)$$

로 정의할 때

① 표준기저 $\mathscr{B}=\{E_1,\ E_2,\ E_3\}$에 관한 T의 행렬 A를 구하라.

② 기저 $\mathscr{E}=\{F_1=(1,\ 1,\ 1),\ F_2=(1,\ 0,\ 0),\ F_3=(0,\ 1,\ 0)\}$에 관한 T의 행렬 B를 구하라.

③ $A=PBP^{-1}$인 가역행렬 P를 구하라.

3. $A=\begin{pmatrix}0&1&1\\1&0&1\\1&1&0\end{pmatrix}$, $B=\begin{pmatrix}-1&0&0\\0&-1&0\\0&0&2\end{pmatrix}$, $P=\begin{pmatrix}1&1&1\\-1&1&1\\0&-2&1\end{pmatrix}$

일 때, $A=PBP^{-1}$가 성립한다. 이때

① P^{-1}을 구하라.

② A^{10} 을 구하라.

4. $P: \boldsymbol{R}^3 \longrightarrow \boldsymbol{R}^3$이 평면 $\mathscr{W}=\{(x, y, z) \mid y+z=0\}$ 위로의 정사영일 때 표준기저에 관한 P의 행렬을 구하라.

5. $\mathscr{W}=\{(x, y, z) \mid z=0\}$일 때 연습문제 4를 반복하라.

6. 연습문제 4의 P에 대하여 $\boldsymbol{R}^3$의 기저 $\{A_1, A_2, A_3\}$에 관한 P의 행렬이

$$\begin{pmatrix} 1 & 0 & 0 \\ 0 & 1 & 0 \\ 0 & 0 & 0 \end{pmatrix}$$

이 되는 A_1, A_2, A_3를 구하라.

7. 미분연산자 $D: \boldsymbol{R}_3[x] \longrightarrow \boldsymbol{R}_3[x]$에 대하여

$$\mathscr{B}=\{B, D(B), D^2(B), D^3(B)\}$$

가 $\boldsymbol{R}_3[x]$의 기저가 되는 $B \in \boldsymbol{R}_3[x]$를 구하라. 또, $\mathscr{B}$에 관한 D의 행렬을 구하라.

8. 선형변환 $T: \boldsymbol{R}^3 \longrightarrow \boldsymbol{R}^3$을

$$T(x, y, z)=(0, x, 3y)$$

로 정의하면 T는 지수 3인 멱영사상임을 보여라. 이때

$$\mathscr{B}=\{B, T(B), T^2(B)\}$$

가 $\boldsymbol{R}^3$의 기저가 되는 $B \in \boldsymbol{R}_3[x]$를 구하라. 또, $\mathscr{B}$에 관한 T의 행렬도 구하라.

9. $T: \boldsymbol{R}^3 \longrightarrow \boldsymbol{R}^3$을

$$T(x, y, z)=(y, z, x)$$

로 정의하면 T는 순환사상임을 보여라. 이때

$$\mathscr{B}=\{B,\ T(B),\ T^2(B)\}$$

가 $\boldsymbol{R}^3$의 기저가 되는 $B \in \boldsymbol{R}_3$를 구하라. 또, B 에 관한 T의 행렬도 구하라.

10. 선형변환 $T:\ \boldsymbol{R}^3 \longrightarrow \boldsymbol{R}^3$을

$$T(x,\ y,\ z)=(y,\ x,\ z)$$

로 정의하면 T는 순환사상이 아님을 보여라.

11. P와 Q가 사영이면 PQ도 사영인가? 또 $PQ=QP$ 인 경우에는 어떻게 되는가?

12. M과 N이 멱영사상이면 MN도 멱영사상인가? 또 $MN=NM$인 경우에는 어떻게 되는가?

13. P와 Q가 사영이고 $PQ+QP=O$이면 $P+Q$도 사영임을 보여라.

14. 선형사상 $T:\ \boldsymbol{R}_n[x] \longrightarrow \boldsymbol{R}_n[x]$를

$$T(p(x))=p(x+1)$$

로 정의할 때 표준기저 $\{1,\ x,\ \cdots,\ x^n\}$에 관한 T의 행렬을 구하라.

15. $\mathscr{V}$가 n차원 벡터공간이고 $T:\ \mathscr{V} \longrightarrow \mathscr{V}$는 선형변환일 때 어떤 $(n-1)$차원 부분공간 $\mathscr{H}$와 $\mathscr{H}$에 속하지 않는 어떤 벡터 B가 존재하여

$$\text{모든 } H \in \mathscr{H} \text{ 에 대하여 } T(H)=H$$
$$T(B)=-B$$

이면 T를 대칭변환(reflection)이라고 하고, $\mathscr{H}$를 대칭면이라고 한다. T가 대칭변환일 때 그 행렬이

$$\begin{pmatrix} -1 & & & \\ & 1 & & O \\ & & \ddots & \\ O & & & 1 \end{pmatrix}$$

이 되는 기저가 존재함을 보여라.

16. $A=\begin{pmatrix} 1 & 2 \\ 3 & 4 \end{pmatrix}$

에 대하여, 선형변환 $T: \mathrm{Mat}_{2\times2}(\boldsymbol{R}) \longrightarrow \mathrm{Mat}_{2\times2}(\boldsymbol{R})$를

$$T(M)=AM$$

으로 정의하자. $\mathrm{Mat}_{2\times2}(\boldsymbol{R})$의 기저

$$\mathscr{B}=\left\{\begin{pmatrix} 1 & 0 \\ 0 & 0 \end{pmatrix}, \begin{pmatrix} 0 & 1 \\ 0 & 0 \end{pmatrix}, \begin{pmatrix} 0 & 0 \\ 1 & 0 \end{pmatrix}, \begin{pmatrix} 0 & 0 \\ 0 & 1 \end{pmatrix}\right\}$$

에 관한 T의 행렬을 구하여라.

17. $T: \mathrm{Mat}_{2\times2}(\boldsymbol{R}) \longrightarrow \mathrm{Mat}_{2\times2}(\boldsymbol{R})$

$$T(M)=M^t$$

로 정의하면, T는 선형사상이 됨을 보여라. 또, 연습문제 16의 기저 $\mathscr{B}$에 관한 T의 행렬을 구하라.

18. $T^2=I$인 선형변환 $T: \mathscr{V} \longrightarrow \mathscr{V}$를 인벌루션(involution)이라고 한다.

① $T\neq I$인 인벌루션 $T: \boldsymbol{R}^3 \longrightarrow \boldsymbol{R}^3$의 예를 들어라.

② S와 T가 인벌루션이면 ST도 인벌루션인가?

19. P가 사영이면 $T=2P-I$는 인벌루션임을 보여라.

20. T가 인벌루션이면 $P=\frac{1}{2}(T+1)$ 는 사영임을 보여라.

21. $T: \mathscr{V} \longrightarrow \mathscr{V}$가 인벌루션이면 T의 행렬은

$$\begin{pmatrix} 1 & & & & & \\ & \ddots & & & O & \\ & & 1 & & & \\ & & & -1 & & \\ & O & & & \ddots & \\ & & & & & -1 \end{pmatrix}$$

이 되는 $\mathscr{V}$의 기저가 존재함을 보여라(힌트 : 연습문제 19, 20과 정리 10.2를 이용한다).

22. 지수가 2인 2×2 멱영행렬을 모두 구하라(힌트 : 먼저 멱영사상의 경우를 생각한 후 정리 10.1을 이용한다).

제 11 장

연립일차방정식

역사적으로 선형대수학은 선형사상을 기하학적으로 해석하려는 시도와 연립일차방정식의 해를 구하려는 노력에서 출발하였다. 연립일차방정식(system of linear equations)은

$$(*)\quad \begin{cases} a_{11}x_1 + a_{12}x_2 + \cdots + a_{1n}x_n = b_1 \\ a_{21}x_1 + a_{22}x_2 + \cdots + a_{2n}x_n = b_1 \\ \qquad\qquad\vdots \\ a_{m1}x_1 + a_{m2}x_2 + \cdots + a_{mn}x_n = b_m \end{cases}$$

의 형태이다. 여기서 $x_1, \cdots, x_n$은 미지수이고 mn개의 수 a_{ij}는 고정되어 있는 수이다. 연립일차방정식 $(*)$에서

$$A = \begin{pmatrix} a_{11} & a_{12} & \cdots & a_{1n} \\ a_{21} & a_{22} & \cdots & a_{2n} \\ \vdots & \vdots & & \vdots \\ a_{m1} & a_{m2} & \cdots & a_{mn} \end{pmatrix},\quad X = \begin{pmatrix} x_1 \\ \vdots \\ x_n \end{pmatrix},\quad B = \begin{pmatrix} b_1 \\ \vdots \\ b_m \end{pmatrix}$$

으로 놓으면 연립일차방정식 $(*)$는

$$AX = B$$

로 간단히 나타낼 수 있다. 이때 행렬 A를 $(*)$의 계수행렬(coefficient matrix)이라고 한다. 또 행렬 A와 B를 덧붙인 행렬

$$(A \mid B) = \begin{pmatrix} a_{11} & a_{12} & \cdots & a_{1n} & b_1 \\ a_{21} & a_{22} & \cdots & a_{2n} & b_2 \\ \vdots & \vdots & & \vdots & \vdots \\ a_{m1} & a_{m2} & \cdots & a_{mn} & b_m \end{pmatrix}$$

을 $(*)$의 첨가행렬(augmented matrix)이라고 한다.

실수 $s_1, \cdots, s_n$에 대하여

$$x_1 = s_1,\ \cdots,\ x_n = s_n$$

이 연립방정식 $(*)$의 모든 일차방정식을 동시에 만족시킬 때

$(s_1,\ \cdots,\ s_n)\in \boldsymbol{R}^n$을 $(*)$의 해(solution)라 하고, 이 해를

$$\begin{cases} x_1 = s_1 \\ \quad\vdots \\ x_n = s_n \end{cases} \text{ 또는 } \begin{pmatrix} x_1 \\ \vdots \\ x_n \end{pmatrix} = \begin{pmatrix} s_1 \\ \vdots \\ s_n \end{pmatrix}$$

으로 나타내기도 한다.

예제 11.1

다음 연립일차방정식의 해를 구해보자.

연립일차방정식	첨가행렬
$\begin{cases} 3x_1 + x_2 = 9 \cdots ① \\ x_1 + 2x_2 = 8 \cdots ② \end{cases}$	$\begin{pmatrix} 3 & 1 & 9 \\ 1 & 2 & 8 \end{pmatrix}$
①과 ②를 서로 바꾼다.	제1행과 제2행을 서로 바꾼다.
$\begin{cases} x_1 + 2x_2 = 8 \cdots ①' \\ 3x_1 + x_2 = 9 \cdots ②' \end{cases}$	$\begin{pmatrix} 1 & 2 & 8 \\ 3 & 1 & 9 \end{pmatrix}$
$②' + ①' \times (-3)$	제2행에 제1행의 (-3)배를 더한다.
$\begin{cases} x_1 + 2x_2 = 8 \cdots ①'' \\ -5x_2 = -15 \cdots ②'' \end{cases}$	$\begin{pmatrix} 1 & 2 & 8 \\ 0 & -5 & -15 \end{pmatrix}$
$②'' \times \left(-\frac{1}{5}\right)$	제2행을 $\left(-\frac{1}{5}\right)$배 한다.
$\begin{cases} x_1 + 2x_2 = 8 \cdots ①''' \\ x_2 = 3 \cdots ②''' \end{cases}$	$\begin{pmatrix} 1 & 2 & 8 \\ 0 & 1 & 3 \end{pmatrix}$
$①''' \times ②''' \times (-2)$	제1행에 제2행의 (-2)배를 더한다.
$\begin{cases} x_1 = 2 \\ x_2 = 3 \end{cases}$	$\begin{pmatrix} 1 & 0 & 2 \\ 0 & 1 & 3 \end{pmatrix}$

따라서

$$\begin{pmatrix} x_1 \\ x_2 \end{pmatrix} = \begin{pmatrix} 2 \\ 3 \end{pmatrix}$$

이제 연립일차방정식

$$AX = B$$

의 해를 구하는 한 가지 방법을 제시할 수 있을 것이다. 주어진 연립일차방정식에 다음 세 종류의 작업을 유한 번 시행하는 것은 분명

히 해집합(해 전체의 집합)에 아무런 영향을 주지 않는다.

(Ⅰ) 두 방정식을 서로 바꾸어 놓는다.
(Ⅱ) 한 방정식을 a배 한다(단, $a\neq 0$)
(Ⅲ) 한 방정식에 다른 방정식의 a배를 더한다.

연립일차방정식을 풀 때에는 주어진 연립일차방정식에 위의 변형을 유한 번 시행하여 미지수를 소거함으로써 간단한 형태의 연립일차방정식으로 고친다. 한편, 연립일차방정식에 위의 변형을 시행한다는 것은 연립일차방정식의 첨가행렬에 기본행변형을 시행한다는 것과 같다.

예제 11.2

다음 연립일차방정식의 해를 구하라.

$$\begin{cases} 3x+2y-7z=4 \\ 2x+\ \ y-4z=1 \end{cases}$$

풀이 주어진 연립방정식의 첨가행렬은

$$\begin{pmatrix} 3 & 2 & -7 & 4 \\ 2 & 1 & -4 & 1 \end{pmatrix}$$

이다. 여기에 기본행변형을 시행하면

$$\xrightarrow{\text{Ⅲ}} \begin{pmatrix} 1 & 1 & -3 & 3 \\ 2 & 1 & -4 & 1 \end{pmatrix} \xrightarrow{\text{Ⅲ}} \begin{pmatrix} 1 & 1 & -3 & 3 \\ 0 & -1 & 2 & -5 \end{pmatrix}$$

$$\xrightarrow{\text{Ⅱ}} \begin{pmatrix} 1 & 1 & -3 & 3 \\ 0 & 1 & -2 & 5 \end{pmatrix} \xrightarrow{\text{Ⅲ}} \begin{pmatrix} 1 & 0 & -1 & -2 \\ 0 & 1 & -2 & 5 \end{pmatrix}$$

이므로 주어진 방정식은

$$\begin{cases} x\ -\ \ z=-2 \\ \ \ y-2z=\ \ 5 \end{cases} \quad \text{즉} \quad \begin{cases} x=-2+\ z \\ y=\ \ 5+2z \end{cases}$$

로 변형된다. 따라서 z가 어떤 실수 값을 택하더라도 위의 두 식에 의하여 결정되는 x, y, z의 값은 모두 처음 연립방정식의 해이다.

이제 매개변수 t를 도입하여 $z=t$로 놓으면 구하는 해는 다음과 같다.

$$\begin{cases} x=-2+t \\ y=5+2t \\ z=t \end{cases} \text{ 즉 } \begin{pmatrix} x \\ y \\ z \end{pmatrix} = \begin{pmatrix} -2 \\ 5 \\ 0 \end{pmatrix} + t\begin{pmatrix} 1 \\ 2 \\ 1 \end{pmatrix} \quad (t \in \boldsymbol{R})$$

참고로 위의 등식은 좌표공간에서 두 평면

$$3x+2y-7z=4,\ 2x+y-4z=1$$

의 교선의 방정식이다.

일반적으로, 주어진 연립일차방정식의 모든 해를 나타내는 식을 이 연립일차방정식의 일반해(general solution)라 하고, 또 주어진 연립방정식의 해 하나하나를 이 연립방정식의 특수해(particular solution)라고 한다. 연립일차방정식을 푼다는 것은 물론 일반해를 구한다는 것이다.

연립일차방정식을 풀 때, 먼저 주어진 연립일차방정식의 첨가행렬에 기본행변형을 시행하여 행간소사다리꼴로 변형한 다음에 이 행렬에 대응하는 연립일차방정식을 이용하여 주어진 연립일차방정식을 풀면 편리하다. 이와 같은 방법을 Gauss 소거법(Gaussian elimination)이라고 한다.

예제 11.3

다음 연립일차방정식의 해를 구하라.

$$\begin{cases} x+2y-3z=4 \\ 2x+5y-4z=13 \\ x+3y+z=11 \\ 2x+6y+2z=22 \end{cases}$$

풀이 이 방정식의 첨가행렬은

$$\begin{pmatrix} 1 & 2 & -3 & 4 \\ 2 & 5 & -4 & 13 \\ 1 & 3 & 1 & 11 \\ 2 & 6 & 2 & 22 \end{pmatrix}$$

이다. 여기에 기본행변형을 시행하면

$$\xrightarrow{\text{III}} \begin{pmatrix} 1 & 2 & -3 & 4 \\ 0 & 1 & 2 & 5 \\ 0 & 1 & 4 & 7 \\ 0 & 2 & 8 & 14 \end{pmatrix} \xrightarrow{\text{III}} \begin{pmatrix} 1 & 0 & -7 & -6 \\ 0 & 1 & 2 & 5 \\ 0 & 0 & 2 & 2 \\ 0 & 0 & 4 & 4 \end{pmatrix}$$

$$\xrightarrow{\text{II}} \begin{pmatrix} 1 & 0 & -7 & -6 \\ 0 & 1 & 2 & 5 \\ 0 & 0 & 1 & 1 \\ 0 & 0 & 4 & 4 \end{pmatrix} \xrightarrow{\text{III}} \begin{pmatrix} 1 & 0 & 0 & 1 \\ 0 & 1 & 0 & 3 \\ 0 & 0 & 1 & 1 \\ 0 & 0 & 0 & 0 \end{pmatrix}$$

이므로, 주어진 방정식은

$$\begin{cases} x \quad\quad = 1 \\ \quad y \quad = 3 \\ \quad\quad z = 1 \end{cases} \quad \text{즉} \quad \begin{pmatrix} x \\ y \\ z \end{pmatrix} = \begin{pmatrix} 1 \\ 3 \\ 1 \end{pmatrix}$$

이 되어 주어진 방정식은 유일한 해를 갖는다.

예제 11.4

다음 연립일차방정식의 해를 구하라.

$$\begin{cases} 2x + \ y - 2z + 3w = 1 \\ 3x + 2y - \ z + 2w = 4 \\ 3x + 3y + 3z - 3w = 3 \end{cases}$$

풀이 이 방정식의 첨가행렬은

$$\begin{pmatrix} 2 & 1 & -2 & 3 & 1 \\ 3 & 2 & -1 & 2 & 4 \\ 3 & 3 & 3 & -3 & 3 \end{pmatrix}$$

이고, 여기에 기본행변형을 시행하면

$$\xrightarrow{\text{II}}\begin{pmatrix}6&3&-6&9&3\\6&4&-2&4&8\\6&6&6&-6&6\end{pmatrix}\xrightarrow{\text{III}}\begin{pmatrix}6&3&-6&9&3\\0&1&4&-5&5\\0&3&12&-15&3\end{pmatrix}$$

$$\xrightarrow{\text{III}}\begin{pmatrix}6&3&-6&9&3\\0&1&4&-5&5\\0&0&0&0&-12\end{pmatrix}$$

이므로, 주어진 방정식은

$$\begin{cases}6x+3y-6z+9w=\ \ 3\\ \qquad\ \ y+4z-5w=\ \ 5\\ \qquad\qquad\qquad\ \ 0=-12\end{cases}$$

이 된다. 그런데 마지막 식은

$$0x+0y+0z+0w=-12$$

를 뜻하므로 이 연립일차방정식의 해는 없다.

이와 같이 해가 없는 경우에는 행간소사다리꼴까지 변형시킬 필요가 없이 도중에서 결론을 내릴 수 있는 경우가 많다.

예제 11.5

다음 연립일차방정식의 해를 구하라.

$$\begin{cases}x_1-2x_2-3x_3\qquad\ \ =1\\2x_1-4x_2-5x_3+4x_4=4\\3x_1-6x_2-7x_3+8x_4=7\end{cases}$$

풀이 이 방정식의 첨가행렬에 기본행변형을 시행하면

$$\begin{pmatrix}1&-2&-3&0&1\\2&-4&-5&4&4\\3&-6&-7&8&7\end{pmatrix}\xrightarrow{\text{III}}\begin{pmatrix}1&-2&-3&0&1\\0&0&1&4&2\\0&0&2&8&4\end{pmatrix}$$

$$\xrightarrow{\text{III}}\begin{pmatrix}1&-2&0&12&7\\0&0&1&4&2\\0&0&0&0&0\end{pmatrix}$$

이므로, 원래의 방정식은

$$\begin{cases} x_1 - 2x_2 \quad + 12x_4 = 7 \\ \qquad\quad x_3 + 4x_4 = 2 \end{cases} \text{ 즉 } \begin{cases} x_1 = 7 + 2x_2 - 12x_4 \\ x_3 = 2 \qquad\quad - 4x_4 \end{cases}$$

이 된다. 다음에 매개변수 s, t를 도입하여 $x_2 = s$, $x_4 = t$로 놓으면 주어진 연립일차방정식의 일반해는 다음과 같다.

$$\begin{cases} x_1 = 7 + 2s - 12t \\ x_2 = s \\ x_3 = 2 - 4t \\ x_4 = t \end{cases} \quad \text{즉}$$

$$\begin{pmatrix} x_1 \\ x_2 \\ x_3 \\ x_4 \end{pmatrix} = \begin{pmatrix} 7 \\ 0 \\ 2 \\ 0 \end{pmatrix} + s \begin{pmatrix} 2 \\ 1 \\ 0 \\ 0 \end{pmatrix} + t \begin{pmatrix} -12 \\ 0 \\ -4 \\ 1 \end{pmatrix} \quad (s,\ t \in \boldsymbol{R})$$

예제 11.6

다음 연립일차방정식의 해를 구하라.

$$\begin{cases} \qquad x_2 + 3x_3 - x_4 + x_5 = 2 \\ x_1 - x_2 + 3x_3 + 2x_4 - 4x_5 = 6 \\ x_1 + x_2 - x_3 + x_4 + 2x_5 = 1 \\ x_1 \qquad - x_3 + x_4 \qquad = 1 \end{cases}$$

풀이 이 연립방정식의 첨가행렬에 기본행변형을 시행하면

$$\begin{pmatrix} 0 & 1 & 3 & -1 & 1 & 2 \\ 1 & -1 & 3 & 2 & -4 & 6 \\ 1 & 1 & -1 & 1 & 2 & 1 \\ 1 & 0 & -1 & 1 & 0 & 1 \end{pmatrix}$$

$$\xrightarrow{\text{I}} \begin{pmatrix} 1 & 0 & -1 & 1 & 0 & 1 \\ 1 & -1 & 3 & 2 & -4 & 6 \\ 1 & 1 & -1 & 1 & 2 & 1 \\ 0 & 1 & 3 & -1 & 1 & 2 \end{pmatrix}$$

$$\xrightarrow{\text{III}} \begin{pmatrix} 1 & 0 & -1 & 1 & 0 & 1 \\ 0 & -1 & 4 & 1 & -4 & 5 \\ 0 & 1 & 0 & 0 & 2 & 0 \\ 0 & 1 & 3 & -1 & 1 & 2 \end{pmatrix}$$

$$\xrightarrow{\text{III}}\begin{pmatrix}1 & 0 & -1 & 1 & 0 & 1\\ 0 & -1 & 4 & 1 & -4 & 5\\ 0 & 0 & 4 & 1 & -2 & 5\\ 0 & 0 & 7 & 0 & -3 & 7\end{pmatrix}$$

$$\xrightarrow{\text{II}}\begin{pmatrix}1 & 0 & -1 & 1 & 0 & 1\\ 0 & 1 & -4 & -1 & 4 & -5\\ 0 & 0 & 1 & \frac{1}{4} & -\frac{1}{2} & \frac{5}{4}\\ 0 & 0 & 7 & 0 & -3 & 7\end{pmatrix}$$

$$\xrightarrow{\text{III}}\begin{pmatrix}1 & 0 & 0 & \frac{5}{4} & -\frac{1}{2} & \frac{9}{4}\\ 0 & 1 & 0 & 0 & 2 & 0\\ 0 & 0 & 1 & \frac{1}{4} & -\frac{1}{2} & \frac{5}{4}\\ 0 & 0 & 0 & -\frac{7}{4} & \frac{1}{2} & -\frac{7}{4}\end{pmatrix}$$

$$\xrightarrow{\text{II}}\begin{pmatrix}1 & 0 & 0 & \frac{5}{4} & -\frac{1}{2} & \frac{9}{4}\\ 0 & 1 & 0 & 0 & 2 & 0\\ 0 & 0 & 1 & \frac{1}{4} & -\frac{1}{2} & \frac{5}{4}\\ 0 & 0 & 0 & 1 & -\frac{2}{7} & 1\end{pmatrix}$$

$$\xrightarrow{\text{III}}\begin{pmatrix}1 & 0 & 0 & 0 & -\frac{1}{7} & 0\\ 0 & 1 & 0 & 0 & 2 & 0\\ 0 & 0 & 1 & 0 & -\frac{3}{7} & 1\\ 0 & 0 & 0 & 1 & -\frac{2}{7} & 1\end{pmatrix}$$

이므로, 원래의 연립방정식은

$$\begin{cases} x_1 \qquad\quad -\frac{1}{7}x_5 = 1 \\ \quad x_2 \qquad +2x_5 = 0 \\ \qquad x_3 - \frac{3}{7}x_5 = 1 \\ \qquad\quad x_4 - \frac{2}{7}x_5 = 1 \end{cases}$$

이 된다. 여기에 매개변수 t를 도입하여 $x_5 = t$로 놓으면 주어진 연립 방정식의 일반해는 다음과 같다.

$$\begin{cases} x_1 = 1 + \frac{1}{7}t \\ x_2 = -2t \\ x_3 = 1 + \frac{3}{7}t \\ x_4 = 1 + \frac{2}{7}t \\ x_5 = t \end{cases} \quad \text{즉}$$

$$\begin{pmatrix} x_1 \\ x_2 \\ x_3 \\ x_4 \\ x_5 \end{pmatrix} = \begin{pmatrix} 1 \\ 0 \\ 1 \\ 1 \\ 0 \end{pmatrix} + \frac{t}{7} \begin{pmatrix} 1 \\ -14 \\ 3 \\ 2 \\ 7 \end{pmatrix} \quad (t \in \boldsymbol{R})$$

참고로, 여기서 $x_5 = 7t$로 놓으면 일반해는 다음과 같이 간단한 식으로 나타낼 수 있다.

$$\begin{pmatrix} x_1 \\ x_2 \\ x_3 \\ x_4 \\ x_5 \end{pmatrix} = \begin{pmatrix} 1 \\ 0 \\ 1 \\ 1 \\ 1 \end{pmatrix} + t \begin{pmatrix} 1 \\ -14 \\ 3 \\ 2 \\ 7 \end{pmatrix} \quad (t \in \boldsymbol{R})$$

이제 연립일차방정식

$$(*) \quad \begin{cases} a_{11}x_1 + a_{12}x_2 + \cdots + a_{1n}x_n = b_1 \\ a_{21}x_1 + a_{22}x_2 + \cdots + a_{2n}x_n = b_2 \\ \vdots \\ a_{m1}x_1 + a_{m2}x_2 + \cdots + a_{mn}x_n = b_m \end{cases}$$

이 언제 해를 갖는지를 알아보자. 위의 연립일차방정식의 계수행렬을 A라고 하고,

$$A^{(1)} = \begin{pmatrix} a_{11} \\ a_{21} \\ \vdots \\ a_{m1} \end{pmatrix}, \quad \cdots, \quad A^{(n)} = \begin{pmatrix} a_{1n} \\ a_{2n} \\ \vdots \\ a_{mn} \end{pmatrix}, \quad B = \begin{pmatrix} b_1 \\ b_2 \\ \vdots \\ b_m \end{pmatrix}$$

라 하면, 연립일차방정식 $(*)$는 다음과 같이 나타낼 수 있다.

$$x_1A^{(1)} + x_2A^{(2)} + \cdots + x_mA^{(n)} = B$$

따라서 $(s_1, s_2, \cdots, s_n) \in \boldsymbol{R}^n$에 대하여

$$B = s_1 A^{(1)} + s_2 A^{(2)} + \cdots + s_n A^{(n)}$$

일 때 그리고 이때에만 $(s_1, s_2, \cdots, s_n)$은 $(*)$의 해이다. 한편 계수 행렬 A의 열벡터는 $A^{(1)}, \cdots, A^{(n)}$이고, 첨가행렬 $(A|B)$의 열벡터는 $A^{(1)}, \cdots, A^{(n)}, B$이므로 열계수의 정의와 정리 8.11에 의하여 다음이 성립한다.

$$\begin{aligned} & B \in \langle A^{(1)}, \cdots, A^{(n)} \rangle \\ & \iff \langle A^{(1)}, \cdots, A^{(n)}, B \rangle = \langle A^{(1)}, \cdots, A^{(n)} \rangle \\ & \iff \text{crank}(A|B) = \text{crank}(A) \\ & \iff \text{rank}(A|B) = \text{rank}(A) \end{aligned}$$

이상을 정리하면 다음과 같다.

정리 11.1

연립일차방정식

$$(*) \quad AX = B$$

에 대하여 다음 세 조건은 서로 동치이다.

(1) $(*)$는 적어도 하나의 해를 가진다.

(2) $B \in (A$의 열공간$)$

(3) $\text{rank}(A|B) = \text{rank}(A)$

예제 11.7

예제 11.4의 연립일차방정식은 해를 갖지 않는다는 것을 이미 알고 있다. 실제로 이 경우에

$$\text{rank}(A|B) = 3 \neq 2 = \text{rank}(A)$$

임을 확인할 수 있고, 또 벡터

$$B = (1, 4, 7) \notin (A \text{의 열공간})$$

임도 알 수 있다.

예제 11.8

예제 11.1, 11.2, 11.3, 11.5, 11.6의 연립일차방정식은 모두 해를 가진다는 것을 이미 알고 있다. 실제로 이들 각 경우에

$$\operatorname{rank}(A \mid B) = \operatorname{rank}(A)$$

임을 확인할 수 있다.

정의 11.1

행렬표기법으로 나타낸 연립일차방정식

$$AX = B$$

에서 $B = \boldsymbol{O}$ 인 경우, 즉

$$AX = O$$

인 형태의 연립일차방정식을 동차연립일차방정식(system of homogeneous linear equations)이라고 한다.

정리 11.2

동차연립일차방정식

$$AX = O$$

의 해집합 $\mathscr{S}$ 는 $\boldsymbol{R}^n$의 부분공간이다. 실제로

$$T : \boldsymbol{R}^n \longrightarrow \boldsymbol{R}^m$$

을 $\boldsymbol{R}^n$, $\boldsymbol{R}^m$의 표준기저에 관한 행렬이 A 인 선형사상이라고 하면

$$\mathscr{S} = \ker\ T$$

이다.

증명 $(s_1, \cdots, s_n)$이 $AX=\boldsymbol{O}$의 해가 되기 위한 필요충분조건은 $T(s_1, \cdots, s_n)=(0, \cdots, 0)$이라는 사실만 생각하면 된다(예제 4.8 참조). ■

동차연립일차방정식의 해집합은 부분공간이 되므로 해공간(solution space)이라고도 한다.

정의 11.2

$\mathscr{W}$가 벡터공간 $\mathscr{V}$의 부분공간이고, $P\in\mathscr{V}$라고 하자. 이때

$$P+\mathscr{W}=\{P+X \mid X\in\mathscr{W}\}$$

로 정의된 집합 $P+\mathscr{W}$를 $\mathscr{W}$의 P만큼의 평행이동(parallel translation)이라고 한다.

예제 11.9

$\mathscr{V}=\boldsymbol{R}^2$, $\mathscr{W}=\{(x, y) \mid x-y=0\}$, $P=(1, 3)$이면 $P+\mathscr{W}$는 점 $(1, 3)$을 지나고 직선 $x-y=0$에 평행인 직선이다. 또 $Q=(-1, 1)$에 대하여 $Q+\mathscr{W}=P+\mathscr{W}$이다.

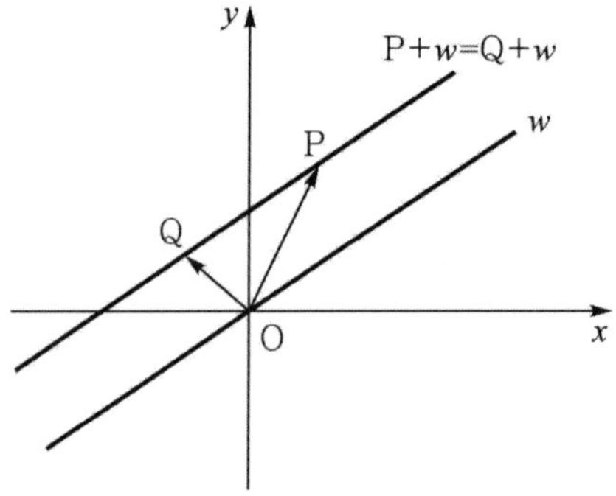

정리 11.3

$T: \mathscr{V} \longrightarrow \mathscr{W}$ 가 선형사상이고 $C \in \text{im } T$ 라고 하자. 그러면

$$\mathscr{S} = \{ Y \in \mathscr{V} \mid T(Y) = C \}$$

는 $\ker T$ 의 평행이동이다. 이때 $P \in \mathscr{V}$가 $T(P) = C$인 임의의 벡터이면 $\mathscr{S} = P + \ker T$ 가 된다.

증명 P를 $T(P) = C$인 임의의 벡터라고 하자. 이때 $\mathscr{S} = P + \ker T$ 임을 보이면 된다. 만일 $Y \in \mathscr{S}$이면

$$T(Y - P) = T(Y) - T(P) = C - C = \boldsymbol{O}$$

이므로 $Y - P \in \ker T$이고, 따라서

$$Y = P + (Y - P) \in P + \ker T$$

가 된다. 그러므로 $\mathscr{S} \subset P + \ker T$이다. $Y \in P + \ker T$ 이면 $Y = P + X$인 $X \in \ker T$가 존재하므로

$$T(Y) = T(P + X) = T(P) + T(X) = C + \boldsymbol{O} = C$$

즉 $Y \in \mathscr{S}$이다. 따라서 $P + \ker T \subset \mathscr{S}$이다. 이상에서 $\mathscr{S} = P + \ker T$ 이다.

정리 11.4

연립일차방정식

$$AX = B$$

의 해집합 $\mathscr{S}$는 공집합이거나 동차연립일차방정식

$$AX = \boldsymbol{O}$$

의 해공간의 평행이동이다. 실제로 $T: \boldsymbol{R}^n \longrightarrow \boldsymbol{R}^m$을 $\boldsymbol{R}^n$, $\boldsymbol{R}^m$의 표준기저에 관한 행렬이 A인 선형사상이라고 할 때, $\mathscr{S} \neq \phi$이면 임의의 특수해 $P \in \mathscr{S}$에 대하여 다음이 성립한다.

$$\mathscr{S} = P + \ker \ T$$

이고, 또 정리 11.2에 의하여 $\ker T$는 동차연립일차방정식 $AX = \boldsymbol{O}$의 해공간이므로 $\mathscr{S}$는 이 해공간의 평행이동이다. ■

예제 11.10

예제 11.5에서 연립일차방정식

$$\begin{cases} x_1 - 2x_2 - 3x_3 \qquad = 1 \\ 2x_1 - 4x_2 - 5x_3 + 4x_4 = 4 \\ 3x_1 - 6x_2 - 7x_3 + 8x_4 = 7 \end{cases}$$

의 해집합은

$$\begin{aligned} \mathscr{S} &= \{(7,\ 0,\ 2,\ 0) + s(2,\ 1,\ 0,\ 0) + t(-12,\ 0,\ -4,\ 1) \mid s,\ t \in \boldsymbol{R}\} \\ &= (7,\ 0,\ 2,\ 0) + \{s(2,\ 1,\ 0,\ 0) + t(-12,\ 0,\ -4,\ 1) \mid s,\ t \in \boldsymbol{R}\} \end{aligned}$$

임을 이미 알고 있다. 여기서

$$\{s(2,\ 1,\ 0,\ 0) + t(-12,\ 0,\ -4,\ 1) \mid s,\ t \in \boldsymbol{R}\}$$

은 동차연립일차방정식

$$\begin{cases} x_1 - 2x_2 - 3x_3 \qquad = 0 \\ 2x_1 - 4x_2 - 5x_3 + 4x_4 = 0 \\ 3x_1 - 6x_2 - 7x_3 + 8x_4 = 0 \end{cases}$$

의 해공간이 됨을 확인할 수 있을 것이다.

참고로, 예를 들어 $(5,\ -1,\ 2,\ 0)$도 주어진 연립일차방정식의 한 특수해이므로

$$\begin{aligned} \mathscr{S} = (5,\ -1,\ 2,\ 0) + \{&s(2,\ 1,\ 0,\ 0) \\ &+ t(-12,\ 0,\ -4,\ 1) \mid s,\ t \in \boldsymbol{R}\} \end{aligned}$$

로 쓸 수도 있다.

정리 11.4에 의하면, 다음 두 가지 정보

(1) 연립일차방정식 $AX = B$의 한 특수해

(2) 동차연립일차방정식 $AX = \boldsymbol{O}$의 해공간의 기저(또는 일반해)를 알면 연립일차방정식 $AX = B$의 일반해를 구할 수 있다.

연습문제

1. 다음 연립일차방정식의 해집합을 구하라.

① $\begin{cases} 2x - y + z + 6w = -3 \\ x + y - z - w = 2 \\ -x + 3y + 2z - 3w = 9 \end{cases}$

② $\begin{cases} x_2 + 2x_3 + x_4 - x_5 = 5 \\ x_1 + x_2 - x_3 + x_4 = -2 \\ x_1 - x_2 + x_3 - x_4 + 2x_5 = 6 \\ x_1 + x_3 - 2x_4 - 3x_5 = -3 \end{cases}$

③ $\begin{cases} x - 2y + z = 4 \\ 2x + y - 2z = 9 \\ x - 7y + 5z = 3 \end{cases}$

④ $\begin{cases} 3x - y + z = 10 \\ x - y - 2z = -2 \\ 2x - 3y - z = 7 \\ -x + y + z = 0 \end{cases}$

2. 다음 연립일차방정식의 계수행렬의 역행렬을 구하고, 이 역행렬을 이용하여 연립일차방정식을 풀어라.

① $\begin{pmatrix} 0 & 1 & 1 \\ 1 & 0 & 1 \\ 1 & 1 & 0 \end{pmatrix} \begin{pmatrix} x \\ y \\ z \end{pmatrix} = \begin{pmatrix} 1 \\ 2 \\ 3 \end{pmatrix}$

② $\begin{cases} -x + y + z = a \\ x - y + z = b \\ x + y - z = c \end{cases}$ (단, a, b, c는 상수)

3. 다음 동차연립일차방정식의 해공간의 기저와 차원을 구하라.

① $\begin{cases} x - y + z - w = 0 \\ 2x + y - z + 2w = 0 \\ 2y + 3z + w = 0 \end{cases}$

② $\begin{cases} 3x_1 + 2x_2 + x_3 - x_4 - x_5 = 0 \\ -x_1 + x_2 + x_3 + x_4 - 2x_5 = 0 \\ x_1 - 2x_2 - 3x_3 - x_4 + x_5 = 0 \end{cases}$

4. $\boldsymbol{R}^3$의 부분공간

$$\mathscr{W}=\langle(1,\ 2,\ -3)\rangle$$

를 해공간으로 갖는 연립일차방정식을 찾아라.

5. $\boldsymbol{R}^3$에서 두 점 $(1,\ 1,\ 1)$, $(1,\ 2,\ 3)$을 지나는 직선을 해집합으로 가지는 연립일차방정식을 찾아라.

6. $\boldsymbol{R}^4$의 부분공간

$$\mathscr{W}=\langle(-1,\ 0,\ 0,\ 1),\ (0,\ 1,\ 3,\ -1),\ (1,\ 0,\ -1,\ 0)\rangle$$

을 해공간으로 갖는 일차방정식을 찾아라.

7. 다음 연립일차방정식이 해를 가지도록 실수 a의 값을 정하라.

$$\begin{cases} \quad\ \ y+z=2 \\ x+ay+z=2 \\ x+\ y\quad\ =2 \end{cases}$$

8. 다음 연립일차방정식이 해를 가지도록 실수 a의 값을 정하라.

$$\begin{cases} x-2y+\ z-\ w=\ a \\ 2x-4y-3z+3w=\ 4 \\ x-2y-\ z+\ w=-1 \end{cases}$$

9. $A=\begin{pmatrix} 3 & 2 & 2 \\ 1 & 2 & 2 \\ -1 & -1 & 0 \end{pmatrix}$, $X=\begin{pmatrix} x_1 \\ x_2 \\ x_3 \end{pmatrix}$

일 때

① $AX=X$

② $(A-2I)X=\boldsymbol{O}$

10. $\mathscr{W}$가 $\mathscr{V}$의 부분공간일 때 다음을 증명하라.

① 임의의 $Q \in P+\mathscr{W}$에 대하여 $Q+\mathscr{W}=P+\mathscr{W}$

② 임의의 P, $Q \in \mathscr{V}$에 대하여

$P+\mathscr{W}=Q+\mathscr{W}$ 이거나 $(P+\mathscr{W}) \cap (Q+\mathscr{W})=\phi$

③ 임의의 Q, $R \in P+\mathscr{W}$에 대하여 $Q-R \in \mathscr{W}$

제 12 장

행렬식

2차 정사각행렬

$$A=\begin{pmatrix} a & b \\ c & d \end{pmatrix}$$

가 가역행렬이기 위한 필요충분조건이 $ad-bc \neq 0$임을 이미 알고 있을 것이다. 여기서 $ad-bc$를 행렬 A의 행렬식(determinant)이라고 하고 $\det A$로 나타낸다. 즉

$$\det A = ad-bc$$

이다. 이 장에서는 이러한 행렬식의 정의를 임의의 크기의 정사각행렬로 확장하고 행렬식의 여러 성질에 대하여 알아본다.

정의 12.1

$A=(A_{ij})$를 $n\times n$ 행렬이라고 하자. A로부터 제 i행과 제 j열을 삭제함으로써 얻는 $(n-1)\times(n-1)$ 행렬의 A의 $(i,\ j)$성분 a_{ij}에 대한 소행렬(minor)이라고 하고 $M_{ij}(A)$로 나타낸다.

예제 12.1

$$A=\begin{pmatrix} 1 & 0 & 2 \\ 3 & 1 & 3 \\ 0 & 4 & 5 \end{pmatrix}$$

의 소행렬 $M_{12}(A)$, $M_{23}(A)$, $M_{33}(A)$는 각각 다음과 같다.

$$M_{12}(A)=\begin{pmatrix} 3 & 3 \\ 0 & 5 \end{pmatrix}$$

$$M_{23}(A)=\begin{pmatrix} 1 & 0 \\ 0 & 4 \end{pmatrix}$$

$$M_{33}(A)=\begin{pmatrix} 1 & 0 \\ 3 & 1 \end{pmatrix}$$

정의 12.2

$A=(a_{ij})$를 $n\times n$행렬이라고 할 때 A의 행렬식을 $\det A$로 나타내며, 귀납적으로 다음과 같이 정의한다.

$n=1$일 때

$$\det(a)=a$$

$n>1$일 때

$$\begin{aligned}\det A &= a_{11}\det M_{11}(A)-a_{12}\det M_{12}(A)+\cdots\\ &\quad +(-1)^{1+n}a_{1n}\det M_{1n}(A)\\ &= \sum_{j=1}^{n}(-1)^{1+j}a_{1j}\det M_{1j}(A)\end{aligned}$$

특히, $n=2$일 때 위의 정의에 의하면

$$\det\begin{pmatrix} a & b \\ c & d\end{pmatrix}=a\det(d)-b\det(c)=ad-bc$$

임을 알 수 있다.

예제 12.2

$$A=\begin{pmatrix}1 & 0 & 2\\ 3 & 1 & 3\\ 0 & 4 & 5\end{pmatrix}$$

의 행렬식의 값을 계산하면 다음과 같다.

$$\begin{aligned}\det A &= 1\det\begin{pmatrix}1 & 3\\ 4 & 5\end{pmatrix}-0\det\begin{pmatrix}3 & 3\\ 0 & 5\end{pmatrix}+2\det\begin{pmatrix}3 & 1\\ 0 & 4\end{pmatrix}\\ &= -7-0+24=17\end{aligned}$$

예제 12.3

$$A=\begin{pmatrix} 1 & -2 & 1 & 2 \\ 0 & -1 & -4 & 2 \\ 0 & -1 & 0 & 4 \\ 1 & 0 & -2 & 0 \end{pmatrix}$$

의 행렬식의 값을 계산하면 다음과 같다.

$$\begin{aligned}
\det A &= 1\det\begin{pmatrix} -1 & -4 & 2 \\ -1 & 0 & 4 \\ 0 & -2 & 0 \end{pmatrix} - (-2)\ \det\begin{pmatrix} 0 & -4 & 2 \\ 0 & 0 & 4 \\ 1 & -2 & 0 \end{pmatrix} \\
&\quad + 1\det\begin{pmatrix} 0 & -1 & 2 \\ 0 & -1 & 4 \\ 1 & 0 & 0 \end{pmatrix} - 2\det\begin{pmatrix} 0 & -1 & -4 \\ 0 & -1 & 0 \\ 1 & 0 & -2 \end{pmatrix} \\
&= \left(-1\ \det\begin{pmatrix} 0 & 4 \\ -2 & 0 \end{pmatrix} - (-4)\det\begin{pmatrix} -1 & 4 \\ 0 & 0 \end{pmatrix}\right. \\
&\quad \left. +2\det\begin{pmatrix} -1 & 0 \\ 0 & -2 \end{pmatrix}\right) \\
&\quad +2\left(0\det\begin{pmatrix} 0 & 4 \\ -2 & 0 \end{pmatrix} - (-4)\det\begin{pmatrix} 0 & 4 \\ 1 & 0 \end{pmatrix} + 2\det\begin{pmatrix} 0 & 0 \\ 1 & -2 \end{pmatrix}\right) \\
&\quad +\left(0\det\begin{pmatrix} -1 & 4 \\ 0 & 0 \end{pmatrix} - (-1)\det\begin{pmatrix} 0 & 4 \\ 1 & 0 \end{pmatrix} + 2\det\begin{pmatrix} 0 & -1 \\ 1 & 0 \end{pmatrix}\right) \\
&\quad -2\left(0\det\begin{pmatrix} -1 & 0 \\ 0 & -2 \end{pmatrix} - (-1)\det\begin{pmatrix} 0 & 0 \\ 1 & -2 \end{pmatrix}\right. \\
&\quad \left. -4\det\begin{pmatrix} 0 & -1 \\ 1 & 0 \end{pmatrix}\right) \\
&= (-8+0+4)+2(0-16+0)+(0-4+2)-2(0+0-4) \\
&= -30
\end{aligned}$$

위의 예에서와 같이 크기가 큰 행렬의 행렬식의 값을 구하는 일은 길고 복잡한 계산을 요구한다. 그러나 행렬식의 여러 성질을 이용하면 행렬식을 간단히 계산할 수 있다. 앞으로 자주 이용하게 될 행렬식의 기본성질들을 다음의 여덟 가지로 요약할 수 있다. 이러한 행렬식의 기본성질에 대한 증명은 부록에서 다룬다.

행렬식의 성질

A, B가 $n \times n$ 행렬일 때

(1) A의 한 행이 O이면 $\det A = 0$이다.

(2) A의 두 행이 서로 같으면 $\det A = 0$이다.

(3) A의 두 행을 맞바꾸어 얻은 행렬을 C라 하면 $\det C = -\det A$이다.

(4) A의 한 행을 k배 하여 얻은 행렬을 C라 하면 $\det C = k \det A$이다.

(5) A의 한 행의 상수 배를 다른 행에 더하여 얻은 행렬을 C라 하 면 $\det C = \det A$이다.

(6) $\det A^t = \det A$이다.
따라서 위의 성질 (1)~(5)는 열에 대해서도 성립한다.

(7) A가 위삼각행렬이면 $\det A$는 A의 대각성분을 모두 곱한 것이다. 특히, 항등행렬 I에 대하여 $\det I = 1$이다.

(8) $\det(AB) = (\det A)(\det B)$이다.

위 성질을 이용하면 예제 12.3은 다음과 같이 간단히 계산할 수 있다.

$$\det\begin{pmatrix} 1 & -2 & 1 & 2 \\ 0 & -1 & -4 & 2 \\ 0 & -1 & 0 & 4 \\ 1 & 0 & -2 & 0 \end{pmatrix} = \det\begin{pmatrix} 0 & -2 & 3 & 2 \\ 0 & -1 & -4 & 2 \\ 0 & -1 & 0 & 4 \\ 1 & 0 & -2 & 0 \end{pmatrix}$$

$$= \det\begin{pmatrix} 0 & 0 & 0 & 1 \\ -2 & -1 & -1 & 0 \\ 3 & -4 & 0 & -2 \\ 2 & 2 & 4 & 0 \end{pmatrix} = (-1)^{1+4} \det\begin{pmatrix} -2 & -1 & -1 \\ 3 & -4 & 0 \\ 2 & 2 & 4 \end{pmatrix}$$

$$= -\det\begin{pmatrix} 0 & 0 & -1 \\ 3 & -4 & 0 \\ -6 & -2 & 4 \end{pmatrix} = -(-1)^{1+3}(-1)\det\begin{pmatrix} 3 & -4 \\ -6 & -2 \end{pmatrix}$$

$$= -6 - 24 = -30$$

정의 12.3

정사각행렬 $A=(a_{ij})$에 대하여

$$A_{ij}=(-1)^{i+j}\det M_{ij}(A)$$

로 정의한다. 이때 A_{ij}를 a_{ij}의 여인수(cofactor)라고 한다. 이 정의에 의하면 $\det A=\sum_{j=1}^{n}a_{1j}A_{1j}$로 쓸 수 있다.

정리 12.1

임의의 $i=1, 2, \cdots, n$에 대하여 $\det A=\sum_{j=1}^{n}a_{ij}A_{ij}$이다.

증명 A의 제1행과 제 i행을 맞바꾸어 얻은 행렬을 $C=(c_{ij})$라 하자. 그러면

$$\det A=-\det C=-\sum_{j=1}^{n}c_{1j}C_{1j}$$

이다. 그런데 A의 (i, j) 소행렬 $M_{ij}(A)$와 C의 $(1, j)$소행렬 $M_{1j}(C)$의 다른 점은 $M_{ij}(A)$의 제1행이 $M_{1j}(C)$의 제 $(i-1)$ 행에 위치한 것이다.

$M_{ij}(A)$의 제1행을 바로 밑에 있는 행과 연속적으로 $(i-2)$번 교환하면 제 $(i-1)$ 행의 위치로 옮겨진다. 따라서

$$\det M_{1j}(C)=(-1)^{i-2}\det M_{ij}(A)$$

이 되고,

$$\begin{aligned}C_{1j}&=(-1)^{1+j}\det M_{1j}(C)=(-1)^{1+j}(-1)^{i-2}\det M_{ij}(A)\\&=-(-1)^{i+j}\det M_{ij}(A)=-A_{ij}\end{aligned}$$

이 된다. 또 $c_{1j}=a_{ij}$이므로

$$\det A=-\sum_{j=1}^{n}c_{1j}C_{1j}=\sum_{j=1}^{n}a_{ij}A_{ij}$$

이다. ■

위 정리의 공식을 제 i행에 관한 Lagrange 전개식(Lagrange expansion formula)이라고 한다. 행렬식의 성질 (6)에 의하면 $\det A$를 제 j열에 관하여 전개할 수도 있다. 즉

$$\det A = \sum_{i=1}^{n} a_{ij} A_{ij}$$

이다. 이것을 제 j열에 관한 Lagrange 전개식이라고 한다.

예제 12.4

$$A = \begin{pmatrix} 4 & 1 & 7 & 5 \\ 3 & 0 & -1 & 1 \\ 2 & 0 & 0 & 0 \\ 1 & 0 & 2 & 3 \end{pmatrix}$$

에 대하여 $\det A$를 제 3행과 제2열에 관하여 각각 전개하면 다음과 같다.

$$\det A = 2(-1)^{3+1} \det \begin{pmatrix} 1 & 7 & 5 \\ 0 & -1 & 1 \\ 0 & 2 & 3 \end{pmatrix}$$

$$= 2(-1)^{1+1} \det \begin{pmatrix} -1 & 1 \\ 2 & 3 \end{pmatrix} = -10$$

$$\det A = 1(-1)^{1+2} \det \begin{pmatrix} 3 & -1 & 1 \\ 2 & 0 & 0 \\ 1 & 2 & 3 \end{pmatrix}$$

$$= -2(-1)^{2+1} \det \begin{pmatrix} -1 & 1 \\ 2 & 3 \end{pmatrix} = -10$$

정리 12.2

$k \neq i$이면 $\sum_{j=1}^{n} a_{ij} A_{kj} = 0$ 이다.

증명 A의 제 k행을 제 i행으로 바꾸어서 얻은 행렬을 B라고 하자. 그러면 B의 두 행이 일치하므로 $\det B = 0$ 이다. 그런데

$$B_{kj} = A_{kj}$$

이므로 정리 12.1에 의하여

$$0 = \det B = \sum_{j=1}^{n} b_{kj} B_{kj} = \sum_{j=1}^{n} a_{ij} A_{kj}$$

를 얻는다. ■

마찬가지로 열에 관하여 전개하면 다음을 얻는다.

$$k \neq j \text{ 이면 } \sum_{i=1}^{n} a_{ij} A_{ik} = 0$$

이제 $a_{ij}^{*} = A_{ji}$ 로 놓아 A 의 여인수행렬(cofactor matrix of A)

$$\operatorname{cof} A = (a_{ij}^{*})$$

를 정의하자. (첨자의 순서가 바뀐 것에 주의하라.)

정리 12.3

$$A(\operatorname{cof} A) = (\operatorname{cof} A)A = (\det A)I$$

증명 $A(\operatorname{cof} A) = C = (c_{ij})$ 라고 하자. 그러면

$$c_{ik} = \sum_{j=1}^{n} a_{ij} a_{jk}^{*} = \sum_{j=1}^{n} a_{ij} K_{kj}$$

이다. 따라서 정리 12.1과 12.2에 의하여

$$c_{ik} \begin{cases} \det A & (i = k \text{일 때} \\ 0 & (i \neq k \text{일 때}) \end{cases}$$

가 되어 $C = (\det A)I$ 이다.
마찬가지로, $(\operatorname{cof} A)A = D = (d_{ij})$ 라고 하면

$$d_{kj} = \sum_{i=1}^{n} a_{ki}^{*} a_{ij} = \sum_{i=1}^{n} a_{ij} A_{ik}$$

$$= \begin{cases} \det A & (j=k\text{일 때}) \\ 0 & (j \neq k\text{일 때}) \end{cases}$$

가 되어 $D=(\det A)I$이다. ■

정리 12.4

A를 $n \times n$ 행렬이라고 하자.
A가 가역행렬이기 위한 필요충분조건은 $\det A \neq 0$이다.

증명 A가 가역행렬이라고 하자. 그러면

$$AA^{-1}=I$$

이다. 양변에 행렬식을 취하고 행렬식의 성질 (8)을 이용하면

$$1=\det I=\det(A\,A^{-1})=(\det A)(\det A^{-1})$$

이 되어 $\det A \neq 0$이다. 역으로 $\det A \neq 0$이라고 하자. 그리고

$$B=\frac{1}{\det A}\operatorname{cof} A$$

라고 하면 정리 12.3에 의하여

$$AB=\frac{1}{\det A}A\operatorname{cof} A=\frac{1}{\det A}(\det A)I=I$$

이고, $A=I$임도 보일 수 있다. ■

참고로, 위 정리의 증명에서 A가 가역행렬일 때 다음을 알 수 있다.

$$\det(A^{-1})=\frac{1}{\det A}$$

정리 12.4를 이용하여 정리 9.6을 다음과 같이 증명할 수 있다.

$AB=I$이면 $1=\det I=\det(AB)=(\det A)(\det B)$

이므로 $\det A \neq 0$이다. 따라서 정리 12.4에 의하여 A는 가역행렬이다. A의 역행렬을 $\overline{B}$라고 하면

$$B = IB = (\overline{B}A)B = \overline{B}(AB) = \overline{B}I = \overline{B}$$

가 되어 $BA = \overline{B}A = I$가 성립한다.

예제 12.5

예제 12.2의 행렬 A의 역행렬을 여인수행렬을 이용하여 구하면

$$A_{11} = (-1)^{1+1}\det\begin{pmatrix} 1 & 3 \\ 4 & 5 \end{pmatrix} = 5 - 12 = -7$$

$$A_{12} = (-1)^{1+2}\det\begin{pmatrix} 3 & 3 \\ 0 & 5 \end{pmatrix} = -15$$

$$A_{13} = (-1)^{1+3}\det\begin{pmatrix} 3 & 1 \\ 0 & 4 \end{pmatrix} = 12$$

$$A_{21} = (-1)^{2+1}\det\begin{pmatrix} 0 & 2 \\ 4 & 5 \end{pmatrix} = 8$$

$$A_{22} = (-1)^{2+2}\det\begin{pmatrix} 1 & 2 \\ 0 & 5 \end{pmatrix} = 5$$

$$A_{23} = (-1)^{2+3}\det\begin{pmatrix} 1 & 0 \\ 0 & 4 \end{pmatrix} = -4$$

$$A_{31} = (-1)^{3+1}\det\begin{pmatrix} 0 & 2 \\ 1 & 3 \end{pmatrix} = -2$$

$$A_{32} = (-1)^{3+2}\det\begin{pmatrix} 1 & 2 \\ 3 & 3 \end{pmatrix} = -(3-6) = 3$$

$$A_{33} = (-1)^{3+3}\det\begin{pmatrix} 1 & 0 \\ 3 & 1 \end{pmatrix} = 1$$

이므로

$$\operatorname{cof} A = \begin{pmatrix} -7 & 8 & -2 \\ -15 & 5 & 3 \\ 12 & -4 & 1 \end{pmatrix}$$

이다. 따라서 A^{-1}는 다음과 같다.

$$A^{-1}=\frac{1}{\det A}\operatorname{cof}A=\frac{1}{17}\begin{pmatrix}-7 & 8 & -2\\ -15 & 5 & 3\\ 12 & -4 & 1\end{pmatrix}$$

실제로, 역행렬을 계산할 때에는 기본행변형에 의한 방법이 더 간편한 경우가 많다. 왜냐하면 여인수행렬을 이용하는 방법은 크기가 $(n-1)$인 행렬의 행렬식값을 n^2번이나 계산해야 하기 때문이다. 그러나 어떤 정리의 증명이나 이론을 전개할 때에는 여인수행렬이 많이 이용된다.

예제 12.6

$\boldsymbol{R}^3$의 세 벡터

$$(r,\ 1,\ 1),\ (1,\ r,\ 1),\ (1,\ 1,\ r)$$

이 $\boldsymbol{R}^3$의 기저가 되도록 r의 값을 정하여라.

풀이

$$T(1,\ 0,\ 0)=(r,\ 1,\ 1)$$
$$T(0,\ 1,\ 0)=(1,\ r,\ 1)$$
$$T(0,\ 0,\ 1)=(1,\ 1,\ r)$$

의 선형확장으로 주어지는 선형사상

$$T:\boldsymbol{R}^3\longrightarrow\boldsymbol{R}^3$$

를 생각하자. 세 벡터 $(r,\ 1,\ 1)$, $(1,\ r,\ 1)$, $(1,\ 1,\ r)$이 $\boldsymbol{R}^3$의 기저를 이루기 위한 필요충분조건은 T가 동형사상이라는 것이다. $\boldsymbol{R}^3$의 표준기저에 관한 T의 행렬은

$$A=\begin{pmatrix}r & 1 & 1\\ 1 & r & 1\\ 1 & 1 & r\end{pmatrix}$$

이고 T가 동형사상이기 위한 필요충분조건은 A가 가역행렬인 것이다.

$$\begin{aligned} 0 \neq \det A &= r \det\begin{pmatrix} r & 1 \\ 1 & r \end{pmatrix} + (-1)\det\begin{pmatrix} 1 & 1 \\ 1 & r \end{pmatrix} + 1 \det\begin{pmatrix} 1 & r \\ 1 & 1 \end{pmatrix} \\ &= r(r^2-1)-(r-1)+(1-r) \\ &= (r-1)\{r(r+1)-2\} = (r-1)^2(r+2) \end{aligned}$$

이므로 $r \neq 1, -2$ 이다. 즉 $\{(r, 1, 1), (1, r, 1), (1, 1, r)\}$이 $\boldsymbol{R}^3$의 기저가 되기 위한 필요충분조건은 $r \neq 1, -2$ 이다.

연습문제

1. 다음 행렬의 행렬식의 값을 구하라.

$$\begin{pmatrix} 1 & 3 \\ 2 & 4 \end{pmatrix}, \begin{pmatrix} 1 & 2 & 3 \\ 4 & 5 & 6 \\ 7 & 8 & 9 \end{pmatrix}, \begin{pmatrix} 1 & 1 & -1 & 2 \\ 0 & 1 & 0 & -1 \\ 0 & 0 & -1 & 0 \\ 0 & 0 & 0 & -1 \end{pmatrix}$$

$$\begin{pmatrix} a & b & c & d \\ a & b & c & d \\ a & b & c & d \\ a & b & c & d \end{pmatrix}, \begin{pmatrix} 1 & 0 & 1 & 0 & 1 \\ 0 & 2 & 0 & 2 & 0 \\ 3 & 3 & 0 & 3 & 3 \\ 4 & 0 & 0 & 0 & 4 \\ 0 & 0 & 5 & 0 & 0 \end{pmatrix}$$

2. 연습문제 1의 행렬 중 역행렬을 갖는 것을 찾아 그 역행렬을 구하라.

3. $A = \operatorname{cof} A$가 되는 2×2 행렬 A를 모두 구하라.

4. 3×3 행렬 $A=(a_{ij})$에 대하여 다음을 증명하라.

$$\begin{aligned}\det A &= a_{11}a_{22}a_{33} + a_{12}a_{23}a_{31} + a_{13}a_{21}a_{32} \\ &= a_{11}a_{23}a_{32} - a_{12}a_{21}a_{33} - a_{13}a_{22}a_{31}\end{aligned}$$

5. n차 정사각행렬 A에 대하여 다음 세 조건은 서로 동치임을 보여라.
   (1) A의 n개의 열벡터는 일차독립이다.
   (2) A의 n개의 행벡터는 일차독립이다.
   (3) $\det A \neq 0$
   (힌트 : (1) $\Longleftrightarrow$ (2)임을 보이려면 정리 8.11을 이용하고, (1) $\Longleftrightarrow$ (3)임을 보이려면 예제 12.6과 같은 방법을 사용한다.)

6. $\boldsymbol{R}^3$의 일차독립인 두 벡터

$$A=(a_1,\ a_2,\ a_3),\ B=(b_1,\ b_2,\ b_3)$$

에 대하여 점 $(x,\ y,\ z)$가 A와 B로 생성된 평면 위에 있기 위한 필요충

분조건은

$$\det\begin{pmatrix} x & y & z \\ a_1 & a_2 & a_3 \\ b_1 & b_2 & b_3 \end{pmatrix} = 0$$

즉, $(a_2b_3 - a_3b_2)x + (a_3b_1 - a_1b_3)y + (a_1b_2 - a_2b_1)z = 0$ 임을 보여라.
또, 위 식이 세 점 $\boldsymbol{O}$, A, B를 지나는 평면의 방정식임을 설명하라.

7. $\boldsymbol{R}^3$의 두 벡터

$$A = (a_1, a_2, a_3),\ B = (b_1, b_2, b_3)$$

에 대하여 A와 B의 외적 또는 벡터적(outer product 또는 vector product)을 $A\times B$로 나타내고

$$A\times B = (a_2b_3 - a_3b_2,\ a_3b_1 - a_1b_3,\ a_1b_2 - a_2b_1)$$

으로 정의한다. 이때
① $A\times B = -B\times A$
② $A\times A = \boldsymbol{O}$
임을 보여라.

참고 $(a_2b_3 - a_3b_2,\ a_3b_1 - a_1b_3,\ a_1b_2 - a_2b_1)$
$= (a_2b_3 - a_3b_2)E_1 + (a_3b_1 - a_1b_3)E_2 + (a_1b_2 - a_2b_1)E_3$
이므로 행렬식의 기호를 사용하여

$$(a_1, a_2, a_3)\times(b_1, b_2, b_3) = \det\begin{pmatrix} E_1 & E_2 & E_3 \\ a_1 & a_2 & a_3 \\ b_1 & b_2 & b_3 \end{pmatrix}$$

로 나타낼 수 있다. 그러면 ①과 ②는 다름 아닌 행렬식의 성질이다.

8. (Cramer 공식) 연립일차방정식

$$(*)\ \begin{cases} a_{11}x_1 + \cdots + a_{1n}x_n = b_1 \\ a_{21}x_1 + \cdots + a_{2n}x_n = b_2 \\ \vdots \\ a_{n1}x_1 + \cdots + a_{nn}x_n = b_n \end{cases}$$

을 생각하여 보자. 이때 계수행렬 $A = (a_{ij})$가 역행렬 A^{-1}를 갖는다고 하

자. 그러면 (*)은 유일한 해

$$X=\begin{pmatrix} x_1 \\ \vdots \\ x_n \end{pmatrix}=A^{-1}B,\ \text{단 } B=\begin{pmatrix} b_1 \\ \vdots \\ b_n \end{pmatrix}$$

를 갖는다.

① $A^{-1}=\dfrac{1}{\det A}\operatorname{cof}A$ 임을 이용하여 $x_i=\dfrac{1}{\det A}\sum_{j=1}^{n} b_j A_{ji}$ 임을 보여라.

② 행렬 A의 제 i열을 B로 바꾸어 놓은 행렬을 C_i라 할 때

$$x_i=\frac{\det C_i}{\det A}$$

임을 보여라.

이 공식을 Cramer 공식이라고 한다. 현실적으로 연립방정식을 풀 때 이 공식을 많이 사용하지는 않는다. 왜냐하면 크기가 n인 행렬의 행렬식값을 $(n+1)$번이나 계산해야 하기 때문이다.

9. Cramer 공식을 사용하여 다음 연립방정식을 풀어라.

① $\begin{cases} x+y+z=1 \\ 2x+y-z=2 \\ 4x-y+5z=3 \end{cases}$

② $\begin{cases} x_1+x_2+x_3+x_4=5 \\ x_2+2x_3-x_4=-1 \\ x_1+3x_2+4x_3-x_4=0 \\ 2x_1-x_2-x_3+x_4=2 \end{cases}$

10. $\det : \mathrm{Mat}_{n\times n}(\boldsymbol{R}) \longrightarrow \boldsymbol{R}$은 선형사상인가?

11. $\mathrm{tr} : \mathrm{Mat}_{n\times n}(\boldsymbol{R}) \longrightarrow \boldsymbol{R}$은 선형사상인가?

12. 다음 행렬의 역행렬을 구하라.

$$\begin{pmatrix} 0 & 1 & 1 \\ 1 & 0 & 1 \\ 1 & 1 & 0 \end{pmatrix},\ \begin{pmatrix} 0 & 1 & 1 & 1 \\ 1 & 0 & 1 & 1 \\ 1 & 1 & 0 & 1 \\ 1 & 1 & 1 & 0 \end{pmatrix},\ \begin{pmatrix} 0 & 1 & 1 & 1 & 1 \\ 1 & 0 & 1 & 1 & 1 \\ 1 & 1 & 0 & 1 & 1 \\ 1 & 1 & 1 & 0 & 1 \\ 1 & 1 & 1 & 1 & 0 \end{pmatrix}$$

또, 일반적인 경우의 역행렬을 추측하라.

13. A, B, C, D가 $n\times n$ 행렬일 때 $2n\times 2n$행렬

$$M=\begin{pmatrix} A & B \\ C & D \end{pmatrix}$$

에 대하여 다음 공식 (∗)을 생각해 보자.

(∗) $\det M=\det A\det D-\det B\det C$

① $B=O$ 또는 $C=O$이면 (∗)가 성립함을 보여라.

(힌트 : $\begin{pmatrix} A & O \\ C & D \end{pmatrix}=\begin{pmatrix} A & O \\ C & I \end{pmatrix}\begin{pmatrix} I & O \\ O & D \end{pmatrix}=\begin{pmatrix} A & O \\ O & I \end{pmatrix}\begin{pmatrix} I & O \\ C & I \end{pmatrix}\begin{pmatrix} I & O \\ O & D \end{pmatrix}$

임을 먼저 보여라.

② 일반적으로 (∗)는 성립하지 않는다. (∗)가 성립하지 않는 예를 $n=2$ 일 때 찾아보라.

③ A, B, C, D가 모두 서로 가환(즉, $AB=BA$, $AC=CA$, $\cdots$, $CD=DC$) 일 때에도 여전히 (∗)는 성립하지 않는다. 반례를 찾아보라.

14. $2n\times 2n$ 행렬 M이 위의 연습문제 13과 같을 때 다음 공식 (∗∗)를 생각하여 보자.

(∗∗) $\det M=\det(AD-BC)$

① $B=O$ 또는 $C=O$이면 (∗∗)가 성립함을 보여라.

② A, B, C가 서로 가환(즉 $AB=BA$, $AC=CA$, $BC=CB$)이고 A, D가 가역행렬이며 (∗∗)는 성립함을 보여라.

(힌트 : $\begin{pmatrix} A & B \\ C & D \end{pmatrix}=\begin{pmatrix} A & O \\ C & D \end{pmatrix}\begin{pmatrix} I & A^{-1}B \\ O & I-D^{-1}CA^{-1}B \end{pmatrix}$

임을 이용한다.)

15. n차 정사각행렬 A가 교대행렬이고 n이 홀수이면 $\det A=0$임을 보여라.

16. $\boldsymbol{R}^2$의 서로 다른 두 점 $A(a_1, a_2)$, $B=(b_1, b_2)$에 대하여 A와 B를 지나는 직선의 방정식은 다음과 같음을 보여라.

$$\det\begin{pmatrix} x & y & 1 \\ a_1 & a_2 & 1 \\ b_1 & b_2 & 1 \end{pmatrix}=0$$

17. 한 직선 위에 있지 않은 $\boldsymbol{R}^3$의 세 점

$$A=(a_1,\ a_2,\ a_3),\ B=(b_1,\ b_2,\ b_3),\ C=(c_1,\ c_2,\ c_3)$$

에 대하여 A, B, C를 지나는 평면의 방정식은 다음과 같음을 보여라.

$$\det\begin{pmatrix} x & y & z & 1 \\ a_1 & a_2 & a_3 & 1 \\ b_1 & b_2 & b_3 & 1 \\ c_1 & c_2 & c_3 & 1 \end{pmatrix}=0$$

18. $\boldsymbol{R}^2$의 두 점 $A(a_1,\ a_2)$, $B(b_1,\ b_2)$에 대하여 선분 OA와 OB를 두 변으로 갖는 평행사변형의 넓이는 다음과 같음을 보여라.

$$\left|\det\begin{pmatrix} a_1 & a_2 \\ b_1 & b_2 \end{pmatrix}\right|$$

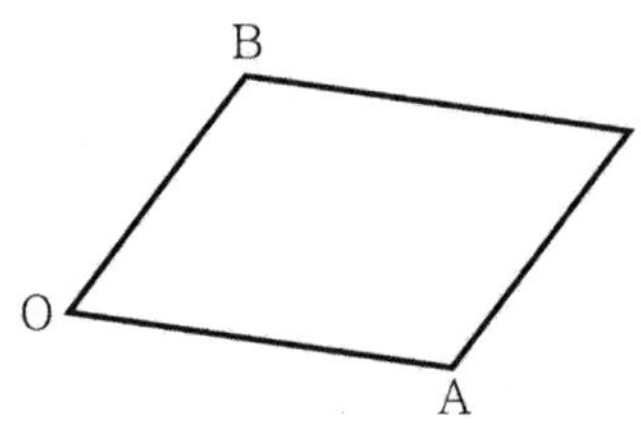

19. $\boldsymbol{R}^2$의 세 점 $A(a_1,\ a_2)$, $B(b_1,\ b_2)$, $C(c_1,\ c_2)$에 대하여 삼각형 ABC의 넓이는 다음과 같음을 보여라.

$$\frac{1}{2}\left|\det\begin{pmatrix} a_1-c_1 & a_2-c_2 \\ b_1-c_1 & b_2-c_2 \end{pmatrix}\right|$$

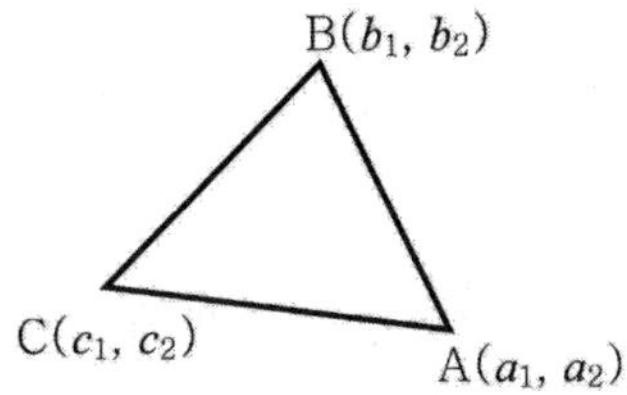

20. $\boldsymbol{R}^3$의 세 점 $A(a_1, a_2, a_3)$, $B(b_1, b_2, b_3)$, $C(c_1, c_2, c_3)$에 대하여 선분 OA, OB, OC를 세 변으로 갖는 평행육면체의 부피는 다음과 같음을 보여라.

$$\left|\det\begin{pmatrix} a_1 & a_2 & a_3 \\ b_1 & b_2 & b_3 \\ c_1 & c_2 & c_3 \end{pmatrix}\right|$$

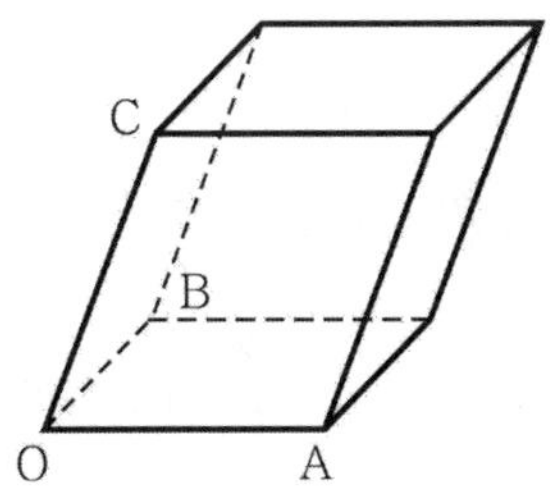

21. $\boldsymbol{R}^3$의 네 점 $A(a_1, a_2, a_3)$, $B(b_1, b_2, b_3)$, $C(c_1, c_2, c_3)$ $D(d_1, d_2, d_3)$에 대하여 사면체 $ABCD$의 부피는 다음과 같음을 보여라.

$$\frac{1}{6}\left|\det\begin{pmatrix} a_1-d_1 & a_2-d_2 & a_3-d_3 \\ b_1-d_1 & b_2-d_2 & b_3-d_3 \\ c_1-d_1 & c_2-d_2 & c_3-d_3 \end{pmatrix}\right|$$

22. 다음 등식을 증명하라.

① $\det\begin{pmatrix} 1 & x_1 & {x_1}^2 \\ 1 & x_2 & {x_2}^2 \\ 1 & x_3 & {x_3}^2 \end{pmatrix} = (x_3-x_1)(x_3-x_2)(x_2-x_1)$

② $\det\begin{pmatrix} 1 & x_1 & {x_1}^2 & \cdots & {x_1}^{n-1} \\ 1 & x_2 & {x_2}^2 & \cdots & {x_2}^{n-1} \\ \vdots & \vdots & \vdots & & \vdots \\ 1 & x_n & {x_n}^2 & \cdots & {x_n}^{n-1} \end{pmatrix} = \prod_{i>j}(x_i - x_j)$

(힌트 : 적절한 열변형을 시행한 후 n에 관한 수학적 귀납법을 사용한다. 부록에는 다른 풀이가 있다.)

23. $m\times n$ 행렬 A와 $n\times m$ 행렬 B의 곱 AB는 $m\times m$ 행렬이고, 따라서 $\det(AB)$를 생각할 수 있다. 만약 $m>n$이면

$$\det(AB)=0$$

임을 보여라. (힌트 : A와 B에 각각 0만으로 이루어진 $(m-n)$개의 열 또는 행을 덧붙여 만든 $m\times m$ 행렬을 A', B'라 하고, $AB=A'B'$임을 확인한다.)

24. 가역행렬 A가 위삼각행렬이면 A^{-1}도 위삼각행렬임을 보여라.

25. A가 $n\times n$ 행렬일 때 $\det(kA)=k^n \det A$ 임을 보여라.

(행렬식 계수) $m\times n$ 행렬 A에서 몇 개의 행과 몇 개의 열을 삭제하여 만든 $s\times s$ 정사각행렬을 A의 $s\times s$ 부분행렬(submatrix)이라고 한다. 또 A의 부분행렬로서 그 행렬식의 값이 0이 아닌 것 중에서 그 크기가 가장 큰 부분행렬이 $r\times r$ 행렬일 때 r을 A의 행렬식 계수(determinant rank)라고 한다. 예를 들어

$$A=\begin{pmatrix} 2 & 3 & 4 & 5 \\ 1 & 2 & 3 & 4 \\ 1 & 1 & 1 & 1 \end{pmatrix}$$

의 3×3 부분행렬은 모두 그 행렬식의 값이 0이고, 2×2 부분행렬 중에는 그 행렬식의 값이 0이 아닌 것이 있으므로 A의 행렬식계수는 2이다.

26. 임의의 $m \times n$ 행렬 A에 대하여 다음이 성립함을 증명하라.

$$(A\text{의 행렬식계수}) = \operatorname{rank}(A)$$

(힌트 : 연습문제 5를 이용하여 행렬식 계수가 기본행변형, 기본열변형에 관하여 불변임을 보여라.)

부 록

여기서는 행렬식의 기본성질을 증명한다.
자연수 $1, 2, \cdots, n$을 일렬로 늘어놓은 순열
$\sigma : \sigma(1), \sigma(2), \cdots, \sigma(n)$에 대하여 $\frac{n(n-1)}{2}$개의 순서쌍

$$\begin{array}{l} (\sigma(1),\ \sigma(2))\ (\sigma(1),\ \sigma(3)),\ \cdots,\ \ (\sigma(1),\ \sigma(n)) \\ \qquad\qquad (\sigma(2),\ \sigma(3)),\ \cdots,\ \ (\sigma(2),\ \sigma(n)) \\ \qquad\qquad \cdots\cdots\cdots\cdots\cdots\cdots\cdots\cdots \\ \qquad\qquad\qquad\qquad (\sigma(n-1),\ (\sigma(n)) \end{array}$$

중에서 크기 순서로 되어 있지 않은 것이 있을 때 σ에 전도(inversion)가 일어났다고 하고 이러한 전도의 개수를 $s(\sigma)$로 나타낸다. 이때 $s(\sigma)$가 짝수이면 σ를 우순열(even permutation)이라 하고 $s(\sigma)$가 홀수이면 σ를 기순열(odd permutation)이라고 한다. 또 σ의 부호(sign)를 $sgn\sigma$로 나타내고

$$sgn\,\sigma = (-1)^{s(\sigma)} = \begin{cases} 1 & (\sigma\text{가 우수열일 때}) \\ -1 & (\sigma\text{가 기순열일 때}) \end{cases}$$

로 정의한다.

예(부록)1. 자연수 $1, 2, 3, 4, 5$의 한 순열 $\sigma : 4, 3, 1, 2, 5$에 대하여 전도가 일어난 순서쌍은 다음과 같다.

$$(4,\ 3),\ (4,\ 1),\ (4,\ 2),\ (3,\ 1),\ (3,\ 2)$$

따라서 $s(\sigma)=5$이고 σ는 기순열이며 $sgn\sigma = -1$ 이다.
또, 순열 $\tau : 4, 1, 3, 2, 5$의 전도가 일어난 순서쌍은

$$(4,\ 1),\ (4,\ 3),\ (4,\ 2),\ (3,\ 2)$$

이므로 $s(\tau)=4$이고 τ는 우순열이며 $sgn\tau = 1$ 이다.

예(부록)2. (1) 자연수 1, 2의 모든 순열을 분류하면 다음과 같다.

σ	$s(\sigma)$	$sgn\,\sigma$
1, 2	0	1
2, 1	1	−1

(2) 자연수 1, 2, 3의 모든 순열을 분류하면 다음과 같다.

σ	$s(\sigma)$	$sgn\,\sigma$	σ	$s(\sigma)$	$sgn\,\sigma$
1, 2, 3	0	1	2, 3, 1	2	1
1, 3, 2	1	−1	3, 1, 2	2	1
2, 1, 3	1	−1	3, 2, 1	3	−1

$n\times n$ 행렬

$$A=\begin{pmatrix} a_{11} & a_{12} & \cdots & a_{1n} \\ a_{21} & a_{22} & \cdots & a_{2n} \\ \vdots & \vdots & & \vdots \\ a_{n1} & a_{n2} & \cdots & a_{nn} \end{pmatrix}$$

에 대하여 A의 제1행, 제2행, …, 제 n행에서 원소를 한 개씩 택하되 각 열에서도 한 개씩만 나오도록 하여 이들 n개의 원소들의 곱

$$a_{1\sigma(1)}a_{2\sigma(2)}\cdots a_{n\sigma(n)}$$

을 생각하자. 여기서 $\sigma:\sigma(1),\cdots,\sigma(n)$은 1, 2, …, n의 순열이다. 그런데 1, 2, …, n의 순열의 수는 모두 $n!$ 개이므로 이러한 곱은 모두 $n!$ 개가 존재한다.

정의(부록) 1

$n\times n$행렬 $A=(a_{ij})$에 대하여 A의 행렬식 $\det{}^*A$를 다음과 같이 정의한다.

$$\det{}^*A=\sum_{\sigma}(sgn\,\sigma)a_{1\sigma(1)}a_{2\sigma(2)}\cdots a_{n\sigma(n)}$$

여기서 σ는 자연수 1, 2, …, n의 순열 $\sigma(1), \sigma(2), \cdots, \sigma(n)$을 나타내며, $\sum$는 이러한 $n!$개의 순열 σ에 대한 합을 나타낸다. 이와 같이 정의한 $\det{}^*A$가 정의 12.2에서의 $\det A$와 일치한다는

것이 곧 밝혀질 것이다(정리(부록) 8). 행렬식을 이와 같이 정의하는 이유는 이러한 정의가 행렬식의 성질을 증명하는 데 편리하기 때문이다. 실제 행렬식의 계산을 이 정의에 따라 실행하는 경우는 거의 없다.

예(부록)3. 예(부록)2의 결과를 이용하면 다음을 알 수 있다.

$$\det{}^*\begin{pmatrix} a_{11} & a_{12} \\ a_{21} & a_{22} \end{pmatrix} = \sum_\sigma (sgn\,\sigma)a_{1\sigma(1)}a_{2\sigma(2)} = a_{11}a_{22} - a_{12}a_{21}$$

$$\begin{aligned}\det{}^*\begin{pmatrix} a_{11} & a_{12} & a_{13} \\ a_{21} & a_{22} & a_{23} \\ a_{31} & a_{32} & a_{33} \end{pmatrix} &= \sum_\sigma (sgn\,\sigma)a_{1\sigma(1)}a_{2\sigma(2)}a_{3\sigma(3)} \\ &= a_{11}a_{22}a_{33} + a_{12}a_{23}a_{31} + a_{13}a_{21}a_{32} \\ &\quad - a_{11}a_{23}a_{32} - a_{12}a_{21}a_{33} - a_{13}a_{22}a_{31}\end{aligned}$$

이 책을 처음 읽을 때에는 다음 정리들의 증명 과정을 생략해도 좋다.

정리(부록) 1

$$\det{}^*A^t = \det{}^*A$$

증명 $A=(a_{ij})$, $A^t=(b_{ij})$라고 하면, $b_{ij}=a_{ji}$ 이므로

$$\begin{aligned}\det{}^*A^t &= \sum_\sigma (sgn\ \sigma)b_{1\sigma(1)}b_{2\sigma(2)}\cdots b_{n\sigma(n)} \\ &= \sum_\sigma (sgn\ \sigma)a_{\sigma(1)1}a_{\sigma(2)1}\cdots a_{\sigma(n)n}\end{aligned}$$

이다. 한편

$$a_{\sigma(1)1}a_{\sigma(2)2}\cdots a_{\sigma(n)n} = a_{1\tau(1)1}a_{2\tau(2)2}\cdots a_{n\tau(n)}$$

으로 놓으면 $\sigma:\sigma(1),\ \cdots,\ \sigma(n)$에 대하여 순열 $\tau:\tau(1),\ \cdots,\ \tau(n)$이 하나씩 대응한다. 그런데 $1\le i,\ j\le n$인 임의의 $i,\ j$에 대하여 $\sigma(i)=k,\ \sigma(j)=l$로 놓으면 $\tau(k)=i,\ \tau(l)=j$이고 다음이 성립한다.

$(\sigma(i),\ \sigma(i))$에서 전도가 일어난다.

$\Longleftrightarrow i<j,\ \sigma(i)>\sigma(j)$

$$\Longleftrightarrow k > l,\ \tau(k) < \tau(l)$$
$\Longleftrightarrow (\tau(l),\ \tau(k))$에서 전도가 일어난다.

따라서 $s(\sigma) = s(\tau)$이므로 $sgn(\sigma) = sgn(\tau)$이다. 그러므로

$$\begin{aligned}\det{}^* A^t &= \sum_{\sigma} (sgn\ \sigma) a_{\sigma(1)1} a_{\sigma(2)2} \cdots a_{\sigma(n)n} \\ &= \sum_{\tau} (sgn\ \tau) a_{1\tau(1)} a_{2\tau(2)} \cdots a_{n\tau(n)} \\ &= \det{}^* A \quad ■\end{aligned}$$

정리(부록) 2

(i) A의 두 행을 맞바꾸어 얻은 행렬을 C라 하면 $\det{}^* C = -\det{}^* A$이다.

(ii) A의 두 행이 서로 같으면 $\det{}^* A = 0$이다.

증명 (i) 우선 $1,\ 2,\ \cdots,\ n$의 순열

$$\sigma : \sigma(1),\ \cdots,\ \sigma(i),\ \cdots,\ \sigma(j),\ \cdots,\ \sigma(n)$$

에 대하여 $\sigma(i)$와 $\sigma(j)$ $(i < j)$를 맞바꾸어 만든 순열을

$$\tau : \sigma(1),\ \cdots,\ \sigma(j),\ \cdots,\ \sigma(i),\ \cdots,\ \sigma(n)$$

으로 하면 $sgn\,\sigma = -sgn\,\tau$임을 증명하자. 실제로 한 순열에서 이웃하는 두 항을 맞바꾸면 전도의 개수는 1만큼 증가하거나 감소한다(예 (부록)1 참조). 그런데 σ로부터 τ를 얻으려면 $\sigma(i)$를 그 오른쪽에 이웃하는 항과 차례로 맞바꾸어 놓은 작업을 $(j-i)$번 반복하여 $\sigma(i)$를 $\sigma(j)$와 $\sigma(j+1)$사이에 놓은 다음 다시 $\sigma(j)$를 그 왼쪽에 이웃하는 항과 차례로 맞 바꾸어 놓는 작업을 $(j-i-1)$번 반복하여 $\sigma(j)$를 $\sigma(j-1)$과 $\sigma(i+1)$ 사이에 놓으면 된다. 따라서 σ에서 서로 이웃하는 두 항을 맞바꾸어 놓는 작업을 $(2j-2i-1)$번 반복함으로써 τ를 얻으므로 $s(\sigma)$와 $s(\tau)$의 차는 홀수이고 $sgn\,\sigma = -sgn\,\tau$이다. 이제 이 사실을 이용하여 (i)을 증명해보자. A의 제 i행과 제 j행을 맞바꾸어 얻은 행렬을 $C=(c_{rs})$라고 하면

$$\det{}^*C = \sum_\sigma (sgn\ \sigma) c_{1\sigma(1)} \cdots c_{i\sigma(i)} \cdots c_{j\sigma(j)} \cdots c_{n\sigma(n)}$$
$$= \sum_\sigma (sgn\ \sigma) a_{1\sigma(1)} \cdots a_{j\sigma(i)} \cdots a_{i\sigma(j)} \cdots a_{n\sigma(n)}$$
$$= \sum_\sigma (sgn\ \sigma) a_{1\sigma(1)} \cdots a_{i\sigma(j)} \cdots a_{j\sigma(i)} \cdots a_{n\sigma(n)}$$

이다. 한편 위 등식에서 각 순열
$\sigma : \sigma(1), \cdots, \sigma(i), \cdots, \sigma(j), \cdots, \sigma(n)$에 대하여 순열
$\tau : \sigma(1), \cdots, \sigma(j), \cdots, \sigma(i), \cdots, \sigma(n)$이 대응하고
$sgn\ \sigma = -sgn\ \tau$이므로

$$\det{}^*C = -\sum_\tau (sgn\ \tau)\ a_{1\tau(1)} \cdots a_{i\tau(i)} \cdots a_{j\tau(j)} \cdots a_{n\tau(n)}$$
$$= -\det{}^*A$$

이다.

(ii) A의 제 i행과 제 j행이 서로 같다고 가정하면 이 두 행을 맞바꾸어 얻은 행렬은 A자신이 된다. 따라서 (i)에 의하여

$$\det{}^*A = -\det{}^*A$$

이므로 $\det{}^*A = 0$ 이다. ■

정리(부록) 3

(i) A의 제 i행을 k배 하여 얻은 행렬을 C라 하면
$\det{}^*C = k\det{}^*A$ 이다.

(ii) A의 한 행이 O이면 $\det{}^*A = 0$ 이다.

증명 (i) A의 제 i행을 k배 하여 얻은 행렬을 C라고 하면

$$\det{}^*C = \sum_\sigma (sgn\ \sigma) a_{1\sigma(1)} \cdots (k a_{i\sigma(i)}) \cdots a_{n\sigma(n)}$$
$$= k \sum_\sigma (sgn\ \sigma) a_{1\sigma(1)} \cdots a_{i\sigma(i)} \cdots a_{n\sigma(n)}$$
$$= k\det{}^*A$$

(ii) A의 제 i행이 O이라고 가정하면 이 행을 2배 하여 얻은 행렬

은 A자신이 된다. 따라서 (i)에 대하여

$$\det{}^*A = 2\det{}^*A$$

이므로 $\det{}^*A = 0$ 이다. ■

행렬 A의 행벡터를 차례로 $A_1, \cdots, A_n$이라 하면 행렬 A를

$$A = \begin{pmatrix} A_1 \\ \vdots \\ A_n \end{pmatrix}$$

으로 나타낼 수 있다.

정리(부록) 4

행렬 A의 제 i행 벡터 A_i가 두 벡터 B_i, C_i의 합 $A_i = B_i + C_i$의 꼴이면

$$\det{}^*A = \det{}^*B + \det{}^*C,$$

단, $A = \begin{pmatrix} A_1 \\ \vdots \\ B_i + C_i \\ \vdots \\ A_n \end{pmatrix}$, $B = \begin{pmatrix} A_1 \\ \vdots \\ B_i \\ \vdots \\ A_n \end{pmatrix}$, $C = \begin{pmatrix} A_1 \\ \vdots \\ C_i \\ \vdots \\ A_n \end{pmatrix}$

증명 $B_i = (b_{i1},\ b_{in})$, $C_i = (c_{i1}, \cdots, c_{in})$라고 하면

$$\begin{aligned}
\det{}^*A &= \sum_\sigma (sgn\ \sigma) a_{1\sigma(1)} \cdots (b_{i\sigma(i)} + c_{i\sigma(i)}) \cdots a_{n\sigma(n)} \\
&= \sum_\sigma (sgn\ \sigma) a_{1\sigma(1)} \cdots b_{i\sigma(i)} \cdots a_{n\sigma(n)} \\
&\quad + \sum_\sigma (sgn\ \sigma) a_{1\sigma(1)} \cdots c_{i\sigma(i)} \cdots a_{n\sigma(n)} \\
&= \det{}^*B = \det{}^*C
\end{aligned}$$

■

정리(부록) 5

A의 한 행의 상수배를 다른 행에 더하여 얻은 행렬을 C라 하면 $\det{}^*C = \det{}^*A$이다.

증명 A의 제 i행의 k를 제 j행에 더하여 얻은 행렬을 C라고 하면 정리(부록) 4에 의하여

$$\det{}^* C = \det{}^* \begin{pmatrix} A_1 \\ \vdots \\ A_i \\ \vdots \\ A_j + kA_i \\ \vdots \\ A_n \end{pmatrix} = \det{}^* \begin{pmatrix} A_1 \\ \vdots \\ A_i \\ \vdots \\ A_j \\ \vdots \\ A_n \end{pmatrix} + \det{}^* \begin{pmatrix} A_1 \\ \vdots \\ A_i \\ \vdots \\ kA_i \\ \vdots \\ A_n \end{pmatrix}$$

이고, 위 등식의 우변의 두 번째 행렬식의 값은 정리(부록) 2, 3에 의하여 0이다. 따라서 $\det{}^* C = \det{}^* A$이다. ■

정리(부록) 6

A가 위삼각행렬이면 $\det{}^* A$는 A의 대각성분을 모두 곱한 것이다.

증명 $A = (a_{ij})$가 위삼각행렬이면 등식

$$\det{}^* A = \sum_{\sigma} (sgn\ \sigma)\, a_{1\sigma(1)} \cdots a_{n\sigma(n)}$$

의 우변에서 0이 아닌 항은 $a_{11}a_{22}\cdots a_{nn}$뿐이고 또 순열 $1,\ 2,\ \cdots,\ n$의 부호는 $+1$이므로

$$\det{}^* A = a_{11}a_{22}\cdots a_{nn}$$

이다. ■

예제(부록) 4

다음 등식을 증명하라.

$$\det{}^* \begin{pmatrix} 1 & x_1 & {x_1}^2 & \cdots & {x_1}^{n-1} \\ 1 & x_2 & {x_2}^2 & \cdots & {x_2}^{n-1} \\ \vdots & \vdots & \vdots & & \vdots \\ 1 & x_n & {x_n}^2 & \cdots & {x_n}^{n-1} \end{pmatrix} = \prod_{i>j} (x_i - x_j)$$

증명 주어진 행렬식을 V라고 하면, (이 부록에서의) 행렬식의 정의에 의하여 V는 $x_1, x_2, \cdots, x_n$에 관한 동차다항식이다. 또 V의 차수는

$$1+2+\cdots+(n-1)=\frac{n(n-1)}{2}$$

이다. 그런데 V에서 x_i 대신에 x_j를 대입하면 두 행이 같게 되므로 정리(부록) 2(ii)에 의하여 $V=0$ 이 된다. 따라서 인수정리에 의하여 V는 x_i-x_j를 인수로 가진다. $i>j$일 때 이러한 인수는 $\frac{n(n-1)}{2}$개가 존재하므로

$$V=k\prod_{i>j}(x_i-x_j) \quad (k\text{는 상수})$$

로 놓을 수 있다. 이 등식의 양변에서 $x_2x_3{}^2\cdots x_n{}^{n-1}$의계수를 비교하면

$$k=(\text{순열 } 1,\ 2,\ \cdots,\ n\text{의 부호})=+1$$

지금까지 행렬식의 성질 (1)~(7)이 증명되었다. 행렬식의 성질 (8)을 증명하기 전에 먼저 이 부록에서 택한 행렬식의 정의가 본문에서 행렬식의 정의와 일치한다는 것을 증명해보자. 등식

$$\det{}^*A=\sum_{\sigma}(sgn\ \sigma)a_{1\sigma(1)}\cdots a_{n\sigma(n)}$$

의 우변에서 a_{i1}을 포함한 항, a_{i2}를 포함한 항, …, a_{in}을 포함한 항끼리 묶으면(이들은 서로 중복되지 않는다.)

$$\det{}^*A=a_{i1}A_{i1}^*+a_{i2}A_{i2}^*+\cdots+a_{in}A_{in}^*$$

의 꼴로 쓸 수 있다. 이 식을 제 i행에 관한 Lagrange 전개식이라고 한다.

정리(부록) 7

위와 같이 정의된 A_{ij}^*는 $(-1)^{i+j}\det{}^*M_{ij}(A)$와 같다.
$(1\leq i,\ j\leq n)$
여기서 $M_{ij}(A)$는 A의 a_{ij}에 대한 소행렬이다.

증명 먼저 $A^*_{nn} = (-1)^{n+n} \det{}^* M_{nn}(A)$ 임을 증명하자.

$$\det{}^* A = \sum_{\pi} (sgn\ \sigma) a_{1\sigma(1)} \cdots a_{n\sigma(n)}$$
$$= a_{n1} A^*_{n1} + \cdots + a_{nn} A^*_{nn}$$

이므로

$$a_{nn} A^*_{nn} = \{ \sum_{\sigma} (sgn\ \pi)\ a_{1\pi(1)} \cdots a_{n-1,\pi(n-1)} \} a_{nn}$$

여기서 π는 $1, \cdots, n-1, n$을 늘어 놓은 순열 $\pi(1), \cdots, \pi(n-1), n$을 나타내고 $\sum$는 이러한 순열 π 전체에 대한 합을 뜻한다. 이제 π를 $1, \cdots, n-1$을 늘어놓은 순열 $\pi(1), \cdots, \pi(n-1)$ 이라고 생각하면

$$A^*_{nn} = \sum_{\sigma} (sgn\ \pi) a_{1\pi(1)} \cdots a_{n-1,\pi(n-1)}$$
$$= \det{}^* M_{nn}(A) = (-1)^{n+n} \det{}^* M_{nn}(A)$$

다음에 A^*_{ij}와 $M_{ij}(A)$를 생각해보자.
행렬 A의 제 i행을 아래쪽으로 이웃하는 행과 차례로 $(n-i)$번 교환하고 다시 제 j열을 오른쪽으로 이웃하는 열과 차례로 $(n-j)$번 교환하여 만든 행렬을 $B = (b_{rs})$라 하면

$$B = \begin{pmatrix} a_{11} & a_{12} & \cdots & a_{1n} & a_{1j} \\ \vdots & \vdots & & \vdots & \vdots \\ a_{n1} & a_{n2} & \cdots & a_{nn} & a_{nj} \\ a_{i1} & a_{i2} & \cdots & a_{in} & a_{ij} \end{pmatrix}$$

$b_{nn} = a_{ij}$ 이고 정리(부록) 2와 정리(부록) 1에 의하여

$$\det{}^* A = (-1)^{n-i+n-j} \det{}^* B = (-1)^{i+j} \det{}^* B$$

즉,

$$a_{i1} A^*_{i1} + \cdots + a_{ij} A^*_{ij} + \cdots + a_{in} A^*_{in}$$
$$= (-1)^{i+j} (b_{n1} B^*_{n1} + \cdots + b_{nn} B^*_{nn})$$

$$= (-1)^{i+j}(a_{n1} B_{n1}^* + \cdots + a_{ij}B_{nn}^*)$$

이므로

$$A_{ij}^* = (-1)^{i+j} B_{nn}^*$$

이다. 그런데

$$M_{nn}(B) = M_{ij}(A) \text{ 이고 } B_{nn}^* = \det{}^* M_{nn}(B)$$

이므로

$$A_{ij}^* = (-1)^{i+j} B_{nn}^* = (-1)^{i+j} \det{}^* M_{nn}(B) = (-1)^{i+j} \det{}^* M_{ij}(A)$$

이다. ■

정리(부록) 8

$$\det{}^* A = \det A$$

증명 A의 크기 n에 관한 수학적 귀납법을 사용한다.
먼저 A의 크기가 1, 즉 $A = (a_{11})$일 때, 자연수 1의 순열은 1 하나뿐이고 이 순열의 부호는 전도가 전혀 일어나지 않으므로 $+1$이다. 따라서

$$\det{}^*(a_{11}) = \sum_{\sigma}(sgn\ \sigma) a_{1\sigma(1)} = a_{11} = \det(a_{11})$$

이제, 크기가 $(n-1)$인 정사각행렬에 대하여 정리가 성립한다고 가정하자. A가 크기가 n인 정사각행렬이라면 정리(부록) 7에 의하여

$$\det{}^* A = a_{11}A_{11}^* + \cdots + a_{1n}A_{1n}^*$$

$$= a_{11}(-1)^{1+1} \det{}^* M_{11}(A) + \cdots + a_{1n}(-1)^{1+n} \det{}^* M_{1n}(A)$$

이고 $M_{ij}(A)$는 크기가 $(n-1)$인 정사각행렬이므로 귀납법 가정에 의하여

$$\det{}^* A = a_{11}(-1)^{1+1} \det M_{ij}(A) \quad (1 \le j \le n)$$

이다. 따라서

$$\begin{aligned}\det{}^* A &= a_{11}(-1)^{1+1}\det M_{11}(A) + \cdots + a_{1n}(-1)^{1+n}\det M_{1n}(A)\\ &= \det A\end{aligned}$$

이다. 그러므로 A의 크기가 n일 때에도 정리는 성립한다. ■

따라서 지금까지 증명한 행렬식 $\det{}^*$의 성질 (1)~(7)은 행렬식 $\det$에 대해서도 그대로 성립한다. 행렬식의 성질 (8)을 증명하려면 다음 정리가 필요하다.

정리(부록) 9

행렬 $A=(a_{ij})_{n\times n}$, $B=(b_{ij})_{m\times m}$, $C=(c_{ij})_{m\times n}$에 대하여 다음 등식이 성립한다.

(i) $\det{}^*\begin{pmatrix} A & O \\ C & B \end{pmatrix} = (\det{}^* A)(\det{}^* B)$

(ii) $\det{}^*\begin{pmatrix} C & B \\ A & O \end{pmatrix} = (-1)^{nm}(\det{}^* A)(\det{}^* B)$

증명 (i)

$$P=\begin{pmatrix} A & O \\ C & B \end{pmatrix} = \begin{pmatrix} a_{11} & \cdots & a_{1n} & 0 & \cdots & 0 \\ \vdots & & \vdots & \vdots & & \vdots \\ a_{n1} & \cdots & a_{nn} & 0 & \cdots & 0 \\ c_{11} & \cdots & c_{1n} & b_{11} & \cdots & b_{1m} \\ \vdots & & \vdots & \vdots & & \vdots \\ c_{m1} & \cdots & c_{mn} & b_{m1} & \cdots & b_{mm} \end{pmatrix}$$

으로 놓고 수학적 귀납법을 사용한다.

분명히, $n=1$일 때 등식 (i)은 성립한다. 다음에 이 등식이 $n=r$인 경우에 성립한다고 가정하고 $n=r+1$인 경우에도 성립함을 증명한다.

행렬 P의 제1행에 관한 Lagrange 전개식을 생각하면 다음과 같다.

$$\det{}^* P = \sum_{j=1}^{r+1} a_{1j}(-1)^{1+j}\det{}^* M_{1j}(P)$$

이제, 귀납법가정에 의하여 P의 소행렬 $M_{1j}(P)$에 대하여

$$\det{}^* M_{1j}(P) = (\det{}^* M_{1j}(A))(\det{}^* B) \quad (1 \le j \le r+1)$$

이므로

$$\begin{aligned}\det{}^* P &= \left(\sum_{j=1}^{r+1} a_{1j}(-1)^{1+j} \det{}^* M_{1j}(A) \right) (\det{}^* B) \\ &= (\det{}^* A)(\det{}^* B)\end{aligned}$$

이다. 따라서 등식 (i)이 성립한다.

(ii) 행렬 $\begin{pmatrix} C & B \\ A & O \end{pmatrix}$의 위쪽 m개의 행을 아래쪽 n개의 행과 맞바꾸어 놓으려면 모두 mn번의 교환이 필요하다. 따라서

$$\det{}^* \begin{pmatrix} C & B \\ A & O \end{pmatrix} = (-1)^{mn} \det{}^* \begin{pmatrix} A & O \\ C & B \end{pmatrix}$$

가 되고, 여기에 등식 (i)을 적용하면 원하는 등식 (ii)를 얻는다.

■

정리(부록)10

크기 n인 정사각행렬 A, B에 대하여

$$\det{}^* (AB) = (\det{}^* A)(\det{}^* B)$$

증명 $A=(a_{ij})$, $B=(b_{ij})$, $AB=(c_{ij})$로 놓으면

$$c_{ij} = \sum_{k=1}^{n} a_{ik} b_{kj} \quad (1 \le i,\ j \le n)$$

이고, 또 정리(부록) 9 (i)에 의하여 다음이 성립한다.

$$(\det{}^* A)(\det{}^* B) = \det{}^* \begin{pmatrix} a_{11} & a_{12} & \cdots & a_{1n} & 0 & \cdots & 0 \\ a_{21} & a_{22} & \cdots & a_{2n} & 0 & \cdots & 0 \\ \vdots & \vdots & & \vdots & \vdots & & \vdots \\ a_{n1} & a_{n2} & \cdots & a_{nn} & 0 & \cdots & 0 \\ -1 & 0 & \cdots & 0 & b_{11} & \cdots & b_{1n} \\ 0 & -1 & \cdots & 0 & b_{21} & \cdots & b_{2n} \\ \vdots & \vdots & & \vdots & \vdots & & \vdots \\ 0 & 0 & \cdots & -1 & b_{n1} & \cdots & b_{nn} \end{pmatrix}$$

위 등식의 우변에서 각 $j=1, 2, \cdots, n$에 대하여 제 $(n+j)$열에

차례로 제1열의 b_{1j}배를, 제2열의 b_{2j}배를, …, 제 n 열의 b_{nj}배를 더하면 이 행렬식은 다음과 같이 된다.

$$(\det{}^*A)(\det{}^*B)=\det{}^*\begin{pmatrix} a_{11} & a_{12} & \cdots & a_{1n} & c_{11} & \cdots & c_{1n} \\ a_{21} & a_{22} & \cdots & a_{2n} & c_{21} & \cdots & c_{2n} \\ \vdots & \vdots & & \vdots & \vdots & & \vdots \\ a_{n1} & a_{n2} & \cdots & a_{nn} & c_{n1} & \cdots & c_{nn} \\ -1 & 0 & \cdots & 0 & 0 & \cdots & 0 \\ 0 & -1 & \cdots & 0 & 0 & \cdots & 0 \\ \vdots & \vdots & & \vdots & \vdots & & \vdots \\ 0 & 0 & \cdots & -1 & 0 & \cdots & 0 \end{pmatrix}$$

따라서 정리(부록) 9 (ii)에 의하여

$$\begin{aligned}\det{}^*A(\det{}^*B) &= (-1)^{n^2}(-1)^n\det{}^*(c_{ij}) \\ &= (-1)^{n(n+1)}\det{}^*(AB)=\det{}^*(AB) \quad ■\end{aligned}$$

연습문제

1. 자연수 1, 2, 3, 4, 5의 순열 σ : 5, 4, 3, 2, 1의 부호를 판정하라.

2. 자연수 1, 2, …, n의 순열 σ : n, $n-1$, …, 2, 1의 부호를 판정하라.

3. 자연수 1, 2, …, n의 $n!$개의 순열 중에서 우순열의 개수와 기순열의 개수는 서로 같음을 증명하라. (단 $n>1$)

   따라서 $\det A$의 $n!$개의 항 중에서 계수가 $+1$인 항이 $\frac{n!}{2}$개, 계수가 -1인 항이 $\frac{n!}{2}$개다.

4. 다음 등식을 증명하라.

   ① $$\det\begin{pmatrix} x+y+z & -z & -y \\ -z & x+y+z & -x \\ -y & -x & x+y+z \end{pmatrix} = 2(x+y)(y+z)(z+x)$$

   ② $$\det\begin{pmatrix} x & y & y & y \\ x & x & y & x \\ x & y & x & x \\ y & y & y & x \end{pmatrix} = (x-y)^4$$

5. 다음 등식을 증명하라(힌트 : 다항식의 인수정리를 이용하면 간단하다).

$$\det\begin{pmatrix} x & a_1 & a_1 & \cdots & a_1 & a_1 \\ a_1 & x & a_2 & \cdots & a_2 & a_2 \\ a_2 & a_2 & x & \cdots & a_3 & a_3 \\ \vdots & \vdots & \vdots & & \vdots & \vdots \\ a_{n-1} & a_{n-1} & a_{n_1} & \cdots & x & a_n \\ 1 & 1 & 1 & \cdots & 1 & 1 \end{pmatrix} = (x-a_1)(x-a_2)\cdots(x-a_n)$$

제 13 장

고유값과 고유벡터

정의역과 공역의 기저를 같은 것으로 택할 때 선형변환 $T:\mathscr{V}\longrightarrow\mathscr{V}$의 행렬표현에 대하여 제10장에서 간단히 살펴보았다. 이 장에서는 어떤 선형변환이 대각행렬로 표현이 가능한가라는 문제와 대각행렬로 표현이 가능하다면 그 대객행렬을 어떻게 구할 것인가에 대한 해답을 제공할 것이다.

선형변환 $T:\mathscr{V}\longrightarrow\mathscr{V}$가 $\mathscr{V}$의 기저 $\{A_1, \cdots, A_n\}$에 관하여 대각행렬

$$\begin{pmatrix} e_1 & & & \\ & e_2 & & O \\ & & \ddots & \\ O & & & e_n \end{pmatrix}$$

로 표현된다고 하자. 이것은 모든 $i=1, 2, \cdots, n$에 대하여

$$T(A_i)=e_iA_i$$

이 됨을 뜻한다. 따라서 T를 대각행렬로 나타내기 위한 필요충분조건은 적당한 기저 $\{A_1, \cdots, A_n\}$과 적당한 스칼라 $e_1, \cdots, e_n$에 대하여

$$T(A_i)=e_iA_i \quad (1\leq i\leq n)$$

인 것이다. 이로부터 다음의 정의가 자연스럽게 나온다.

정의 13.1

$T:\mathscr{V}\longrightarrow\mathscr{V}$를 선형변환이라고 하자. 적당한 스칼라 e와 $\mathbf{O}$이 아닌 벡터 A가 존재하여

$$T(A)=eA$$

가 될 때 e를 T의 고유값(eigenvalue)이라 하고, 벡터 A를 고유값 e에 대응하는 T의 고유벡터(eigenvector)라고 한다.

정리 13.1

$T : \mathscr{V} \longrightarrow \mathscr{V}$를 유한차원 벡터공간 $\mathscr{V}$ 위의 선형변환이라고 하자. 그러면 $\mathscr{V}$의 어떤 기저에 관한 T의 행렬이 대각행렬이 되기 위한 필요충분조건은 이 기저가 T의 고유벡터로 이루어져 있다는 것이다.

증명 이것은 앞에서 언급한 내용을 고유벡터라는 용어로 바꾸어 쓴 것에 불과하다. ■

선형변환 $T : \mathscr{V} \longrightarrow \mathscr{V}$가 $\mathscr{V}$의 어떤 기저에 관하여 대각행렬로 나타낼 수 있을 때, T를 대각화가능(diagonalizable)하다고 한다. 따라서 T가 대각화 가능하기 위한 필요충분조건은 일차독립인 $n(=\dim \mathscr{V})$개의 T의 고유벡터가 있어야 한다는 것이다. 그리고 T를 대각화한다(diagonalize)라는 뜻은 T의 고유벡터로 이루어진 $\mathscr{V}$의 기저를 찾고, 이 기저에 관한 T의 행렬을 구한다는 것이다.

예제 13.1

$P : \mathscr{V} \longrightarrow \mathscr{V}$를 사영이라고 하자. 즉 $P^2 = P$이다. 그러면 P의 고유값은 0과 1뿐이다. 실제로, e를 고유값이라고 가정하면 적당한 벡터 $A \neq \boldsymbol{O}$가 존재하여

$$P(A) = eA$$

이다. 그런데

$$P^2(A) = P(A) = eA$$
$$P^2(A) = P(P(A)) = P(eA) = eP(A) = e^2 A$$

이므로

$$eA = e^2 A, \text{ 즉 } (e - e^2)A = \boldsymbol{O}$$

이다. 여기서 $A \neq \boldsymbol{O}$이므로

$$0 = e - e^2 = e(1-e)$$

이다. 따라서 $e=0$ 또는 1이다.

위 사실은 정리 10.2에서 이미 확인한 바 있다. 실제로 정리 10.2에서 임의의 사영변환을 대각성분이 1 또는 0인 대각행렬로 나타낼 수 있었고, 이때의 대각성분 1 또는 0이 바로 고유값이다.

예제 13.2

$T : \boldsymbol{R}^2 \longrightarrow \boldsymbol{R}^2$를

$$T(x,\ y) = (x+3y,\ 2x+2y)$$

로 정의되는 선형변환이라고 할 T의 고유값과 고유벡터를 구하라.

풀이 $\boldsymbol{R}^2$의 표준기저에 관한 T의 행렬은

$$\begin{pmatrix} 1 & 3 \\ 2 & 2 \end{pmatrix}$$

이다.

T의 고유값과 고유벡터를 구하려면 $T(A) = eA,\ A \neq \boldsymbol{O}$인 벡터 A와 스칼라 e를 찾아야 한다. 여기서 $A = (x,\ y)$라고 하면

$$T(x,\ y) = (x+3y,\ 2x+2y) = (ex,\ ey)$$

이므로 연립방정식

$$\begin{cases} x+3y = ex \\ 2x+2y = ey \end{cases}$$

의 자명하지 않은 해(즉, $x=y=0$이 아닌 해)를 찾아야 한다. 즉 어떤 값 e에 대하여 동차연립방정식

$$\begin{cases} (1-e)x + 3y = 0 \\ 2x + (2-e)y = 0 \end{cases}$$

이 자명하지 않은 해를 갖는지를 알아야 한다. 이 동차연립방정식이 자명하지 않은 해를 갖기 위한 필요충분조건은 계수행렬

$$\begin{pmatrix} 1-e & 3 \\ 2 & 2-e \end{pmatrix}$$

이 가역행렬이 아니라는 것, 즉 행렬식의 값이 0인 것이다(정리 12.4). 따라서 이상을 종합하면 e가 T의 고유값이 되기 위한 필요충분조건은

$$\det\begin{pmatrix} 1-e & 3 \\ 2 & 2-e \end{pmatrix}=0$$

이다. 그런데

$$\det\begin{pmatrix} 1-e & 3 \\ 2 & 2-e \end{pmatrix}=(1-e)(2-e)-6$$
$$=e^2-3e-4=(e+1)(e-4)$$

이므로 T의 고유값은 $(e+1)(e-4)=0$에서

$$e=-1,\ 4$$

이다. 다음에 -1, 4에 대응하는 T의 고유벡터를 찾아야 한다. 즉, 연립방정식

$$e=-1:\begin{cases} 2x+3y=0 \\ 2x+3y=0 \end{cases}$$

$$e=\ \ 4:\begin{cases} -3x+3y=0 \\ \ \ 2x+2y=0 \end{cases}$$

을 풀어야 한다. 첫째 연립방정식의 해는 벡터 $A_1=(-3,\ 2)$의 상수배이고, 둘째 연립방정식의 해는 벡터 $A_2=(1,\ 1)$의 상수배이다. 즉, T의 고유값은 -1과 4이고, -1에 대응하는 고유벡터는 $A_1=(-3,\ 2)$의 (영이 아닌) 상수배이며 4에 대응하는 고유벡터는 $A_2=(1,\ 1)$의 (영이 아닌) 상수배이다.

위의 예제로부터 다음 정리를 추측할 수 있다.

정리 13.2

$T : \mathscr{V} \longrightarrow \mathscr{V}$ 를 유한차원 벡터공간 $\mathscr{V}$ 위의 선형변환이라고 하자. 이때 e가 T의 고유값이 되기 위한 필요충분조건은 선형변환

$$T - eI : \mathscr{V} \longrightarrow \mathscr{V}$$

가 동형사상이 아니라는 것이다.

증명 e를 T의 고유값이라고 하고 A를 e에 대응하는 고유벡터라고 하자. 그러면

$$T(A) = eA$$

이다. 따라서

$$(T - eI)(A) = T(A) - eI(A) = eA - eA = \boldsymbol{O}$$

이 되어

$$\boldsymbol{O} \neq A \in \ker(T - eI)$$

가 된다. 따라서 $T - eI$는 단사가 아니므로 동형사상이 아니다. 역으로 $T - eI$가 동형사상이 아니라고 하자. $\mathscr{V}$ 가 유한차원이므로 $T - eI$는 단사가 아니다(제7장 연습문제 16 참조). 즉

$$A \neq \boldsymbol{O} \text{이고 } A \in \ker(T - eI)$$

인 벡터 A가 존재한다. 그러면

$$\boldsymbol{O} = (T - eI)(A) = T(A) - eA$$

즉

$$T(A) = eA$$

가 되어 e는 T의 고유값이고, A는 e에 대응하는 고유벡터이다. ■

정의 13.2

선형변화 $T:\mathscr{V}\longrightarrow\mathscr{V}$ 의 한 고유값 e에 대하여 $\mathscr{V}$ 의 부분공간 $\mathscr{V}_e$ 를

$$\mathscr{V}_e=\ker(T-eI)=\{A\,|\,T(A)=eA\}$$

라고 정의한다. 그러면 $\mathscr{V}_e$ 는 고유값 e에 대응하는 고유벡터 전체에 영벡터를 첨가시킨 집합이다. 이때 $\mathscr{V}_e$ 를 고유값 e에 대응하는 T 의 고유공간(eigenspace)이라고 한다.

정리 13.3

0이 T의 고유값 $\Longleftrightarrow \ker\ T\neq\{\boldsymbol{O}\}$

증명 0이 T의 고유값

$\Longleftrightarrow$ $T(A)=0A=\boldsymbol{O}$, $A\neq\boldsymbol{O}$인 벡터 A가 존재

$\Longleftrightarrow$ $\ker T\neq\{\boldsymbol{O}\}$ ■

또, 0이 T의 고유값이면, $\mathscr{V}_0=\ker T$ 이다.

예제 13.3

$T:\mathscr{V}\longrightarrow\mathscr{V}$ 가 멱영사상이면 0은 T의 고유값이고, T의 고유값은 0뿐이다. 실제로 T의 지수를 k라고 하면

$T^k=\boldsymbol{O}$, $T^{k-1}\neq\boldsymbol{O}$이다.

$T^k\neq\boldsymbol{O}$이므로 $T^{k-1}(A)\neq\boldsymbol{O}$인 벡터 $A\in\mathscr{V}$ 가 있다.

$B=T^{k-1}(A)$ 로 놓으면 $B\neq\boldsymbol{O}$이고

$$T(B)=T(T^{k-1}(A))=T^k(A)=\boldsymbol{O}=0B$$

이므로 0은 T의 고유값이 되고, 이때의 고유벡터는 B이다.

또 e가 T의 고유값이면

$$T(F)=eF,\ F\neq\boldsymbol{O}$$

인 벡터 F가 존재한다. 그러면

$$T^2(F) = T(T(F)) = T(eT(F) = eT(F) = e^2F$$
$$T^3(F) = T(T^2(F)) = T(e^2F) = e^2T(F) = e^3F$$

가 되고, 이 계산을 계속하면

$$T^k(F) = e^kF$$

를 얻는다. 그런데 $T^k = \boldsymbol{O}$이므로

$$\boldsymbol{O} = T^k(F) = e^kF$$

이고 $F \neq \boldsymbol{O}$이므로

$$e^k = 0 \text{ 즉 } e = 0$$

을 얻는다.

0만을 고유값으로 가지면서 대각화가 가능한 선형변환은 영변환뿐이다. 특히, 대각화가 가능한 멱영병환은 바로 영변환이다. 이러한 이유 때문에 모든 선형변환을 대각화할 수 있는 것은 아니다. 복소수를 스칼라로 사용할 때 임의의 선형변환 $T:\mathscr{V} \longrightarrow \mathscr{V}$는 T와 동일한 고유값들을 갖고 대각화가능한 선형변환 D와 멱영변환 N의 합 $D+N$으로 쓸 수 있다(이를 Jordan 표준형이라고 하는데 제16장에서 다룬다).

정의 13.3

선형변환 $T:\mathscr{V} \longrightarrow \mathscr{V}$가 동형사상이 아닐 때 T를 특이(singular)하다고 한다. 또, 동형사상일 때에는 T를 정칙(nonsingular)이라고 한다.

따라서 $\mathscr{V}$가 유한차원 벡터공간이고, $T:\mathscr{V} \longrightarrow \mathscr{V}$가 선형변환일 때 다음 네 조건은 서로 동치이다(제7장 연습문제 16 참조).

(1) T는 동형사상이 아니다.
(2) T는 단사가 아니다.
(3) T는 전사가 아니다.
(4) T는 특이하다.

예제 13.4

행렬

$$\begin{pmatrix} 1 & 4 \\ 2 & 3 \end{pmatrix}$$

에 대응하는 선형변환 $T: \boldsymbol{R}^2 \longrightarrow \boldsymbol{R}^2$의 고유값과 고유공간을 구하라.

풀이 $T-eI$가 특이하기 위한 필요충분조건은 $\boldsymbol{R}^2$의 표준기저에 관한 $T-eI$의 행렬이 가역행렬이 아니라는 것이다. 따라서 T의 공유값은 행렬

$$\begin{pmatrix} 1 & 4 \\ 2 & 3 \end{pmatrix} - e\begin{pmatrix} 1 & 0 \\ 0 & 1 \end{pmatrix} = \begin{pmatrix} 1-e & 4 \\ 2 & 3-e \end{pmatrix}$$

가 가역행렬이 아닐 때, 즉 행렬식의 값이 0일 때 발생한다.

$$\begin{aligned} 0 = \det\begin{pmatrix} 1-e & 4 \\ 2 & 3-e \end{pmatrix} &= (1-e)(3-e)-8 \\ &= (e+1)(e-5) \end{aligned}$$

에서 T의 고유값은

$$e = -1,\ 5$$

이다. T의 고유공간을 구하려면

$$e=-1: \begin{cases} 2x+4y=0 \\ 2x+4y=0 \end{cases}$$

$$e=\ \ 5: \begin{cases} -4x+4y=0 \\ \ \ \ 2x-2y=0 \end{cases}$$

의 해를 구해야 한다. 해를 구하면 각각 다음과 같다.

$$\mathscr{V}_{-1} = \langle (2,\ 1) \rangle$$
$$\mathscr{V}_{5} = \langle (1,\ 1) \rangle$$

예제 13.5

행렬

$$\begin{pmatrix} 0 & 1 \\ -1 & 0 \end{pmatrix}$$

에 대응하는 선형변환 $T : \boldsymbol{R}^2 \longrightarrow \boldsymbol{R}^2$의 고유값과 고유공간을 구하라.

풀이

$$\det\begin{pmatrix} -e & 1 \\ -1 & -e \end{pmatrix} = 0$$

인 e를 찾아야 한다. 그런데

$$\det\begin{pmatrix} -e & 1 \\ -1 & -e \end{pmatrix} = e^2 + 1$$

이므로 이러한 실수 e는 존재하지 않는다. 따라서 이 선형사상 T는 고유값을 갖지 않는다.

$n=2$인 경우와 같이 $n>2$인 경우에도 선형변환

$$T : \boldsymbol{R}^n \longrightarrow \boldsymbol{R}^n$$

의 고유값을 찾는 문제는 언제 $T - eI$가 특이한가를 알아보는 문제가 되고, 고유벡터를 찾는 문제는 연립방정식을 푸는 문제가 된다.

이제 일반적인 유한차원 벡터공간 $\mathscr{V}$ 위의 선형변환 $T : \mathscr{V} \longrightarrow \mathscr{V}$의 고유값을 구하는 문제를 생각해보자. $\mathscr{V}$의 기저 $\{A_1, \cdots, A_n\}$을 선택하고, 이 기저에 관한 T의 행렬을 $A = (a_{ij})$라고 하자.

정의 13.1

t에 관한 당항식

$$\triangle_T(t) = \det(A - tI)$$

를 선형변환 T의 특성다항식(characteristic polynomial)이라고 한다. 또, T의 행렬식 $\det T$를

$$\det T = \det A$$

로 정의하고, T의 트레이스 $\operatorname{tr} T$를

$$\operatorname{tr} T = \operatorname{tr} A$$

로 정의한다.

주의 T의 특성다항식은 정의상 기저 $\{A_1, \cdots, A_n\}$의 선택에 따라 달라질 것처럼 보이지만 사실은 그렇지 않다. 이를 증명하기 위하여 $\mathscr{V}$의 다른 기저 $\{B_1, \cdots, B_n\}$을 선택하고 이 기저에 관한 T의 행렬을 B라고 하자. 그러면 정리 10.1에 의하여

$$A = PBP^{-1}$$

인 가역행렬 P가 존재한다. 따라서

$$\begin{aligned} A - tI &= PBP^{-1} - tI = PBP^{-1} - P(tI)P^{-1} \\ &= P(B - tI)P^{-1} \end{aligned}$$

이므로

$$\begin{aligned} \det(A - tI) &= \det(P(B - tI)P^{-1}) \\ &= (\det P)(\det(B - tI)(\det P^{-1}) \\ &= (\det P)(\det P^{-1})(\det(B - tI)) \\ &= (\det P)(\det P)^{-1}(\det(B - tI)) \\ &= \det(B - tI) \end{aligned}$$

이다. 따라서 T의 특성다항식은 기저의 선택에 의존하지 않는다.

또,

$$\det A = \det(PBP^{-1}) = (\det P)(\det B)(\det P^{-1}) = \det B$$
$$\text{tr } A = \text{tr}(PBP^{-1}) = \text{tr } B$$ (제8장 연습문제 23 참조)

정리 13.4

$$\triangle_T(t) = (-1)^n\{t^n - (\text{tr}\,T)\,t^{n-1} + \cdots + (-1)^n \det T)\}$$

특히, $\triangle_T(t)$는 t에 관한 n차 다항식이다.

증명

$$\triangle_T(t) = \det\begin{pmatrix} a_{11}-t & a_{12} & \cdots & a_{1n} \\ a_{21} & a_{22}-t & \cdots & a_{2n} \\ \vdots & \vdots & & \vdots \\ a_{n1} & a_{n2} & \cdots & a_{nn}-t \end{pmatrix}$$
$$= (a_{11}-t)(a_{22}-t)\cdots(a_{nn}-t)$$
$$+(\text{대각원소의 곱이 아닌 항들의 합})$$

으로 쓸 수 있고, 대각원소의 곱이 아닌 항은 모두 차수가 $(n-2)$ 이하임을 알 수 있다. 그런데

$$(a_{11}-t)(a_{22}-t)\cdots(a_{nn}-t) = (-1)^n(t-a_{11})\cdots(t-a_{nn})$$
$$= (-1)^n\{t^n - (a_{11}+\cdots+a_{nn})t^{n-1} + (*)\}$$

로 쓸 수 있으므로

$$\triangle_T(t) = (-1)^n\{t^n - (\text{tr}A)\,t^{n-1} + (*)\}$$
$$+(\text{대각원소의 곱이 아닌 항들의 합})$$

으로 쓸 수 있고 대각원소의 곱이 아닌 항에서는 t^n이나 t^{n-1}의 항이 나올 수 없으므로 결국

$$\triangle_T(t) = (-1)^n\{t^n - (\text{tr}A)\,t^{n-1} + \cdots\}$$

의 형태가 된다. 또 $\triangle_T(t)$의 상수항은 $\triangle_T(0)$ 이고

$$\triangle_T(0) = \det(A-0I) = \det A = (-1)^n(-1)^n \det A$$

이므로 원하는 형태의 식

$$\triangle_T(t) = (-1)^n \{t^n - (\mathrm{tr}A)t^{n-1} + \cdots + (-1)^n \det A\}$$

을 얻는다. ■

정리 13.2와 12.4를 종합하면 다음과 같은 중요한 정리를 얻는다.

정리 13.5

$T : \mathscr{V} \longrightarrow \mathscr{V}$를 유한차원 벡터공간 $\mathscr{V}$의 선형변환이라 하고, $\triangle(t)$를 T의 특성다항식이라고 하자. 이때 e가 T의 고유값이 되기 위한 필요충분조건은 e가 방정식 $\triangle(t) = 0$의 근이 되는 것이다.

증명 $\mathscr{V}$의 기저 $\{A_1, \cdots, A_n\}$을 선택하고 $A = (a_{ij})$를 이 기저에 관한 T의 행렬이라고 하자. 이제, e를 T의 고유값이라고 하면 정리 13.2에 의하여 선형변환

$$T - eI : \mathscr{V} \longrightarrow \mathscr{V}$$

는 특이하다. 이 선형변환의 기저 $\{A_1, \cdots, A_n\}$에 관한 행렬은 $A - eI$이다. 그런데 $T - eI$가 동형사상이 아니므로, 행렬 $A - eI$는 가역행렬이 아니다. 따라서

$$\det(A - eI) = 0$$

즉

$$\triangle(e) = 0$$

이 되어 e는 방정식 $\triangle(t) = 0$의 근이다.
역으로, e가 방정식 $\triangle(t) = 0$의 근이면

$$0 = \triangle(e) = \det(A - eI)$$

이다. 따라서 정리 12.4에 의하여 $A - eI$는 가역행렬이 아니다. 그

러므로

$$T-eI:\mathscr{V}\longrightarrow\mathscr{V}$$

는 동형사상이 아니다. 따라서 정리 13.2에 의하여 e는 T의 고유값이다. ■

예제 13.6

$T:\boldsymbol{R}^3\longrightarrow\boldsymbol{R}^3$을

$$T(x,\ y,\ z)=(0,\ x,\ y)$$

로 정의되는 선형변환이라고 할 때 T, T^2, T^3의 특성다항식을 구하라.

풀이 표준기저에 관한 T의 행렬은

$$A=\begin{pmatrix}0&0&0\\1&0&0\\0&1&0\end{pmatrix}$$

이고, 따라서 T^2, T^3의 행렬은 각각

$$A^2=\begin{pmatrix}0&0&0\\0&0&0\\1&0&0\end{pmatrix},\quad A^3=O$$

이다. 그러므로

$$\begin{aligned}\triangle_T(t)&=\det(A-tI)\\&=\det\begin{pmatrix}-t&0&0\\1&-t&0\\0&1&-t\end{pmatrix}=-t^3\end{aligned}$$

$$\begin{aligned}\triangle_{T^2}(t)&=\det(A^2-tI)\\&=\det\begin{pmatrix}-t&0&0\\0&-t&0\\1&0&-t\end{pmatrix}=-t^3\end{aligned}$$

$$\triangle_{T^3}(t)=\det(A^3-tI)$$

$$= \det\begin{pmatrix} -t & 0 & 0 \\ 0 & -t & 0 \\ 0 & 0 & -t \end{pmatrix} = -t^3$$

이다. 이 경우 T, T^2, T^3의 특성다항식이 서로 같음을 알 수 있다.

예제 13.7

$T : \boldsymbol{R}^3 \longrightarrow \boldsymbol{R}^3$, $T(x, y, z) = (4x-2z, 0, -2x+z)$의 고유값과 고유벡터를 구하라.

풀이 표준기저에 관한 T의 행렬은

$$A = \begin{pmatrix} 4 & 0 & -2 \\ 0 & 0 & 0 \\ -2 & 0 & 1 \end{pmatrix}$$

이다. 따라서 T의 특성다항식은

$$\begin{aligned} \det(A - tI) &= \det\begin{pmatrix} 4-t & 0 & -2 \\ 0 & -t & 0 \\ -2 & 0 & 1-t \end{pmatrix} \\ &= (4-t)(-t)(1-t) - (-2)(-t)(-2) \\ &= -t^2(t-5) \end{aligned}$$

이다. 그러므로 고유값은

$$e = 0, \ 5$$

이다. 각각에 대응하는 고유공간은

$$e = 0 : \begin{cases} 4x - 2z = 0 \\ -2x + z = 0 \end{cases}$$

$$e = 5 : \begin{cases} -x - 2z = 0 \\ -5y = 0 \\ -2x - 4z = 0 \end{cases}$$

의 해집합이므로

$$\mathscr{V}_0 = \langle (1, 0, 2), (0, 1, 0) \rangle$$

$$\mathscr{V}_5 = \langle (-2,\ 0,\ 1) \rangle$$

임을 알 수 있다. 따라서 T의 고유벡터

$$A_1 = (1,\ 0,\ 2),\ A_2 = (0,\ 1,\ 0),\ A_3 = (-2,\ 0,\ 1)$$

로 이루어진 $\boldsymbol{R}^3$의 기저가 존재한다. 그런데

$$T(A_1) = 0A_1 = \boldsymbol{O}$$
$$T(A_2) = 0A_2 = \boldsymbol{O}$$
$$T(A_3) = 5A_3$$

이므로, 이 기저에 관한 T의 행렬은 대각행렬

$$B = \begin{pmatrix} 0 & 0 & 0 \\ 0 & 0 & 0 \\ 0 & 0 & 5 \end{pmatrix}$$

이다. 이상의 과정을 선형변환 T의 대각화(diagonalization)라고 한다. 참고로, 행렬 B로부터 T의 특성다항식을 계산하면

$$\triangle(t) = \det(B - tI) = t^2(5-t)$$

가 되어 A로부터 계산한 것과 같음을 확인할 수 있다.

주의 모든 선형변환을 대각화할 수 있는 것은 아니다(멱영사상 또는 예제 13.5 참조).

예제 13.8

선형변환 $T : \boldsymbol{R}^4 \longrightarrow \boldsymbol{R}^4$가

$$T(x,\ y,\ z,\ w) = (x+2y+3z+4w,\ 3y,\ 4y+5z,\ 5y+6z+7w)$$

로 정의될 때 T를 대각화하라.

풀이 표준기저에 관한 T의 행렬은

$$A=\begin{pmatrix}1&2&3&4\\0&3&0&0\\0&4&5&0\\0&5&6&7\end{pmatrix}$$

이므로 T의 특성다항식은

$$\begin{aligned}\triangle(t)=\det(A-tI)&=\det\begin{pmatrix}1-t&2&3&4\\0&3-t&0&0\\0&4&5-t&0\\0&5&6&7-t\end{pmatrix}\\&=(1-t)\det\begin{pmatrix}3-t&0&0\\4&5-t&0\\5&6&7-t\end{pmatrix}\\&=(1-t)(3-t)(5-t)(7-t)\end{aligned}$$

이다. 따라서 t의 고유값은

$$e=1,\ 3,\ 5,\ 7$$

이다. 각 경우에 고유공간을 구하려면 다음 연립방정식을 풀어야 한다.

$$e=1:\ \begin{cases}2y+3z+4w&=0\\2y&=0\\4y+4z&=0\\5y+6z+6w&=0\end{cases}$$

$$e=3:\ \begin{cases}-2x+2y+3z+4w&=0\\4y+2z&=0\\5y+6z+4w&=0\end{cases}$$

$$e=5:\ \begin{cases}-4x+2y+3z+4w&=0\\-2y&=0\\4y&=0\\5y+6z+2w&=0\end{cases}$$

$$e=7:\ \begin{cases}-6x+2y+3z+4w&=0\\-4y&=0\\4y-2z&=0\\5y+6z&=0\end{cases}$$

따라서

$$\mathscr{V}_1 = \langle(1,\ 0,\ 0,\ 0)\rangle$$
$$\mathscr{V}_3 = \left\langle\left(\frac{3}{2},\ 1,\ -2,\ \frac{7}{4}\right)\right\rangle = \langle(6,\ 4,\ -8,\ 7)\rangle$$
$$\mathscr{V}_5 = \left\langle\left(-\frac{9}{4},\ 0,\ 1,\ -3\right)\right\rangle = \langle(-9,\ 0,\ 4,\ -12)\rangle$$
$$\mathscr{V}_1 = \langle(2,\ 0,\ 0,\ 3)\rangle$$

이다. 네 고유벡터

$$A_1 = (1,\ 0,\ 0,\ 0)$$
$$A_2 = (6,\ 4,\ -8,\ 7)$$
$$A_3 = (-9,\ 0,\ 4,\ -12)$$
$$A_5 = (2,\ 0,\ 0,\ 3)$$

이 일차독립임을 쉽게 확인할 수 있다(또는 정리 13.6 참조). 따라서 T의 고유벡터로 이루어진 $\boldsymbol{R}^4$의 기저가 존재하고, 이 기저에 관한 T의 행렬은 다음과 같다.

$$B = \begin{pmatrix} 1 & 0 & 0 & 0 \\ 0 & 3 & 0 & 0 \\ 0 & 0 & 5 & 0 \\ 0 & 0 & 0 & 7 \end{pmatrix}$$

정리 13.6

$T : \mathscr{V} \longrightarrow \mathscr{V}$ 를 선형변환이라고 하자. 그리고 $e_1,\ \cdots,\ e_m$을 T의 서로 다른 고유값이라고 하고, $A_1,\ \cdots,\ A_m$을 대응하는 고유벡터라고 하자. 그러면 $A_1,\ \cdots,\ A_m$은 일차독립이다.

증명 귀류법을 사용한다.

$A_1,\ \cdots,\ A_m$이 일차종속이라고 가정하자. 그러면 정리 6.2에 의하여

$$A_k \in \langle A_1, \cdots,\ A_{k-1}\rangle$$

인 어떤 정수 $k(1 \le k \le m)$가 존재한다. 이때 k를 이러한 정수 중 가장 작은 것이라고 하자. 그러면 정리 6.2에 의하여 A_1, $\cdots$, A_{k-1}은 일차독립이다. 이제

$$(*) \quad A_k = a_1 A_1 + \cdots + a_{k-1} A_{k-1}$$

로 쓸 수 있다. 이 등식은 양변에 T를 적용하면

$$T(A_k) = a_1 T(A_1) + \cdots + a_{k-1} T(A_{k-1})$$

을 얻는다. 그런데 A_1, $\cdots$, A_k는 고유값이 각각 e_1, $\cdots$, e_k인 고유벡터이므로, 이 등식은

$$e_k A_k = a_1 e_1 A_1 + \cdots + a_{k-1} e_{k-1} A_{k-1}$$

이 된다. 이 등식에서 $(*)$의 e_k배를 빼면

$$\boldsymbol{O} = a_1(e_1 - e_k)A_1 + a_2(e_2 - e_k)A_2 + \cdots + a_{k-1}(e_{k-1} - e_k)A_{k-1}$$

을 얻는다. 그런데 A_1, $\cdots$, A_{k-1}은 일차독립이므로

$$\begin{aligned} &a_1(e_1 - e_k) = 0 \\ &a_1(e_2 - e_k) = 0 \\ &\vdots \\ &a_{k-1}(e_{k-1} - e_k) = 0 \end{aligned}$$

이어야 한다. 여기서 e_1, $\cdots$, e_k는 서로 다르므로

$$\begin{aligned} &e_1 - e_k \neq 0 \\ &e_2 - e_k \neq 0 \\ &\vdots \\ &e_{k-1} - e_k \neq 0 \end{aligned}$$

이고, 따라서

$$a_1 = a_2 = \cdots = a_{k-1} = 0$$

이다. 이것을 $(*)$에 대입하면

$$A_k = \mathbf{O}$$

이 된다. 그런데 정의에 의하여 고유벡터는 영벡터가 아니므로 모순이다. 따라서 $\{A_1, \cdots, A_m\}$은 일차독립이다. ■

이 정리를 이용하면 다음과 같은 유용한 정리를 얻는다.

정리 13.7

$\dim \mathscr{V} = n$ 이고 선형변환 $T : \mathscr{V} \longrightarrow \mathscr{V}$ 가 n개의 서로 다른 고유값을 갖는다고 하자. 그러면 T의 고유벡터로 이루어진 기저가 존재하고 이 기저에 관한 T의 행렬은 대각행렬이 된다.

위 정리에 의하면 T의 특정방정식 $\triangle(t) = 0$이 n개의 서로 다른 실근을 가지면 T는 대각화 가능하다. 물론, T의 특성방정식이 중근을 가질 때도 있다. 이러한 경우를 다루기 위하여 다음의 정의가 필요하다.

정의 13.5

$T : \mathscr{V} \longrightarrow \mathscr{V}$ 를 유한차원 벡터공간 $\mathscr{V}$ 위의 선형변환이라고 하고, e를 T의 고유값이라고 하자. 이때

$$\triangle(t) = (t - e)^m g(t)$$

이고 $t-e$가 $g(t)$를 나누지 않으면 m을 e의 대수적 중복도 (algebraic multiplicity)라고 한다.

정리 13.8

$T : \mathscr{V} \longrightarrow \mathscr{V}$ 를 유한차원 벡터공간 $\mathscr{V}$ 위의 선형변환이라고 하고, e를 T의 고유값이라고 하자. 그러면 다음이 성립한다.

$$\dim \mathscr{V}_e \leq (e\text{의 대수적 중복도})$$

증명 T의 특성다항식을 구하는 데에는 $\mathscr{V}$의 기저를 임의로 택하여도 무방하므로, $\mathscr{V}$의 기저를 다음과 같이 특별하게 택한다. 먼저 $\{A_1, \cdots, A_r\}$을 $\mathscr{V}_e$의 기저라고 하자. 그러면 $\dim \mathscr{V}_e = r$이다. $\mathscr{V}$의 차원을 n이라고 하고, $\{A_1, \cdots, A_r\}$를 확장하여 $\mathscr{V}$의 기저

$$\{A_1, \cdots, A_r, A_{r+1}, \cdots, A_n\}$$

을 얻는다. 이 기저에 관한 T의 행렬은} $n-r$

$$A = \left(\begin{array}{ccc|c} e & & & \\ & \ddots & & B \\ & & e & \\ \hline & O & & C \end{array}\right) \begin{array}{l} \left.\vphantom{\begin{array}{c} e\\ \ddots \\ e\end{array}}\right\} r \\ \} \ n-r \end{array}$$

의 형태가 된다. 따라서 T의 특성다항식은

$$\triangle(t) = \det(A - tI) = \det \left(\begin{array}{ccc|c} e-t & & & \\ & \ddots & & B \\ & & e-t & \\ \hline & O & & C-tI \end{array}\right) \begin{array}{l} \left.\vphantom{\begin{array}{c} e\\ \ddots \\ e\end{array}}\right\} r \\ \} \ n-r \end{array}$$

이다. 이 행렬식을 열에 관하여 전개하면 (r번 계속하면)

$$\triangle(t) = (e-t)^r \det(C - tI) = (e-t)^r f(t)$$

의 형태가 된다. 따라서 e는 $\triangle(t) = 0$의 근이고 대수적 중복도는 적어도 r이다. 즉

$$(e\text{의 대수적 중복도}) \geq r = \dim \mathscr{V}_e$$

이다. ■

정리 13.9

유한차원 벡터공간 $\mathscr{V}$ 위의 선형변환 $T : \mathscr{V} \longrightarrow \mathscr{V}$에 대하여 다음 두 조건은 서로 동치이다.

(1) T는 대각화가능하다.

(2) (i) 특성다항식 $\triangle(t)$가 일차식의 곱으로 완전히 인수분해된다. 즉

$$\triangle(t)=(-1)^n(t-e_1)^{m_1}\cdots(t-e_s)^{m_s}$$

(ii) T의 각 고유값 e_i의 대수적 중복도 m_i는 $\dim \mathscr{V}_{e_i}$와 같다.

증명 (1) ⇒ (2)

T가 대각화가능하다고 가정하다. 그러면 적당한 기저에 관하여 T는 행렬

$$A=\begin{pmatrix} e_1 & & & & & & & \\ & \ddots & & & & & & \\ & & e_1 & & & & O & \\ & & & e_2 & & & & \\ & & & & \ddots & & & \\ & & & & & e_2 & & \\ & & & & & & \ddots & \\ & O & & & & & & e_s \\ & & & & & & & & \ddots \end{pmatrix}$$

(대각성분 e_1이 m_1개, e_2가 m_2개, …, e_s가 m_s개)

로 표현된다. 여기서, $m_i=\dim \mathscr{V}_{e_i}$ 이다. 이 행렬을 이용하여 T의 특성다항식을 구하면

$$\begin{aligned}\triangle(t)&=\det(A-tI)=(e_1-t)^{m_1}(e_2-t)^{m_2}\cdots(e_s-t)^{m_s}\\&=(-1)^n(t-e_1)^{m_1}(t-e_2)^{m_2}\cdots(t-e_s)^{m_s}\end{aligned}$$

이다. 따라서 $\triangle(t)$는 일차식의 곱으로 완전히 인수분해되고, e_i의 대수적 중복도는 m_i이다.

(2) ⇒ (1)

$\dim \mathscr{V}=n$ 이라고 하면 $\triangle(t)$는 n차 다항식이다. (2) (i)이 성립한다고 하면 $m_1+\cdots+m_s=n$ 이다. (2) (ii)가 성립한다고 하면

$\mathscr{V}_{e_1}$ 의 기저 $\{A_{11},\ \cdots,\ A_{1m_1}\}$,

$\mathscr{V}_{e_2}$ 의 기저 $\{A_{21},\ \cdots,\ A_{2m_2}\}$,

$$\vdots$$

$$\mathscr{V}_{e_s} \text{ 의 기저 } \{A_{s1},\ \cdots,\ A_{sm_s}\},$$

를 택할 수 있다. 이제 이 기저들의 합집합

$$\mathscr{B}=\{A_{11},\ \cdots,\ A_{1m_1},\ \cdots,\ A_{s_1},\ \cdots,\ A_{sm_s}\}$$

가 $\mathscr{V}$ 의 기저가 됨을 보이면 충분하다. 왜냐하면, 이 기저에 관한 T의 행렬은 대각행렬이 되기 때문이다. 그런데 $m_1+\cdots+m_s=n$ 이므로 $\mathscr{B}$ 가 기저임을 보이려면 $\mathscr{B}$ 가 일차독립임을 보이면 충분하다. 이에 대한 증명은 정리 13.6의 증명을 약간 일반화하면 된다. 그러나 여기서는 s에 관한 수학적 귀납법을 사용해 보자.

$s=1$인 경우 $\mathscr{B}$ 가 일차독립임은 분명하다. 다음에 $s=r$인 경우 $\mathscr{B}$ 가 일차독립이라고 하고 $s=r+1$인 경우에도 $\mathscr{B}$ 가 일차독립임을 보이면 된다. 만약

$$(*)\ a_{11}A_{11}+\cdots+a_{1m_1}A_{1m_1}+\cdots+a_{r+1,1}A_{r+1,1}+\cdots + a_{r+1,m_{r+1}}A_{r+1,m_{r+1}}=O$$

이면, 이 등식에 T를 적용하여

$$e_1(a_{11}A_{11}+\cdots+a_{1m_1}A_{1m_1})+\cdots + e_{r+1}(a_{r+1,1}A_{r+1,1}+\cdots+a_{r+1,m_{r+1}}A_{r+1,m_{r+1}})=O$$

을 얻는다. 이 등식에서 $(*)$의 e_{r+1}배를 빼면

$$(e_1-e_{r+1})(a_{11}A_{11}+\cdots+a_{1m_1}A_{1m_1})+\cdots + (e_r-e_{r+1})(a_{r1}A_{r1}+\cdots+a_{rm_r}A_{rm_r})=O$$

이다. 귀납법가정에 의하여 $\{A_{11},\ \cdots,\ A_{1m_1},\cdots,\ A_{r1},\ \cdots,\ A_{rm_r}\}$은 일차독립이고, 또 $e_1-e_{r+1}\neq 0,\ \cdots,\ e_r-e_{r+1}\neq 0$ 이므로

$$a_{11}=\ \cdots\ =a_{1m_1}=\ \cdots\ =a_{r1}=\ \cdots\ =a_{rm_r}=0$$

을 얻는다. 이것을 $(*)$에 대입하면

$$a_{r+1,1}A_{r+1,1}\cdots+a_{r+1,m_{r+1}}A_{r+1,m_{r+1}}=\boldsymbol{O}$$

이 되고 $\{A_{r+1,1},\ \cdots,\ A_{r+1,m_{r+1}}\}$은 일차독립이므로

$$a_{r+1,1}=\cdots=a_{r+1,m_{r+1}}=0$$

이다. 이상에서 $s=r+1$인 경우에도 $\mathscr{B}$는 일차독립이다. ■

위 정리를 요약하면 다음과 같다.

유한차원 벡터공간 $\mathscr{V}$ 위의 선형변환 $T:\mathscr{V}\longrightarrow\mathscr{V}$가 대각화 가능하기 위한 필요충분조건은 다음과 같다.

(i) $\triangle(t)$가 일차식의 곱으로 완전히 인수분해된다.

(ii) T의 각 고유값 e_i에 대하여 e_i에 대응하는 일차독립인 고유벡터를 m_i개까지 찾을 수 있다.(단, (e_i의 대수적 중복도) $=m_i$)

여기서 스칼라가 실수인 경우와 복소수인 경우의 차이를 살펴볼 필요가 있다.

$$T(x,\ y)=(y,\ -x)$$

로 정의되는 선형변환 $T:\boldsymbol{R}^2\longrightarrow\boldsymbol{R}^2$를 생각해보자(이것은 시계방향으로 90° 회전시키는 회전변환이다). 표준기저에 관한 T의 행렬은

$$\begin{pmatrix}0 & 1\\ -1 & 0\end{pmatrix}$$

이고, 따라서

$$\triangle(t)=\det\begin{pmatrix}-t & 1\\ -1 & -t\end{pmatrix}=t^2+1$$

이다. 물론, $t^2+1=0$은 실근이 없다. 따라서 이 변환은 실고유값을 갖지 않는다. 사실 $t^2+1=0$의 두 근은 $\pm i=\pm\sqrt{-1}$이다. 이는 T

와 동일한 특성다항식을 갖는 선형변환

$$S : C^2 \longrightarrow C^2, \ S(u, \ v) = (v, \ -u)$$

가 대각화 가능하다는 것을 뜻한다. 실제로 연립방정식

$$e_1 = i : \begin{cases} -iu + \ v = 0 \\ -u - iv = 0 \end{cases}$$

$$e_2 = -i : \begin{cases} iu + \ v = 0 \\ -u + iv = 0 \end{cases}$$

을 풀면, i, $-i$에 대응하는 고유벡터 A_1, A_2는 각각 다음과 같다.

$$A_1 = (1, \ i), \ A_2 = (i, \ 1)$$

C^2의 기저 $\{A_1, \ A_2\}$에 관한 S의 행렬은 대각행렬

$$\begin{pmatrix} i & 0 \\ 0 & -i \end{pmatrix}$$

가 된다. 일반적으로 유한차원 복소벡터공간 $\mathscr{V}$ 위의 선형변환 $S : \mathscr{V} \longrightarrow \mathscr{V}$는 위의 대각화 가능조건 (i)을 항상 만족시킨다. 왜냐하면 다음과 같은 대수학의 기본정리 덕택이다.

대수학의 기본정리

$P(t) = a_0 t^n + a_1, \ t^{n-1} + \cdots + a_n$이 복소수를 계수로 갖는 n차 다항식이라고 하면,

$$P(t) = a_0(t - r_1)(t - r_2)\cdots(t - r_n)$$

이 되는 n개의 복소수 $r_1, \cdots, \ r_n$이 존재한다. 여기서 $r_1, \cdots, \ r_n$은 같은 것이 있을 수 있다.

복소벡터공간인 경우에도 대각화가 불가능한 선형변환은 많이 있다. 즉 대각화 가능 조건 (ii)는 일반적으로 만족되지 않는다. 예를 들어 선형변환

$$S : C^2 \longrightarrow C^2,\ S(u,\ v) = (0,\ u)$$

는 대각화가 불가능하다. 왜냐하면 C^2의 표준기저에 관한 S의 행렬은

$$\begin{pmatrix} 0 & 0 \\ 1 & 0 \end{pmatrix}$$

이므로 S의 특성다항식은

$$\triangle(t) = \det\begin{pmatrix} -t & 0 \\ 1 & -t \end{pmatrix} = t^2$$

이고, 따라서 S의 고유값은 0이다. 고유값 0에 대응하는 고유벡터는 연립방정식

$$u = 0$$

의 해이다. 복소수 범위에서 이 연립방정식의 해를 구하면

$$A_1 = c(0,\ 1) \quad (c\text{는 복소수})$$

이므로, 일차독립인 고유벡터를 2개까지 찾을 수 없다. 따라서 S는 대각화 불가능하다.

예제 13.9

선형변환 $T : \boldsymbol{R}^3 \longrightarrow \boldsymbol{R}^3$,

$$T(x,\ y,\ z) = (2x+3y,\ y+2z,\ -y+4z)$$

의 고유값과 고유벡터를 구하고, T가 대각화 가능한지 판정하라.

풀이 $\boldsymbol{R}^3$의 표준기저에 관한 T의 행렬은

$$A = \begin{pmatrix} 2 & 3 & 0 \\ 0 & 1 & 2 \\ 0 & -1 & 4 \end{pmatrix}$$

이므로 T의 특성다항식은

$$\triangle(t) = \det\begin{pmatrix} 2-t & 3 & 0 \\ 0 & 1-t & 2 \\ 0 & -1 & 4-t \end{pmatrix}$$
$$= (2-t)\{(1-t)(4-t)+2\}$$
$$= (2-t)(t-2)(t-3)$$
$$= -(t-2)^2(t-3)$$

이다. 따라서 T의 고유값은 2, 2, 3이다. 또 고유공간을 구하려면 다음 연립방정식을 풀어야 한다.

$$e=2 : \begin{cases} 3y = 0 \\ -y+2z=0 \\ -y+2z=0 \end{cases}$$

$$e=3 : \begin{cases} -x+3y = 0 \\ -2y+2z = 0 \\ -y+z = 0 \end{cases}$$

따라서

$\mathcal{V}_2 = \langle(1, 0, 0)\rangle$, 즉 고유벡터는 $(1, 0, 0)$
$\mathcal{V}_3 = \langle(3, 1, 1)\rangle$, 즉 고유벡터는 $(3, 1, 1)$

이다. 여기서 고유값 2의 대수적 중복도는 2이고 $\dim \mathcal{V}_2 = 1$ 이므로 T는 대각화 불가능하다.

예제 13.10

선형변환 $T : \boldsymbol{R}^3 \longrightarrow \boldsymbol{R}^3$

$$T(x, y, z) = (0, x, y)$$

가 대각화가 가능한지를 판정하라.

풀이 표준기저에 관한 T의 행렬은

$$\begin{pmatrix} 0 & 0 & 0 \\ 1 & 0 & 0 \\ 0 & 1 & 0 \end{pmatrix}$$

이므로 T의 특성다항식은

$$\triangle(t)=\det\begin{pmatrix}-t & 0 & 0\\ 1 & -t & 0\\ 0 & 1 & -t\end{pmatrix}=-t^3$$

이다. T의 고유값은 0뿐이고, 이 고유값의 대수적 중복도는 3이다. 만약 $\dim\mathscr{V}_0=3$이라면 $\ker T=\mathscr{V}_0$이므로 $\ker T=\boldsymbol{R}^3$가 되고 $T=\boldsymbol{O}$이 된다. 그러나 T는 영사상이 아니므로 모순이다. 따라서 $\dim\mathscr{V}_0\le 2$이어야 하고 T는 대각화 불가능이다.
실제로 이 경우에 $\ker T=\mathscr{V}_0=\langle(0,\ 0,\ 1)\rangle$임을 알 수 있고, 따라서 $\dim\mathscr{V}_0=1$이다.

예제 13.11

선형변환

$$T:\boldsymbol{R}^3\longrightarrow\boldsymbol{R}^3,\ \ T(x,\ y,\ z)=(-y,\ x,\ -z)$$

와 선형변환

$$S:C^3\longrightarrow C^3,\ \ s(u,\ v,\ w)=(-v,\ u,\ -w)$$

가 대각화가 가능한지 조사하고 가능하면 대각화하라.

참고 T는 z축을 중심으로 90° 회전시킨 후, xy 평면에 대하여 대칭이 동시키는 변환이다.

풀이 $\boldsymbol{R}^3$와 C^3의표준기저에 관한 T와 S의 행렬은 모두

$$\begin{pmatrix}0 & -1 & 0\\ 1 & 0 & 0\\ 0 & 0 & -1\end{pmatrix}$$

로 같다. 따라서 이들의 특성다항식은

$$\triangle(t)=\det\begin{pmatrix}-t & -1 & 0\\ 1 & -t & 0\\ 0 & 0 & -1-t\end{pmatrix}=-(t+1)(t^2+1)$$

로 같다. $\triangle(t)=0$ 의 실근은 한 개뿐이므로 T는 대각화 불가능하다. 그러나 $\triangle(t)=0$ 은 서로 다른 세 복소수근 $-1,\ i,\ -i$를 가지므로 S는 대각화 가능하다. S의 대각행렬은

$$\begin{pmatrix} -1 & 0 & 0 \\ 0 & i & 0 \\ 0 & 0 & -i \end{pmatrix}$$

이다. 대응되는 기저를 계산해 보자. 연립방정식

$$e=-1:\begin{cases} u-v=0 \\ u+v=0 \end{cases}$$

$$e=i:\begin{cases} -iu-v & =0 \\ u-iv & =0 \\ (-1-i)w & =0 \end{cases}$$

$$e=-i:\begin{cases} iu-v & =0 \\ u-iv & =0 \\ (-1+i)w & =0 \end{cases}$$

을 풀면, 고유값 $-1,\ i,\ -i$에 대응하는 고유벡터는 각각

$$(0,\ 0,\ 1),\ (1,\ -i,\ 0),\ (1,\ i,\ 0)$$

이다.

정리 13.10

$\boldsymbol{R}^n$의 표준기저에 관한 행렬이 A인 선형변환 $T:\boldsymbol{R}^n \longrightarrow \boldsymbol{R}^n$이 대각화 가능하다고 하자. T의 고유벡터로 이루어진 $\boldsymbol{R}^n$의 기저를 $\{B_1, \cdots, B_n\}$이라고 하고, 이 기저에 관한 T의 행렬을 대각행렬 D라고 하자. 그러면

$$A=PDP^{-1}$$

이다. 단, 여기서 P는 $B_1, \cdots, B_n$을 이 순서대로 열벡터로 갖는 $n\times n$ 가역행렬이다.

증명 대각행렬 D는 기저 $\mathscr{E} = \{B_1, \cdots, B_n\}$에 관한 T의 행렬이므로

$$(T)_{\mathscr{E}}^{\mathscr{E}} = D$$

이다. $\boldsymbol{R}^n$의 표준기저를 $\mathscr{B}$ 라 하면

$$A = (T)_{\mathscr{B}}^{\mathscr{B}} = (I)_{\mathscr{E}}^{\mathscr{B}} (T)_{\mathscr{E}}^{\mathscr{E}} (I)_{\mathscr{B}}^{\mathscr{E}}$$

이므로 $P = (I)_{\mathscr{E}}^{\mathscr{B}}$로 놓으면 $P^{-1} = (I)_{\mathscr{B}}^{\mathscr{E}}$가 되고

$$A = PDP^{-1}$$

가 된다. 또

$$I(B_1) = B_1 \ (1 \leq i \leq n)$$

이므로 P의 제 1 열은 B_1, 제 2 열은 $B_2, \cdots$, 제 n 열은 B_n임을 알 수 있다. ■

$\boldsymbol{R}^n$의 표준기저에 관한 행렬이 A인 선형변환 $T : \boldsymbol{R}^n \longrightarrow \boldsymbol{R}^n$이 대각화가 가능할 때 행렬 A가 대각화 가능하다고 하고, T의 대각행렬 D를 A의 대각행렬이라고 한다. A를 대각화한다는 것은 A의 대각행렬을 구한다는 뜻이다.

위 정리는 행렬 A가 대각화 가능할 때 $A = PDP^{-1}$인 대각행렬 D와 가역행렬 P를 구체적으로 구하는 방법을 제시하고 있다. 즉 D는 A의 고유값들로 결정하고 P는 대응되는 고유벡터들로 결정된다.

예제 13.12

행렬

$$A = \begin{pmatrix} 1 & 4 \\ 2 & 3 \end{pmatrix}$$

를 대각화하고 이를 이용하여 A^{100}을 계산하라.

풀이 예제 13.4에서와 같이 A의 고유값은 -1, 5이고 대응하는 고유벡터는 각각 $(2,\ -1)$, $(1,\ 1)$이다. 따라서

$$D=\begin{pmatrix} -1 & 0 \\ 0 & 5 \end{pmatrix},\quad P=\begin{pmatrix} 2 & 1 \\ -1 & 1 \end{pmatrix}$$

이다. 또 $A=PDP^{-1}$이므로

$$\begin{aligned} A^{100} &= (PDP^{-1})(PDP^{-1})\cdots(PDP^{-1}) = PD^{100}P^{-1} \\ &= \begin{pmatrix} 2 & 1 \\ -1 & 1 \end{pmatrix}\begin{pmatrix} -1 & 0 \\ 0 & 5 \end{pmatrix}^{100}\frac{1}{3}\begin{pmatrix} 1 & -1 \\ 1 & 2 \end{pmatrix} \\ &= \frac{1}{3}\begin{pmatrix} 2 & 1 \\ -1 & 1 \end{pmatrix}\begin{pmatrix} 1 & 0 \\ 0 & 5^{100} \end{pmatrix}\begin{pmatrix} 1 & -1 \\ 1 & 2 \end{pmatrix} \\ &= \frac{1}{3}\begin{pmatrix} 2+5^{100} & -2+2\cdot 5^{100} \\ -1+5^{100} & 1+2\cdot 5^{100} \end{pmatrix} \end{aligned}$$

예제 13.13

행렬

$$A=\begin{pmatrix} 4 & 0 & -2 \\ 0 & 0 & 0 \\ -2 & 0 & 1 \end{pmatrix}$$

을 대각화하고 A^{10}을 계산하라.

풀이 예제 13.7에서와 같이 A의 고유값은 0, 0, 5이고 이에 대응하는 고유벡터는 각각

$$(1,\ 0,\ 2),\ (0,\ 1,\ 0),\ (-2,\ 0,\ 1)$$

이므로

$$D=\begin{pmatrix} 0 & 0 & 0 \\ 0 & 0 & 0 \\ 0 & 0 & 5 \end{pmatrix},\quad P=\begin{pmatrix} 1 & 0 & -2 \\ 0 & 1 & 0 \\ 2 & 0 & 1 \end{pmatrix}$$

이다. 또

$$A^{10} = PD^{10}P^{-1} = \begin{pmatrix} 1 & 0 & -2 \\ 0 & 1 & 0 \\ 2 & 0 & 1 \end{pmatrix} \begin{pmatrix} 0 & 0 & 0 \\ 0 & 0 & 0 \\ 0 & 0 & 5^{10} \end{pmatrix} \begin{pmatrix} 1 & 0 & -2 \\ 0 & 1 & 0 \\ 2 & 0 & 1 \end{pmatrix}^{-1}$$

$$= \begin{pmatrix} 0 & 0 & -2 \cdot 5^{10} \\ 0 & 0 & 0 \\ 0 & 0 & 5^{10} \end{pmatrix} \frac{1}{5} \begin{pmatrix} 1 & 0 & 2 \\ 0 & 5 & 0 \\ -2 & 0 & 1 \end{pmatrix}$$

$$= \frac{1}{5} \begin{pmatrix} 4 \cdot 5^{10} & 0 & -2 \cdot 5^{10} \\ 0 & 0 & 0 \\ -2 \cdot 5^{10} & 0 & 5^{10} \end{pmatrix}$$

$$= \begin{pmatrix} 4 \cdot 5^{9} & 0 & -2 \cdot 5^{9} \\ 0 & 0 & 0 \\ -2 \cdot 5^{9} & 0 & 5^{9} \end{pmatrix}$$

연습문제

1. 선형변환 $T : \boldsymbol{R}^3 \longrightarrow \boldsymbol{R}^3$는 적어도 1개의 고유값을 가짐을 보여라.

2. 선형변환 $T : \boldsymbol{R}^{2n+1} \longrightarrow \boldsymbol{R}^{2n+1}$은 적어도 1개의 고유값을 가짐을 보여라.

3. $T : \mathscr{V} \longrightarrow \mathscr{V}$가 동형사상이고 $e_1, \cdots, e_s$가 T의 고유값일 때, T^{-1}의 고유값을 구하라.

4. 고유값을 갖지 않는 선형변환 $T : \boldsymbol{R}^{2n} \longrightarrow \boldsymbol{R}^{2n}$의 예를 $n = 1, 2, 3$인 경우에 각각 찾아보라.

5. e가 선형변환 $T : \mathscr{V} \longrightarrow \mathscr{V}$의 고유값이고, A가 이에 대응하는 고유벡터이다. 이때 A가 고유값을 e^k로 하는 T^k의 고유벡터가 됨을 보여라.

6. 선형변환 $T : \mathscr{V} \longrightarrow \mathscr{V}$가 대각화 가능하면 T^k도 대각화 가능함을 보여라.

7. 동형사상 $T : \mathscr{V} \longrightarrow \mathscr{V}$가 대각화 가능하면 T^{-1}도 대각화 가능함을 보여라. T와 T^{-1}의 대각행렬 사이에는 어떤 관계가 있는가?

8. $T : \mathscr{V} \longrightarrow \mathscr{V}$가 서로 다른 고유값 $e_1, \cdots, e_n$을 가질 때 다음을 증명하라. (단, $\dim \mathscr{V} = n$)

   ① $\det T = e_1 e_2 \cdots e_n$

   ② $\mathrm{tr}\, T = e_1 + e_2 + \cdots + e_n$

9. $T : \mathscr{V} \longrightarrow \mathscr{V}$의 특성다항식이

$$\triangle(t) = (-1)^n (t - e_1)^{m_1} \cdots (t - e_s)^{m_s}$$

   ① $\det T = e_1^{m_1} e_2^{m_2} \cdots e_s^{m_s}$

② $\operatorname{tr} T = m_1 e_1 + m_2 e_2 + \cdots + m_s e_s$

10. 2×2 행렬 A에 대하여 다음이 성립함을 보여라.

$$\det(A - tI) = t^2 - (\operatorname{tr} A)t + \det A$$

11. 3×3 행렬 A에 대하여 다음이 성립함을 보여라.

$$\det(A - tI) = -\{t^3 - (\operatorname{tr} A)t^2 + (A_{11} + A_{22} + A_{33})t - \det A)\}$$

여기서 A_{ii}는 a_{ii}의 여인수 ($i=1, 2, 3$)

12. T가 인볼루션(즉, $t^2 = I$)일 때 T의 고유값은 1 또는 -1뿐임을 보여라.

13. 다음 행렬이 대각화 가능한 행렬인지를 판정하라(단, 스칼라는 실수).

① $\begin{pmatrix} 2 & 3 & 0 \\ -1 & -2 & 0 \\ 0 & 0 & 1 \end{pmatrix}$ ② $\begin{pmatrix} 1 & 1 & 0 \\ 0 & 1 & 2 \\ 0 & 0 & 3 \end{pmatrix}$ ③ $\begin{pmatrix} 1 & 1 & 0 \\ 0 & 2 & 2 \\ 0 & 0 & 3 \end{pmatrix}$

14. 다음 행렬이 대각화 가능한 경우에 $P^{-1}AP = D$인 정칙행렬 P와 대각행렬 D를 구하라.

① $A = \begin{pmatrix} 0 & 1 & 1 \\ 1 & 0 & 1 \\ 1 & 1 & 0 \end{pmatrix}$ ② $A = \begin{pmatrix} 0 & 1 & 1 & 1 \\ 1 & 0 & 1 & 1 \\ 1 & 1 & 0 & 1 \\ 1 & 1 & 1 & 0 \end{pmatrix}$ ③ $A = \begin{pmatrix} 0 & 1 & 1 & 1 & 1 \\ 1 & 0 & 1 & 1 & 1 \\ 1 & 1 & 0 & 1 & 1 \\ 1 & 1 & 1 & 0 & 1 \\ 1 & 1 & 1 & 1 & 0 \end{pmatrix}$

15.

$$A = \begin{pmatrix} 0 & -1 & 2 \\ -2 & 1 & 2 \\ -3 & -1 & 5 \end{pmatrix}$$

에 대하여 A^{10}을 구하라.

16. 다음 행렬은 대각화 불가능함을 밝혀라.

① $A = \begin{pmatrix} a & 0 \\ b & a \end{pmatrix} \in \operatorname{Mat}_{2\times 2}(\boldsymbol{R})$, $b \neq 0$

② $A=\begin{pmatrix} i & 0 \\ 2 & i \end{pmatrix} \in \mathrm{Mat}_{2\times 2}(C)$

17. ① $D: \boldsymbol{R}[x] \longrightarrow \boldsymbol{R}[x],\ D(p(x))=\dfrac{d}{dx}p(x)$

는 전사이지만 단사가 아님을 보여라.

② $T: \boldsymbol{R}[x] \longrightarrow \boldsymbol{R}[x],\ T(p(x))=xp(x)$

는 단사이지만 전사가 아님을 보여라.

18. 선형변환 $T: \boldsymbol{R}_2[x] \longrightarrow \boldsymbol{R}_2[x]$

$$T(a+bx+cx^2)=c+bx+ax^2$$

가 대각화 가능한지를 판정하고, 또 가능하다면 T의 대각행렬과 이에 대응하는 기저를 구하라.

19.

$$A=\begin{pmatrix} 0 & 0 & 0 \\ a & 0 & 0 \\ b & c & 0 \end{pmatrix}$$

이 대각화 가능하기 위한 필요충분조건을 구하여라.

20. 선형변환 $T: \mathrm{Mat}_{3\times 3}(\boldsymbol{R}) \longrightarrow \mathrm{Mat}_{3\times 3}(\boldsymbol{R})$가

$$T(M)=M^t$$

로 정의될 때 다음 물음에 답하라.

① 고유값 1에 대응하는 일차독립인 고유벡터 6개를 찾아라.

② 고유값 -1에 대응하는 일차독립인 고유벡터 3개를 찾아라.

③ T가 대각화 가능함을 보이고 T의 특성다항식을 구하라.

21. 선형변환 $T: \mathrm{Mat}_{n\times n}(\boldsymbol{R}) \longrightarrow \mathrm{Mat}_{n\times n}(\boldsymbol{R})$가

$$T(M)=M^t$$

로 정의될 때, 다음 물음에 답하라.

① 고유값 1에 대응하는 고유공간 $\mathscr{V}_1$ 의 기저를 구하라.
② 고유값 -1에 대응하는 고유공간 $\mathscr{V}_{-1}$ 의 기저를 구하라.
③ T가 대각화 가능함을 보이고 T의 특성다항식을 구하라.

22. 대칭변환은 대각화 가능하다(제10장 연습문제 15 참조).
① T가 대칭변환일 때 $\det T = -1$ 임을 보여라
② 두 대칭변환 T와 S에 대하여 TS는 대칭변환이 될 수 없음을 보여라.

23. $T : \mathscr{V} \longrightarrow \mathscr{V}$ 는 A를 순환벡터로 갖는 순환사상이라고 하자. $\dim \mathscr{V} = n$ 이라고 하면 정리 10.5에 의하여

$$T^n(A) = a_0 A + a_1 T(A) + \cdots + a_{n-1} T^{n-1}(A)$$

이 되는 $a_0, \cdots, a_{n-1}$이 유일하게 존재한다. 이때 T의 특성다항식이 다음과 같음을 보여라.

$$\triangle(t) = (-1)^n (t^n - a_{n-1} t^{n-1} - \cdots - a_1 t - a_0)$$

(힌트 : 정리 10.5의 아래의 행렬표현을 이용한다.)

24. 행렬 A의 특성다항식이

$$\triangle_A(t) = (-1)^n (t^n + c_{n-1} t^{n-1} + \cdots + c_1 t + c_0)$$

일 때 행렬 kA의 특성다항식은 다음과 같음을 보여라(단, k는 상수).

$$\triangle_{kA}(t) = (-1)^n (t^n + c_{n-1} k t^{n-1} + \cdots + c_1 k^{n-1} t + c_0 k^n)$$

$$\left(\text{힌트 : } \det(kA - tI) = \det\left(k\left(A - \frac{t}{k} I\right)\right) = k^n \det\left(A - \frac{t}{k} I\right) = k^n \triangle_A\left(\frac{t}{k}\right)\right)$$

25. 가역행렬 A의 특성다항식이

$$\triangle_A(t) = (-1)^n (t^n + c_{n-1} t^{n-1} + \cdots + c_1 t + a_0)$$

일 때, A^{-1}의 특성다항식은 다음과 같음을 보여라.

$$\triangle_{A^{-1}}(t) = \frac{(-1)^n}{c_0}(1 + c_{n-1}t + \cdots + c_1 t^{n-1} + c_0 t^n)$$

$\left(\text{힌트}: A^{-1} - tI = (-tA^{-1})\left(A - \frac{1}{t}I\right)\text{임을 이용한다.}\right)$

26. 행렬의 대각화를 이용하면 다음과 같은 연립미분방정식을 풀 수 있다.

$$(*) \quad \begin{cases} \dfrac{dx(t)}{dt} = x(t) + 4y(t) \\ \dfrac{dy(t)}{dt} = 2x(t) + 3y(t) \end{cases} \text{ 즉 } \begin{pmatrix} \dfrac{dx(t)}{dt} \\ \dfrac{dy(t)}{dt} \end{pmatrix} = \begin{pmatrix} 1 & 4 \\ 2 & 3 \end{pmatrix} \begin{pmatrix} x(t) \\ y(t) \end{pmatrix}$$

① $\begin{pmatrix} 1 & 4 \\ 2 & 3 \end{pmatrix} = P \begin{pmatrix} -1 & 0 \\ 0 & 5 \end{pmatrix} P^{-1}$

인 가역행렬 P를 구하라.

② $P^{-1} \begin{pmatrix} x(t) \\ y(t) \end{pmatrix} = \begin{pmatrix} \bar{x}(t) \\ \bar{y}(t) \end{pmatrix}$

로 놓으면 연립미분방정식 $(*)$은 다음과 같은 형태로 바뀜을 보여라.

$$(**) \quad \begin{cases} \dfrac{d\bar{x}(t)}{dt} = -\bar{x}(t) \\ \dfrac{d\bar{y}(t)}{dt} = 5\bar{y}(t) \end{cases}$$

③ $(**)$의 해는

$$\bar{x}(t) = c_1 e^{-t}, \ \bar{y}(t) = c_2 e^{5t} \quad (c_1, \ c_2 \text{는 임의의 상수})$$

임이 알려져 있다. 이를 이용하여 $x(t)$, $y(t)$를 구하라.

제 14 장

내적공간

지금까지 벡터공간과 선형사상을 공부하는 데 크기와 각의 개념을 사용하지 않았다. 독자들은 $\boldsymbol{R}^2$와 $\boldsymbol{R}^3$에서 벡터의 크기와 두 벡터가 이루는 각에 대하여 직관적으로 잘 이해하고 있을 것이다. 그렇다면 일반적인 벡터공간에서 벡터의 크기와 두 벡터가 이루는 각을 어떻게 정의할 수 있을까? 이에 대한 방법으로 크기나 각보다 더 기본적인 개념인 내적(inner product)을 도입하고, 내적을 이용하여 크기와 각을 정의하게 될 것이다. 고등학교에서

$$A \cdot B = |A||B|\cos\Theta$$

로 정의되는 $\boldsymbol{R}^2$ 또는 $\boldsymbol{R}^3$에서의 내적을 공부하였다. 여기서 $|A|$, $|B|$는 각각 선분 OA, OB의 길이를 나타내고, θ는 두 벡터 A, B가 이루는 각이다. $\boldsymbol{R}^3$에서는 길이와 각이 기하적으로 잘 정의되어 있으므로 내적을 이렇게 정의하는 것이 자연스럽다. 그러나 추상적인 벡터공간에서 이와같이 정의할 수 있음은 당연하다. 도대체 $\boldsymbol{R}_3[x]$ 한 다항식(벡터)의 크기란 무엇인가? 또 두 다항식 사이의 각이란 무엇인가? 이 문제는 공리적인 접근으로 해결될 수 있다. 이미 벡터공간을 공리적으로 도입하였으므로 그 위에 내적이라는 구조도 공리적으로 도입하는 것이 타당하리라.

정의 14.1

벡터공간 $\mathcal{V}$ 상의 내적이란 $\mathcal{V}$의 임의의 두 벡터 A, B에 대하여 다음 성질을 만족시키도록 $\langle A, B\rangle$로 표시되는 실수를 대응시키는 $\mathcal{V} \times \mathcal{V}$에서 $\boldsymbol{R}$로의 함수이다.
$\mathcal{V}$의 임의의 벡터 A, B, C와 임의의 실수 r에 대하여

(1) $\langle A, B\rangle = \langle B, A\rangle$

(2) (i) $\langle A+B, C\rangle = \langle A, C\rangle + \langle B, C\rangle$

(ii) $\langle rA, C\rangle = r\langle A, C\rangle$

(3) (i) $\langle C, A+B\rangle = \langle C, A\rangle + \langle C, B\rangle$

(ii) $\langle C, rA\rangle = r\langle C, A\rangle$

(4) $\langle A, A\rangle \geq 0$, 또 $\langle A, A\rangle = 0 \Longleftrightarrow A = \boldsymbol{O}$

주 내적의 성질 (3)은 (1)과 (2)로부터 유도할 수 있다.

참고 두 벡터의 내적은 스칼라이므로 내적을 스칼라곱(scalar product)이라고도 한다(제12장 연습문제 7 참조).

$\boldsymbol{R}^3$에서

$$A \cdot B = |A||B|\cos\Theta$$

로 정의되는 내적이 위 성질을 만족한다는 것을 보일 수 있다. 실제로,

$A=(a_1, a_2, a_3)$, $B=(b_1, b_2, b_3)$일 때 코사인법칙을 이용하면

$$A \cdot B = |A||B|\cos\Theta = a_1 b_1 + a_2 b_2 + a_3 b_3$$

이 됨을 보일 수 있고, 이를 이용하여 위 성질 (1)~(4)를 확인하는 것은 쉬운 일이다. 따라서 일반적인 벡터공간에서의 내적은 우리가 잘 알고 있는 $\boldsymbol{R}^3$의 내적을 일반화한 것이라고 이해할 수 있다.

복소벡터공간에 대하여도 내적을 생각할 수 있다. 이에 대하여 자세한 것은 제17장에 다룰 것이다.

예제 14.1

$\boldsymbol{R}^n$의 표준내적(standard scalar product)

$\boldsymbol{R}^n$의 두 벡터 $A=(a_1, \cdots, a_n)$, $B=(b_1, \cdots, b_n)$에 대하여

$$\langle A, B\rangle = a_1 b_1 + a_2 b_2 + \cdots + a_n b_n$$

으로 정의하자. 그러면 이것이 내적의 성질 (1)~(4)를 만족한다는

것을 $\boldsymbol{R}^3$의 경우와 마찬가지로 보일 수 있다. 예를 들어 (4)를 증명하자.

$$\langle A, A \rangle = a_1^2 + a_2^2 + \cdots + a_n^2$$

이므로 $\langle A, A \rangle \geq 0$이고, 또 $\langle A, A \rangle = 0$이기 위한 필요충분조건은

$$a_1 = a_2 = \cdots = a_n = 0 \quad \text{즉 } A = \boldsymbol{O}$$

인 것이다. 따라서 (4)가 증명된다.

예제 14.2

(기저가 선택된 벡터공간의 내적)

예제 14.1을 일반화하여 기저 $\mathscr{B} = \{F_1, \cdots, F_n\}$이 선택된 벡터공간 $\mathscr{V}$ 위에 내적을 정의할 수 있다. A, B가 $\mathscr{V}$에 속하는 두 벡터라고 하자. 그러면

$$A = a_1 F_1 + \cdots + a_n F_n$$
$$B = b_1 F_1 + \cdots + b_n F_n$$

로 쓸 수 있다. 여기서 순서쌍 $(a_1, \cdots, a_n)$, $(b_1, \cdots, b_n)$는 각각 A, B의 기저 $\mathscr{B}$에 관한 좌표이다. 이제

$$\langle A, B \rangle_{\mathscr{B}} = a_1 b_1 + a_2 b_2 + \cdots + a_n b_n$$

이라고 정의하자. 그러면 이것이 $\mathscr{V}$ 상의 내적이 됨을 확인할 수 있다. 이와 같이 정의된 내적은 물론 기저의 선택에 따라 변한다. 예를 들어 $\boldsymbol{R}^2$에서 표준기저를 택하여 위의 방법으로 내적을 정의하면 바로 $\boldsymbol{R}^2$의 표준내적을 얻는다. 그러나 기저 $\mathscr{B} = \{F_1 = (1, 0), F_2 = (1, 1)\}$에 대한 내적을 계산하면, $A = (a_1, a_2)$, $B = (b_1, b_2)$에 대하여

$$A = (a_1 - a_2) F_1 + a_2 F_2, \quad B = (b_1 - b_2) F_1 + b_2 F_2$$

이므로

$$\langle A,\ B\rangle_{\mathscr{B}} = (a_1 - a_2)(b_1 - b_2) + a_2 b_2 = a_1 b_1 - a_2 b_1 - a_1 b_2 + 2a_2 b_2$$

를 얻는다. 따라서 기저의 선택에 따른 내적을 얻는다.

예제 14.3

$\boldsymbol{R}[x]$의 내적(또는 $\boldsymbol{R}_n[x]$의 내적)

$f(x),\ g(x) \in \boldsymbol{R}[x]$에 대하여

$$\langle f(x),\ g(x)\rangle = \int_0^1 f(x)\,g(x)\,dx$$

라고 내적을 정의할 수 있다. 이 내적은 기저를 사용하지 않았다는 점에서 예제 14.2의 방법보다 더 자연스럽다. 이 정의가 내적의 공리를 만족한다는 것을 보이려면 적분의 성질을 이용하면 된다.

(1) $\langle f(x),\ g(x)\rangle = \int_0^1 f(x)\,g(x)\,dx$

$$= \int_0^1 g(x)f(x)\,dx = \langle g(x),\ f(x)\rangle$$

(2) (i) $\langle f(x)+g(x),\ h(x)\rangle = \int_0^1 (f(x)+g(x))h(x)\,dx$

$$= \int_0^1 (f(x)h(x) + g(x)h(x))\,dx$$

$$= \int_0^1 (f(x)h(x)\,dx + \int_0^1 g(x)h(x)\,dx$$

$$= \langle f(x),\ h(x)\rangle + \langle g(x),\ h(x)\rangle$$

(ii) $\langle rf(x),\ g(x)\rangle = \int_0^1 rf(x)g(x)\,dx$

$$= r\int_0^1 f(x)g(x)\,dx = r\langle f(x),\ g(x)\rangle$$

(3)도 (2)와 마찬가지로 증명된다(또는 (1)과 (2)로 유도된다).

(4) 구간 $[0,\ 1]$에서 음이 아닌 연속함수 $f(x)$에 대하여

$$\int_0^1 f(x)\,dx \geq 0$$

이고

$$\int_0^1 f(x)\,dx = 0 \Longleftrightarrow f(x) = 0 \ (0 \leq x \leq 1)$$

임을 이용한다.

$$\langle f(x),\ f(x)\rangle = \int_0^1 (f(x))^2 dx$$

이고 $(f(x))^2$ 은 음이 아니므로

$$\langle f(x),\ f(x)\rangle \geq 0$$

이 성립한다. 끝으로 $\langle f(x),\ f(x)\rangle = \int_0^1 (f(x))^2 dx = 0$ 이라고 하면

$$(f(x))^2 = 0,\ \text{즉}\ f(x) = 0 \ \ (0 \leq x \leq 1)$$

이 된다. 그런데 영이 아닌 다항식은 기껏해야 유한 개의 근을 가지므로 $f(x)$ 는 영다항식이다. 또 $f(x)$ 가 영다항식일 때 $\langle f(x),\ f(x)\rangle = 0$ 이 됨은 분명하다.

이상을 종합하면 위 정의는 내적의 공리를 모두 만족한다.

참고로, 위의 내적의 정의에서 적분의 구간을 $[0,\ 1]$ 대신 $[a,\ b]$ 로 택하여도 여전히 내적이 된다. 물론 적분의 구간을 달리 택하면 다른 내적을 얻는다.

예제 14.4

$\mathrm{Mat}_{n\times n}(\boldsymbol{R})$ 의 트레이스 내적(trace scalar product)

$\mathrm{Mat}_{n\times n}(\boldsymbol{R})$ 의 기저 $\{E_{rs} | 1 \leq r,\ s \leq n\}$ 를 생각하자.

여기서, E_{rs} 는

$$E_{rs} = (a_{ij}),\ \ a_{ij} = \begin{cases} 1 & (i = r\text{이고 } j = s\text{이면}) \\ 0 & (\text{그렇지 않으면}) \end{cases}$$

로 정의된 $n \times n$ 행렬이다. 따라서 예제 14.2의 방법을 적용하여 이 기저에 관한 내적을 계산하면

$$A=(a_{ij})=\sum_{i,j} a_{ij}E_{ij},\quad B=(b_{ij})=\sum_{i,j} b_{ij}E_{ij}$$

일 때

$$\langle A,\ B\rangle = \sum_{i,j} a_{ij}b_{ij}$$

이다. 이 내적을 트레이스를 이용하여 다음과 같이 간편하게 나타낼 수 있다(트레이스의 정의는 제8장 연습문제 23 참조).

$$\langle A,\ B\rangle = \sum_{i,j} a_{ij}b_{ij} = \mathrm{tr}(AB^t)$$

실제로 AB^t의 $(i,\ i)$성분은 $\sum_{j=1}^{n} a_{ij}b^t_{ji} = \sum_{j=1}^{n} a_{ij}b_{ij}$이므로

$$\mathrm{tr}(AB^t) = \sum_{i=1}^{n}\left(\sum_{j=1}^{n} a_{ij}b^t_{ji}\right) = \sum_{i=1}^{n}\sum_{j=1}^{n} a_{ij}b_{ij} = \langle A,\ B\rangle$$

이다. 트레이스는 고급 선형대수 공부에 필수적이고 매우 쓸모있는 개념이다.

정의 14.2

어떤 내적 $\langle\ ,\ \rangle$이 정의된 벡터공간 $\mathscr{V}$를 내적공간(inner product space)이라고 하고, $(\mathscr{V},\ \langle\ ,\ \rangle)$로 나타낸다.

내적 공간에서는 벡터의 크기와 두 벡터가 이루는 각을 정의할 수 있다.

정의 14.3

$(\mathscr{V},\ \langle\ ,\ \rangle)$를 내적공간이라고 하고 A를 $\mathscr{V}$의 벡터라고 하자. 이 때, A의 길이 또는 크기를 $|A|$로 나타내고

$$|A| = \sqrt{\langle A,\ A\rangle}$$

로 정의한다.

정리 14.1

$(\mathscr{V}, \langle\ ,\ \rangle)$를 내적공간이라고 할 때, 길이 함수 $|\ \ |$는 다음과 같은 성질을 갖는다.

(1) $\mathscr{V}$의 모든 원소 A에 대하여 $|A| \geq 0$이다.

또, $|A| = 0 \iff A = \boldsymbol{O}$이다.

(2) $\mathscr{V}$의 모든 원소 A와 임의의 실수 r에 대하여

$|rA| = |r||A|$이다.

(여기서 기호 $|\ \ |$가 두 가지 뜻으로 사용되었음에 유의하라. 하나는 벡터의 길이이며, 다른 하나는 절대값이다. 그런데 실수집합 $\boldsymbol{R}$을 벡터공간 $\boldsymbol{R}^1$으로 이해하면, 절대값과 표준내적에 관한 길이는 서로 같아지므로 혼돈이 발생할 가능성은 없다.)

증명 (1)은 내적공리 (4)로부터 분명하다. 또

$$\begin{aligned}|rA| &= \sqrt{\langle rA,\ rA\rangle} = \sqrt{r\langle A,\ rA\rangle} = \sqrt{r^2\langle A,\ A\rangle}\\ &= \sqrt{r^2}\sqrt{\langle A,\ A\rangle} = |r||A|\end{aligned}$$

가 되어 (2)도 증명된다. ■

정리 14.2

(Cauchy-Schwarz 부등식)

$(\mathscr{V}, <\ ,\ >)$를 내적공간이라고 하자. 그러면 $\mathscr{V}$의 임의의 두 벡터 A, B에 대하여 다음이 성립한다.

$$|\langle A,\ B\rangle| \leq |A||B|$$

단, 등호는 A, B가 일차종속일 때 성립하고, 또 이때에만 성립한다.

증명 $A = \boldsymbol{O}$이면

$$|\langle A,\ B\rangle| = 0\text{이고 } |A||B| = 0$$

이므로 부등식은 성립한다. 따라서 $A \neq \boldsymbol{O}$이라고 가정한다. 임의의 실수 t에 대하여

$$\begin{aligned}0 \le |tA - B|^2 &= \langle tA - B,\ tA - B\rangle \\ &= \langle tA,\ tA\rangle - \langle B,\ tA\rangle - \langle tA,\ B\rangle + \langle B,\ B\rangle \\ &= t^2\langle A,\ A\rangle - t\langle B,\ A\rangle - t\langle A,\ B\rangle + \langle B,\ B\rangle \\ &= \langle A,\ A\rangle t^2 - 2\langle A,\ B\rangle t + \langle B,\ B\rangle\end{aligned}$$

이 성립한다. 특히 $t = \dfrac{\langle A,\ B\rangle}{\langle A,\ A\rangle}$ 인 경우에

$$0 \le \left|\frac{\langle A,\ B\rangle}{\langle A,\ A\rangle}A - B\right|^2 = \frac{\langle A,\ B\rangle^2}{\langle A,\ A\rangle} - 2\frac{\langle A,\ B\rangle^2}{\langle A,\ A\rangle} + \langle B,\ B\rangle$$

즉

$$0 \le \langle B,\ B\rangle - \frac{\langle A,\ B\rangle^2}{\langle A,\ A\rangle}$$

이다. 이 부등식의 양변에 양수 $\langle A,\ A\rangle$를 곱하면

$$0 \le \langle A,\ A\rangle\langle B,\ B\rangle - \langle A,\ B\rangle^2$$

즉

$$\langle A,\ B\rangle^2 \le |A|^2|B|^2$$

이다. 따라서

$$|\langle A,\ B\rangle| \le |A||B|$$

을 얻는다. 위의 부등식에서

$$\frac{\langle A,\ B\rangle}{\langle A,\ A\rangle}A - B = \boldsymbol{O} \quad \text{즉} \quad B = \frac{\langle A,\ B\rangle}{\langle A,\ A\rangle}A$$

일 때, 그리고 이때에만 등호가 성립한다. 따라서 등호가 성립하면

A, B가 일차종속이면 $B=aA$로 쓸 수 있고, 이때 $\frac{\langle A, B\rangle}{\langle A, A\rangle}=\frac{\langle A, aA\rangle}{\langle A, A\rangle}=a$이므로 $B=\frac{\langle A, B\rangle}{\langle A, A\rangle}A$이다. ■

위의 정리를 내적공간 $\boldsymbol{R}^n$과 $\boldsymbol{R}[x]$에 적용하면 다음과 같은 매우 유용한 결과를 얻는다.

예제 14.5

(Cauchy-Schwarz 부등식)

(1) $(a_1, \cdots a_n)$, $(b_1, \cdots, b_n)\in\boldsymbol{R}^n$에 대하여

$$\left|\sum_{i=1}^{n}a_ib_i\right|\le\left(\sum_{i=1}^{n}a_i^2\right)^{\frac{1}{2}}\left(\sum_{i=1}^{n}b_i^2\right)^{\frac{1}{2}}$$

(2) $f(x)$, $g(x)\in\boldsymbol{R}[x]$에 대하여

$$\left|\int_0^1 f(x)g(x)\,dx\right|\le\left(\int_0^1 f(x)^2dx\right)^{\frac{1}{2}}\left(\int_0^1 g(x)^2dx\right)^{\frac{1}{2}}$$

위의 예는 내적을 추상적인 벡터공간에 도입하여 얻는 이점을 잘 보여 주고 있다.

정리 14.3

(삼각부등식)

$(\mathscr{V}, <,>)$를 내적공간이라고 하자. 그러면 $\mathscr{V}$의 임의의 두 벡터 A, B에 대하여 다음이 성립한다.

$$|A+B|\le|A|+|B|$$

단, 등호는 $A=\boldsymbol{O}$ 또는 $B=aA(a\ge0)$일 때 성립하고, 또 이 때에만 성립한다.

증명

$$\begin{aligned}|A+B|^2&=\langle A+B, A+B\rangle\\&=\langle A, A\rangle+\langle A, B\rangle+\langle B, A\rangle+\langle B, B\rangle\end{aligned}$$

$$=|A|^2+2\langle A,\ B\rangle+|B|^2$$
$$\leq|A|^2+2|\langle A,\ B\rangle|+|B|^2$$
$$\leq|A|^2+2|A||B|+|B|^2=(|A|+|B|)^2$$

이므로

$$|A+B|\leq|A|+|B|$$

를 얻는다. 위의 부등식에서

$$\langle A,\ B\rangle=|\langle A,\ B\rangle|=|A||B|$$

일 때, 즉 A, B가 일차종속이면서 같은 방향일 때, 그리고 이 때에만 등호가 성립한다. ■

위의 부등식을 삼각부등식(triangular inequality)이라고 하는 이유는 그림과 같이 세 벡터 A, B, $A+B$로 이루어진 삼각형을 생각할 때, 두 변의 길이의 합은 나머지 한 변의 길이보다 더 크다는 것을 의미하기 때문이다.

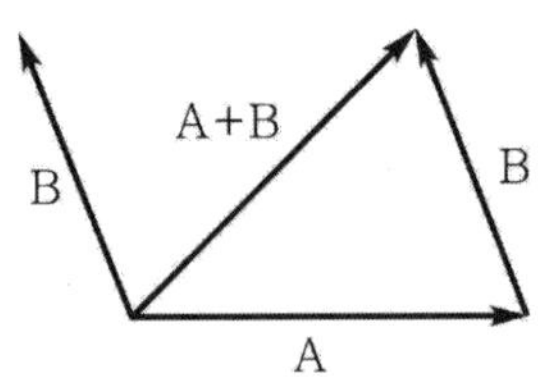

또 삼각부등식으로부터 다음과 같은 매우 유용한 결과를 얻는다.

예제 14.6

(1) $(a_1,\ \cdots,\ a_n)$, $(b_1,\ \cdots,\ b_n)\in \boldsymbol{R}^n$에 대하여

$$\left\{\sum_{i=1}^{n}(a_i+b_i)^2\right\}^{\frac{1}{2}}\leq\left(\sum_{i=1}^{n}a_i^2\right)^{\frac{1}{2}}+\left(\sum_{i=1}^{n}b_i^2\right)^{\frac{1}{2}}$$

(2) $f(x)$, $g(x)\in\boldsymbol{R}[x]$에 대하여

$$\left\{\int_0^1 f(x)+g(x)^2dx\right\}^{\frac{1}{2}} \le \left(\int_0^1 f(x)^2dx\right)^{\frac{1}{2}} + \left(\int_0^1 g(x)^2dx\right)^{\frac{1}{2}}$$

이제 내적을 이용하여 각을 정의하여 보자.

Cauchy-Schwarz 부등식에 의하면 $\boldsymbol{O}$이 아닌 벡터 A, B에 대하여

$$-1 \le \frac{\langle A,\ B\rangle}{|A||B|} \le 1$$

이므로 다음 조건을 만족시키는 실수 θ가 단 하나 존재한다.

$$\cos\theta = \frac{\langle A,\ B\rangle}{|A||B|},\ 0\le\theta\le\pi$$

이와 같이 정의한 θ를 A, B 사이의 각(angle between A and B)이라고 한다. 특히

$$\langle A,\ B\rangle=0 \iff \cos\theta=0 \iff \theta=\frac{\pi}{2}$$

이므로 다음의 정의가 자연스럽게 나온다.

정의 14.4

$\langle A,\ B\rangle=0$일 때 A와 B는 서로 수직(orthogonal)이라고 한다. 또 서로 수직인 벡터들의 집합 S를 직교집합(orthogonal set of vectors)이라고 한다. 또한, 직교집합 S의 원소들이 모두 크기가 1일 때, 즉 단위벡터일 때 S를 정규직교집합(orthonormal set of vectors)이라고 한다.

정리 14.4

내적공간($\mathscr{V}$, < , >)의 $\boldsymbol{O}$이 아닌 벡터의 직교집합은 일차독립인 집합이다.

증명 $S=\{A_1,\ \cdots,\ A_m\}$을 직교집합이라고 하고,

$A_i\ne\boldsymbol{O}$ $(i=1,\ \cdots,\ m)$이라고 하자. 만약

$$a_1A_1+\cdots+a_mA_m=\boldsymbol{O}$$

이면

$$\begin{aligned}0&=\langle A_i,\ \boldsymbol{O}\rangle=\langle A_i, a_1A_1+\cdots+a_mA_m\rangle\\&=a_1\langle A_i,\ A_1\rangle+a_2\langle A_i,\ A_2\rangle+\cdots+a_m\langle A_i,\ A_m\rangle\\&=a_i\langle A_i,\ A_i\rangle\end{aligned}$$

이다. 그런데 $A_i\neq\boldsymbol{O}$이므로 $\langle A_i,\ S_i\rangle\neq0$이고 따라서 $a_i=0$을 얻는다. 이것은 모든 i에 대하여 성립하므로 $A_1,\ \cdots,\ A_m$은 일차독립이다. ■

예제 14.7

다음 $\boldsymbol{R}^3$의 부분집합 중 직교집합을 찾아라.

① $\{(1,\ 0,\ 0),\ (0,\ 1,\ 0),\ (0,\ 0,\ 1)\}$
② $\{(1,\ 0,\ 0),\ (1,\ 1,\ 0),\ (1,\ 1,\ 1)\}$
③ $\{(1,\ 2,\ 3),\ (-2,\ 1,\ 0),\ (-3,\ 0,\ 1),\ (0,\ -3,\ 2)\}$

풀이 ① 직교집합이다. 사실은 정규직교집합이다.
② $\langle(1,\ 0,\ 0),\ (1,\ 1,\ 0)\rangle=1\neq0$이므로 직교집합이 아니다.
③ 4개의 $\boldsymbol{O}$이 아닌 벡터로 이루어졌으므로 직교집합이 될 수 없다. 만일 직교집합이라면 일차독립이 되는데, $\boldsymbol{R}^3$는 3차원이므로 모순이다.

예제 14.8

$\boldsymbol{R}_2[x]$의 부분집합

$$\left\{1,\ x-\frac{1}{2},\ x^2-x+\frac{1}{6}\right\}$$

은 직교집합이다. 실제로

$$\left\langle 1,\ x-\frac{1}{2}\right\rangle=\int_0^1\left(x-\frac{1}{2}\right)dx=\frac{x^2}{2}-\frac{1}{2}x\Big|_0^1=0$$

$$\left\langle 1,\ x^2-x+\frac{1}{6}\right\rangle=\int_0^1\left(x^2-x+\frac{1}{6}\right)dx=\frac{x^3}{3}-\frac{x^2}{2}+\frac{1}{6}x\Big|_0^1=0$$

$$\begin{aligned}\left\langle x-\frac{1}{2},\ x^2-x+\frac{1}{6}\right\rangle&=\int_0^1\left(x-\frac{1}{2}\right)\left(x^2-x+\frac{1}{6}\right)dx\\&=\int_0^1\left(x^3-\frac{3}{2}x^2+\frac{2}{3}x-\frac{1}{12}\right)dx\\&=\frac{x^4}{4}-\frac{1}{2}x^2+\frac{1}{3}x^2-\frac{1}{12}x\Big|_0^1=0\end{aligned}$$

이므로 직교집합이다.

정리 14.4에 의하여 $\left\{1,\ x-\frac{1}{2},\ x^2-x+\frac{1}{6}\right\}$은 일차독립인 집합이고 $\dim \boldsymbol{R}_2[x]=3$이므로 $\boldsymbol{R}_2[x]$의 기저가 된다. 이와 같이 직교집합인 기저를 직교기저(orthogonal basis)라고 한다. 또 정규직교집합인 기저를 정규직교기저(orthonormal basis)라고 한다.

큰 자연수 n에 대하여 $\boldsymbol{R}_n[x]$의 정규직교기저를 구하는 일은 미분 방정식론 또는 해석적 정수론 등의 고등수학에서 매우 중요한 일이다.

우리는 곧 유한차원 내적공간의 직교기저 및 정규직교기저를 구하는 방법을 공부할 것이다(정리 14.6).

정리 14.5

$\{A_1, \cdots, A_n\}$을 유한차원 내적공간 $\mathscr{V}$의 직교기저라고 하자. 그러면 $\mathscr{V}$의 임의의 벡터 A에 대하여 다음이 성립한다.

$$A=\frac{\langle A,\ A_1\rangle}{\langle A_1,\ A_1\rangle}A_1+\cdots\frac{\langle A,\ A_n\rangle}{\langle A_n,\ A_n\rangle}A_n$$

증명 먼저 A를 $A_1, \cdots, A_n$의 일차결합

$$A=a_1A_1+\cdots+a_nA_n$$

으로 쓸 수 있다. 따라서, $a_i = \dfrac{\langle A,\ A_i \rangle}{\langle A_i,\ A_i \rangle}$ 임을 보이면 된다. 실제로

$$\begin{aligned}\langle A_i, A \rangle &= \langle A_i,\ a_1A_1 + \cdots + a_nA_n \rangle \\ &= a_1\langle A_i,\ A_1 \rangle + a_2\langle A_i,\ A_2 \rangle + \cdots + a_n\langle A_i,\ A_n \rangle \\ &= a_i\langle A_i,\ A_i \rangle\end{aligned}$$

가 되고, 따라서

$$a_i = \frac{\langle A,\ A_i \rangle}{\langle A_i,\ A_i \rangle} \quad (1 \leq i \leq n)$$

가 됨을 알 수 있다. ■

주 $\dfrac{\langle A,\ A_i \rangle}{\langle A_i,\ A_i \rangle}$ 를 A_i에 관한 A의 Fourier 계수라고 한다. 또, 벡터

$$\frac{\langle A,\ A_i \rangle}{\langle A_i,\ A_i \rangle} A_i$$

를 A의 A_i 성분이라고 한다.

예제 14.9

$\boldsymbol{R}_2[x]$의 직교기저

$$\left\{A_1 = 1,\ A_2 = x - \frac{1}{2},\ A_3 = x^2 - x + \frac{1}{6}\right\}$$

에 관한 벡터 $A = x^2 + x + 1$ 의 Fourier 계수를 구하라.

풀이

$$\langle A,\ A_1 \rangle = \int_0^1 (x^2 + x + 1)dx = \frac{11}{6}$$

$$\langle A,\ A_2\rangle = \int_0^1 (x^2+x+1)\left(x-\frac{1}{2}\right)dx = \frac{1}{6}$$

$$\langle A,\ A_3\rangle = \int_0^1 (x^2+x+1)\left(x^2-x+\frac{1}{6}\right)dx = \frac{1}{180}$$

$$\langle A_1,\ A_1\rangle = \int_0^1 1\,dx = 1$$

$$\langle A_2,\ A_2\rangle = \int_0^1 \left(x-\frac{1}{2}\right)^2 dx = \frac{1}{12}$$

$$\langle A_3,\ A_3\rangle = \int_0^1 \left(x^2-x+\frac{1}{6}\right)^2 dx = \frac{1}{180}$$

이므로 구하는 Fourier 계수의 순서쌍은 $\left(\frac{11}{6},\ 2,\ 1\right)$이다. 즉

$$A = \frac{11}{6}A_1 + 2A_2 + A_3$$

예제14.10

$A=(1,\ 1,\ -1)$을 세 벡터

$$A_1=(1,\ 1,\ 1),\ A_2=(0,\ -1,\ 1),\ A_3=(-2,\ 1,\ 1)$$

의 일차결합으로 나타내어라

풀이 A_1, A_2, A_3가 서로 수직임을 알 수 있다. 따라서 $\{A_1,\ A_2,\ A_3\}$는 $\boldsymbol{R}^3$의 직교기저가 된다, 따라서

$$A = \frac{\langle A,\ A_1\rangle}{\langle A_1, A_1\rangle}A_1 + \frac{\langle A,\ A_2\rangle}{\langle A_2, A_2\rangle}A_2 + \frac{\langle A,\ A_3\rangle}{\langle A_3, A_3\rangle}A_3$$

이다. 여기서 내적을 계산하면

$$\langle A,\ A_1\rangle = 1 \quad \langle A,\ A_2\rangle = -2 \quad \langle A,\ A_3\rangle = -2$$

$$\langle A_1,\ A_1\rangle = 3 \quad \langle A_2,\ A_2\rangle = 2 \quad \langle A_3,\ A_3\rangle = 6$$

이므로

$$A=\frac{1}{3}A_1-A_2-\frac{1}{3}A_3$$

이다. 벡터 A에서 A_i성분을 빼면 A_i와 수직인 벡터를 얻는다. 왜냐하면

$$\langle A-\frac{\langle A,\ A_1\rangle}{\langle A_i,\ A_i\rangle}A_i,\ A_i\rangle=\langle A,\ A_i\rangle-\frac{\langle A,\ A_i\rangle}{\langle A_i, A_i\rangle}\langle A_i,\ A_i\rangle=0$$

이기 때문에 이 간단한 사실을 이용하면 임의의 유한차원 내적공간에 대하여 정규직교기저를 얻을 수 있다.

정리 14.6

유한차원 내적공간 $(\mathscr{V},\ <\ ,\ >)$는 항상 정규직교기저를 갖는다.

증명 다음 방법을 Gram-Schmidt 정규직교화과정(orthonormalization)이라고 한다. 이것은 $\mathscr{V}$의 임의의 기저로부터 정규직교기저를 얻는 방법이다. $\mathscr{V}$의 하나의 기저 $\{B_1, \cdots, B_n\}$을 선택하면 $A_1, \cdots, A_n$은 다음과 같이 정의된다.

$$\begin{aligned}
A_1&=B_1\\
A_2&=B_2-\frac{\langle B_2,\ A_1\rangle}{\langle A_1,\ A_1\rangle}A_1\\
A_3&=B_3-\frac{\langle B_3,\ A_1\rangle}{\langle A_1,\ A_1\rangle}A_1-\frac{\langle B_3,\ A_2\rangle}{\langle A_2,\ A_2\rangle}A_2\\
&\vdots\\
A_n&=B_n-\frac{\langle B_n,\ A_1\rangle}{\langle A_1,\ A_1\rangle}A_1-\frac{\langle B_n,\ A_2\rangle}{\langle A_2,\ A_2\rangle}A_2-\cdots\\
&\qquad-\frac{\langle B_n,\ A_{n-1}\rangle}{\langle A_{n-1},\ A_{n-1}\rangle}A_{n-1}
\end{aligned}$$

먼저, 위 식에서 A_i는 잘 정의되어 있음을 밝히자. 즉, 분모가 0이 되는 경우가 없음을 밝히자. $A_1=B_1\neq\boldsymbol{O}$이므로 A_2는 잘 정의된다. 또, $A_2\neq\boldsymbol{O}$이다. 왜냐하면 $A_2=\boldsymbol{O}$이면 B_2와 A_1, 즉 B_2와

B_1이 일차종속이 되기 때문이다. $A_1 \neq \boldsymbol{O}$, $A_2 \neq \boldsymbol{O}$이므로 A_3도 잘 정의된다. 또 $A_3 \neq \boldsymbol{O}$이다. 왜냐하면 $A_3 = \boldsymbol{O}$이면

$$B_3 \in \langle A_1,\ a_2 \rangle = (A_1,\ A_2\text{로 생성된 부분공간})$$

가 되는데,

$$A_1,\ A_2 \in \langle B_1,\ B_2 \rangle$$

이므로

$$B_3 \in \langle B_1,\ B_2 \rangle$$

가 되어 모순이기 때문이다. 이제 $A_1, \cdots, A_i$가 잘 정의되고 모두 $\boldsymbol{O}$이 아니라고 가정하자. 그러면 A_{i+1}도 잘 정의되고 $A_{i+1} \neq \boldsymbol{O}$이다. $A_{i+1} = \boldsymbol{O}$이라면

$$B_{i+1} \in \langle A_1, \cdots, A_i \rangle$$

가 되는데

$$A_1, \cdots, A_i \in \langle B_1, \cdots, B_i \rangle$$

이므로

$$B_{i+1} \in \langle B_1, \cdots, B_i \rangle$$

가 되어 모순이기 때문이다. 다음에 $\{A_1, \cdots, A_n\}$이 직교집합임을 밝히자. A_1과 A_2가 수직임은 분명하다. 이제 $\{A_1, \cdots, A_i\}$가 직교집합이라고 가정하자. $\{A_1, \cdots, A_{i+1}\}$도 직교집합임을 보이면 된다. $k=1,\ 2,\ \cdots,\ i$일 때

$$\begin{aligned}\langle A_{i+1}, A_k \rangle &= \langle B_{i+1} - \sum_{j=1}^{i} \frac{\langle B_{i+1},\ A_j \rangle}{\langle A_j,\ A_j \rangle} \langle A_j,\ A_k \rangle \\ &= \langle B_{i+1} - A_k \rangle - \sum_{j=1}^{i} \frac{\langle B_{i+1},\ A_j \rangle}{\langle A_j,\ A_j \rangle} \langle A_j,\ A_k \rangle\end{aligned}$$

$$=\langle B_{i+1}-A_k\rangle-\frac{\langle B_{i+1},\ A_j\rangle}{\langle A_k,\ A_k\rangle}\langle A_k,\ A_k\rangle=0$$

이므로 $\{A_1, \cdots, A_{i+1}\}$도 직교집합이 된다. 따라서 수학적 귀납법에 의하여 $\{A_1, \cdots, A_n\}$은 직교집합이다. 그런데, $A_i \neq \boldsymbol{O}$이므로 정리 14.4에 의하여 $\{A_1, \cdots, A_n\}$은 일차독립이고, $\dim \mathscr{V} = n$ 이므로 $\{A_1, \cdots, A_n\}$은 기저이다.
끝으로

$$C_i=\frac{A_i}{|A_i|} \quad (1 \le i \le n)$$

로 놓으면

$$\{C_1, \cdots, C_n\}$$

은 원하는 정규직교기저가 된다. ■

Gram-Schmidt 직교화과정은 보기보다는 간단하다. 이 방법이 성공한다는 것을 알고 있는 이상 각 단계에서 얻어지는 벡터가 이미 얻은 벡터들과 수직인가에 대하여 신경 쓸 필요가 없다. 단지 마지막 과정에서 단위벡터로 만들어야 함을 주의해야 한다.

예제 14.11

Gram-Schmidt의 방법으로 $\boldsymbol{R}_2[x]$의 정규직교기저를 하나 찾아라.

풀이 $\boldsymbol{R}_2[x]$의 어떤 기저로부터 출발해도 된다. 따라서 표준기저 $\{1,\ x,\ x^2\}$으로부터 시작하자.

$$A_1=1$$

$$A_2=x-\frac{\langle x,\ A_1\rangle}{\langle A_1,\ A_1\rangle}A_1$$

$$A_3=x^2-\frac{\langle x^2,\ A_1\rangle}{\langle A_1,\ A_1\rangle}A_1-\frac{\langle x^2,\ A_2\rangle}{\langle A_2,\ A_2\rangle}A_2$$

이다.

$$\langle x,\ A_1\rangle = \int_0^1 x\,dx = \frac{1}{2}$$

$$\langle A_1,\ A_1\rangle = \int_0^1 1\,dx = 1$$

이므로 $A_2 = x - \frac{1}{2}$ 을 얻는다. 또

$$\langle x^2,\ A_1\rangle = \int_0^1 x^2\,dx = \frac{1}{3}$$

$$\langle x^2,\ A_2\rangle = \int_0^1 x^2\left(x - \frac{1}{2}\right)dx = \frac{1}{12}$$

$$\langle A_2,\ A_2\rangle = \int_0^1 \left(x - \frac{1}{2}\right)^2 dx = \frac{1}{12}$$

이므로 $A_3 = x^2 - \frac{1}{3}\ \cdot 1 - \left(x - \frac{1}{2}\right) = x^2 - x + \frac{1}{6}$ 을 얻는다. 마지막으로

$$\langle A_3,\ A_3\rangle = \int_0^1 \left(x^2 - x - \frac{1}{6}\right)^2 dx = \frac{1}{180}$$

이므로

$$C_1 = \frac{A_1}{|A_1|} = 1$$

$$C_2 = \frac{A_2}{|A_2|} = \sqrt{12}\left(x - \frac{1}{2}\right)$$

$$C_3 = \frac{A_3}{|A_3|} = \sqrt{180}\left(x^2 - x + \frac{1}{6}\right)$$

이 정규직교기저를 이룬다.

예제 14.12

$x+y+z=0$ 으로 정의되는 $\boldsymbol{R}^3$의 부분공간 $\mathscr{W}$ 의 정규직교기저를 구하라.

풀이 먼저 기저를 하나 선택하면 $\{(1,\ -1\ ,0),\ (1,\ 0,\ -1)\}$을 들 수 있다.

$$A_1=(1,\ -1\ 0)$$
$$A_2=(1,\ 0\ -1)-\frac{\langle(1,\ 0,\ -1),\ A_1\rangle}{\langle A_1,\ A_1\rangle}A_1$$
$$=(1,\ 0\ -1)-\frac{1}{2}(1,\ -1,\ 0)=\left(\frac{1}{2},\ \frac{1}{2},\ -1\right)$$

따라서

$$C_1=\frac{A_1}{|A_1|}=\frac{1}{\sqrt{2}}(1,\ -1,\ 0)$$
$$C_1=\frac{A_2}{|A_2|}=\frac{2}{\sqrt{6}}\left(\frac{1}{2},\ \frac{1}{2},\ -1\right)=\frac{1}{\sqrt{6}}(1,\ 1,\ -2)$$

가 정규직교기저를 이룬다.

정규직교기저가 중요한 이유는 다음 정리 때문이다.

정리 14.7

$\{A_1,\ \cdots,\ A_n\}$을 유한차원 내적공간 $\mathscr{V}$ 의 정규직교기저라고 하자. 그러면

(i) $\mathscr{V}$ 의 임의의 벡터 A에 대하여

$$A=\langle A,\ A_1\rangle A_1+\langle A,\ A_2\rangle A_2+\cdots+\langle A,\ A_n\rangle A_n$$

(ii) 만약

$$B=b_1A_1+\cdots+b_nA_n,\ \ C=c_1A_1+\cdots+c_nA_n$$

이면

$$\langle B, C \rangle = \sum_{i=1}^{n} b_i c_i = \sum_{i=1}^{n} \langle B, A_i \rangle \langle C, A_i \rangle \text{ (Parseval 등식)}$$

증명 (i) 정리 14.5에서 $\langle A_i, A_i \rangle = 1$ 인 경우이다.

(ii) $\langle A_i, A_j \rangle = \begin{cases} 1 & (i=j\text{일 때}) \\ 0 & (i \neq j\text{일 때}) \end{cases}$

임을 이용하면

$$\begin{aligned} \langle B, C \rangle &= \langle b_1 A_1 + \cdots + b_n A_n, \ c_1 A_1 + \cdots + c_n A_n \rangle \\ &= \sum_{i,j} b_i c_j \langle A_i, A_j \rangle \\ &= \sum_{i=1}^{n} b_i c_i \end{aligned}$$

이다. ■

따라서 유한차원 내적공간에서 정규직교기저 $\{A_1, \cdots, A_n\}$을 선택하고 벡터를 이 기저에 관한 좌표를 써서 나타내면 내적 $\langle A, B \rangle$의 값은 $\boldsymbol{R}^n$의 표준내적의 값과 같은 형태를 취한다.

선형사상이 벡터의 연산을 보존하는 함수임을 알고 있다. 내적이 주어진 벡터공간에서는 내적을 보존하는 선형사상을 연구하는 것이 의미있는 일이다.

내적 공간에서는 내적을 이용하여 거리(metric 또는 distance)를 정의할 수 있다. 두 벡터 A, B 사이의 거리를 $d(A, B)$로 나타내고

$$d(A, B) = |A - B|$$

로 정의한다. 이것은 물론 $\boldsymbol{R}^3$에서의 거리 개념을 일반화한 것이다.

정리 14.8

$\mathscr{V}$, $\mathscr{W}$가 내적 공간이고 $T : \mathscr{V} \longrightarrow \mathscr{W}$가 선형사상일 때 다음 세 조건은 서로 동치이다.

(1) T가 내적을 보존한다. 즉 임의의 A, $B \in \mathscr{V}$에 대하여

$$\langle T(A),\ T(B)\rangle_{\mathscr{W}} = \langle A,\ B\rangle_{\mathscr{V}}$$

(여기서 $\mathscr{V}$ 와 $\mathscr{W}$ 의 내적을 다른 기호를 써서 구별하였으나 혼동할 염려가 없다면 같은 기호 $\langle\ ,\ \ \rangle$ 로 써도 무방하다.)

(2) T가 거리를 보존한다. 즉, 임의의 $A,\ B \in \mathscr{V}$ 에 대하여

$$|T(A) - T(B)| = |A - B|$$

(3) T가 거리를 보존한다. 즉 임의의 $A \in \mathscr{V}$ 에대하여

$$|T(A)| = |A|$$

증명 (1) ⇒ (2)

$$\begin{aligned}|T(A) - T(B)|^2 = |T(A-B)|^2 &= \langle T(A-B),\ T(A-B)\rangle \\ &= \langle A-B,\ A-B\rangle = |A-B|^2\end{aligned}$$

이므로

$$|T(A) - T(B)| = |A - B|$$

이다.

(2) ⇒ (3)

(2)에서 $B = O$인 경우가 바로 (3)이다.

(3) ⇒ (1)

$$\langle A+B,\ A+B\rangle - \langle A,\ A\rangle - \langle B,\ B\rangle = 2\langle A,\ B\rangle$$

이므로 등식

$$2\langle A,\ B\rangle = |A+B|^2 - |A|^2 - |B|^2 \qquad \cdots\cdots ①$$

을 얻는다. 마찬가지로,

$$2\langle T(A),\ T(B)\rangle = |T(A) + T(B)|^2 - |T(A)|^2 - |T(B)|^2$$

즉

$$2\langle T(A),\ T(B)\rangle = |T(A+B)|^2 - |T(A)|^2 - |T(B)|^2 \cdots ②$$

을 얻는다. (3)이 성립한다면 등식 ①과 ②의 우변은 서로 같다. 따라서 좌변끼리도 같다. 즉

$$2\langle A,\ B\rangle = 2\langle T(A),\ T(B)\rangle$$

이다. 이 등식의 양변을 2로 나누면 원하는 등식을 얻는다. ■

위 정리의 세 조건 중 하나를 만족시키는 선형사상 $T : \mathscr{V} \longrightarrow \mathscr{W}$ 를 등거리매립(isometric embedding)이라고 한다.

예제 14.13

선형사상　$T : \boldsymbol{R}^2 \longrightarrow \boldsymbol{R}^4$

$$T(x,\ y) = \frac{1}{\sqrt{2}}(x,\ x,\ y,\ y)$$

는 등거리매립이다. 실제로 $A = (a_1,\ a_2)$일 때

$$\langle T(A),\ T(A)\rangle = \left\langle \frac{1}{\sqrt{2}}(a_1,\ a_1,\ a_2,\ a_2),\ \frac{1}{\sqrt{2}}(a_1,\ a_1,\ a_2,\ a_2)\right\rangle$$

$$= \frac{1}{2}(a_1{}^2 + a_1{}^2 + a_2{}^2 + a_2{}^2)$$

$$= a_1{}^2 + a_2{}^2 = \langle A,\ A\rangle$$

정리 14.9

등거리매립은 단사함수이다.

증명　$T : \mathscr{V} \longrightarrow \mathscr{W}$ 를 등거리매립이라고 할 때 $\ker T = \{\boldsymbol{O}\}$임을 보이면 된다. $T(A) = \boldsymbol{O}$이라고 하자. 그러면

$$\langle A,\ A\rangle = \langle T(A),\ T(A)\rangle = \langle \boldsymbol{O},\ \boldsymbol{O}\rangle = 0$$

따라서, $A = \boldsymbol{O}$이다. ■

정리 14.10

$\mathscr{V}$, $\mathscr{W}$는 차원이 같은 유한차원 내적공간이고, $T : \mathscr{V} \longrightarrow \mathscr{W}$ 는 등거리매립이라고 하자. 그러면 T는 동형사상이고 T^{-1}는 등거리매립이다.

증명 정리 14.9에 의하여 T는 단사이다. 그런데 $\dim \mathscr{V} = \dim \mathscr{W}$ 이므로 T는 전사가 되고, 따라서 T는 동형사상이다. 즉 T의 역사상 T^{-1}가 존재한다. 이제 $A, B \in \mathscr{W}$ 라고 하고 $A = T(C)$, $B = T(D)$ 라고 하자. 그러면

$$\langle T^{-1}(A),\ T^{-1}(B) \rangle = \langle C,\ D \rangle = \langle T(C),\ T(D) \rangle = \langle A,\ B \rangle$$

이다. 따라서 T^{-1}도 등거리매립이다. ■

$T : \mathscr{V} \longrightarrow \mathscr{W}$ 가 등거리매립이면서 동형사상일 때 T를 등거리동형사상(isometry)이라고 한다. 어떤 등거리동형사상 $T : \mathscr{V} \longrightarrow \mathscr{W}$ 가 존재할 때 $\mathscr{V}$ 와 $\mathscr{W}$ 는 등거리동형(isometric)이라고 한다.

정리 14.11

$\mathscr{V}$ 와 $\mathscr{W}$ 가 유한차원 내적공간이고 $\dim \mathscr{V} \leq \dim \mathscr{W}$ 라고 하자. 그러면 $\mathscr{V}$ 에서 $\mathscr{W}$ 로의 등거리매립 $T : \mathscr{V} \longrightarrow \mathscr{W}$ 가 존재한다.

증명 $\mathscr{V}$ 와 $\mathscr{W}$ 의 정규직교기저 $\{V_1, \cdots, V_n\}$과 $\{W_1, \cdots, W_m\}$을 택하자. 그리고 $T : \mathscr{V} \longrightarrow \mathscr{W}$ 를

$$T(V_i) = W_i,\ i = 1,\ 2,\ \cdots,\ n$$

의 선형확장이라고 정의하자. 그러면 $\mathscr{V}$ 의 두 벡터

$$A = \sum_{i=1}^{n} a_i V_i,\ B = \sum_{i=1}^{n} b_i V_i$$

에 대하여 정리 14.7에 의하여

$$\langle A,\ B\rangle = \sum_{i=1}^{n} a_i b_i$$

를 얻고, 또

$$T(A) = \sum_{i=1}^{n} a_i W_i,\quad T(B) = \sum_{i=1}^{n} b_i W_i$$

이므로 다시 정리 14.7에 의하여

$$\langle T(A),\ T(B)\rangle = \sum_{i=1}^{n} a_i b_i$$

이 되어 T가 등거리매립임이 증명된다. ■

정리14.12

$\mathscr{V}$ 와 $\mathscr{W}$ 가 유한차원 내적공간이라고 하자. 그러면 $\mathscr{V}$ 와 $\mathscr{W}$ 가 등거리동형이기 위한 필요충분조건은 $\dim \mathscr{V} = \dim \mathscr{W}$ 이다.

증명 $\mathscr{V}$ 와 $\mathscr{W}$ 가 등거리동형이면 당연히 동형이고, 따라서 $\dim \mathscr{V} = \dim \mathscr{W}$ 이다. 역으로 $\dim \mathscr{V} = \dim \mathscr{W}$ 이면 정리 14.11에 의하여 등거리매립 $T : \mathscr{V} \longrightarrow \mathscr{W}$ 가 존재하고, 또 정리 14.10에 의하여 T는 등거리동형사상이 된다.

따름정리 14.13

$\mathscr{V}$ 가 n차원 내적공간이면 $\mathscr{V}$ 는 $\boldsymbol{R}^n$과 등거리동형이다.

예제 14.14

$\boldsymbol{R}^3$는 $\boldsymbol{R}_2[x]$와 등거리동형이다. 구체적인 등거리동형사상을 하나 구해보면

$$T(a,\ b,\ c) = 6\sqrt{5}cx^2 + (2\sqrt{3}b - 6\sqrt{5}c)x + (a - \sqrt{3}b + \sqrt{5}c)$$

이다. 실제로

$$\{(1,\ 0,\ 0),\ (0,\ 1,\ 0),\ (0,\ 0,\ 1)\}$$

$$\left\{1,\ \sqrt{12}\left(x-\frac{1}{2}\right),\ \sqrt{180}\left(x^2-x+\frac{1}{6}\right)\right\}$$

을 각각 $\boldsymbol{R}^3$와 $\boldsymbol{R}_2[x]$의 정규직교기저로 택하고 $T: \boldsymbol{R}^3 \longrightarrow \boldsymbol{R}_2[x]$를

$$T(1,\ 0,\ 0)=1$$
$$T(0,\ 1,\ 0)=\sqrt{12}\left(x-\frac{1}{2}\right)$$
$$T(0,\ 0,\ 1)=\sqrt{180}\left(x^2-x+\frac{1}{6}\right)$$

의 선형확장으로 정의하면 된다.

따라서 정리 7.15에서와 같이 공리적 추상화로 새롭게 얻은 것은 없다. 차원이 n인 내적공간은 모두 $\boldsymbol{R}^n$과 등거리동형이다. 그러나 이러한 공리적 접근은 예제 14.3과 같은 색다른 내적을 생각할 때 유용하다. 자연현상에서도 이러한 내적은 자주 나타난다.

이제 내적을 보존하는 선형변환에 대하여 알아보자. $\mathscr{V}$가 내적공간이고 선형변환 $T:\mathscr{V} \longrightarrow \mathscr{V}$가 내적을 보존할 때, 즉 동거리동형사상일 때, T를 직교변환(orthogonal transformation)이라고 한다.

정리 14.14

$\mathscr{V}$를 n차원 내적공간이라고 하고, $T:\mathscr{V} \longrightarrow \mathscr{V}$를 직교변환이라고 하자. 그리고 $\mathscr{V}$의 한 정규직교기저 $\mathscr{B}$에 관한 T의 행렬을 A라고 하자. 그러면

$$A^tA=I$$

이다.

증명 $\mathscr{B}=\{V_1,\ \cdots,\ V_n\}$이라 하고 $A=(a_{ij})$라 하면

$$T(V_i)=\sum_{k=1}^{n} a_{ki}V_k \quad (1\le i\le n)$$

이다. T는 내적을 보존하므로

$$\langle T(V_i),\ T(V_j)\rangle = \langle V_i,\ V_j\rangle = \begin{cases} 1 & (i=j) \\ 0 & (i\neq j) \end{cases}$$

이고, 한편

$$\langle T(V_i),\ T(V_j)\rangle = \left\langle \sum_{k=1}^{n} a_{ki}V_k,\ \ \sum_{k=1}^{n} a_{kj}V_k \right\rangle = \sum_{k=1}^{n} a_{ki}a_{kj}$$

이므로

$$\sum_{k=1}^{n} a_{ki}\,a_{kj} = \begin{cases} 1 & (i=j) \\ 0 & (i\neq j) \end{cases}$$

이다. 그런데 이 등식의 좌변은 바로 A^tA의 $(i,\ j)$원소이므로 $A^tA = I$임이 증명된다. ■

정리 14.15

$A=(a_{ij})$가 $n\times n$ 행렬일 때 다음 세 조건은 서로 동치이다.

(1) $A^tA = I$

(2) A의 열벡터들이 $\boldsymbol{R}^n$의 정규직교기저를 이룬다.

(3) A의 행벡터들이 $\boldsymbol{R}^n$의 정규직교기저를 이룬다.

(위의 세 조건 중 하나를 만족시키는 정사각행렬을 직교행렬(orthogonal matrix)이라고 한다.)

증명 (1) $\Longleftrightarrow$ (2)

$A^tA = I$

$\Longleftrightarrow \sum_{k=1}^{n} a_{ki}\,a_{kj} = \begin{cases} 1 & (i=j) \\ 0 & (i\neq j) \end{cases}$

$\Longleftrightarrow \langle A$의 제 i열, A의 제 j열$\rangle \begin{cases} 1 & (i=j) \\ 0 & (i\neq j) \end{cases}$

$\Longleftrightarrow A$의 열벡터들이 $\boldsymbol{R}^n$의 정규직교기저를 이룬다.

(1) $\Longleftrightarrow$ (3)
정리 9.6에 의하여

$$A^tA = I \Longleftrightarrow AA^t = I$$
$$\Longleftrightarrow \langle A\text{의 제 } i\text{행}, \ A^t\text{의 제 } j\text{열} \rangle$$
$$= \langle A\text{의 제 } i\text{행}, \ A\text{의 제 } j\text{행} \rangle$$
$$= \begin{cases} 1 & (i=j) \\ 0 & (i \neq j) \end{cases}$$
$$\Longleftrightarrow \langle A\text{의 열벡터들이 } \boldsymbol{R}^n\text{의 정규직교기저를 이룬다.}$$ ■

이 장에서 마지막으로 내적공간 $\mathscr{V}$ 에서 $\boldsymbol{R}$로의 선형사상(선형범함수) $T : \mathscr{V} \longrightarrow \boldsymbol{R}$을 내적 $\langle \ , \ \rangle$을 이용하여 표현하는 방법에 대하여 공부한다. 이 결과는 다음 장에서 요긴한다.

$\mathscr{V}$ 를 내적공간이라고 하고, $\mathscr{W}$ 를 $\mathscr{V}$ 의 부분공간이라고 하자. 이때 $\mathscr{W}$ 의 직교여공간(orthogonal complement) $\mathscr{W}^{\perp}$를

$$\mathscr{W}^{\perp} = \{ B \in \mathscr{V} \mid \langle A, \ B \rangle = 0 \ \ \forall A \in \mathscr{W} \}$$

로 정의한다. 즉 $\mathscr{W}^{\perp}$는 $\mathscr{W}$ 의 모든 원소와 수직인 벡터들의 집합이다.

정리14.16

$\mathscr{W}$ 가 내적공간 $\mathscr{V}$ 의 부분공간일 때, $\mathscr{W}^{\perp}$도 부분공간이 되며 $\mathscr{W} \cap \mathscr{W}^{\perp} = \{ \boldsymbol{O} \}$이다.

증명 $B, \ C \in \mathscr{W}^{\perp}$이면 임의의 $A \in \mathscr{W}$ 에 대하여

$$\langle A, \ B + C \rangle = \langle A, \ B \rangle + \langle A, \ C \rangle = 0 + 0 = 0$$

이다. 따라서 $B + C \in \mathscr{W}^{\perp}$이다. 또 r이 실수일 때

$$\langle A, \ rB \rangle = r \langle A, \ B \rangle = r \cdot 0 = 0$$

이므로 $rB \in \mathscr{W}^{\perp}$이다. 그러므로 $\mathscr{W}^{\perp}$는 부분공간이다.

$A \in \mathscr{W} \cap \mathscr{W}^{\perp}$이면 $A \in \mathscr{W}$ 이고 $A \in \mathscr{W}^{\perp}$이므로 $\langle A, A \rangle = 0$ 이다. 따라서 $A = \boldsymbol{O}$이다. ■

예제 14.15

$\boldsymbol{R}^3$의 부분공간 $\mathscr{W} = \{(x, y, z) \mid x+3y+4z=0\}$의 직교여공간은 법선벡터 $(1, 3, 4)$로 생성되는 직선이다. 즉 $\mathscr{W}^{\perp} = \langle (1, 3, 4) \rangle$이다. 왜냐하면 $(x, y, z) \in \mathscr{W}$ 이면

$$\langle (1, 3, 4), (x, y, z) \rangle = x+3y+4z=0$$

이기 때문이다.

예제 14.16

$\boldsymbol{R}^3$의 부분공간

$$\mathscr{W} = \{(x, y, z) \mid x+y+z=0, \ x+y-z=0\}$$

의 직교여공간을 구하라.

풀이 $\mathscr{W}$ 는 직선이므로 $\mathscr{W}^{\perp}$는 평면이 될 것이다. 벡터 $(1, -1, 0)$이 두 식

$$x+y+z=0, \quad x+y-z=0$$

모두를 만족하므로 $\mathscr{W}$ 의 기저가 된다. 따라서 $\mathscr{W}$ 의 직교여공간은 벡터 $(1, -1, 0)$을 법선벡터로 갖는 평면이다. 즉

$$\mathscr{W}^{\perp} = \{(x, y, z) \mid x-y=0\}$$

정리 14.17

$\mathscr{V}$ 를 유한차원 내적공간이라고 하고, $\{A_1, \cdots, A_k\}$를 $\mathscr{V}$ 의 정규직교집합이라고 하자. 그러면 $\{A_1, \cdots, A_k, A_{k+1}, \cdots, A_n\}$이 $\mathscr{V}$ 의 정규직교기저가 되도록 $A_{k+1}, \cdots, A_n$을 택할 수 있다.

증명 정리 14.4에 의하여 정규직교집합은 일차독립이므로 $\{A_1, \cdots, A_k\}$를 $\mathscr{V}$ 의 기저

$$\{A_1, \cdots, A_k, B_{k+1}, \cdots, B_n\}$$

으로 확장할 수 있다. 이 기저에 Gram-Schmidt 직교화과정을 시행하면 처음 k개의 벡터는 이미 서로 수직이므로 아무런 변화가 없고, 따라서 직교집합

$$\{A_1, \cdots, A_k, C_{k+1}, \cdots, C_n\}$$

을 얻는다. 이 벡터들을 단위벡터로 만들어도 처음 k개의 벡터는 이미 단위벡터이므로 아무런 변화가 없고, 결국 정규직교기저

$$\{A_1, \cdots, A_k, A_{k+1}, \cdots, A_n\}$$

을 얻는다. ■

정리 14.18

$\mathscr{V}$ 를 유한차원 내적공간이라고 하고 $\mathscr{W}$를 $\mathscr{V}$ 의 한 부분공간이라고 하자. 그러면 다음이 성립한다.

$$\mathscr{W} + \mathscr{W}^{\perp} = \mathscr{V}$$

증명 $\mathscr{W}$ 도 내적공간이므로 $\mathscr{W}$ 의 정규직교기저 $\{A_1, \cdots, A_k\}$를 찾을 수 있다. 이 집합 $\{A_1, \cdots, A_k\}$는 $\mathscr{V}$ 의 정규직교집합이므로 정리 14.17에 의하여 $\mathscr{V}$ 의 정규직교기저 $\{A_1, \cdots, A_k, A_{k+1}, \cdots, A_n\}$으로 확장될 수 있다. 이제

$$\mathscr{W}^{\perp} = \{\langle A_{k+1}, \cdots A_n\rangle\}$$

임을 보이자. $B \in \langle A_{k+1}, \cdots A_n\rangle$이면

$$B = b_{k+1}A_{k+1} + \cdots + b_nA_n$$

으로 쓸 수 있다. $\mathscr{W}$ 의 임의의 원소는

$$A = a_1 A_1 + \cdots + a_k A_k$$

의 형태이므로

$$\langle A,\ B \rangle = \langle a_1 A_1 + \cdots + a_k A_k,\ b_{k+1} A_{k+1} + \cdots + b_n A_n \rangle = 0$$

이다. 따라서 $B \in \mathscr{W}^{\perp}$이다. 역으로 $B \in \mathscr{W}^{\perp}$이면

$$\langle B,\ A_1 \rangle = 0,\ \langle B,\ A_2 \rangle = 0,\ \cdots,\ \langle B,\ A_k \rangle = 0$$

이므로 정리 14.7의 (i)에 의하여 B는 $A_{k+1},\ \cdots,\ A_n$의 일차결합이 된다. 즉 $B \in \langle A_{k+1}, \cdots, A_n \rangle$이다. 따라서 $\mathscr{W}^{\perp} = \langle A_{k+1}, \cdots, A_n \rangle$이다.

이제

$$\begin{aligned} \mathscr{W} + \mathscr{W}^{\perp} &= \langle A_1,\ \cdots,\ A_k \rangle + \langle A_{k+1}, \cdots, A_n \rangle \\ &= \langle A_1,\ \cdots,\ A_n \rangle = \mathscr{V} \end{aligned}$$

이다. ■

위 정리의 증명과정에서 $\langle A_{k+1},\ \cdots,\ A_n \rangle$은 $\mathscr{W}^{\perp}$의 기저가 된다. 따라서 다음 정리를 얻는다.

정리 14.19

유한차원 내적공간 $\mathscr{V}$ 의 부분공간 $\mathscr{W}$ 에 대하여

$$\dim \mathscr{W} + \dim \mathscr{W}^{\perp} = \dim \mathscr{V}$$

정리 14.20

$\mathscr{V}$ 를 유한차원 내적공간이라고 하고, $T : \mathscr{V} \longrightarrow \boldsymbol{R}$ 을 선형사상이라고 하자. 그러면 $\mathscr{V}$ 의 (T에 의존하는) 어떤 벡터 A가 존재하여 모든 $B \in \mathscr{V}$ 에 대하여

$$T(B) = \langle B,\ A \rangle$$

가 성립한다. 또 이러한 A는 유일하다.

증명 $\dim \mathscr{V} = n$ 이라고 하자. 만일 $\text{im}\, T=\{0\}$이면 $A=\boldsymbol{O}$으로 택한다. 그러면

$$T(B)=0=\langle B, \boldsymbol{O}\rangle$$

이 되어 정리는 증명된다. $\boldsymbol{R}$의 부분공간은 $\{0\}$이거나 $\boldsymbol{R}$ 자신 뿐이므로 $\text{im}\, T\neq\{0\}$이면 $\text{im}\, T=\boldsymbol{R}$이어야 한다. 따라서 정리 7.9에 의하여 $\dim(\ker T)=n-1$ 이다. $\{A_1, \cdots, A_{n-1}\}$을 $\ker T$의 정규직교기저라고 하자. 그러면 정리 14.17에 의하여 $\{A_1, \cdots, A_{n-1}, A_n\}$이 $\mathscr{V}$ 의 정규직교기저가 되는 A_n을 찾을 수 있다. $B\in\mathscr{V}$ 라고 하자. 그러면 정리 14.7의 (i)에 의하여

$$B=\langle B, A_1\rangle A_1+\cdots+\langle B, A_n\rangle A_n$$

이다. 따라서

$$\begin{aligned} T(B)&=\langle B, A_1\rangle T(A_1)+\cdots+\langle B, A_n\rangle T(A_n)\\ &=\langle B, A_n\rangle T(A_n)\\ &=\langle B, T(A_n)A_n\rangle \end{aligned}$$

(여기서 $T(A_n)$은 실수이다!) 그러므로 $A=T(A_n)A_n$이 우리가 원하는 벡터이다.

A의 유일성을 보이기 위하여 C를 $T(B)=\langle B, C\rangle$가 성립하는 또 하나의 벡터라고 하자. 그러면

$$\begin{aligned} \langle B, A-C\rangle&=\langle B, A\rangle-\langle B, C\rangle\\ &=T(B)-T(B)=0 \end{aligned}$$

이고, 이것은 모든 벡터 B에 대하여 성립하므로 특히 $B=A-C$일 때

$$\langle A-C, A-C\rangle=0$$

이 되어 $A-C=\boldsymbol{O}$, 즉 $A=C$임을 알 수 있다. ■

예제 14.17

$T(x, y, z)=x+2y+3z$ 로 정의된 선형사상 $T: \boldsymbol{R}^3 \longrightarrow \boldsymbol{R}$을 생각해 보자. 이 경우 모든 $(x, y, z) \in \boldsymbol{R}^3$에 대하여

$$T(x, y, z)=\langle (x, y, z), (1, 2, 3)\rangle$$

이 성립함을 알 수 있다.

예제 14.19

$T(p(x))=p(1)$로 정의된 선형사상 $T: \boldsymbol{R}_2[x] \longrightarrow \boldsymbol{R}$를 생각해 보자. 이때 모든 $p(x) \in \boldsymbol{R}_2[x]$에 대하여

$$T(p(x))=\langle p(x), q(x)\rangle = \int_0^1 p(x)q(x)\,dx$$

인 다항식 $q(x)$를 찾아라.

풀이

$$\begin{aligned}\ker T &= \{p(x) \mid p(1)=0\} \\ &= \{a+bx+cx^2 \mid a+b+c=0\}\end{aligned}$$

이다. $\ker T$의 기저로 $\{1-x, 1-x^2\}$을 선택하자. $\{1-x, 1-x^2, 1\}$은 $\boldsymbol{R}_2[x]$의 기저가 된다. 이것을 Gram-Schmidt 방법으로 직교화하자.

$$\begin{aligned}A_1 &= 1-x \\ A_2 &= 1-x^2-\frac{\langle 1-x^2, A_1\rangle}{\langle A_1, A_1\rangle}A_1 \\ &= -\frac{1}{4}+\frac{5}{4}x-x^2 \\ A_3 &= 1-\frac{\langle 1, A_1\rangle}{\langle A_1, A_1\rangle}A_1-\frac{\langle 1, A_2\rangle}{\langle A_2, A_2\rangle}A_2 \\ &= \frac{1}{3}-\frac{8}{3}x+\frac{10}{3}x^2\end{aligned}$$

을 얻는다. 따라서 $\ker T$에 수직인 단위벡터는

$$3A_3 = 1 - 8x + 10x^2$$

이다. 그런데

$$T(1 - 8x + 10x^2) = 1 - 8 + 10 = 3$$

이므로 $q(x) = 3(1 - 8x + 10x^2)$이다. 즉

$$T(p(x)) = 3\int_0^1 p(x)(1 - 8x + 10x^2)\,dx$$

이다.

연습문제

1. 다음 $\boldsymbol{R}^3$의 부분집합 중 직교집합을 찾아라.

$\{(0,\ 0,\ 0),\ (1,\ 1,\ 1),\ (1,\ -1,\ 0)\}$

$\{(1,\ 1,\ 1),\ (1,\ -2,\ 1),\ (-2,\ 1,\ -2)\}$

$\{(1,\ -1,\ 2),\ (2,\ 3,\ 1),\ (0,\ 1,\ 1),\ (0,\ 0,\ 1)\}$

2. 다음 $\boldsymbol{R}_3[x]$의 부분집합 중 직교집합을 찾아라.

$\{1,\ x-1\}$, $\{x,\ x^2-1\}$, $\{x,\ 3x^2-2,\ 2x^3\}$

3. $\mathrm{Mat}_{3\times 3}(\boldsymbol{R})$의 다음 부분집합은 직교집합인가?

$$\left\{\begin{pmatrix}1 & 2 & 3\\0 & 1 & 2\\0 & 0 & 1\end{pmatrix},\ \begin{pmatrix}1 & 0 & 0\\0 & -2 & 0\\0 & 0 & 1\end{pmatrix},\ \begin{pmatrix}2 & 3 & 4\\0 & -1 & 1\\0 & 0 & -1\end{pmatrix},\ \begin{pmatrix}0 & 0 & 0\\0 & 0 & 0\\1 & 0 & 0\end{pmatrix}\right\}$$

4. 다음 내적공간의 정규직교기저를 각각 구하라.

$\{(x,\ y,\ z)\in\boldsymbol{R}^3 \mid x-y+2z=0\}$

$\left\{p(x)\in\boldsymbol{R}_3[x] \mid x^3p\left(\frac{1}{x}\right)=p(x)\right\}$

$\{A\in\mathrm{Mat}_{3\times 3}(\boldsymbol{R}) \mid \mathrm{tr}\,A=0\}$

5. $(\mathscr{V},\ \langle\ ,\ \rangle)$이 내적공간이고 $\{A_1,\ \cdots,\ A_n\}$이 $\mathscr{V}$의 직교집합일 때 다음 부등식을 증명하라.

$$\text{(Bessel 부등식)}:\ \sum_{i=1}^{n}\frac{|\langle B,\ A_i\rangle|^2}{|A_i|^2}\le|B|^2$$

단, 등호는 $B\in\langle A_1,\ \cdots,\ A_n\rangle$일 때에만 성립한다.

6. 내적공간에서 다음 부등식을 증명하라.

① $|A-B|\le|A|+|B|$

② $||A|-|B||\le|A-B|$

7. 내적공간에서 $d(A, B)=|A-B|$로 정의된 함수 d는 다음 성질을 만족시킴을 보여라.

① $d(A, B)\geq 0$

$d(A, B)=0 \Longleftrightarrow A=B$

② $d(A, B)=d(B, A)$

③ $d(A, B)=d(B, C)\geq d(A, C)$

8. 다음 선형사상 중 등거리매립을 찾아라.

$T:\boldsymbol{R}^3 \longrightarrow \boldsymbol{R}^4,\ T(x, y, z)=(x+y, y+z, z+x, -x-y-z)$

$T:\boldsymbol{R}^2 \longrightarrow \boldsymbol{R}^3,\ T(x, y)=(x, 0, -y)$

$T:\boldsymbol{R}_2[x] \longrightarrow \boldsymbol{R}_3[x],\ T(p(x))=xp(x)$

$T:\boldsymbol{R}^3 \longrightarrow \mathrm{Mat}_{3\times 2}(\boldsymbol{R}),\ T(x, y, z)=\begin{pmatrix} x & 0 & 0 \\ 0 & y & 0 \\ 0 & 0 & z \end{pmatrix}$

9. 연습문제 4에 주어진 부분공간들의 직교여공간을 구하라.

10. 선형변환 $T:\boldsymbol{R}^2 \longrightarrow \boldsymbol{R}^2$가 등거리동형사상이고, $\det T>0$이면 T는 회전변환임을 보여라. 즉 표준기저에 관한 T의 행렬이

$$\begin{pmatrix} \cos\Theta & -\sin\Theta \\ \sin\Theta & \cos\Theta \end{pmatrix}$$

로 주어짐을 보여라. 여기서 $\cos\Theta=\langle T(E_1), E_1\rangle$ 이다.

11. 선형변환 $T:\boldsymbol{R}^2 \longrightarrow \boldsymbol{R}^2$가 등거리동형사상이고 $\det T<0$이면 표준기저에 관한 T의 행렬이

$$\begin{pmatrix} \cos\Theta & \sin\Theta \\ \sin\Theta & -\cos\Theta \end{pmatrix}$$

로 주어짐을 보여라. 여기서 $\cos\Theta=\langle T(E_1), E_1\rangle$ 이다.

12. 선형변환 $T: \boldsymbol{R}^3 \longrightarrow \boldsymbol{R}^3$가 있다.

① T가 원점을 지나는 평면 π에 관한 대칭변환일 때 T는 등거리동형사상임을 보여라. 또 $\det T = -1$임도 보여라.

② T가 원점을 지나는 직선 l에 관한 대칭변환일 때 T는 등거리동형사상임을 보여라. 또 $\det T = 1$임도 보여라.

③ T가 원점 $\boldsymbol{O}$에 관한 대칭변환일 때, T는 등거리동형사상임을 보여라. 또 $\det T = -1$임도 보여라.

13. $T^2 = -1$, 즉 T^2이 원점에 관한 대칭변환이 되는 회전변환 $T: \boldsymbol{R}^2 \longrightarrow \boldsymbol{R}^2$를 찾아라.

14. $\{A_1, \cdots, A_n\}$을 $\mathscr{V}$의 직교기저라고 하자. $\mathscr{V}$의 벡터 A가

$$\langle A, A_i \rangle = 0, \quad i = 1, 2, \cdots, n$$

을 만족하면 $A = \boldsymbol{O}$임을 보여라.

15. 구간 $[a, b]$에서 연속인 임의의 두 함수 $f, g: [a, b] \longrightarrow \boldsymbol{R}$에 대하여 다음이 성립함을 증명하라.

① $$\int_a^b f(x)g(x)\,dx \le \left(\int_a^b f(x)^2 dx\right)^{\frac{1}{2}} \left(\int_a^b g(x)^2 dx\right)^{\frac{1}{2}}$$

② $$\left\{\int_a^b (f(x)+g(x))^2 dx\right\}^{\frac{1}{2}} \le \left(\int_a^b f(x)^2 dx\right)^{\frac{1}{2}} \left(\int_a^b g(x)^2 dx\right)^{\frac{1}{2}}$$

16. n차원 내적공간 $\mathscr{V}$ 위의 선형변환 $T: \mathscr{V} \longrightarrow \mathscr{V}$가 있다. 만약 $\mathscr{V}$의 어떤 $(n-1)$ 차원 부분공간 $\mathscr{H}$와 $\mathscr{H}$에 수직인 벡터 V가 존재하여

$$T(H) = H, \quad H \in \mathscr{H}$$
$$T(V) = -V$$

이면 T를 (수직)대칭변환이라고 한다. 이때 모든 $A \in \mathscr{V}$에 대하여

$$T(A) = A - 2\frac{\langle A, V \rangle}{\langle V, V \rangle} V$$

임을 보여라.

17. $\mathscr{V}$ 는 내적이 주어지지 않은 유한차원 벡터공간이다. $T:\mathscr{V}\longrightarrow\mathscr{V}$ 가 제10장 연습문제 15에서와 같은 대칭변환일 때 $\mathscr{V}$ 위에 적당한 내적을 정의하여 T 는 (수직)대칭변환이 됨을 보여라.

18. $m\times n$ 행렬 $A=(a_{ij})$ 의 행계수와 열계수가 같음을 다음과 같이 보일 수 있다. 먼저 동차연립방정식

$$(*)\quad AX=0$$

을 생각하자.

① A 의 행공간을 $\mathscr{W}$ 라고 하면 $\mathscr{W}^{\perp}=((*)$의 해공간)임을 보여라. 따라서 정리 14.19에 의하여 $\dim\mathscr{W}+\dim\mathscr{W}^{\perp}=\dim\boldsymbol{R}^n=n$, 즉 다음이 성립한다.

$$(A\text{의 행계수})+\dim((*)\text{의 해공간})=n$$

② 정리 7.9를 이용하여 다음이 성립함을 보여라.

$$(A\text{의 열계수})+\dim((*)\text{의 해공간})=n$$

따라서 ①과 ②로부터 (A 의 행계수) =(A 의 열계수)이다.

19. S가 유한집합일 때 벡터공간 $\mathscr{F}(S,\ \boldsymbol{R})$을 생각해 보자(예제 4.9 참조). $\phi:S\longrightarrow S$가 함수일 때, 함수 $\phi^*:\mathscr{F}(S,\ \boldsymbol{R})\longrightarrow\mathscr{F}(S,\ \boldsymbol{R})$을

$$\phi^*(f)(s)=f(\phi(x))$$

로 정의하면 ϕ^*는 선형변환이 된다(제7장 연습문제 21 참조). 이때 ϕ^* 의 트레이스는 ϕ의 부동점의 개수임을 보여라. $(\phi(s))=s$인 점 s를 ϕ의 부동점이라고 한다.)

제 15 장

스펙트럼 이론과 이차형식

제13장에서는 선형변환 $T: \mathscr{V} \longrightarrow \mathscr{V}$의 대각화에 대하여 공부했다. 이 장에서는 $\mathscr{V}$가 내적공간일 때 대각행렬로 표현할 수 있는 선형변환에 대하여 알아본다.

잠정적 정의 15.1

$T: \mathscr{V} \longrightarrow \mathscr{V}$를 선형변환이라고 하자. 이때 $\mathscr{V}$의 어떤 기저에 관한 T의 행렬이 대칭행렬이면 T를 대칭적(symmetric)이라고 한다.

이 정의를 잠정적 정의라고 한 이유는 곧 밝혀질 것이다. 정의란 누구나 할 수 있다. 다만, 정의가 얼마나 쓸모 있느냐 하는 것이 문제이다. 이러한 관점에서 위 정의는 별로 좋은 정의가 아니다. 다음 예에서 그 이유를 알 수 있다.

예제 15.1

$T(x, y) = (2x+y, x+2y)$로 정의된 선형변환 $T: \boldsymbol{R}^2 \longrightarrow \boldsymbol{R}^2$를 생각하자. 표준기저에 관한 T의 행렬은

$$\begin{pmatrix} 2 & 1 \\ 1 & 2 \end{pmatrix}$$

이고, 이것은 대칭행렬이다. 그러나 기저 $\{F_1=(1, 1), F_2=(0, 1)\}$에 관한 T의 행렬을 계산하면

$$T(F_1) = T(1, 1) = (3, 3) = 3F_1 + 0F_2$$
$$T(F_2) = T(0, 1) = (1, 2) = F_1 + F_2$$

이므로 그 행렬은

$$\begin{pmatrix} 3 & 1 \\ 0 & 1 \end{pmatrix}$$

이 되어 대칭행렬이 아님을 알 수 있다.

위의 예로부터 앞의 정의가 중대한 결점을 지니고 있음을 알 수 있다. 이 정의는 기저의 변환에 관한 불변이 아니다. 즉 대칭적이라는 성질이 변환 자체보다 사용된 기저에 관련된다. 따라서 대칭성을 이용하여 수행하는 작업은 특별히 선택된 기저일 때에만 가능하다. 둘째 이유로, T가 주어진 정의대로는 대칭적이라 하더라도 그 행렬이 대칭행렬이 되게 하는 기저를 찾는 일은 일반적으로 매우 어렵다는 점이다.

이상의 결점을 약간 다른 개념을 사용하여 극복할 수 있다. 이 개념은 선형변환 자체에만 관련되며, 기저의 선택에는 무관할 것이다. 그러나 먼저 벡터공간에 어떤 내적이 정의되어 있다고 가정해야 한다.

정리 15.1

$T : \mathscr{V} \longrightarrow \mathscr{V}$ 를 유한차원 내적공간 $\mathscr{V}$ 위의 선형변환이라고 하자. 이때 $A \in \mathscr{V}$ 에 대하여

$$T_A(B) = \langle T(B), A \rangle$$

로 정의된 함수 $T_{A}: \mathscr{V} \longrightarrow \boldsymbol{R}$는 선형사상이 된다.

증명 $B_1, B_2 \in \mathscr{V}, \ r \in \boldsymbol{R}$일 때

$$\begin{aligned} T_A(B_1+B_2) &= \langle T(B_1+B_2), A\rangle = \langle T(B_1)+T(B_2), A\rangle \\ &= \langle T(B_1), A\rangle + \langle T(B_2, A) = T_A(B_1), + T_A(B_2) \\ T_A(rB_1) &= \langle T(rB_1), A\rangle = \langle rT(B_1), A\rangle \\ &= r\langle T(B_1), A\rangle = rT_A(B_1) \end{aligned}$$

이므로 T_A는 선형사상이다. ■

위 정리의 선형사상 $T_{A}: \mathscr{V} \longrightarrow \boldsymbol{R}$을 생각해보자. 정리 14.20에 의하여 모든 $B \in \mathscr{V}$ 에 대하여

$$T_A(B) = \langle B,\ A^* \rangle$$

를 만족시키는 $\mathscr{V}$ 의 벡터 A^*가 유일하게 존재한다. 이때

$$T^*(A) = A^*$$

로 함수 $T^*: \mathscr{V} \longrightarrow \mathscr{V}$를 정의하자.

정리 15.2

$T: \mathscr{V} \longrightarrow \mathscr{V}$를 유한차원 내적공간 $\mathscr{V}$ 위의 선형변환이라고 할 때, 위와 같이 정의된 함수 $T^*: \mathscr{V} \longrightarrow \mathscr{V}$도 선형변환이 된다. 이 때 T^*를 T의 딸림변환(adjoint) 또는 동반변환이라고 한다.

증명 정의로부터 $\mathscr{V}$ 의 임의의 원소 A, B에 대하여

$$\langle T(B),\ A \rangle = T_A(B) = \langle B,\ T^*(A) \rangle$$

이 성립한다. $\mathscr{V}$ 의 임의의 원소 B에 대하여

$$\begin{aligned} \langle B,\ T^*(A_1 + A_2) \rangle &= \langle T(B),\ A_1 + A_2 \rangle \\ &= \langle T(B),\ A_1 \rangle + \langle T(B),\ A_2 \rangle \\ &= \langle B,\ T^*(A_1) \rangle + \langle B,\ T^*(A_2) \rangle \\ &= \langle B,\ T^*(A_1) + T^*(A_2) \rangle \end{aligned}$$

이 성립한다. $A = A_1 + A_2$로 놓으면 위의 등식은

$$\langle B,\ T^*(A_1 + A_2) \rangle = T_A(B) = \langle B,\ T^*(A_1) + T^*(A_2) \rangle$$

이 되고, 이것은 모든 $B \in \mathscr{V}$ 에 대하여 성립한다. 따라서 정리 14.20의 유일성에 의하여

$$T^*(A_1 + A_2) = T^*(A_1) + T^*(A_2)$$

이다. 즉 T^*는 벡터의 덧셈을 보존한다. 또 임의의 B에 대하여

$$\begin{aligned}\langle B,\ T^*(rA)\rangle &= \langle T(B),\ rA\rangle \\ &= r\langle T(B),\ A\rangle \\ &= r\langle B,\ T^*(A)\rangle \\ &= \langle B,\ rT^*(A)\rangle\end{aligned}$$

이므로, 다시 정리 14.20의 유일성에 의하여

$$T^*(rA) = rT^*(A) \quad \blacksquare$$

구체적인 예를 계산해보자.

예제 15.2

$T(x,\ y) = (2x+y,\ x+2y)$로 정의된 선형변환 $T: \boldsymbol{R}^2 \longrightarrow \boldsymbol{R}^2$에 대하여 $T^*: \boldsymbol{R}^2 \longrightarrow \boldsymbol{R}^2$를 구하라.

풀이 $T^*(u,\ v)$를 구하기 위하여

$$\langle (x,\ y),\ T^*(u,\ v)\rangle = \langle T(x,\ y),\ (u,\ v)\rangle$$

임을 이용한다.

$$\begin{aligned}\langle (x,\ y),\ T^*(u,\ v)\rangle &= \langle T(x,\ y),\ (u,\ v)\rangle \\ &= \langle (2x+y,\ x+2y),\ (u,\ v)\rangle \\ &= (2x+y)u + (x+2y)v \\ &= x(2u+v) + y(u+2v) \\ &= \langle (x,\ y),\ (2u+v,\ u+2v)\rangle\end{aligned}$$

이므로

$$T^*(u,\ v) = (2u+v,\ u+2v)$$

가 된다. 여기서 u, v대신 x, y를 쓰면

$$T^*(x,\ y) = (2x+y,\ x+2y)$$

이다. 즉 $T^* = T$이다.

예제 15.3

$T(x,\ y) = (x-2y,\ 3x+y)$ 로 정의된 선형변환 $T: \boldsymbol{R}^2 \longrightarrow \boldsymbol{R}^2$에 대하여 $T^*: \boldsymbol{R}^2 \longrightarrow \boldsymbol{R}^2$를 구하라.

풀이

$$
\begin{aligned}
\langle (x,\ y),\ T^*(u,\ v)\rangle &= \langle T(x,\ y),\ (u,\ v)\rangle \\
&= \langle (x-2y,\ 3x+y),\ (u,\ v)\rangle \\
&= (x-2y)u + (3x+y)v \\
&= x(u+3v) + y(-2u+v) \\
&= \langle (x,\ y),\ (u+3v,\ -2u+v)\rangle
\end{aligned}
$$

이므로 $T^*(u,\ v) = (u+3v,\ -2u+2v)$ 즉,

$$T^*(x,\ y) = (x+3y,\ -2x+y)$$

이다. 이 경우에는 $T^* \neq T$이다.

정의 15.2

$\mathscr{V}$ 를 유한차원 내적공간이라 하자. 선형변환 $T: \mathscr{V} \longrightarrow \mathscr{V}$ 에 대하여 $T = T^*$가 성립할 때 T를 자기딸림변환(self-adjoint) 또는 자기동반변환이라고 한다.

만일 $T: \mathscr{V} \longrightarrow \mathscr{V}$ 가 자기딸림변환이면 $T = T^*$이므로 모든 $A,\ B \in \mathscr{V}$ 에 대하여

$$\langle T(B),\ A\rangle = \langle B,\ T(A)\rangle$$

가 성립한다. 역으로 선형변환 $T: \mathscr{V} \longrightarrow \mathscr{V}$ 가 모든 $A,\ B \in \mathscr{V}$ 에 대하여

$$\langle T(B),\ A\rangle = \langle B,\ T(A)\rangle$$

가 성립하면 T는 자기딸림변환이 된다(이것 또한 정리 14.20의 유

일성에 의하여 증명될 수 있다).

예제 15.4

$T(A)=A^t$로 정의된 선형변환 $T:\mathrm{Mat}_{n\times n}(\boldsymbol{R}) \longrightarrow \mathrm{Mat}_{n\times n}(\boldsymbol{R})$은 자기딸림변환이다. 이것은 모든 $n\times n$행렬 A, B에 대하여

$$\langle T(B),\ A\rangle = \langle B,\ T(A)\rangle$$

임을 보이면 증명된다. 실제로

$$\begin{aligned}\langle T(B),\ A\rangle &= \langle B^t,\ A\rangle = \mathrm{tr}(B^tA^t) = \mathrm{tr}(AB)^t \\ &= \mathrm{tr}(AB) = \mathrm{tr}(BA) = \langle B,\ A^t\rangle \\ &= \langle B,\ T(A)\rangle\end{aligned}$$

이다. 여기서 트레이스의 성질

$$\mathrm{tr}(C^t) = \mathrm{tr}(C)$$
$$\mathrm{tr}(CD) = \mathrm{tr}(DC)$$

이 이용되었다(제8장 연습문제 23 참조).

주어진 선형변환이 자기딸림변환인지를 알아보는 다른 방법도 있다. 정규직교기저에 관한 행렬을 살펴보는 것이 그 한 방법이다.

정리 15.3

$\mathscr{V}$를 유한차원 내적공간이라고 하고, $T:\mathscr{V}\longrightarrow\mathscr{V}$를 선형변환 $\{A_1, \cdots, A_n\}$를 $\mathscr{V}$의 정규직교기저라고 하자. 이 기저에 관한 T의 행렬을 M, T^*의 행렬을 N이라고 하면

$$N = M^t$$

이다.

증명 $M=(m_{ij})$, $N=(n_{ij})$라고 하자. 그러면

$$T(A_j) = \sum_{k=1}^{n} m_{kj} A_k \quad (1 \le j \le n)$$

$$T^*(A_s) = \sum_{k=1}^{n} n_{ks} A_k \quad (1 \le s \le n)$$

이다.그런데

$$\langle A_k,\ A_i \rangle = \begin{cases} 1 & (k = i) \\ 0 & (k \ne i) \end{cases}$$

이므로

$$\langle T(A_j),\ A_i \rangle = m_{ij}$$

$$\langle A_r,\ T^*(A_s) \rangle = n_{rs}$$

이다. 따라서

$$m_{ij} = \langle T(A_j),\ A_i \rangle = \langle A_j,\ T^*(A_i) \rangle = n_{ji}$$

이 되어 $N = M^t$이다. ■

정리 15.4

$\mathscr{V}$ 를 유한차원 내적공간이라고 하고, $T : \mathscr{V} \longrightarrow \mathscr{V}$ 를 자기딸림변환이라고 하자. $\mathscr{B}$ 를 $\mathscr{V}$ 의 임의의 정규직교기저라고 할 때 $\mathscr{B}$ 에 관한 T의 행렬은 대칭행렬이 된다.

증명 $\mathscr{B}$ 에 관한 T의 행렬을 M, T^*의 행렬을 N이라고 하면 정리 15.3에 의하여 $N = M^t$이다. 그런데 $T^* = T$ 이므로 $N = M$이다. 따라서 $M^t = M$ 이다. ■

예제 15.5

$T(x,\ y,\ z) = (x - y + z,\ x + y,\ -2x + z)$로 정의된 선형변환 $T : \boldsymbol{R}^3 \longrightarrow \boldsymbol{R}^3$가 자기딸림변환인지를 판정하라.

풀이 정규직교기저인 표준기저에 관한 T의 행렬을 구하면

$$M=\begin{pmatrix} 1 & -1 & 1 \\ 1 & 1 & 0 \\ -2 & 0 & 1 \end{pmatrix}$$

이다. 따라서 M은 대칭행렬이 아니므로 T는 자기딸림변환이 아니다. 또한, $T^*: \boldsymbol{R}^3 \longrightarrow \boldsymbol{R}^3$를 M^t를 이용하여 구할 수 있다.

$$M^t\begin{pmatrix} x \\ y \\ z \end{pmatrix}=\begin{pmatrix} 1 & 1 & -2 \\ -1 & 1 & 0 \\ 1 & 0 & 1 \end{pmatrix}\begin{pmatrix} x \\ y \\ z \end{pmatrix}=\begin{pmatrix} x+y-2z \\ -x+y \\ x+z \end{pmatrix}$$

이므로

$$T^*(x,\ y,\ z)=(x+y-2y,\ -x+y,\ x+z)$$

이다. 물론 예제 15.2의 방법으로 T^*를 계산할 수 도 있다.

정리 15.5

$\mathscr{V}$를 유한차원 내적공간이라고 하고, $\mathscr{V}$의 어떤 정규직교기저 $\mathscr{B}$에 관한 선형변환 T의 행렬이 대칭행렬이 된다고 하자. 그러면 T는 자기딸림변환이다.

증명 M을 $\mathscr{B}$에 관한 T의 행렬이라고 하자. M은 대칭행렬이므로 이 기저에 관한 T^*의 행렬도 M이다. 따라서 정리 9.1에 의하여 $T=T^*$이다. ■

위 정리에 의하면 n차원 내적공간 $\mathscr{V}$에 대하여

(1) $\mathscr{V}$의 한 정규직교기저 $\{A_1,\ \cdots,\ A_n\}$

(2) $n\times n$ 대칭행렬 M

의 두 가지가 주어지면 자기딸림변환 $T:\mathscr{V}\longrightarrow\mathscr{V}$를 만들 수 있다.

정리 15.4와 15.5는 처음 제안된 감정적 정의를 어떻게 수정하여 유용한 개념을 얻는가를 보여준다. 이와 같이 시행착오를 거쳐 유용한 개념을 얻는 과정은 현대과학의 여러 분야에서 흔히 볼 수 있다.

다음 정리는 이 장을 대표하는 가장 중요한 정리이다.

정리 15.6

(스펙트럼 정리)

$T : \mathscr{V} \longrightarrow \mathscr{V}$를 유한차원 내적공간 $\mathscr{V}$ 상의 자기딸림변환이라고 하자. 그러면 T는 대각화가 가능하여 이때의 기저를 정규직교기저로 택할 수 있다. 다시 말하여 고유벡터로 이루어진 정규직교기저 $\{A_1, \cdots, A_n\}$이 존재하여 기저에 관한 T의 행렬이 대각행렬

$$\begin{pmatrix} e_1 & & & \\ & e_2 & & O \\ & & \ddots & \\ & O & & e_n \end{pmatrix}$$

이 된다. 여기서 $e_1, \cdots, e_n$은 서로 다를 필요가 없다.

위 정리의 증명은 수학적 귀납법을 사용한다. 여기서는 $n=2,\ 3$인 경우에만 증명하고 일반적인 경우는 연습문제에서 다룰 것이다. 우선 다음 두 가지 예비 정리가 필요하다.

정리 15.7

$T : \mathscr{V} \longrightarrow \mathscr{V}$를 유한차원 내적공간 $\mathscr{V}$ 상의 자기딸림변환이라고 하자. 만약 $\mathscr{W}$가 $T(\mathscr{W}) \subset \mathscr{W}$인 $\mathscr{V}$의 부분공간이면 $\mathscr{W}^\perp$도 같은 성질을 갖는다. 즉 $T(\mathscr{W}^\perp) \subset \mathscr{W}^\perp$이다.

증명 $A \in \mathscr{W}^\perp$이라고 하자. $\mathscr{W}$의 모든 원소 B에 대하여

$$\begin{aligned} \langle T(A),\ B \rangle &= \langle A,\ T(B) \rangle \quad (T^* = T \text{ 이므로}) \\ &= 0 \qquad (T(B) \in \mathscr{W},\ A \in \mathscr{W}^\perp \text{이므로}) \end{aligned}$$

이다. 따라서 $T(A) \in \mathscr{W}^\perp$이다. ■

정리 15.8

$T : \mathscr{V} \longrightarrow \mathscr{V}$ 를 유한차원 내적공간 $\mathscr{V}$ 상의 자기딸림변환이라고 하자. 만약 e_1, e_2가 서로 다른 T의 고유값이고 A_1, A_2가 각각 e_1, e_2에 대응하는 고유벡터라면 $\langle A_1, A_2 \rangle = 0$이다. 다시 말하여 서로 다른 고유값에 대응하는 고유벡터는 서로 수직이다.

증명 $T(A_1) = e_1 A_1$, $T(A_2) = e_2 A_2$

이고 $T^* = T$ 이므로

$$e_1 \langle A_1, A_2 \rangle = \langle e_1 A_1, A_2 \rangle = \langle T(A_1), A_2 \rangle = \langle A_1, T(A_2) \rangle$$
$$= \langle A_1, e_2 A_2 \rangle = e_2 \langle A_1, A_2 \rangle$$

즉

$$e_1 \langle A_1, A_2 \rangle = e_2 \langle A_1, A_2 \rangle$$

이다. 그런데 $e_1 \neq e_2$이므로 $\langle A_1, A_2 \rangle = 0$이어야 한다. ■

스펙트럼 정리의 증명

($n=2$인 경우)

먼저 $\mathscr{V}$의 한 정규직교기저 $\{B_1, B_2\}$를 택하면 정리 15.4에 의하여 이 기저에 관한 T의 행렬은 대칭행렬

$$M = \begin{pmatrix} a & b \\ b & c \end{pmatrix}$$

가 된다. 여기서 $b=0$이면 M은 대각행렬이 되고 따라서 정리는 증명되었다. 이제 $b \neq 0$이라고 가정한다. T의 특성다항식은

$$\triangle(t) = \det(M - tI) = \det \begin{pmatrix} a-t & b \\ b & c-t \end{pmatrix}$$
$$= (a-t)(c-t) - b^2$$
$$= t^2 - (a+c)t + (ac - b^2)$$

이고, 이차방정식 $\triangle(t) = 0$의 판별식 D는

$$D = (a+c)^2 - 4(ac-b^2)$$
$$= (a-c)^2 + 4b^2 > 0$$

이므로 방정식 $\triangle(t)=0$은 서로 다른 두 실근 e_1, e_2를 갖는다. 이 고유값에 대응하는 고유벡터를 각각 C_1, C_2라고 하면 정리 15.8에 의하여 C_1과 C_2는 서로 수직이다. C_1과 C_2를 정규화하면(즉 단위벡터로 만들면) 고유벡터로 이루어진 정규직교기저를 얻어 정리는 증명된다.

($n=3$인 경우)

$\triangle(t)$를 T의 특성다항식이라고 하자. $\triangle(t)$는 3차식이므로 적어도 한 개의 실근 e_1를 갖는다. 이 고유값 e_1에 대응하는 길이가 1인 고유벡터를 A_1이라고 하자. A_1으로 생성되는 $\mathscr{V}$ 의 부분공간 $\langle A_1 \rangle$ 을 생각하면 $T(\langle A_1\rangle) \subset \langle A_1\rangle$ 임은 분명하다. 따라서 정리 15.7에 의하여

$$T(\langle A_1\rangle^{\perp}) \subset \langle A_1\rangle^{\perp}$$

가 성립한다. 이제 $\mathscr{W} = \langle A_1\rangle^{\perp}$로 놓자. 그러면 $\mathscr{W}$ 는 $\mathscr{V}$ 의 2차원 부분공간이 되고 $T(\mathscr{W}) \subset \mathscr{W}$ 이므로 T의 정의역을 $\mathscr{W}$ 로 제한하면

$$T : \mathscr{W} \longrightarrow \mathscr{W}$$

는 선형변환이 되고 자기딸림변환도 된다. 왜냐하면 $\mathscr{W}$ 의 모든 벡터 A, B에 대하여

$$\langle T(B),\ A\rangle = \langle B,\ T(A)\rangle$$

가 명백히 성립하기 때문이다. 이미 $n=2$인 경우에 정리를 증명하였으므로 $\mathscr{W}$ 의 정규직교기저 $\{A_2,\ A_3\}$가 존재하여

$$T(A_2) = e_2 A_2,\quad T(A_3) = e_3 A_3$$

가 된다. 이제 $\{A_1, A_2, A_3\}$는 $\mathscr{V}$의 정규직교기저가 되고

$$T(A_i)=e_iA_i, \ i=1, 2, 3$$

이므로 정리는 증명된다. ■

대칭행렬에 관한 스펙트럼 정리는 다음과 같다.

정리 15.9

(스펙트럼 정리)
$n\times n$ 행렬 A가 대칭행렬이면

$$A=PDP^{-1}=PDP^t$$

가 되는 대각행렬 D와 직교행렬 P(즉 $P^tP=I$)가 존재한다.

증명 표준기저에 관한 행렬이 A인 선형변환 $T: \boldsymbol{R}^n \longrightarrow \boldsymbol{R}^n$을 생각하자. 표준기저는 정규직교기저이고 A는 대칭행렬이므로 T는 자기 딸림변환이다. 따라서 정리 15.6에 의하여 $\boldsymbol{R}^n$의 정규직교기저 $\{A_1, \cdots, A_n\}$이 존재하여 이 기저에 관한 T의 행렬이 대각행렬이 된다. 이 대각행렬을 D라고 하자. $\mathscr{B}$ =(표준기저),
$\mathscr{E}=\{A_1, \cdots, A_n\}$로 놓으면

$$A=(T)_{\mathscr{B}}^{\mathscr{B}}=(I)_{\mathscr{E}}^{\mathscr{B}}(T)_{\mathscr{E}}^{\mathscr{E}}(I)_{\mathscr{B}}^{\mathscr{E}}=(I)_{\mathscr{E}}^{\mathscr{B}}D(I)_{\mathscr{B}}^{\mathscr{E}}$$

가 된다. $P=(I)_{\mathscr{E}}^{\mathscr{B}}$로 놓으면 $P^{-1}=(I)_{\mathscr{B}}^{\mathscr{E}}$이다. 이제 P가 직교행렬인 것만 보이면 된다.

$$I(A_i)=A_i, \ i=1, 2, \cdots, n$$

이므로 행렬 P의 열벡터들이 바로 $A_1, A_2, \cdots, A_n$이다. 따라서 정리 14.15에 의하여 $P^tP=I$이다. 즉 P는 직교행렬이다. ■

예제 15.6

$T(x,\ y,\ z)=(3x-y,\ -x+3y,\ 2z)$로 정의된 선형변환 $T:\boldsymbol{R}^3 \longrightarrow \boldsymbol{R}^3$를 생각하자. 이때 T가 자기딸림변환임을 보이고 T를 대각화하라.

풀이 $\boldsymbol{R}^3$의 표준기저에 관한 T의 행렬은

$$A=\begin{pmatrix} 3 & -1 & 0 \\ -1 & 3 & 0 \\ 0 & 0 & 2 \end{pmatrix}$$

이고 A는 대칭행렬이므로 T는 자기딸림변환이다. T의 특성다항식은

$$\begin{aligned}\triangle(t) &= \det\begin{pmatrix} 3-t & -1 & 0 \\ -1 & 3-t & 0 \\ 0 & 0 & 2-t \end{pmatrix} \\ &= (2-t)\{(3-t)^2-1\} \\ &= -(t-2)^2(t-4)\end{aligned}$$

이므로 T의 고유값은 $e=2,\ 2,\ 4$이다. 이들 고유값에 대응하는 고유벡터를 구하려면 다음 연립방정식을 풀어야 한다.

$$e=2:\begin{cases} x-y=0 \\ -x+y=0 \end{cases}$$

$$e=4:\begin{cases} -x-y \quad =0 \\ -x-y \quad =0 \\ \qquad -2z=0 \end{cases}$$

따라서

$$e=2: F_1=(1,\ 1,\ 0),\ F_2=(0,\ 0,\ 1)$$
$$e=4: F_3=(1,\ -1,\ 0)$$

를 얻는다. $\{F_1,\ F_2,\ F_3\}$는 직교기저이고 이 기저에 관한 T의 행렬은

$$D=\begin{pmatrix} 2 & 0 & 0 \\ 0 & 2 & 0 \\ 0 & 0 & 4 \end{pmatrix}$$

이다. 참고로, F_1, F_2, F_3를 정규화하면

$$A_1=\frac{1}{\sqrt{2}}(1,\ 1,\ 0),\ A_2=(0,\ 0,\ 1),\ A_3=\frac{1}{\sqrt{2}}(1,\ -1,\ 0)$$

이 되고 $\{A_1,\ A_2,\ A_3\}$는 T의 고유벡터로 이루어진 정규직교기저가 된다. 여기서 A_1, A_2, A_3를 열벡터로 갖는 행렬

$$P=\begin{pmatrix} \frac{1}{\sqrt{2}} & 0 & \frac{1}{\sqrt{2}} \\ \frac{1}{\sqrt{2}} & 0 & \frac{1}{-\sqrt{2}} \\ 0 & 1 & 0 \end{pmatrix}$$

는 직교행렬이고 $A=PDP^{-1}$가 된다.

앞에서 배운 스펙트럼 정리의 가장 중요한 응용은 이차형식에 대한 주축정리(principal axis theorem)이다. 이 정리는 고등수학을 공부할 때 중요하게 이용될 뿐만 아니라 이차곡선 또는 이차곡면을 알기 쉬운 형태로 바꾸는 데에 결정적으로 기여한다. 이차곡선에 대하여는 고등학교에서, 이차곡면에 대하여는 미적분학에서 공부한 바 있을 것이다. 이차곡선은 타원(ellipse), 포물선(parabola), 쌍곡선(hyperbola) 등이 있고, 이차곡면은 타원면(ellipsoid), 포물면(paraboloid), 쌍곡면(hyperboloid), 타원추면(elliptic cone), 기둥면(cylinder) 등이 있다. 이차곡선

$$2x^2+3y^2=9$$

의 그래프는 쉽게 그릴 수 있다. 그러나

$$2x^2+2xy+2y^2=9$$

의 경우 $2xy$때문에 약간의 문제가 발생한다. 이러한 항을 제거하는 방법은 좌표축을 회전시키면 된다. 이러한 좌표축의 변환을 자기딸림변환의 관점에서 이해하고자 한다. 먼저 예를 하나 들어보자.

예제 15.7

$2x^2+2xy+2y^2=9$의 그래프를 좌표평면에 도시하라.

풀이 $2x^2+2xy+2y^2=(x \quad y)\begin{pmatrix} 2 & 1 \\ 1 & 2 \end{pmatrix}\begin{pmatrix} x \\ y \end{pmatrix}$임을 이용한다. 이제 $\boldsymbol{R}^2$에 새로운 좌표축을 설정하여 xy항을 제거하고자 한다.

$$T : \boldsymbol{R}^2 \longrightarrow \boldsymbol{R}^2$$

를 표준기저에 관한 행렬이

$$\begin{pmatrix} 2 & 1 \\ 1 & 2 \end{pmatrix}$$

인 선형변환이라고 하자. 그러면

$$(x, \ y)\begin{pmatrix} 2 & 1 \\ 1 & 2 \end{pmatrix}\begin{pmatrix} x \\ y \end{pmatrix} = \langle (x, \ y), \ (2x+y, \ x+2y) \rangle$$
$$= \langle (x, \ y), \ T(x, \ y) \rangle$$

이다. 즉 $(x, \ y)$를 좌표로 갖는 $\boldsymbol{R}^2$의 벡터 A에 대하여

$$2x^2+2xy+2y^2 = \langle A, \ T(A) \rangle$$

이다. 값 $\langle A, \ T(A) \rangle$는 A를 나타내는 기저에 무관하고 T에만 관련된다. T는 자기딸림변환이므로 스펙트럼 정리에 의하여 T를 대각화하는 정규직교기저를 찾을 수 있다. T의 특성다항식은

$$\triangle(t) = \det\begin{pmatrix} 2-t & 1 \\ 1 & 2-t \end{pmatrix} = (2-t)^2-1$$
$$= (t-1)(t-3)$$

이고, 따라서 고유값은 $e=1, \ 3$이다. 이에 대응하는 단위벡터인 고유벡터를 구하면

$$e=1 : \begin{cases} x+y=0 \\ x+y=0 \end{cases}$$

$$e=3 : \begin{cases} -x+y=0 \\ x-y=0 \end{cases}$$

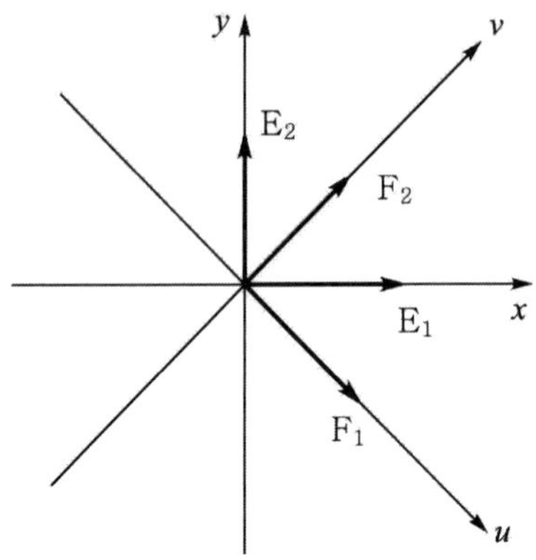

으로부터

$$F_1 = \frac{1}{\sqrt{2}}(1,\ -1),\ \ F_2 = \frac{1}{\sqrt{2}}(1,\ 1)$$

을 얻는다. 이 정규직교기저 $\{F_1,\ F_2\}$에 관하여 $\langle A,\ T(A)\rangle$를 계산해보자.

기저 $\{F_1,\ F_2\}$에 관한 A의 좌표를 $(u,\ v)$라고 하면 $\{F_1,\ F_2\}$에 관한 T의 행렬이

$$\begin{pmatrix} 1 & 0 \\ 0 & 3 \end{pmatrix}$$

이므로

$$\langle A,\ T(A)\rangle = (u,\ v)\begin{pmatrix} 1 & 0 \\ 0 & 3 \end{pmatrix}\begin{pmatrix} u \\ v \end{pmatrix} = u^2 + 3v^2$$

이다. 따라서 원래의 2차 방정식

$$2x^2 + 2xy + 2y^2 = 9$$

는 $(u,\ v)$좌표축에서

$$u^2 + 3v^2 = 9$$

로 바뀐다. 따라서 이것의 그래프는 그림과 같은 타원이다. 이 타원의 꼭지점은

$(u,\ v)=\pm(3,\ 0),\ \pm(0,\sqrt{3})$ 이고 이들의 $(x,\ y)$ 좌표는

$$\begin{aligned}(x,\ y)&=\pm(3F_1+0F_2)\\&=\pm\frac{3}{\sqrt{2}}(1,\ -1)\\(x,\ y)&=\pm(0F_1+\sqrt{3}F_2)\\&=\pm\sqrt{\frac{3}{2}}(1,\ 1)\end{aligned}$$

이다. $\boldsymbol{R}^2$의 한 점 A의 $(x,\ y)$좌표와 $(u,\ v)$좌표 사이의 관계를 알아보자.

$$\begin{aligned}xE_1+yE_2&=uF_1+vF_2\\&=u\left(\frac{1}{\sqrt{2}}E_1-\frac{1}{\sqrt{2}}E_2\right)+v\left(\frac{1}{\sqrt{2}}E_1+\frac{1}{\sqrt{2}}E_2\right)\\&=\frac{1}{\sqrt{2}}(u+v)E_1+\frac{1}{\sqrt{2}}(-u+v)E_2\end{aligned}$$

따라서

$$\begin{cases}x=\frac{1}{\sqrt{2}}(u+v)\\y=\frac{1}{\sqrt{2}}(-u+v)\end{cases}\quad\text{또는}\ \begin{pmatrix}x\\y\end{pmatrix}=\begin{pmatrix}\frac{1}{\sqrt{2}}&\frac{1}{\sqrt{2}}\\-\frac{1}{\sqrt{2}}&\frac{1}{\sqrt{2}}\end{pmatrix}\begin{pmatrix}u\\v\end{pmatrix}$$

이다. 또

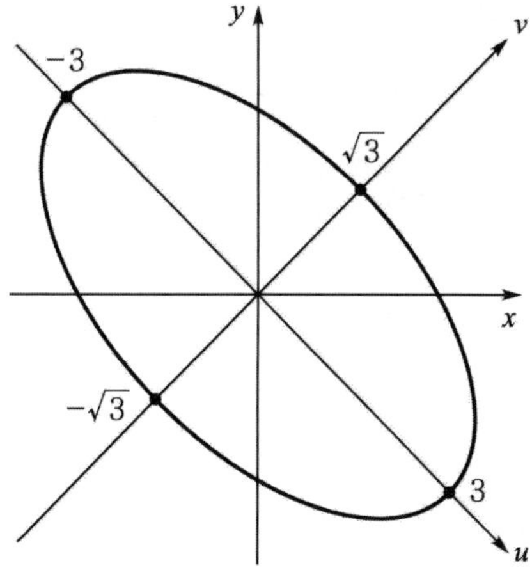

$$\begin{pmatrix} u \\ v \end{pmatrix} = \begin{pmatrix} \frac{1}{\sqrt{2}} & \frac{1}{\sqrt{2}} \\ -\frac{1}{\sqrt{2}} & \frac{1}{\sqrt{2}} \end{pmatrix}^{-1} \begin{pmatrix} x \\ y \end{pmatrix} = \begin{pmatrix} \frac{1}{\sqrt{2}} & -\frac{1}{\sqrt{2}} \\ \frac{1}{\sqrt{2}} & \frac{1}{\sqrt{2}} \end{pmatrix} \begin{pmatrix} x \\ y \end{pmatrix}$$

이므로

$$\begin{cases} u = \frac{1}{\sqrt{2}}(x-y) \\ v = \frac{1}{\sqrt{2}}(x+y) \end{cases}$$

이다. 위 계산 과정은 다음과 같이 간단히 설명될 수 있다. F_1, F_2를 열벡터로 갖는 직교행렬을 P라고 하면

$$P = \begin{pmatrix} \frac{1}{\sqrt{2}} & \frac{1}{\sqrt{2}} \\ -\frac{1}{\sqrt{2}} & \frac{1}{\sqrt{2}} \end{pmatrix}$$

이고

$$\begin{pmatrix} x \\ y \end{pmatrix} = P \begin{pmatrix} u \\ v \end{pmatrix}, \quad \begin{pmatrix} u \\ v \end{pmatrix} = P^{-1} \begin{pmatrix} x \\ y \end{pmatrix} = P^t \begin{pmatrix} x \\ y \end{pmatrix} \quad .$$

가 된다. 참고로 정리 15.9에 의하여

$$\begin{pmatrix} 2 & 1 \\ 1 & 2 \end{pmatrix} = P \begin{pmatrix} 1 & 0 \\ 0 & 3 \end{pmatrix} P^t$$

이므로

$$\begin{aligned} (x \ y) \begin{pmatrix} 2 & 1 \\ 2 & 1 \end{pmatrix} \begin{pmatrix} x \\ y \end{pmatrix} &= (x \ y) P \begin{pmatrix} 1 & 0 \\ 0 & 3 \end{pmatrix} P^t \begin{pmatrix} x \\ y \end{pmatrix} \\ &= \left(P^t \begin{pmatrix} x \\ y \end{pmatrix} \right)^t \begin{pmatrix} 1 & 0 \\ 0 & 3 \end{pmatrix} \left(P^t \begin{pmatrix} x \\ y \end{pmatrix} \right) \\ &= \begin{pmatrix} u \\ v \end{pmatrix}^t \begin{pmatrix} 1 & 0 \\ 0 & 3 \end{pmatrix} \begin{pmatrix} u \\ u \end{pmatrix} \\ &= (u \ v) \begin{pmatrix} 1 & 0 \\ 0 & 3 \end{pmatrix} \begin{pmatrix} u \\ v \end{pmatrix} \end{aligned}$$

가 됨을 확인할 수 있다.

정의 15.3

$\mathscr{V}$ 를 유한차원 내적공간이라고 하자. 어떤 자기딸림변환 $T:\mathscr{V}\longrightarrow\mathscr{V}$ 가 존재하여 $\mathscr{V}$ 의 모든 벡터 A에 대하여

$$\phi(A)=\langle A,\ T(A)\rangle$$

가 성립할 때 ϕ를 이차형식(quadratic form)이라고 한다. 정의상 이차형식 ϕ는 $\mathscr{V}$ 에서 $\boldsymbol{R}$로의 함수이다. 그러나 선형사상은 아니다.

예제 15.8

$\phi:\boldsymbol{R}^2\longrightarrow\boldsymbol{R}$, $\phi(x,\ y)=x^2+4xy-3y^2$ 은 이차형식이다. 실제로, 대칭행렬

$$\begin{pmatrix}1 & 2\\ 2 & -3\end{pmatrix}$$

로 표현되는 선형변환을 $T:\boldsymbol{R}^2\longrightarrow\boldsymbol{R}^2$라고 하면 T는 자기딸림변환이다. 그리고

$$\begin{aligned}\langle(x,\ y),\ T(x,\ y)\rangle &= (x\ y)\begin{pmatrix}1 & 2\\ 2 & -3\end{pmatrix}\begin{pmatrix}x\\ y\end{pmatrix}\\ &= x^2+4xy-3y^2=\phi(x,\ y)\end{aligned}$$

가 된다. 일반적으로 이차동차식

$$\phi(x,\ y)=ax^2+2bxy+cy^2$$

으로 정의되는 함수 ϕ는 이차형식이다. 이 경우에 대응하는 자기딸림변환 $T:\boldsymbol{R}^2\longrightarrow\boldsymbol{R}^2$는 행렬

$$\begin{pmatrix}a & b\\ b & c\end{pmatrix}$$

로 표현됨을 알 수 있다.

정리 15.10

(주축 정리)
$\mathscr{V}$를 유한차원 내적공간이라고 하고

$$\phi : \mathscr{V} \longrightarrow \boldsymbol{R}$$

을 $\mathscr{V}$ 상의 이차형식이라고 하자. 그러면 $\mathscr{V}$의 정규직교기저 $\{A_1, \cdots, A_n\}$과 실수 $e_1, \cdots, e_n$이 존재하여 $\mathscr{V}$의 벡터

$$x = x_1A_1 + x_2A_2 + \cdots + x_nA_n$$

에 대한 ϕ의 값이

$$\phi(X) = e_1x_1^{\,2} + e_2x_2^{\,2} + \cdots + e_nx_n^{\,2}$$

으로 나타난다.

증명 $T : \mathscr{V} \longrightarrow \mathscr{V}$를 ϕ에 대응하는 자기딸림변환이라고 하자. 즉 모든 $X \in \mathscr{V}$에 대하여

$$\phi(X) = \langle X,\ T(X) \rangle$$

이다. 그러면 스펙트럼 정리에 의하여 $\mathscr{V}$의 적당한 정규직교기저 $\{A_1, \cdots, A_n\}$과 실수 $e_1, \cdots, e_n$이 존재하여

$$T(A_i) = e_iA_i,\ (i = 1,\ 2,\ \cdots,\ n)$$

이 된다. $X = x_1A_1 + \cdots + x_nA_n$에 대하여 $\phi(X)$를 계산하면

$$\begin{aligned}
\phi(X) &= \langle X,\ T(X) \rangle \\
&= \langle x_1A_1 + \cdots + x_nA_n,\ T(x_1A_1 + \cdots + x_nA_n) \rangle \\
&= \langle x_1A_1 + \cdots + x_nA_n,\ x_1T(A_1) + \cdots + x_nT(A_n) \rangle \\
&= \langle x_1A_1 + \cdots + x_nA_n,\ x_1e_1A_1 + \cdots + x_ne_nT_n) \rangle \\
&= e_1x_1^{\,2} + e_2x_2^{\,2} + \cdots + e_nx_n^{\,2}
\end{aligned}$$

이 된다. ■

위 정리의 정규직교기저 $A_1, \cdots, A_n$을 이차형식 ϕ의 주축(principal axis)이라고 한다. 또, T의 고유값 $e_1, \cdots, e_n$ 중 양인 것의 개수를 $p(\phi)$, 음인 것의 개수를 $n(\phi)$로 나타내면 이차형식 ϕ의 부호수(signature)는 $(p(\phi), n(\phi))$로 정의된다. 이차형식 ϕ의 부호수가 $(n, 0)$일 때, 즉 $e_1, \cdots, e_n$이 모두 양일 때 ϕ를 양의 정부호 이차형식(positive definite quadratic form)이라고 하고, ϕ의 부호수가 $(0, n)$일 때, 즉 $e_1, \cdots, e_n$이 모두 음일 때 ϕ를 음의 정부호 이차형식(negative definite quadratic form)이라고 한다. ϕ가 양의 정부호 이차형식이기 위한 필요충분조건은 $\boldsymbol{O}$이 아닌 모든 $X \in \mathscr{V}$에 대하여 $\phi(X)>0$인 것임을 알 수 있다.

예제 15.9

$\phi(x, y, z)=2x^2+3y^2+3z^2-2xy-2xz$로 정의되는 이차형식 $\phi: \boldsymbol{R}^3 \longrightarrow \boldsymbol{R}$의 주축을 찾아라. 또 ϕ의 부호수를 구하여라.

풀이 $\boldsymbol{R}^3$의 표준기저에 관한 행렬이

$$\begin{pmatrix} 2 & -1 & -1 \\ -1 & 3 & 0 \\ -1 & 0 & 3 \end{pmatrix}$$

이 되는 자기딸림변환 $T: \boldsymbol{R}^3 \longrightarrow \boldsymbol{R}^3$에 대하여

$$\phi(x, y, z)=\langle (x, y, z), T(x, y, z)\rangle$$

이 됨을 알 수 있다. T의 특성다항식은

$$\begin{aligned} \triangle(t) &= \det\begin{pmatrix} 2-t & -1 & -1 \\ -1 & 3-t & 0 \\ -1 & 0 & 3-t \end{pmatrix} \\ &= -\det\begin{pmatrix} -1 & -1 \\ 3-t & 0 \end{pmatrix} + (3-t)\det\begin{pmatrix} 2-t & -1 \\ -1 & 3-t \end{pmatrix} \\ &= -(3-t)+(3-t)\{(2-t)(3-t)-1\} \\ &= -(t-3)(t-1)(t-4) \end{aligned}$$

이므로 T의 고유값은 $e=1, 3, 4$이다. 대응하는 고유벡터를 구하면

$$e=1:\begin{cases} x-\ \ y-z=0 \\ -x+2y \qquad =0 \\ -x+\qquad 2z=0 \end{cases}$$

$$e=3:\begin{cases} -x-y-z=0 \\ -x \qquad\quad =0 \end{cases}$$

$$e=4:\begin{cases} -2x-y-z=0 \\ -x-y \qquad =0 \\ -x \qquad -z=0 \end{cases}$$

의 해로서

$$A_1=\frac{1}{\sqrt{6}}(2,\ 1,\ 1)$$

$$A_2=\frac{1}{\sqrt{2}}(0,\ 1,\ -1)$$

$$A_3=\frac{1}{\sqrt{3}}(-1,\ 1,\ 1)$$

을 얻는다. 이들의 ϕ의 주축이다. 벡터 X의 주축에 관한 좌표를 $(u,\ v,\ w)$라고 할 때

$$\phi(X)=u^2+3v^2+4w^2$$

이 된다. 또 ϕ의 부호수는 $(3,\ 0)$ 이고 따라서 ϕ는 양의 정부호 이차형식이다.

예제 15.10

$4x^2+6xy-4y^2=5$ 의 그래프를 그려라

풀이 이차형식

$$\phi(x,\ y)=4x^2+6xy-4y^2$$

을 생각하자. ϕ에 대응하는 자기딸림변환 $T:\boldsymbol{R}^2\longrightarrow\boldsymbol{R}^2$는 행렬

$$\begin{pmatrix} 4 & 3 \\ 3 & -4 \end{pmatrix}$$

으로 표현됨을 알 수 있다. T의 특성다항식은

$$\triangle(t) = \det\begin{pmatrix} 4-t & 3 \\ 3 & -4-t \end{pmatrix}$$
$$= (4-t)(-4-t)-9$$
$$= (t-5)(t+5)$$

이므로 t의 고유값은 $e=5$, -5이다. 대응하는 고유벡터를 구하면

$$e=5: \begin{cases} -x+3y=0 \\ 3x-9y=0 \end{cases}$$
$$e=-5: \begin{cases} 9x+3y=0 \\ 3x+\ y=0 \end{cases}$$

으로부터

$$A_1 = \frac{\sqrt{10}}{10}(3,\ 1)$$
$$A_2 = \frac{\sqrt{10}}{10}(-1,\ 3)$$

을 얻는다. 정규직교기저 $\{A_1,\ A_2\}$에 관한 벡터 $A \in \boldsymbol{R}^2$의 좌표를 $(u,\ v)$라고 하면

$$\phi(A) = 5u^2 - 5v^2$$

이므로 주어진 방정식은

$$5u^2 - 5v^2 = 5,\ 즉\ u^2 - v^2 = 1$$

이 된다. 이것의 그래프는 다음 그림과 같은 쌍곡선이다. $(x,\ y)$좌표축과 $(u,\ v)$좌표축 사이의 각은

$$\cos\Theta = \langle A_1,\ E_1\rangle = \frac{3}{\sqrt{10}}$$

으로 주어지며, 약 $\Theta = 18.5°$이다.
쌍곡선의 꼭지점은

$$(u,\ v) = (\pm 1,\ 0)$$

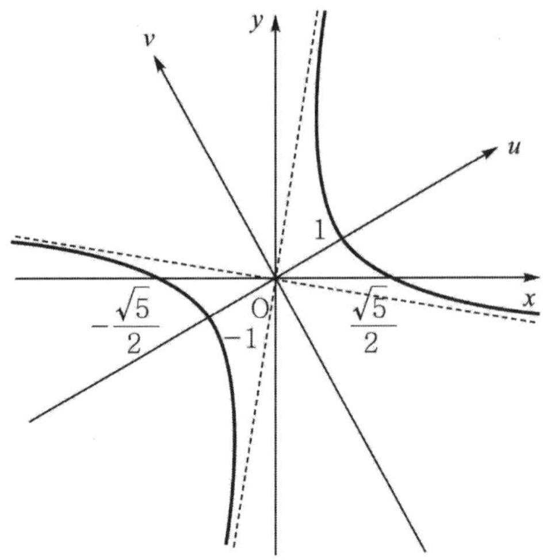

즉

$$(x,\ y) = \pm\left(\frac{3\sqrt{10}}{10},\ \frac{\sqrt{10}}{10}\right)$$

이 된다. 또 점근선의 방정식은

$$v = \pm u$$

이다.

예제 15.11

$9x^2 - 24xy + 16y^2 - 40x - 30y = 0$ 의 그래프를 그려라.

풀이 먼저

$$\phi(x,\ y) = 9x^2 - 24xy + 16y^2$$

으로 정의되는 이차형식의 주축을 찾아보자. 행렬

$$\begin{pmatrix} 9 & -12 \\ -12 & 16 \end{pmatrix}$$

으로 표현되는 자기딸림변환을 $T : \boldsymbol{R}^2 \longrightarrow \boldsymbol{R}^2$ 라고 하면

$$\phi(x,\ y)=\langle (x,\ y),\ T(x,\ y)\rangle$$

이다. T의 특성다항식은

$$\begin{aligned}\triangle(t) &= \det\begin{pmatrix} 9-t & -12 \\ -12 & 16-t \end{pmatrix} \\ &= (9-t)(16-t)-144 \\ &= t(t-25)\end{aligned}$$

이므로 T의 고유값은 $e=0,\ 15$이다. 대응하는 고유벡터를 구하면

$$e=0:\begin{cases} 9x-12y=0 \\ -12x+16y=0 \end{cases}$$

$$e=25:\begin{cases} -16x-12y=0 \\ -12x-\ 9y=0 \end{cases}$$

이로부터

$$A_1=\left(\frac{4}{5},\ \frac{3}{5}\right)$$

$$A_2=\left(-\frac{3}{5},\ \frac{4}{5}\right)$$

를 얻는다. 이 기저에 관한 좌표를 $(u,\ v)$라고 하면

$$\begin{pmatrix} x \\ y \end{pmatrix}=\begin{pmatrix} \frac{4}{5} & -\frac{3}{5} \\ \frac{3}{5} & \frac{4}{5} \end{pmatrix}\begin{pmatrix} u \\ v \end{pmatrix}$$

이므로(예제 15.7 참조)

$$x=\frac{4}{5}u-\frac{3}{5}v,\quad y=\frac{3}{5}u+\frac{4}{5}v$$

이다. 따라서 주어진 방정식을 $u,\ v$로 나타내면

$$0u^2+25v^2-40\left(\frac{4}{5}u-\frac{3}{5}v\right)-30\left(\frac{3}{5}u+\frac{4}{5}v\right)=0$$

즉

$$v^2=2u$$

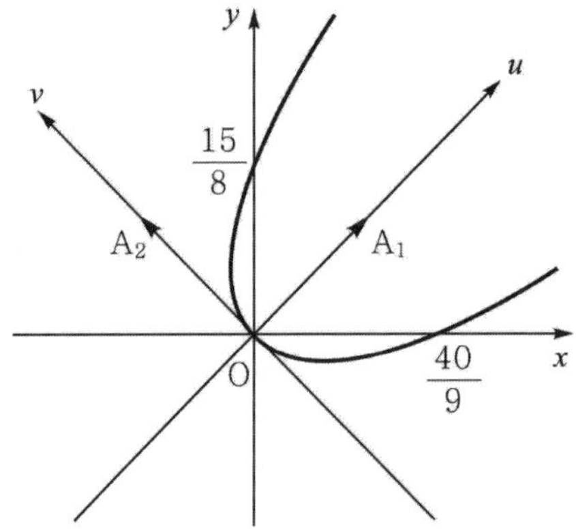

가 되어 포물선임을 알 수 있다. $(x,\ y)$좌표축과 $(u,\ v)$좌표축 사이의 각은

$$\cos\Theta = \langle A_1,\ E_1 \rangle = \frac{4}{5}$$

로부터 약 $\Theta = 36.2°$이다.

예제 15.12

다음 이차곡면이 (일엽)쌍곡면(hyperboloid of 1 sheet)임을 보여라.

$$x^2 + y^2 - 4xy - 2yz - 2xz - 6x + 12y + 2z + 5 = 0$$

증명 먼저 이차형식

$$\phi(x,\ y,\ z) = x^3 + y^2 - 4xy - 2yz - 2xz$$

의 주축을 찾아보자. 행렬

$$\begin{pmatrix} 1 & -2 & -1 \\ -2 & 1 & -1 \\ -1 & -1 & 0 \end{pmatrix}$$

으로 표현되는 자기딸림변환 $T : \boldsymbol{R}^3 \longrightarrow \boldsymbol{R}^3$의 특성다항식은

$$\det\begin{pmatrix} 1-t & -2 & -1 \\ -2 & 1-t & -1 \\ -1 & -1 & -t \end{pmatrix} = -(t-1)(t+2)(t-3)$$

이므로 고유값은 $e=1,\ -2,\ 3$이다. 대응하는 고유벡터를 구하면

$$e=1:\left\{\begin{array}{l} -2y-z=0 \\ -2x\quad -z=0 \\ -x-y-z=0 \end{array}\right.$$

$$e=-2:\left\{\begin{array}{l} 3x-2y-z=0 \\ -2x+3y-z=0 \\ -x-y+2z=0 \end{array}\right.$$

$$e=3:\left\{\begin{array}{l} -2x-2y-z=0 \\ -x-y-3z=0 \end{array}\right.$$

으로부터

$$A_1=\frac{1}{\sqrt{6}}(1,\ 1,\ -2)$$

$$A_2=\frac{1}{\sqrt{3}}(1,\ 1,\ 1)$$

$$A_3=\frac{1}{\sqrt{2}}(1,\ -1,\ 0)$$

을 얻는다. 이 주축에 관한 좌표를 $(u,\ v,\ w)$라고 하면

$$\begin{pmatrix} x \\ y \\ z \end{pmatrix} = \begin{pmatrix} \frac{1}{\sqrt{6}} & \frac{1}{\sqrt{3}} & \frac{1}{\sqrt{2}} \\ \frac{1}{\sqrt{6}} & \frac{1}{\sqrt{3}} & -\frac{1}{\sqrt{2}} \\ \frac{-2}{\sqrt{6}} & \frac{1}{\sqrt{3}} & 0 \end{pmatrix} \begin{pmatrix} u \\ v \\ w \end{pmatrix}$$

이므로

$$x=\frac{1}{\sqrt{6}}u+\frac{1}{\sqrt{3}}v+\frac{1}{\sqrt{2}}w$$

$$y=\frac{1}{\sqrt{6}}u+\frac{1}{\sqrt{3}}v-\frac{1}{\sqrt{2}}w$$

$$z=-\frac{2}{\sqrt{6}}u+\frac{1}{\sqrt{3}}v$$

이다. 따라서 주어진 방정식을 u, v, w로 나타내면

$$u^2-2v^2+3w^2-6\left(\frac{1}{\sqrt{6}}u+\frac{1}{\sqrt{3}}v+\frac{1}{\sqrt{2}}w\right)$$
$$+12\left(\frac{1}{\sqrt{6}}u+\frac{1}{\sqrt{3}}v-\frac{1}{\sqrt{2}}w\right)+2\left(-\frac{2}{\sqrt{6}}u+\frac{1}{\sqrt{3}}v\right)+5$$
$$=0$$

즉

$$u^2-2v^2+3w^2+\frac{2}{\sqrt{6}}u+\frac{8}{\sqrt{3}}v-\frac{18}{\sqrt{2}}w+5r=0$$

즉

$$\frac{\left(u+\frac{1}{\sqrt{6}}\right)^2}{6}-\frac{\left(v-\frac{2}{\sqrt{3}}\right)^2}{3}+\frac{\left(w-\frac{3}{\sqrt{2}}\right)^2}{2}=1$$

이 되어 일엽쌍곡면이 된다.

연습문제

1. 다음 각 선형변환의 딸림변환을 구하라.
   ① $T: \boldsymbol{R}^4 \longrightarrow \boldsymbol{R}^4 \quad T(x, y, z, w) = (x+y, y+z, z+w, w+x)$
   ② $T: \boldsymbol{R}_2[x] \longrightarrow \boldsymbol{R}_2[x] \quad T(p(x)) = \dfrac{d}{dx}(xp(x))$
   ③ $T: \mathrm{Mat}_{3\times3}(\boldsymbol{R}) \longrightarrow \mathrm{Mat}_{3\times3}(\boldsymbol{R}) \quad T(A) = A + A^t$

2. 선형변환 $S, T: \mathscr{V} \longrightarrow \mathscr{V}$ 에 대하여 다음을 증명하라.
   ① $(S+T)^* = S^* + T^*$
   ② $(aS)^* = aS^*$
   ③ $(ST)^* = T^* S^*$
   ④ $T + T^*$ 는 자기딸림변환이다.

3. 다음 자기딸림변환을 대각화하여라. 또 이때의 정규직교기저를 구하라.
   ① $T: \boldsymbol{R}^3 \longrightarrow \boldsymbol{R}^3 \quad T(x, y, z) = (2x+y+z, x+2y+z, x+y+2z)$
   ② $T: \mathrm{Mat}_{3\times3}(\boldsymbol{R}) \longrightarrow \mathrm{Mat}_{3\times3}(\boldsymbol{R}) \quad T(A) = A^t$
   ③ $T: \mathrm{Mat}_{3\times3}(\boldsymbol{R}) \longrightarrow \mathrm{Mat}_{3\times3}(\boldsymbol{R}) \quad T(A) = A - A^t$
   (힌트: $T(E_{11}) = \boldsymbol{O}$, $T(E_{12}+E_{21}) = \boldsymbol{O}$, $T(E_{12}-E_{21}) = 2(E_{12}-E_{21})$임에 주목한다.)

4. 다음 이차곡선의 그래프를 그려라.
   ① $17x^2 - 12xy + 8y^2 = 20$
   ② $5x^2 + 8xy + 5y^2 = 9$
   ③ $4x^2 - 24xy + 11y^2 + 8x + 6y + 15 = 0$
   ④ $9x^2 - 24xy + 16y^2 + 40x - 30y = 5$

5. 다음 이차곡면의 그래프를 그려라.

$$3x^2+2y^2+3z^2-2xy-2yz=12$$

6. $\phi:\mathscr{V}\longrightarrow \boldsymbol{R}$를 이차형식이라고 하고, $T:\mathscr{V}\longrightarrow\mathscr{V}$를 대응하는 자기딸림변환이라고 할 때 다음이 성립함을 보여라.

$$\langle A,\ T(B)\rangle=\frac{1}{2}\{\phi(A+B)-\phi(A)-\phi(B)\}\quad(A,\ B\in\mathscr{V})$$

7. 연습문제 6을 이용하여 이차형식 ϕ에 대응하는 자기딸림변환은 유일하게 결정됨을 보여라. 즉 두 자기딸림변환 $S,\ T:\mathscr{V}\longrightarrow\mathscr{V}$에 대하여

$$\phi(A)=\langle A,\ T(A)\rangle=\langle A,\ S(A)\rangle\quad(A\in\mathscr{V})$$

가 성립하면 $S=T$임을 보여라.

다음의 연습문제 8과 9를 통하여 스펙트럼 정리를 임의의 차원에 대하여 증명하고자 한다. 증명은 두 단계로 이루어져 있다. 첫째 단계는 적어도 한 개의 고유벡터를 갖는다는 것을 보이는 것이다. 연습문제 8에 그 방법이 있다 (이 방법은 미적분학 지식을 사용한다. 선형대수학적인 방법을 원하는 독자는 제17장 따름정리 17.16을 참조하라).
둘째 단계는 이 고유벡터에 수직인 부분공간이 불변공간이 됨을 보이는 것이다. 그러면 수학적 귀납법을 이용하여 증명을 완성시킬 수 있다. 이 과정이 연습문제 9에 있다.

8. $T:\mathscr{V}\longrightarrow\mathscr{V}$를 유한차원 내적공간 $\mathscr{V}$상의 자기딸림변환이라고 하자.
$S(\mathscr{V})=\{x\in\mathscr{V}\mid |x|=1\}$을 $\mathscr{V}$의 단위구라 하고, 함수

$$f:S(\mathscr{V})\longrightarrow\boldsymbol{R}$$

을

$$f(x)=\langle x,\ T(x)\rangle\quad(x\in S(\mathscr{V}))$$

로 정의하자. 그러면, f는 최소값을 갖는다. ($S(\mathscr{V})$에서 $\boldsymbol{R}$로의 연속함수는 항상 최소값을 갖는다는 미적분학의 기본 정리를 기억하라.) 이제

$z \in S(\mathscr{V})$에서 f가 최소값 $f(z)$를 갖는다고 하자. 이 벡터 z가 T의 고유벡터가 됨을 다음과 같이 보일 수 있다. $y \in S(\mathscr{V})$가 z에 수직인 벡터라라고 하자.

① 모든 실수 t에 대하여 벡터 $\frac{z+ty}{\sqrt{1+t^2}}$는 크기가 1임을 보여라. 이때

$$g(t)=f\left(\frac{z+ty}{\sqrt{1+t^2}}\right) \quad (t \in \boldsymbol{R})$$

라고 정의하자.

② $g(0)=f(z)$가 함수 $g(t)$의 최소값임을 보여라.

③

$$g'(t)=\frac{2}{(1+t^2)^2}\{t\langle y,\ T(y)\rangle+(1-t^2)\langle y,\ T(z)\rangle-t\langle z,\ T(z)\rangle\}$$

임을 보여라. (힌트 : $g(t)=\left\langle \frac{z+ty}{\sqrt{1+t^2}},\ T\left(\frac{z+ty}{\sqrt{1+t^2}}\right)\right\rangle$의 우변을 전개한 후 미분한다.

④ $g'(0)=2\langle y,\ T(z)\rangle$ 임을 보여라.

⑤ $T(z)$가 y에 수직임을 보여라.

⑥ 적당한 실수 e에 대하여 $T(z)=ez$가 됨을 보여라. 즉 z는 T의 고유벡터이다. (힌트 : ⑤를 이용하여 $T(z)$가 $\langle z\rangle$의 직교여집합에 수직임을 보여라. 따라서 $T(z)$는 z의 상수 배이다.)

9. 이제, 스펙트럼 정리를 증명하자. $\mathscr{V}$의 차원에 관하여 수학적 귀납법을 사용한다. 먼저 차원이 1인 경우에 정리는 분명히 성립한다. 다음에 차원이 $n-1$인 경우에 성립한다고 가정하고 차원이 n인 경우에 성립함을 증명하면 된다. $T:\mathscr{V}\longrightarrow\mathscr{V}$를 n차원 내적공간 $\mathscr{V}$ 상의 자기딸림변환이라고 하자. 그러면 연습문제 8에 의하여 T는 한 고유값 e_1과 대응하는 고유벡터 A_1을 갖는다.

① $T(\langle A_1\rangle^{\perp})\subset\langle A_1\rangle^{\perp}$ 임을 보여라. (힌트 : $T(\langle A_1\rangle)\subset\langle A_1\rangle$)임을 주목하고 정리 15.7을 이용한다.) 이때 $\mathscr{W}=\langle A_1\rangle^{\perp}$ 이라고 하자.

② T의 정의역을 $\mathscr{W}$로 제한하면 $T:\mathscr{W}\longrightarrow\mathscr{W}$는 자기딸림변환이 됨을 보여라

③ $\dim\mathscr{W}=n-1$ 이므로 귀납법 가정에 의하여 $\mathscr{W}$의 정규직교기저

$\{A_2, \cdots, A_n\}$과 적당한 실수 $e_2, \cdots, e_n$이 존재하여

$$T(A_i) = e_i A_i \quad (i = 2, 3, \cdots, n)$$

이 됨을 보여라.

④ $\{A_1, \cdots, A_n\}$이 정리에서 원하는 정규직교기저가 됨을 보여라.

10. 다음 행렬 A를 대각화하라. 또 $A = PDP^t$가 되는 대각행렬 D와 직교행렬 P를 구하여라.

① $\begin{pmatrix} 1 & 1 & 1 \\ 1 & -1 & 1 \\ 1 & 1 & -1 \end{pmatrix}$ ② $\begin{pmatrix} 0 & 1 & 1 \\ 1 & 0 & -1 \\ 1 & -1 & 0 \end{pmatrix}$ ③ $\begin{pmatrix} 0 & 1 & 0 \\ 1 & 0 & -1 \\ 0 & -1 & 0 \end{pmatrix}$

11. 대칭행렬 A의 고유값이 모두 음이 아닐 때 $A = B^2$이 되는 대칭행렬 B가 존재함을 보여라. 또 $A = C^3$이 되는 대칭행렬 C가 존재함을 보여라.

12. 자기딸림변환 $T : \mathscr{V} \longrightarrow \mathscr{V}$의 고유값이 모두 음이 아닐 때 $T = S^2$이 되는 자기 딸림변환 $S : \mathscr{V} \longrightarrow \mathscr{V}$가 존재함을 보여라.

13. 행렬

$$A = \begin{pmatrix} 2 & -1 & -1 \\ -1 & 3 & 0 \\ -1 & 0 & 3 \end{pmatrix}$$

에 대하여 $A = B^2$, $A = C^3$이 되는 대칭행렬 B와 C를 구하여라.

14. 유한차원 내적공간 $\mathscr{V}$가 있다. 항등변환 $I : \mathscr{V} \longrightarrow \mathscr{V}$에 대응하는 이차형식

$$\phi : \mathscr{V} \longrightarrow \boldsymbol{R}, \quad \phi(A) = \langle A, I(A) \rangle = \langle A, A \rangle$$

는 양의 정부호 이차형식임을 보여라.

15. $n \times n$ 행렬 A의 열벡터들이 서로 수직일 때 행벡터들도 서로 수직이라고 할 수 있는가? (힌트 : $n = 2$일 때 반례를 찾아보아라.)

16. 선형변환 $T : C^2 \longrightarrow C^2$를

$$T(z,\ w) = (2iz + w,\ z)$$

로 정의하자.

① C^2의 표준기저에 관한 T의 행렬은 대칭행렬임을 보여라.

② T의 고유값을 구하여라.

③ T는 대각화가 불가능함을 보여라.
따라서 "대칭행렬은 대각화가 가능하다."는 정리는 각 원소가 실수일 때에만 참이다.

17. $T : \mathscr{V} \longrightarrow \mathscr{V}$가 직교변환일 때

① T의 고유값이 있으면 1 또는 -1뿐임을 보여라.

② $T^* = T^{-1}$임을 보여라.

18. 대각화가 불가능한 직교변환 $T : \boldsymbol{R}^2 \longrightarrow \boldsymbol{R}^2$의 예를 들어라.

제 16 장

Jordan 표준형

이 장에서는 다시 선형변환 $T:\mathscr{V}\longrightarrow\mathscr{V}$의 행렬표현에 관하여 공부한다. 지금까지 살펴본 바는 자기딸림변환과 같은 다소 특수한 선형변환만이 대각화가 가능하다는 것이다. 즉 일반적인 선형변환은 대각화가 불가능하다는 것이다. 그러나 일반적인 선형변환도(대각행렬만큼 간단하지는 않아도) 비교적 간단한 형태인 행렬로 표현할 수있다. 이러한 간단한 형태의 행렬을 Jordan 표준형(canonical form)이라고 한다. 이 장에서는 Jordan 표준형을 구하는 방법을 알아본다.

우선, 일반적인 선형변환 $T:\mathscr{V}\longrightarrow\mathscr{V}$가 대각화 불가능한 이유는 다음 두 가지임을 제13장에서 공부했다.

(1) T가 고유값을 전혀 갖지 못할 수도 있다.

(2) T가 고유값을 갖더라도 고유공간의 합 $\mathscr{V}_{e_1}+\cdots+\mathscr{V}_{e_r}$이 $\mathscr{V}$ 전체가 되지 못할 수도 있다.

첫째 문제는 대단히 심각한 것은 아니다. 복소수를 스칼라로 생각함으로써 극복할 수 있기 때문이다. 그런데 둘째 문제는 심각하다. 이것은 스칼라의 결함이 아니라 선형변환 T 자체의 결함이다. 이 점을 극명하게 보여주는 예제가 다음에 있다.

예제 16.1

$\boldsymbol{R}^3$의 표준기저에 관한 행렬이 각각

$$A_1=\begin{pmatrix} e & 0 & 0 \\ 0 & e & 0 \\ 0 & 0 & e \end{pmatrix},\qquad A_2=\begin{pmatrix} e & 0 & 0 \\ 1 & e & 0 \\ 0 & 0 & e \end{pmatrix},\qquad A_3=\begin{pmatrix} e & 0 & 0 \\ 1 & e & 0 \\ 0 & 1 & e \end{pmatrix}$$

인 선형변환을 $T_1,\ T_2,\ T_3:\boldsymbol{R}^2\longrightarrow\boldsymbol{R}^2$이라고 하자. 그러면 $T_1,\ T_2,\ T_3$는 모두 e를 대수적 중복도가 3인 고유값으로 가진다. 그러나 대응되는 고유공간의 차원은 각각 3, 2, 1임을 알 수 있다. 실제로 $T_1,\ T_2,\ T_3$의 특성다항식은

$$\triangle_{T_i}(t) = -(t-e)^3 \quad (i=1, 2, 3)$$

으로 모두 같고, 고유값 e에 대응하는 고유공간을 각각 구해보면

T_1의 경우에는 $\boldsymbol{R}^3$
T_2의 경우에는 $\langle(0, 1, 0), (0, 0, 1)\rangle$
T_3의 경우에는 $\langle(0, 0, 1)\rangle$

이다.

일반적인 선형변환에 대하여는 충분히 많은 고유벡터를 찾을 수 없다. 그러나 이러한 경우에도 가능한 한 간단한 행렬로 나타내려면 고유공간을 확장하여 그 차원이 대수적 중복도와 같아지도록 하는 것이 한 방법이다. 이와 같이 고유공간을 확장하는 과정을 수행하기 위하여 먼저 몇 가지 새로운 개념이 필요하다.

정의 16.1

$T:\mathscr{V} \longrightarrow \mathscr{V}$를 선형변환이라고 하자. $\mathscr{V}$의 부분공간 $\mathscr{U}$에 대하여 $T(\mathscr{U}) \subset \mathscr{U}$가 될 때, $\mathscr{U}$를 T-불변(T-invariant)이라고 한다.

예제 16.2

$T:\mathscr{V} \longrightarrow \mathscr{V}$가 고유값 e를 가지면 고유공간 $\mathscr{V}_e$는 T-불변 부분공간이다. A가 $\mathscr{V}_e$에 속하면 $T(A)=eA$는 A의 상수배이므로 $\mathscr{V}_e$에 속하기 때문이다.

예제 16.3

$T:\boldsymbol{R}^3 \longrightarrow \boldsymbol{R}^3$가 행렬

$$A = \begin{pmatrix} e & 0 & 0 \\ 1 & e & 0 \\ 0 & 0 & e \end{pmatrix}$$

에 의하여 정의되는 선형변환이라고 하자. 그러면 부분공간

$$\mathscr{U} = \langle (1,\ 0,\ 0),\ (0,\ 1,\ 0) \rangle$$

는 T-불변이다. 실제로

$$T(1,\ 0,\ 0) = (e,\ 1,\ 0) = e(1,\ 0,\ 0) + (0,\ 1,\ 0) \in \mathscr{U}$$
$$T(0,\ 1,\ 0) = (0,\ e,\ 0) = e(0,\ 1,\ 0) \in \mathscr{U}$$

이므로 $T(\mathscr{U}) \subset \mathscr{U}$ 임을 알 수 있다.

불변 부분공간이 존재하면 간단한 행렬표현이 존재한다.

정리 16.1

$T : \mathscr{V} \longrightarrow \mathscr{V}$ 가 n차원 벡터공간 $\mathscr{V}$ 상의 선형변환이라고 하고, $\mathscr{U}$ 가 T-불변 부분공간이라고 하자. 그러면 $\mathscr{V}$ 의 적당한 기저가 존재하여 이 기저에 관한 T의 행렬이

$$\left(\begin{array}{c:c} A & C \\ \hdashline O & B \end{array} \right)$$

의 형태가 된다. (단, A는 $m \times m$, B는 $(n-m) \times (n-m)$, C는 $m \times (n-m)$ 행렬이다.)

증명 먼저 $\mathscr{U}$ 의 기저 $\{A_1,\ \cdots,\ A_m\}$을 선택하고, 이를 확장하여 $\mathscr{V}$ 의 기저

$$\{A_1,\ \cdots,\ A_m,\ A_{m+1},\ \cdots,\ A_n\}$$

을 얻는다. $1 \le j \le m$일 때 $T(A_j) \in \mathscr{U} = \langle A_1,\ \cdots,\ A_m \rangle$이므로

$$T(A_j) = \sum_{i=1}^{m} a_{ij} A_i = a_{1j} A_1 + \cdots + a_{mj} A_m$$

가 된다. 따라서 이 기저에 관한 T의 행렬은 위와 같은 형태임을 알 수 있다. ■

정의 16.2

벡터공간 $\mathscr{V}$ 의 두 부분공간 $\mathscr{U}$, $\mathscr{W}$ 에 대하여

$$\mathscr{V} = \mathscr{U} + \mathscr{W}, \quad \mathscr{U} \cap \mathscr{W} = \{O\}$$

이 성립하면 $\mathscr{V}$ 는 $\mathscr{U}$ 와 $\mathscr{W}$ 의 직합(direct sum)이라고 한다. 이때

$$\mathscr{V} = \mathscr{U} \oplus \mathscr{W}$$

로 나타낸다.

정리 16.2

벡터공간 $\mathscr{V}$ 의 두 부분공간 $\mathscr{U}$, $\mathscr{W}$ 에 대하여 다음 두 조건은 서로 동치이다.

(1) $\mathscr{V} = \mathscr{U} \oplus \mathscr{W}$

(2) $\mathscr{V}$ 의 임의의 벡터 A를 $\mathscr{U}$ 의 원소와 $\mathscr{W}$ 의 합

$$A = B + C, \quad B \in \mathscr{U}, \quad C \in \mathscr{W}$$

으로 나타낼 수 있고, 또 이렇게 나타내는 방법은 유일하다.

증명 (1) ⇒ (2)

$\mathscr{V} = \mathscr{U} \oplus \mathscr{W}$ 라고 하자. $A \in \mathscr{V}$ 이면 $\mathscr{V} = \mathscr{U} + \mathscr{W}$ 이므로 $B \in \mathscr{U}$, $C \in \mathscr{W}$ 가 존재하여

$$A = B + C$$

가 된다. 또 다른 $B' \in \mathscr{U}$, $C' \in \mathscr{W}$ 에 대하여

$$A = B' + C'$$

이면

$$B + C = A = B' + C'$$

이다. 따라서

$$B - B' = C' - C$$

가 되어 $B-B' \in \mathscr{W}$ 이다. 그런데 $B-B' \in \mathscr{U}$ 이므로

$$B-B' \in \mathscr{U} \cap \mathscr{W} = \{ \boldsymbol{O} \}$$

즉 $B-B' = \boldsymbol{O}$이 되고 따라서 $B-B'$ 이다. 마찬가지로 $C=C'$ 이다.
(2) ⇒ (2)
(2)가 성립한다고 하자. 그러면 $\mathscr{V} = \mathscr{U} + \mathscr{W}$ 임은 분명하다.
$\mathscr{U} \cap \mathscr{W} \neq \{ \boldsymbol{O} \}$이라면 $A \in \mathscr{U} \cap \mathscr{W}$, $A \neq \boldsymbol{O}$인 벡터 A가 존재한다. 그러면

$$A \in \mathscr{U}, \quad \boldsymbol{O} \in \mathscr{W} \text{ 이고 } A = A + \boldsymbol{O}$$

또

$$\boldsymbol{O} \in \mathscr{U}, \quad A \in \mathscr{W} \text{ 이고 } A = \boldsymbol{O} + A$$

이 되어 A를 $\mathscr{U}$ 의 원소와 $\mathscr{W}$ 의 원소의 합으로 다르게 표현할 수 있다. 이것은 모순이고 따라서 $\mathscr{U} \cap \mathscr{W} = \{ \boldsymbol{O} \}$이다. ■

정리 16.3

$\mathscr{V}$가 유한차원 벡터공간이고, $\mathscr{U}$와 $\mathscr{W}$가 $\mathscr{V}$의 부분공간이라고 하자. 또 $\mathscr{U} \cap \mathscr{W} = \{ \boldsymbol{O} \}$이라고 하자. 이때 $\mathscr{U}$의 기저를 $\{A_1, \cdots, A_r\}$, $\mathscr{W}$ 의 기저를 $\{B_1, \cdots, B_s\}$라고 하면 $\{A_1, \cdots, A_r, B_1, \cdots, B_s\}$는 일차독립인 집합이 된다.

증명 만약

$$a_1A_1 + \cdots + a_rA_r + b_1B_1 + \cdots + b_sB_s = \boldsymbol{O}$$

이면

$$\mathscr{U} \ni a_1A_1 + \cdots + a_rA_r = -(b_1B_1 + \cdots + b_sB_s) \in \mathscr{W}$$

가 된다. 그런데 $\mathscr{U} \cap \mathscr{W} = \{ \boldsymbol{O} \}$이므로

$$a_1A_1 + \cdots + a_rA_r = -(b_1B_1 + \cdots + b_sB_s) = \boldsymbol{O}$$

이다. 그런데 $A_1, \cdots, A_r$은 일차독립이므로 $a_1 = \cdots = a_r = 0$ 이고, $B_1, \cdots, B_s$도 일차독립이므로 $b_1 = \cdots = b_s = 0$ 이다. 따라서 $\{A_1, \cdots A_r, B_1, \cdots, B_s\}$는 일차독립이다. ■

정리 16.4

$\mathscr{V}$를 유한차원 벡터공간이라고 하고 $\mathscr{U}$와 $\mathscr{W}$를 $\mathscr{V}$의 부분공간이라고 할 때 다음 두 조건은 서로 동치이다.

(1) $\mathscr{V} = \mathscr{U} \oplus \mathscr{W}$

(2) (i) $\dim \mathscr{V} = \dim \mathscr{U} + \dim \mathscr{W}$

(ii) $\mathscr{U} \cap \mathscr{W} = \{O\}$

증명 정리 16.3을 이용하여 증명할 수 있다. 그러나 제6장 연습문제 8의 등식

$$(*) \quad \dim(\mathscr{U} + \mathscr{W}) = \dim \mathscr{U} + \dim \mathscr{W} - \dim(\mathscr{U} \cap \mathscr{W})$$

을 이용하면 더욱 간단히 증명할 수 있다. 실제로, $\mathscr{V} = \mathscr{U} \oplus \mathscr{W}$ 이면 $\mathscr{V} = \mathscr{U} + \mathscr{W}$, $\mathscr{U} \cap \mathscr{W} = \{O\}$
이므로 (2)의 (ii)는 성립하고, 또 등식 $(*)$로부터

$$\dim \mathscr{V} = \dim(\mathscr{U} + \mathscr{W}) = \dim \mathscr{U} + \dim \mathscr{W}$$

이 된다. 따라서 (2)의 (i)도 성립한다. 역으로 (2)가 성립한다고 가정하자. 그러면 $\mathscr{U} \cap \mathscr{W} = \{O\}$이므로 등식 $(*)$로부터

$$\dim(\mathscr{U} + \mathscr{W}) = \dim \mathscr{U} + \dim \mathscr{W}$$

을 얻고, 또 $\dim(\mathscr{U} + \mathscr{W}) = \dim \mathscr{V}$ 이므로

$$\dim(\mathscr{U} + \mathscr{W}) = \dim \mathscr{V}$$

가 되어 $\mathscr{V} = \mathscr{U} + \mathscr{W}$ 이다. 또한 $\mathscr{U} \cap \mathscr{W} = \{O\}$이므로 $\mathscr{V} = \mathscr{U} \oplus \mathscr{W}$ 이다. ■

정리 14.16과 14.18을 결합하면 다음과 같다.

정리 16.5

$\mathscr{W}$ 를 유한차원 내적공간 $\mathscr{V}$ 의 부분공간이라고 하면

$$\mathscr{V} = \mathscr{U} \oplus \mathscr{W}^{\perp}$$

예제 16.4

$\boldsymbol{R}^3$의 두 부분공간

$$\mathscr{U} = \langle (1,\ -1\ 0),\ (0,\ 1,\ -1) \rangle$$
$$\mathscr{W} = \langle (1,\ 1,\ 1) \rangle$$

을 생각하자. 그러면

$$\boldsymbol{R}^3 = \mathscr{U} \oplus \mathscr{W}$$

이다. 한편

$$S = \langle (1,\ 1,\ 1),\ (1,\ 0,\ -1) \rangle$$

이면

$$\boldsymbol{R}^3 = \mathscr{U} + \mathscr{S}$$

이다. 그러나

$$\boldsymbol{R}^3 \neq \mathscr{U} \oplus \mathscr{S}$$

이다. 왜냐하면

$$\dim \mathscr{U} + \dim \mathscr{S} = 2+2 > 3 = \dim \boldsymbol{R}^3$$

이기 때문이다. 실제로 두 평면 $\mathscr{U}$와 $\mathscr{S}$의 교선은 벡터 $(1,\ 0,\ -1)$로 생성되는 직선이다. 즉

$$\mathscr{U} \cap \mathscr{S} = \langle (1,\ 0,\ -1) \rangle \neq \{\boldsymbol{O}\}$$

정의 16.3

$T: \mathscr{V} \longrightarrow \mathscr{V}$ 를 선형변환이라고 하자. 이때 $\mathscr{V}$ 의 T-불변 부분공간 $\mathscr{U}$ 에 대하여 또 다른 T-불변 부분공간 $\mathscr{W}$ 가 있어서

$$\mathscr{U} = \mathscr{U} \oplus \mathscr{W}$$

가 될 때 $\mathscr{U}$ 를 완전불변(completely invariant) 부분공간이라고 한다. 또, 부분공간 $\mathscr{W}$ 를 $\mathscr{U}$ 의 T-불변 여공간(T-invariant complement) 이라고 한다.

정리 16.6

$T: \mathscr{V} \longrightarrow \mathscr{V}$ 가 n차원 벡터공간 $\mathscr{V}$ 상의 선형변환이라고 하자. 그리고 $\mathscr{U}$ 가 m차원 T-완전불변 부분공간이라고 하자. 그러면 $\mathscr{V}$ 의 적당한 기저가 존재하여 이 기저에 관한 T의 행렬이

$$\left(\begin{array}{c|c} A & O \\ \hline O & B \end{array}\right)$$

의 형태가 된다. (단, A는 $m \times m$, B는 $(n-m) \times (n-m)$ 행렬이다.)

증명 $\mathscr{W}$를 $\mathscr{U}$ 의 T-불변 여공간이라고 하자. $\mathscr{U}$ 의 기저 $\{A_1, \cdots, A_m\}$ 을 택하고, $\mathscr{W}$ 의 기저 $\{B_1, \cdots, B_{n-m}\}$을 택하면 $\{A_1, \cdots, A_m, B_1, \cdots, B_{n-m}\}$은 $\mathscr{V}$ 의 기저가 된다. 이 기저에 관한 T의 행렬이 위와 같은 형태임을 쉽게 확인할 수 있다. ■

앞의 정리는 T의 간단한 행렬 표현을 구하려면 서로 여공간이 되는 2개의 T-불변 부분공간을 찾아야 한다는 것을 뜻한다.

정리 16.7

두 선형변환

$$S,\ T: \mathscr{V} \longrightarrow \mathscr{V}$$

에 대하여

$$S \circ T = T \circ S$$

이면 $\ker S$와 $\operatorname{im} S$는 T-불변 부분공간이다.

증명 $A \in \ker S$이면

$$S(T(A)) = (S \circ T)(A) = (T \circ S)(A) = T(S(A)) = T(0) = \mathbf{O}$$

이므로, $T(A) \in \ker S$이다. 따라서 $\ker S$는 T-불변이다. 마찬가지로, $B \in \operatorname{im} S$이면 적당한 $C \in \mathscr{V}$ 에 대하여 $B = S(C)$이다. 따라서

$$T(B) = T(S(C)) = S(T(C))$$

이므로 $T(B) \in \operatorname{im} S$이다. 즉 $\operatorname{im} S$도 T-불변이다. ■

정리 16.8

선형변환 $T : \mathscr{V} \longrightarrow \mathrm{V}$ 에 대하여 선형변환 $S : \mathscr{V} \longrightarrow \mathscr{V}$ 를

$$S = a_0 I + a_1 T + \cdots + a_m T^m$$

으로 정의하자. 여기서 $a_0, a_1, \cdots, a_m$은 스칼라이다. 그러면, $\ker S$와 $\operatorname{im} S$는 모두 T-불변 부분공간이 된다.

증명 $S \circ T = T \circ S$이므로 정리 16.7을 적용하면 된다. ■

다음에는 순환벡터를 가진 멱영변환의 구조에 관한 정리 10.4의 결과를 일반적인 멱영변환의 경우로 확장해 보자. 이것은 멱영변환의 경우에 Jordan 표준형이 존재함을 증명하는 것이 될 것이다.

정의 16.9

$\mathscr{V}$ 를 유한차원 벡터공간이라고 하고, $T : \mathscr{V} \longrightarrow \mathscr{V}$ 를 멱영변환이라고 하자. 그러면 $\mathscr{V}$ 를 T-불변 부분공간들의 직합

$$\mathscr{V} = \mathscr{U}_1 \oplus \cdots \oplus \mathscr{U}_s$$

로 쓸 수 있다. 여기서 각 i에 대하여 $T : \mathscr{U}_i \longrightarrow \mathscr{U}_i$ 는 순환벡터를 갖는다.

증명 T의 지수를 p라 하자. 즉 p는 $T^p = O$이 되는 최소 정수이다. 이때 $0 \le i \le p$에 대하여 $\mathscr{V}$ 의 부분공간

$$\mathscr{W}_i = \ker\ T^i$$

를 생각하자. 그러면

$$\mathscr{W}_0 = \ker\ T^0 = \ker I = \{ O \}$$
$$\mathscr{W}_p = \ker\ T^p = \ker\ O = \mathscr{V}$$

이고, $A \in \mathscr{W}_i$ 이면 $T^i(A) = O$이므로

$$T^{i+1}(A) = T(T^i(A)) = T(O) = O$$

이 되어 $A \in \mathscr{W}_{i+1}$이다. 즉 $\mathscr{W}_i \subset \mathscr{W}_{i+1}$이다. 따라서

$$\{ O \} = \mathscr{W}_0 \subset \mathscr{W}_1 \subset \cdots \subset \mathscr{W}_p = \mathscr{V}$$

를 얻는다. 또한 $A \in \mathscr{W}_i$ 이면

$$T^{i-1}(T(A)) = T^i(A) = O$$

이므로 $(T(A)) \in \mathscr{W}_{i-1}$이 된다. 즉 $T(\mathscr{W}_1) \subset \mathscr{W}_{i-1}$이다

이제, 정리에서 요구하는 불변 부분공간 $\mathscr{U}_1, \cdots, \mathscr{U}_s$를 만들어보자. 이를 위하여 다음과 같은 새로운 개념이 필요하다.

정의

$\mathscr{V}$ 를 벡터공간이라고 하고 $\mathscr{W}$ 를 $\mathscr{V}$ 의 한 부분공간이라고 하자. $\mathscr{V}$ 의 일차독립인 벡터 $A_1, \cdots, A_k$에 대하여

$$\langle A_1, \cdots, A_k \rangle \cup \mathscr{W} = \{ \boldsymbol{O} \}$$

이 성립하면, $A_1, \cdots, A_k$를 모드 W로 일차독립(linearly independent modulo W)이라고 한다. 또 모드 W로 일차독립인 벡터 $A_1, \cdots, A_m$이

$$\langle A_1, \cdots, A_m \rangle \oplus \mathscr{W} = \mathscr{V}$$

을 만족하면 $\{A_1, \cdots, A_m\}$을 모드 $\mathscr{W}$ 인 $\mathscr{V}$ 의 기저(basis for $\mathscr{V}$ modulo $\mathscr{W}$)라고 한다.

정리 A

$\mathscr{V}$ 를 벡터공간, $\mathscr{W}$ 를 $\mathscr{V}$ 의 부분공간이라고 하자. 그러면 모드 $\mathscr{W}$ 인 $\mathscr{V}$ 의 기저는 항상 찾을 수 있다.

증명 먼저 $\mathscr{W}$ 의 기저를 $\{B_1, \cdots, B_s\}$라고 하고, 이것을 $\mathscr{V}$ 의 기저로 확장한다. 즉 $\mathscr{V}$ 의 기저

$$\{B_1, \cdots, B_s, A_1, \cdots, A_m\}$$

을 얻는다. 그러면

$$\langle B_1, \cdots, B_s \rangle \oplus \langle A_1, \cdots, A_m \rangle = \mathscr{V}$$

가 되어 $\{A_1, \cdots, A_m\}$은 모드 $\mathscr{W}$ 인 $\mathscr{V}$ 의 기저가 된다. ■

정리 B

$\mathscr{V}$ 를 벡터공간, $\mathscr{W}$ 를 $\mathscr{V}$ 의 부분공간이라고 하자. 만약 $\{A_1, \cdots, A_k\}$가 모드 $\mathscr{W}$ 로 일차독립인 벡터들의 집합이면, 이것을 확장하여 모드 $\mathscr{W}$ 인 $\mathscr{V}$ 의 기저

$$\{A_1, \cdots, A_k, A_{k+1}, \cdots, A_m\}$$

을 얻을 수 있다.

증명 먼저 $\mathscr{W}$ 의 기저를 $\langle B_1, \cdots, B_s \rangle$ 라고 하면

$$\langle B_1, \cdots, B_s \rangle \cup \langle A_1, \cdots, A_k \rangle = \mathscr{W} \cap \langle A_1, \cdots, A_k \rangle = \{ \mathbf{O} \}$$

이므로 $\{B_1, \cdots, B_s, A_1, \cdots, A_k\}$는 일차독립임을 알 수 있다. (정리 16.3) 따라서 이것을 $\mathscr{V}$ 의 기저

$$\{B_1, \cdots, B_s, A_1, \cdots, A_k, A_{k+1}, \cdots, A_m\}$$

으로 확장할 수 있다. 그러면 $\{A_1, \cdots, A_m\}$은 모드 $\mathscr{W}$ 인 $\mathscr{V}$ 의 기저가 됨을 알 수 있다. ■

정리 16.9의 증명

앞에서 이미 다음의 포함 관계를 얻었다.

$$\{ \mathbf{O} \} = \mathscr{W}_0 \subset \mathscr{W}_1 \subset \cdots \subset \mathscr{W}_{p-1} \subset \mathscr{W}_p = \mathscr{V}$$
$$T(\mathscr{W}_1) \subset \mathscr{W}_{i-1}$$

정리 A에 의하여 모드 $\mathscr{W}_{p-1}$인 $\mathscr{V}$ 의 기저 $\{A_1, \cdots, A_r\}$을 찾을 수 있다. 이제 $T(A_1), \cdots T(A_r)$은 $\mathscr{W}_{p-1}$의 원소이고, 또 모드
$\mathscr{W}_{p-2}$로 일차독립이다. 실제로

$$\langle T(A_1), \cdots, T(A_r) \rangle \cap \mathscr{W}_{p-2} \neq \{ \mathbf{O} \}$$

이면 모두는 0이 아닌 $a_1, \cdots, a_r$이 존재하여

$$\mathbf{O} \neq a_1 T(A_1) + \cdots + a_r T(Ar) \in \mathscr{W}_{p-2}$$

가 된다. $\mathscr{W}_{p-2} = \ker T^{p-2}$ 이므로

$$T^{p-2}(a_1 T(A_1)) + \cdots + a_r T(Ar)) = \mathbf{O}$$

즉

$$O \neq a_1A_1 + \cdots + a_rA_r \in \mathscr{W}_{p-1}$$

이 되어 $A_1, \cdots, A_r$이 모드 $\mathscr{W}_{p-1}$로 일차독립이라는 사실에 모순이다. 따라서 $\langle T(A_1), \cdots, T(A_r)\rangle \cap \mathscr{W}_{p-2} \neq \{O\}$이어야 한다. 즉 $\langle T(A_1), \cdots, T(A_r)\rangle$은 모드 $\mathscr{W}_{p-2}$ 일차독립이다.
이제 $\langle T(A_1), \cdots, T(A_r)\rangle$을 확장하여 모드 $\mathscr{W}_{p-2}$인 $\mathscr{W}_{p-1}$의 기저 $\{T(A_1), \cdots, T(A_r), A_{r+1}, \cdots, A_q\}$를 얻으면

$$T^2(A_1), \cdots, T^2(A_r), T(A_{r+1}), \cdots, T(A_q) \in \mathscr{W}_{p-2}$$

이다. 또한 바로 앞에서와 마찬가지로 $\{T^2(A_1), \cdots, T^2(A_r), T(A_{r+1}), \cdots, T(A_q)\}$가 모드 $\mathscr{W}_{p-3}$로 일차독립임을 보일 수 있고, 따라서 모드 $\mathscr{W}_{p-3}$인 $\mathscr{W}_{p-2}$의 기저로 확장될 수 있다.
이와 같은 과정을 p번 계속하면 다음과 같이 나열된 기저를 얻을 수 있다.

$$\begin{array}{llllll}
A_1 & \cdots, A_r & & & & \\
T(A_1), & \cdots, T(A_r), & A_{r+1}, & \cdots, A_q, & & \\
T^2(A_1), & \cdots, T^2(A_r), & T(A_{r+1}), & \cdots, T(A_q), & A_{q+1}, \cdots, A_m & \\
\vdots & & & & & \\
T^{p-1}(A_1), & & & & & \\
\end{array}$$

$$\cdots, T^{p-1}(A_r), T^{p-2}(A_{r+1}), \cdots, A_l$$

이제, 같은 열에 있는 벡터들은 그 열의 맨 위에 있는 벡터를 순환벡터로 갖는 불변 부분공간을 만듦을 알 수 있다. ■

이 정리에서 수행한 과정을 다음 예를 통하여 확인해 보자.

예제 16.5

$$T(x_1, x_2, x_3, x_4, x_5) = (0, x_3+x_4, 0, x_3, x_1+x_4)$$

로 정의되는 선형변환 $T : \boldsymbol{R}^5 \longrightarrow \boldsymbol{R}^5$를 생각해보자.

$$T^2(x_1,\ x_2,\ x_3,\ x_4,\ x_5) = (0,\ x_3,\ 0,\ 0,\ x_3)$$
$$\begin{aligned} T^3(x_1,\ x_2,\ x_3,\ x_4,\ x_5) &= T(0,\ x_3,\ 0,\ 0,\ x_3) \\ &= (0,\ 0,\ 0,\ 0,\ 0) \end{aligned}$$

이므로 T는 지수가 3인 멱영변환임을 알 수 있다. 정리 16.9에서와 같이 $\mathscr{W}_i = \ker T^i$로 놓으면

$$\{\boldsymbol{O}\} = \mathscr{W}_0 \subset \mathscr{W}_1 \subset \mathscr{W}_2 \subset \mathscr{W}_3 = \boldsymbol{R}^5$$

이다. $\mathscr{W}_2 = \ker T^2$의 기저는

$$\begin{aligned} B_1 &= (1,\ 0,\ 0,\ 0,\ 0) \\ B_2 &= (0,\ 1,\ 0,\ 0,\ 0) \\ B_3 &= (0,\ 0,\ 0,\ 1,\ 0) \\ B_4 &= (0,\ 0,\ 0,\ 0,\ 1) \end{aligned}$$

로 택할 수 있다. 여기에

$$A_1 = (0,\ 0,\ 1,\ 0,\ 0)$$

을 추가하여 $\boldsymbol{R}^5$의 기저를 얻는다. 그러면

$$T(A_1) = (0,\ 1,\ 0,\ 1,\ 0) \in \mathscr{W}_2$$

이고 $\mathscr{W}_1$의 기저

$$\begin{aligned} C_1 &= (0,\ 1,\ 0,\ 0,\ 0) \\ C_2 &= (0,\ 0,\ 0,\ 0,\ 1) \end{aligned}$$

와 함께 $\mathscr{W}_2$의 기저가 되려면 한 개의 벡터가 부족하다. 따라서

$$A_2 = (1,\ 0,\ 0,\ 0,\ 0)$$

을 추가하여 $\mathscr{W}_2$의 기저

$$T(A_1),\ A_2,\ C_1,\ C_2$$

를 얻는다. 이제

$$T^2(A_1),\ \ T(A_2) \in \mathscr{W}_1$$

는 $\mathscr{W}_1$의 기저가 되어 작업은 종결된다. 따라서

$$\begin{aligned}&A_1\\&T(A_1),\ A_2\\&T^2(A_1),\ T(A_2)\end{aligned}$$

가 $\boldsymbol{R}^5$의 기저를 이룬다. 이때

$$\begin{aligned}\mathscr{U}_1 &= \langle A_1,\ T(A_1),\ T^2(A_1)\rangle\\ \mathscr{U}_2 &= \langle A_2,\ T(A_2)\rangle\end{aligned}$$

로 놓으면 $\mathscr{U}_1$, $\mathscr{U}_2$는 T-불변 부분공간이 되고

$$\boldsymbol{R}^5 = \mathscr{U}_1 \oplus \mathscr{U}_2$$

가 된다. 또 A_1은 $\mathscr{U}_1$의 지수가 3인 순환벡터가 되고 A_2는 $\mathscr{U}_2$의 지수가 2인 순환벡터가 된다. $\boldsymbol{R}^5$의 기저

$$A_1,\ T(A_1),\ T^2(A_1),\ A_2,\ T(A_2),$$

에 관한 T의 행렬은 다음과 같은 간단한 형태가 된다.

$$\left(\begin{array}{ccc|cc} 0 & 0 & 0 & 0 & 0\\ 1 & 0 & 0 & 0 & 0\\ 0 & 1 & 0 & 0 & 0\\ \hline 0 & 0 & 0 & 0 & 0\\ 0 & 0 & 0 & 1 & 0\end{array}\right)$$

이제, $i \times i$행렬 J_i를

$$J_i = \begin{pmatrix} 0 & 0 & \cdots & 0 & 0\\ 1 & 0 & \cdots & 0 & 0\\ 0 & 1 & \cdots & 0 & 0\\ \vdots & \vdots & & \vdots & \vdots\\ 0 & 0 & \cdots & 1 & 0\end{pmatrix}$$

로 정의하자. 그러면 정리 16.9는 다음과 같이 바꾸어 쓸 수 있다.

정리 16.10

$\mathcal{V}$ 를 유한차원 벡터공간이라고 하고, $T:\mathcal{V}\longrightarrow\mathcal{V}$ 를 지수가 p인 멱영변환이라고 하자. 그러면 T의 행렬이 다음과 같게 하는 $\mathcal{V}$ 의 적당한 기저를 택할 수 있다.

$$\begin{pmatrix} J_p & & & & & & & & & \\ & \ddots & & & & O & & & & \\ & & J_p & & & & & & & \\ & & & J_{p-1} & & & & & & \\ & & & & \ddots & & & & & \\ & & & & & J_{p-1} & & & & \\ & & & & & & \ddots & & & \\ & O & & & & & & J_1 & & \\ & & & & & & & & \ddots & \\ & & & & & & & & & J_1 \end{pmatrix}$$

여기서 J_i 는 n_i번 나타나고, $n_i \geq 0\ (i=1,\ 2,\ \cdots,\ p)$이며 $n_p \neq 0$이지만 나머지 n_i는 0일 수 있다. 특히

$$p=\max\{\dim\mathcal{U}_1 \mid 1\leq i\leq s\}$$

증명 정리 16.9에 의하여 T-불변 부분공간 $\mathcal{U}_1$가 있어서 $\mathcal{V}$ 를

$$\mathcal{V}=\mathcal{U}_1\oplus\cdots\oplus\mathcal{U}_s$$

로 분해할 수 있으며 선형변환

$$T\mid\mathcal{U}_i:\mathcal{U}_i\longrightarrow\mathcal{U}_i$$

은 순환벡터 A_i를 갖는다. 즉 $\{A_i,\ T(A_i),\ T^{p_i-1}(A_1)\}$는 $\mathcal{U}_i$의 기저가 된다. (여기서 $T^{pi}(A_i)=\mathbf{O}$이다.) 이 기저에 관한 $T\mid\mathcal{U}_i$의 행렬은 J_{pi}가 된다. 이러한 기저를 모두 모으면 $\mathcal{V}$ 의 기저가 되고 이 기저에 관한 T의 행렬은 위에 주어진 형태가 됨을 알 수 있다. 또한 T의 지수 p는 $\dim\mathcal{U}_1$, $\cdots$, $\dim\mathcal{U}_s$중 최대인 정수가 된다. ■

유한차원 벡터공간 $\mathscr{V}$ 상의 임의의 선형변환 $T:\mathscr{V}\longrightarrow\mathscr{V}$ 에 대하여 $\mathscr{V}$ 를 T-불변 부분공간들의 직합으로 분해하고자 한다. e가 T의 고유값이라면

$$\mathscr{V}_e=\ker(T-eI)$$

이다. 이때

$$\mathscr{V}_{e,i}=\ker(T-eI)^i,\quad i=1,\ 2,\ \cdots\cdots$$

로 정의하자. 이들 부분공간 사이에 포함관계가 있음을 알 수 있다. 즉

$$\mathscr{V}_e=\mathscr{V}_{e,i}\subset\mathscr{V}_{e,2}\subset\cdots\subset\mathscr{V}$$

이다. 그런데 $\mathscr{V}$ 가 유한차원이므로 이 부분공간들 중에서 서로 다른 것은 유한 개뿐이고, 따라서 적당한 n이 있어서

$$\mathscr{V}_{e,n}=\mathscr{V}_{e,n+1}$$

이어야 한다. 그러면

$$\mathscr{V}_{e,n}=\mathscr{V}_{e,n+1}=\mathscr{V}_{e,n+2}=\cdots$$

이 되어 더 이상 새로운 것은 나오지 않는다. 실제로 $A\in\mathscr{V}_{e,n+2}$이면 $A\in\ker(T-eI)^{n+2}$이므로

$$(T-eI)^{n+1}((T-eI)(A))=(T-eI)^{n+2}(A)=\boldsymbol{O}$$

이 되어

$$(T-eI)(A)\in\mathscr{V}_{e,n+1}=\mathscr{V}_{e,n}$$

이 된다. 따라서

$$\boldsymbol{O}(T-eI)^n(T-eI)(A)=(T-eI)^{n+1}(A)$$

가 되어 $A\in\mathscr{V}_{e,n+1}$이 된다. 즉 $\mathscr{V}_{e,n+2}\subset\mathscr{V}_{e,n+1}$이다. 반대쪽 포함관계는 명백하므로 $\mathscr{V}_{e,n+1}=\mathscr{V}_{e,n+2}$이다. 이 증명을 계속하면

$$\mathscr{V}_{e,n} = \mathscr{V}_{e,n+1} = \mathscr{V}_{e,n+2} = \mathscr{V}_{e,n+3} = \cdots$$

을 얻는다. 이때 $\mathscr{V}_{e,n}$을 $\mathscr{V}_e$의 닫힘(closure)이라고 하고 $\overline{\mathscr{V}_e}$로 나타낸다.

즉

$$\overline{\mathscr{V}_e} = \mathscr{V}_{e,n}$$

이다. $\overline{\mathscr{V}_e}$는 T-불변 부분공간이다. 왜냐하면

$$(T-eI)^n = T^n - neT^{n-1} + \cdots + (-e)^n I$$

는 T의 다항식이므로 정리 16.8을 적용할 수 있기 때문이다.

정리 16.11

$T : \mathscr{V} \longrightarrow \mathscr{V}$를 선형변환이라고 하고, e를 T의 고유값, $\overline{\mathscr{V}_e}$를 고유공간 $\mathscr{V}_e$의 닫힘이라고 하자. 그러면 선형변환

$$T - eI : \overline{\mathscr{V}_e} \longrightarrow \overline{\mathscr{V}_e}$$

는 멱영변환이 된다. 또 이때의 지수는 $\overline{\mathscr{V}_e} = \mathscr{V}_{e,n}$이 되는 최소의 정수 n이다.

증명 정의에 의하여 $\overline{\mathscr{V}_e} = \mathscr{V}_{e,n}$이고, 이때 n을 이러한 성질을 갖는 최소의 정수로 택한다. 즉

$$\mathscr{V}_e = \mathscr{V}_{e,1} \subset \mathscr{V}_{e,2} \subset \cdots \subset \mathscr{V}_{e,n} = \overline{\mathscr{V}_e}$$

에서 $\mathscr{V}_{e,1}, \mathscr{V}_{e,2}, \cdots, \mathscr{V}_{e,n}$은 모두 서로 다르다.

$\overline{\mathscr{V}_e} = \ker(T-eI)^n$이므로

$$(T-eI)^n = O : \overline{\mathscr{V}_e} \longrightarrow \overline{\mathscr{V}_e}$$

즉, 선형변환

$$T - eI : \overline{\mathscr{V}_e} \longrightarrow \overline{\mathscr{V}_e}$$

의 지수는 n 이하이다. 만약 지수가 $k(1 \leq k < n)$이라면

$$(T-eI)^k = O : \overline{\mathscr{V}_e} \longrightarrow \overline{\mathscr{V}_e}$$

즉

$$\mathscr{V}_{e,k} = \ker(T-eI)^k = \overline{\mathscr{V}_e} = \mathscr{V}_{e,n}$$

이 되어 $\mathscr{V}_{e,k}$와 $\mathscr{V}_{e,n}$이 서로 다르다는 사실에 모순이다. 따라서 $T-eI : \overline{\mathscr{V}_e} \longrightarrow \overline{\mathscr{V}_e}$의 지수는 n이다. ■

이제, 이 장의 핵심 결과를 소개한다.

정리 16.12

$T : \mathscr{V} \longrightarrow \mathscr{V}$를 유한차원 복소벡터공간 $\mathscr{V}$ 상의 선형변환이라고 하자. 이때 T의 특성다항식이

$$\triangle(t) = (e_1 - t)^{m_1} \cdots (e_s - t)^{m_s}$$

이라고 하자. 그러면

(i) 각 고유공간 $\mathscr{V}_{ei}$의 닫힘 $\overline{\mathscr{V}_{ei}}$는 완전불변 부분공간이다.

(ii) $\dim \overline{\mathscr{V}_{e_i}} = m_i$

(iii) 선형변환 $T : \overline{\mathscr{V}_{e_i}} \longrightarrow \overline{\mathscr{V}_{e_i}}$의 특성다항식은 $(e_i - t)^{m_i}$이다.

(iv) $\mathscr{V} = \overline{\mathscr{V}_{e_1}} \oplus \cdots \oplus \overline{\mathscr{V}_{e_s}}$

주의 실벡터공간인 경우에도 특성다항식이 실계수 일차식의 곱으로 인수분해만 되면 위의 정리는 그대로 성립한다.

이 정리를 증명하려면 다음 보조정리가 필요하다.

보조정리 16.13

$S : \mathscr{V} \longrightarrow \mathscr{V}$를 유한차원 벡터공간 $\mathscr{V}$ 상의 선형변환이라고 하자. 그러면 어떤 정수 k가 존재하면

$$\text{모든 } j \geq k\text{에 대하여 } \begin{cases} \ker S^j = \ker S^k \\ \text{im } S^j = \text{im } S^k \end{cases}$$

가 성립한다. 또 $\ker S^k$와 $\text{im } S^k$는 모두 S-불변 부분공간이며

$$\mathcal{V} = \ker S^k \oplus \text{im } S^k$$

이다.

증명 다음의 포함관계를 생각해보자.

$$\{\boldsymbol{O}\} = \ker S^0 \subset \ker S^1 \subset \cdots\cdots \subset \ker S^j \subset \cdots\cdots \subset \mathcal{V}$$
$$\mathcal{V} = \text{im } S^0 \supset \text{im} S^1 \supset \cdots\cdots \supset \text{im } S^j \supset \cdots\cdots \supset \{\boldsymbol{O}\}$$

$\mathcal{V}$가 유한차원이므로 이 부분공간들 중에서 서로 다른 것은 유한 개뿐이다. 따라서 어떤 m, n이 존재하여

모든 $j \geq m$에 대하여 $\ker S^j = \ker S^m$
모든 $j \geq n$에 대하여 $\text{im } S^j = \text{im } S^n$

이다. $k = \max\{m, n\}$이라고 하면

$$\text{모든 } j \geq k\text{에 대하여 } \begin{cases} \ker S^j = \ker S^k \\ \text{im } S^j = \text{im } S^k \end{cases}$$

가 성립한다. 또, 정리 16.8에 의하여 $\ker S^k$와 $\text{im } S^k$는 모두 S-불변이다. 이제

$$\ker S^k \cap \text{im } S^k = \{\boldsymbol{O}\}$$

임을 보이기 위하여, $A \in \ker S^k \cup \text{im} S^k$라고 가정하자. 그러면 적당한 벡터 B가 있어서 $A = S^k(B)$라고 쓸 수 있다. 따라서

$$\boldsymbol{O} = S^k(A) = S^k(S^k(B)) = S^{2k}(B)$$

이므로

$$B \in \ker S^{2k}$$

이다. 그런데 k의 선택에 의하여 $\ker S^{2k} = \ker S^k$이므로

$$B \in \ker S^k, \quad 곧\ A = S^k(B) = \boldsymbol{O}$$

이다. 따라서 정리 16.4에 의하여

$$\mathscr{V} = \ker S^k \oplus \operatorname{im} S^k$$

임이 증명된다. ■

정리 16.12의 증명

정리 16.11을 선형변환

$$S_1 = T - e_i I : \mathscr{V} \longrightarrow \mathscr{V}$$

에 적용해 보자. 그러면 어떤 k가 존재하여

$$\mathscr{V} = \ker (T - e_1 I)^k \oplus \operatorname{im} (T - e_i I)^k$$

이고 $\overline{\mathscr{V}_{e_1}}$의 정의에 의하여

$$\mathscr{V}_{e_1} = \ker (T - e_1 I)^k$$

이다. 또 $\ker (T - e_1 I)^k$, $\operatorname{im} (T - e_1 I)^k$은 T-불변 부분공간이므로 정리 16.6에 의하여 T는

$$M = \begin{pmatrix} A & O \\ O & B \end{pmatrix}$$

의 꼴의 행렬로 표현된다. 따라서 A는

$$T : \overline{\mathscr{V}_{e_1}} \longrightarrow \overline{\mathscr{V}_{e_1}}$$

의 행렬이고, B는

$$T : \operatorname{im} (T - e_1 I)^k \longrightarrow \operatorname{im} (T - e_1 I)^k$$

의 행렬이다. 행렬 M을 이용하여 T의 특성다항식 $\triangle(t)$를 구하면

$$p_1(t) = \det(A - tI)$$
$$q(t) = \det(B - tI)$$

라고 할 때

$$\triangle(t) = p_1(t)\, q(t)$$

가 된다. 이때 $q(t)$는 $(e_1 - t)$를 인수로 갖지 않음을 보일 수 있다. 만약 $q(t)$가 $(e_1 - t)$를 인수로 가진다면 e_1은

$$T : \mathrm{im}(T - e_1 I)^k \longrightarrow \mathrm{im}(T - e_1 I)^k$$

의 고유값이 되고, 따라서

$$T(A) = e_1 A, \quad \boldsymbol{O} \neq A \in \mathrm{im}(T - e_1 I)^k$$

인 벡터 A가 존재한다. 그러면

$$A \in \mathcal{V}_{e_1} \subset \overline{\mathcal{V}_{e_1}}$$

이 되어 $\overline{\mathcal{V}_{e_1}} \cap \mathrm{im}(T - e_1 I)^k = \{\boldsymbol{O}\}$이라는 사실에 모순이다. 따라서 $q(t)$는 $(e_1 - t)$를 인수로 갖지 않는다. 그런데

$$\triangle(t) = p_1(t)\, q(t) = (e_1 - t)^{m_1} (e_2 - t)^{m_2} \cdots (e_s - t)^{m_s}$$

이므로

$$p_1(t) = (e_1 - t)^{m_1} f(t)$$

로 쓸 수 있다. 여기서 $f(t)$는 $(e_1 - t)$를 인수로 갖지 않는다. 이제 $f(t) = 1$ 임을 보일 것이다. 이를 위하여

$$T - e_1 I : \overline{\mathcal{V}_{e_1}} \longrightarrow \overline{\mathcal{V}_{e_1}}$$

이 멱영변환이라는 사실에 유의하면 정리 16.10에 의하여 이 변환은 다음과 같은 행렬로 표현된다.

$$\begin{pmatrix} 0 & 0 & 0 & \cdots\cdots & 0 \\ * & 0 & 0 & \cdots\cdots & 0 \\ 0 & * & 0 & \cdots\cdots & 0 \\ \vdots & \vdots & & & \vdots \\ 0 & 0 & 0 & \cdots * & 0 \end{pmatrix} \qquad * = 0 \text{ 또는 } 1$$

따라서 $T : \overline{\mathscr{V}_{e_1}} \longrightarrow \overline{\mathscr{V}_{e_1}}$ 은 다음과 같은 행렬로 표현된다.

$$\begin{pmatrix} e_1 & 0 & 0 & \cdots\cdots & 0 \\ * & e_1 & 0 & \cdots\cdots & 0 \\ 0 & * & e_1 & \cdots\cdots & 0 \\ \vdots & \vdots & & & \vdots \\ 0 & 0 & 0 & \cdots * & e_1 \end{pmatrix}$$

그러므로

$$p_1(t) = \det \begin{pmatrix} e_1 - t & 0 & \cdots\cdots & 0 \\ * & e_1 - t & \cdots\cdots & 0 \\ \vdots & \vdots & & \vdots \\ 0 & 0 & \cdots * & e_1 - t \end{pmatrix} = (e_1 - t)^{\dim \overline{\mathscr{V}_{e_1}}}$$

이다. 그런데 다항식의 인수분해는 유일하므로

$$m_1 = \dim \overline{\mathscr{V}_{e_1}} \text{ 이고 } f(t) = 1$$

임을 알 수 있다. 즉

$$\begin{cases} p_1(t) = (e_1 - t)^{m_1} \\ q_1(t) = (e_2 - t)^{m_2} \cdots (e_s - t)^{m_s} \end{cases}$$

가 된다. 이제, 동일한 작업을 선형변환 $T : \mathrm{im}(T - e_1 I)^k \longrightarrow \mathrm{im}(T - e_1 I)^k$의 고유값 e_2에 대하여 반복하여 수행하고, 또 동일한 작업을 계속하면 원하는 결과를 얻는다. ■

위 정리에서 선형변환 $T : \mathscr{V} \longrightarrow \mathscr{V}$ 의 행렬이 다음과 같도록 하는 $\mathscr{V}$ 의 기저가 존재함을 알 수 있다.

$$\begin{pmatrix} \left.\begin{array}{|cccc|} e_1 & & & \\ * & e_1 & & \\ & \ddots & \ddots & \\ & & * & e_1 \end{array}\right\} m_1 & & & O \\ 0 & \left.\begin{array}{|cccc|} e_2 & & & \\ * & e_2 & & \\ & \ddots & \ddots & \\ & & * & e_2 \end{array}\right\} m_2 & & \\ & & \ddots & \\ O & & & m_s\left\{\begin{array}{|cccc|} e_s & & & \\ * & e_s & & \\ & \ddots & \ddots & \\ & & * & e_s \end{array}\right. \end{pmatrix}$$

여기서 $*=0$ 또는 1이다. 0과 1은 정리 16.10에서와 같이 멱역변환

$$T-e_iI : \overline{\mathscr{V}_{e_i}} \longrightarrow \overline{\mathscr{V}_{e_i}} \qquad (i=1,\ 2,\ \cdots,\ s)$$

에 의하여 결정된다.

이러한 행렬을 Jordan 표준형(canonical form)이라고 한다.

예제 16.6

$T(x,\ y,\ z)=(2x+3y,\ y+2z,\ -y+4z)$로 정의되는 선형변환 $T:C^3 \longrightarrow C^3$을 생각해 보자. C^3의 표준기저에 관한 T의 행렬은

$$A=\begin{pmatrix} 2 & 3 & 0 \\ 0 & 1 & 2 \\ 0 & -1 & 4 \end{pmatrix}$$

이다. T의 특성다항식은

$$\triangle(t)=\det\begin{pmatrix} 2-t & 3 & 0 \\ 0 & 1-t & 2 \\ 0 & -1 & 4-t \end{pmatrix}$$

$$=(2-t)^2(3-t)$$

이므로 T의 고유값은 $e_1=2$, $e_2=3$ 이다. 대응하는 고유공간을 구하면 연립방정식

$$e_1=2:\begin{cases} 3y \quad\quad =0 \\ -y+2z=0 \end{cases}$$

$$e_2=3:\begin{cases} -x+3y=0 \\ -2y+2z=0 \\ -y+z=0 \end{cases}$$

으로부터

$$\mathscr{V}_2=\langle(1,\ 0,\ 0)\rangle,\ \text{즉 고유벡터는 } A_1=(1,\ 0,\ 0)$$

$$\mathscr{V}_3=\langle(3,\ 1,\ 1)\rangle,\ \text{즉 고유벡터는 } A_2=(3,\ 1,\ 1)$$

이다. $\dim\mathscr{V}_2=1$이므로 T는 대각행렬로 표현할 수 없다.

T의 Jordan 표준형은

$$\begin{pmatrix} 2 & 0 & 0 \\ * & 2 & 0 \\ 0 & 0 & 3 \end{pmatrix}$$

의 형태가 되는데 T는 대각화 불가능이므로 $*$는 0일 수 없다. 즉 T의 Jordan 표준형은 아직 기저는 찾지 않았지만

$$\begin{pmatrix} 2 & 0 & 0 \\ 1 & 2 & 0 \\ 0 & 0 & 3 \end{pmatrix}$$

이 됨을 알 수 있다. 대응하는 기저를 구하려면 $\overline{\mathscr{V}_2}$의 기저를 찾아야 한다. $\dim\overline{\mathscr{V}_2}=2$ 이고 $\mathscr{V}_2\subset\overline{\mathscr{V}_2}$ 이므로

$$(T-2I)^2(F)=\boldsymbol{O}$$

이지만

$$(T-2I)^2(F)\neq\boldsymbol{O}$$

인 벡터 F를 찾아야 한다. $(T-2I)^2$의 행렬은

$$\begin{pmatrix} 0 & 3 & 0 \\ 0 & -1 & 0 \\ 0 & -1 & 2 \end{pmatrix}^2 = \begin{pmatrix} 0 & -3 & 6 \\ 0 & -1 & 2 \\ 0 & -1 & 2 \end{pmatrix}$$

이므로 $\ker(F-2I)^2$의 기저는 연립방정식

$$-y+2z=0$$

의 해공간이다. 이미 고유벡터 $A_1=(1, 0, 0)$이 하나의 해가 된다. $F=(0, 2, 1)$이 A_1과 일차독립인 해가 된다. 이제

$$F_1=F,\ F_2=(T-2I)(F_1),\ F_3=A_2$$

라고 하면 기저 $\{F_1, F_2, F_3\}$에 관한 T의 행렬이 Jordan 표준형

$$\begin{pmatrix} 2 & 0 & 0 \\ 1 & 2 & 0 \\ 0 & 0 & 3 \end{pmatrix}$$

이 된다. 참고로

$$T(F_1)=2I(F_1)+(T-2I)(F_1)=2F_1+F_2$$
$$T(F_2)=2I(F_2)+(T-2I)(F_2)=2F_2$$

임을 확인할 수 있다.

$n\times n$ 복소행렬 A에 대하여 C^n의 표준기저에 관한 행렬이 A인 선형변환을 $T: C^n \longrightarrow C^n$라고 하자. 이때, T의 Jordan 표준형을 행렬 A의 Joran 표준형이라고 한다.

예제 16.7

행렬

$$A=\begin{pmatrix} 2 & -1 & -1 \\ 2 & -1 & -2 \\ -1 & 1 & 2 \end{pmatrix}$$

의 Jordan 표준형을 구하라.

풀이 $T : C^3 \longrightarrow C^3$를 행렬 A로 표현되는 변환이라고 하자.

$$\triangle(t) = \det\begin{pmatrix} 2-t & -1 & -1 \\ 2 & -1-t & -2 \\ -1 & 1 & 2-t \end{pmatrix} = (1-t)^3$$

이므로 고유값은 $e=1$이다. 고유공간을 구하면 연립방정식

$$\begin{cases} x-y-z=0 \\ 2x-2y-2z=0 \\ -x+y+z=0 \end{cases}$$

으로부터

$$\mathcal{V}_1 = \langle (1,\ 1,\ 0),\ (1,\ 0,\ 1) \rangle$$

을 얻는다. $\mathcal{V}_1$의 차원은 2이고 1만이 고유값이므로 $\overline{\mathcal{V}_1} = C^3$ 임을 알 수 있다. 즉 $\overline{\mathcal{V}_1}$는 $\mathcal{V}_1$ 보다 차원 1만큼 크다. 모드 $\mathcal{V}_1$ 인 $\overline{\mathcal{V}_1}$의 기저를 구하려면 $\mathcal{V}_1$에 속하지 않는 C^3의 벡터를 하나 선택하기만 하면 된다. $F_1 = (1,\ 0,\ 0)$이 이러한 벡터이다. 이제 정리 16.9의 절차에 따르면 벡터

$$F_2 = (T-I)(F_1) = \begin{pmatrix} 1 & -1 & -1 \\ 2 & -2 & -2 \\ -1 & 1 & 1 \end{pmatrix}\begin{pmatrix} 1 \\ 0 \\ 0 \end{pmatrix} = \begin{pmatrix} 1 \\ 2 \\ -1 \end{pmatrix}$$

는 $\mathcal{V}_1$에 속한다. F_2에 $F_3 = (1,\ 1,\ 0)$을 추가하여 $\mathcal{V}_1$의 기저를 선택하면 기저 $\{F_1,\ F_2,\ B_3\}$에 대한 T의 행렬은 Jordan 표준형

$$\begin{pmatrix} 1 & 0 & 0 \\ 1 & 1 & 0 \\ 0 & 0 & 1 \end{pmatrix}$$

이 된다.

예제 16.8

행렬

$$A=\begin{pmatrix} 7 & 1 & -2 & 1 \\ 1 & 4 & 1 & 1 \\ 2 & -1 & 5 & 2 \\ 2 & -1 & -1 & 8 \end{pmatrix}$$

의 Jordan 표준형을 구하라.

풀이 A의 특성다항식은

$$\triangle(t)=\det\begin{pmatrix} 7-t & 1 & -2 & 1 \\ 1 & 4-t & 1 & 1 \\ 2 & -1 & 5-t & 2 \\ 2 & -1 & -1 & 8-t \end{pmatrix}$$
$$=(6-t)^4$$

이므로 고유값은 $e-6$이다. 고유공간 $\mathscr{V}_6$ 의 기저를 구하면

$$\begin{cases} x+y-2z+w=0 \\ x-2y+z+w=0 \\ 2x-y-z+2w=0 \end{cases}$$

으로부터

$$A_1=(1,\ 0,\ 0,\ -1),\ A_2=(1,\ 1,\ 1,\ 0)$$

이 되어

$$2=\dim\mathscr{V}_6<\dim\overline{\mathscr{V}_6}=6$$

임을 알 수 있다. 그런데 행렬계산에 의하면

$$(A-6I)^2=\begin{pmatrix} 0 & 0 & 0 & 0 \\ 3 & 3 & -6 & 3 \\ 3 & 3 & -6 & 3 \\ 3 & 3 & -6 & 3 \end{pmatrix}\neq O,$$
$$(A-6I)^3=O$$

이므로 $\dim\mathscr{V}_{6,2}=3$, $\dim\mathscr{V}_{6,3}=4$ 이어야 한다. 실제로

$\mathscr{V}_{6,2} = \ker(T-6I)^2 = \{(x, y, z, w) \mid 3x+3y-6z+3w=0\}$의 기저를 하나 구하면

$$C_1 = (1, -1, 0, 0)$$
$$C_2 = (2, 0, 1, 0)$$
$$C_3 = (1, 0, 0, -1)$$

이다. 여기에

$$B_1 = (1, 0, 0, 0)$$

을 추가하여 C^4의 기저를 얻는다. 그러면

$$(T-6I)(B_1) = (1, 1, 2, 2) \in = \mathscr{V}_{6,2}$$

이고 $\mathscr{V}_{6,1} = \mathscr{V}_{6,2}$의 기저

$$A_1, A_2$$

와 함께 $\mathscr{V}_{6,2}$의 기저가 된다. 따라서 이 단계에서 추가되는 벡터는 없다. 이제

$$(T-6I)^2(B_1) = (0, 3, 3, 3) \in \mathscr{V}_{6,1} = \mathscr{V}_6$$

이고 이 벡터와 A_{11}은 $\mathscr{V}_6$의 기저를 이루므로 작업은 여기서 종결된다. 따라서

$$F_1 = B_1 = (1, 0, 0, 0)$$
$$F_2 = (T-6I)(B_1) = (1, 1, 2, 2)$$
$$F_3 = (T-6I)^2(B_1) = (0, 3, 3, 3)$$
$$F_4 = A_1 = (1, 0, 0, -1)$$

이 구하는 기저를 이루며, 이 기저에 관한 T의 행렬은 Jordan 표준형

$$\begin{pmatrix} 6 & 0 & 0 & 0 \\ 1 & 6 & 0 & 0 \\ 0 & 1 & 6 & 0 \\ 0 & 0 & 0 & 6 \end{pmatrix}$$

이 된다.

이와 같이 기저를 구하는 일은 다소 복잡한 계산을 요구한다. 그러나 Jordan 표준형만을 구하려면 다음과 같이 간단히 할 수 있다.

T의 고유값이 6뿐이고, T는 대각화 불가능하므로 Jordan 표준형은

$$\begin{pmatrix} 6 & 0 & 0 & 0 \\ 1 & 6 & 0 & 0 \\ 0 & 0 & 6 & 0 \\ 0 & 0 & 0 & 6 \end{pmatrix}, \begin{pmatrix} 6 & 0 & 0 & 0 \\ 1 & 6 & 0 & 0 \\ 0 & 1 & 6 & 0 \\ 0 & 0 & 0 & 6 \end{pmatrix}, \begin{pmatrix} 6 & 0 & 0 & 0 \\ 1 & 6 & 0 & 0 \\ 0 & 1 & 6 & 0 \\ 0 & 0 & 1 & 6 \end{pmatrix}, \begin{pmatrix} 6 & 0 & 0 & 0 \\ 1 & 6 & 0 & 0 \\ 0 & 0 & 6 & 0 \\ 0 & 0 & 1 & 6 \end{pmatrix}$$

의 네 가지 중 하나임을 알 수 있다. 그런데 고유값 6에 대응하는 고유벡터는 2개가 있으므로 둘째와 넷째 행렬만이 가능하다. 또 넷째 행렬이 T의 Jordan 표준형이라면 $(T-6I)^2=O$ 이어야 한다. 왜냐하면 이러한 Jordan 표준형에 대응하는 기저에 관한 $(T-6I)^2$의 행렬은

$$\begin{pmatrix} 0 & 0 & 0 & 0 \\ 1 & 0 & 0 & 0 \\ 0 & 0 & 0 & 0 \\ 0 & 0 & 1 & 0 \end{pmatrix}^2 = O$$

이 되기 때문이다. 한편 표준기저에 관한 $(T-6I)^2$의 행렬은 $(A-6I)^2$이고 이것이 O이 아님은 직접 계산하여 확인할 수 있다. 따라서 $(T-6I)^2 \neq O$이다. 그러므로 넷째 행렬은 T의 Jordan 표준형이 될 수 없다. 결국 둘째 행렬이 구하는 Jordan 표준형이다.

정리 16.14

A, B를 $n\times n$ 복소행렬이라고 하자. A, B가 같은 선형변환 $T:C^n \longrightarrow C^n$의 다른 기저에 관한 행렬이 되기 위한 필요충분조건

은 A와 B의 Jordan 표준형이 서로 같다는 것이다. (단, 기저의 순서를 바꾸어 얻어진 Jordan 표준형은 동일한 것으로 간주한다.)

증명 정리 10.1에 의하여 A, B가 같은 선형변환 $T : C^n \longrightarrow C^n$의 다른 기저에 관한 행렬이 되기 위한 필요충분조건은 $A = PBP^{-1}$인 $n \times n$ 가역행렬 P가 존재한다는 것이다(여기서 P는 일반적으로 복소행렬이다). 따라서 $A = PBP^{-1}$인 가역행렬 P가 존재하기 위한 필요충분조건은 A와 B의 Jordan 표준형이 서로 같다는 것을 증명하면 된다. 이제 $A = PBP^{-1}$인 가역행렬 P가 존재한다고 가정하자. A와 B의 Jordan 표준형을 각각 J_1, J_2라고 하면 다시 정리 10.1에 의하여

$$A = P_1 J_1 P_1^{-1}, \quad B = P_2 J_2 P_2^{-1}$$

인 가역행렬 P_1, P_2가 존재한다. 따라서

$$\begin{aligned} J_1 &= P_1^{-1} A P_1 = P_1^{-1} PBP^{-1} P_1 = P_1^{-1} P P_2 J_2 P_2^{-1} P^{-1} P_1 \\ &= (P_1^{-1} P P_2) J_2 (P_1^{-1} P P_2)^{-1} \end{aligned}$$

가 된다. 이것은 J_2의 Jordan 표준형이 J_1이 됨을 뜻한다. 그런데 J_2는 이미 Jordan 표준형이므로 $J_2 = J_1$ 이 된다. 역으로 A와 B의 Jordan 표준형이 서로 같다고 하자. 이때의 Jordan 표준형을 J라고 하면 정리 10.1에 의하여

$$A = P_1 J_1 P_1^{-1}, \quad B = P_2 J_2 P_2^{-1}$$

인 가역행렬 P_1, P_2가 존재한다. 그러면

$$A = P_1 J P_2^{-1} = P_1 (P_2^{-1} B P_2) P_1^{-1} = (P_1 P_2^{-1}) B (P_1 P_2^{-1})^{-1}$$

이고, $P = P_1 P_2^{-1}$로 놓으면 $A = PBP^{-1}$가 된다. 따라서 정리는 증명되었다. ■

정리 16.15

$S,\ T: \mathscr{V} \longrightarrow \mathscr{V}$ 를 유한차원 복소벡터공간 $\mathscr{V}$ 상의 선형변환이라고 하자. 이때 $T = PSP^{-1}$가 되는 동형변환 $P: \mathscr{V} \longrightarrow \mathscr{V}$ 가 존재하기 위한 필요충분조건은 S와 T의 Jordan 표준형이 서로 같다는 것이다.

마지막으로, Hamilton-Cayley의 정리와 최소다항식에 대하여 알아보자.

정리 16.16 (Hamliton-Cayley 정리)

n차원 복소벡터공간 $\mathscr{V}$ 상의 선형변환 $T: \mathscr{V} \longrightarrow \mathscr{V}$ 의 특성다항식을 $\triangle(t)$라고 할 때

$$\triangle(T): \mathscr{V} \longrightarrow \mathscr{V}$$

는 영사상이다.

증명

$$\triangle(t) = (-1)^n (t-e_1)^{m_1} \cdots (t-e_s)^{m_s}$$

으로 인수분해하면 $\triangle(T)$는

$$\triangle(T) = (-1)^n (T-e_1 I)^{m_1} \cdots (T-e_s I)^{m_s}$$

가 된다. 이제

$$\mathscr{V} = \overline{\mathscr{V}_{e_1}} \oplus \cdots \oplus \overline{\mathscr{V}_{e_s}}$$

임을 이용한다. 즉 각 $i = 1,\ 2,\ \cdots,\ s$에 대하여

$$\triangle(T): \overline{\mathscr{V}_{e_i}} \longrightarrow \overline{\mathscr{V}_{e_i}}$$

가 영사상임을 보이면 된다. 그런데 정리 16.12에서 $m_i = \dim \overline{\mathscr{V}_{e_1}}$이고, 따라서 멱영변환 $(T-e_i I): \overline{\mathscr{V}_{e_i}} \longrightarrow \overline{\mathscr{V}_{e_i}}$의 지수는 m_i를 넘을 수 없으므로(정리 16.10),

$$(T-e_iI)^{m_i}\overline{\mathscr{V}_{e_i}} \longrightarrow \overline{\mathscr{V}_{e_i}}$$

은 영사상이다. 한편 $\triangle(T)$에서 합성의 순서를 바꿀 수 있으므로

$$\triangle(T)=(-1)^n f(T)(T-e_iI)^{m_i}$$

으로 쓸 수 있다. 여기서 $f(T)$는 $(T-e_iI)^{m_i}$을 제외한 변환들의 합성이다. 따라서

$$\triangle(T)=(-1)^n f(T)(T-e_iI)^{m_i}=O:\overline{\mathscr{V}_{e_i}} \longrightarrow \overline{\mathscr{V}_{e_i}}$$

이 된다. ■

정리 16.17 (Hamliton-Cayley 정리)

$n\times n$ 복소행렬 A에 대하여 A의 특성사항식을 $\triangle(t)$라고 할 때, $\triangle(A)=O$이다. (실행렬은 복소행렬이므로 이 정리는 A가 실행렬일 때에도 성립한다.)

예를 들어 2×2 행렬

$$A=\begin{pmatrix} a & b \\ c & d \end{pmatrix}$$

에 대하여 A의 특성다항식이

$$\triangle(t)=t^2-(a+d)t+ad-bc$$

이므로

$$\triangle(A)=A^2-(a+d)A+(ad-bc)I=O$$

이다.

정의 16.4

$T:\mathscr{V}\longrightarrow\mathscr{V}$를 유한차원 복소벡터공간 $\mathscr{V}$ 상의 선형변환이라고 하자. t에 관한 다항식 $f(t)$중에서

$$\text{최고차항의 계수가 } 1\text{이고 } f(T) = \boldsymbol{O}$$

인 다항식 $f(t)$를 생각하자. 이러한 다항식 중에서 차수가 가장 낮은 것의 T의 최소다항식(minimal polynomial)이라고 한다. 행렬의 최소다항식도 마찬가지로 정의된다. 즉 A를 $n \times n$ 복소행렬이라고 할 때

$$\text{최고차항의 계수가 } 1\text{이고 } f(A) = \boldsymbol{O}$$

인 다항식 $f(t)$중에서 차수가 가장 낮은 것을 A의 최소다항식이라고 한다.

예제 16.9

행렬 $A=\begin{pmatrix} 3 & 0 \\ 0 & 3 \end{pmatrix}$, $B=\begin{pmatrix} 1 & 2 \\ 3 & 4 \end{pmatrix}$의 최소다항식은 각각

$$t-3,\ t^2-5t-2$$

이다.

정리 16.18

$T : \mathscr{V} \longrightarrow \mathscr{V}$ 의 최소다항식을 $m(t)$라고 하자. 만약 어떤 다항식 $f(t)$에 대하여 $f(T)=\boldsymbol{O}$이면, $m(t)$는 $f(t)$를 나눈다.

증명 $f(t)$를 $m(t)$로 나누었을 때의 몫을 $q(t)$, 나머지를 $r(t)$라고 하면

$$f(t)m(t)q(t)+r(t),\ \text{단 } \deg r(t) < \det m(t)$$

이다(여기서 $\deg p(t)$는 $p(t)$의 차수를 뜻한다). 따라서,

$$\begin{aligned} \boldsymbol{O} &= f(T) = m(T)q(T)+r(T) \\ &= \boldsymbol{O}q(T)+r(T) = r(T) \end{aligned}$$

이다. $r(t)$의 최고차항의 계수를 a라고 하자. 만약 $a \neq 0$이면

$h(t)=\frac{1}{a}r(t)$로 놓는다. 그러면 $h(t)$의 최고차항의 계수는 1이고 $h(T)=\boldsymbol{O}$이 된다. 그런데

$$\deg h(t)=\deg r(t)<\deg m(t)$$

이므로 $m(t)$가 최소다항식이라는 사실에 모순이다. 따라서 $a=0$이다. 즉 $r(t)$는 영다항식이어야 한다. 따라서

$$f(t)=m(t)\,q(t)$$

가 되어 $m(t)$는 $f(t)$를 나눈다는 것을 알 수 있다. ■

위 정리에 의하면 $T:\mathscr{V}\longrightarrow\mathscr{V}$의 최소다항식은 유일하게 결정됨을 알 수 있다. 실제로 $m_1(t)$, $m_2(t)$가 T의 최소다항식이라면 $m_1(t)$는 $m_2(t)$를 나누고 $m_2(t)$는 $m_1(t)$를 나누어야 한다. 그런데 $m_1(t)$, $m_2(t)$의 최고차항의 계수는 모두 1이므로 $m_1(t)=m_2(t)$이다.

따름정리 16.19

$T:\mathscr{V}\longrightarrow\mathscr{V}$의 최소다항식을 $m(t)$, 특성다항식을 $\triangle(t)$라고 하자. 그러면 $m(t)$는 $\triangle(t)$를 나눈다. 즉 최소다항식은 특성다항식의 약수이다.

증명 정리 16.16과 16.18로부터 알 수 있다. ■

예제 16.10

예제 16.5의 멱영변환 T의 특성다항식과 최소다항식은 각각

$$\triangle(t)=-t^5,\quad m(t)=t^3$$

이다. 또 예제 16.8의 선형변환 T의 특성다항식과 최소다항식은 각각

$$\triangle(t)=(t-6)^4,\quad m(t)=(t-6)^3$$

이다.

연습문제

1. $\mathscr{V}$ 와 $\{\boldsymbol{O}\}$이외의 불변 부분공간을 가지지 않는 선형변환의 예를 들어라.

2. $T:\mathscr{V} \longrightarrow \mathscr{V}$ 가 불변 부분공간 $\mathscr{U}$, $\mathscr{W}$ 를 가진다고 할 때, $\mathscr{U}+\mathscr{W}$, $\mathscr{U}\cap\mathscr{W}$ 도 T의 불변 부분공간이 됨을 보여라.

3. 미분연산자 $D:\boldsymbol{R}_n[x] \longrightarrow \boldsymbol{R}_n[x]$에 대하여, $\boldsymbol{R}_i[x]$, $i=1, 2, \cdots, n$이 모두 D의 불변 부분공간임을 보여라. 이 중에 완전불변인 것이 있는가?

4. C^3의 부분공간

$$\mathscr{U}=\{(x, y, z)\in \boldsymbol{C}^3 \mid x+y+z=0\}$$

에 대하여, 다음 부분공간 중 어느 것이 $\mathscr{U}\oplus\mathscr{W}=C^3$를 만족하는가?

① $\mathscr{W}=\{(x, y, z)\in \boldsymbol{C}^3 \mid x-y+z=0\}$

② $\mathscr{W}=\{(x, y, z)\in \boldsymbol{C}^3 \mid x+2y+z=0 \text{ 이고 } x-y+z=0\}$

③ $\mathscr{W}=\langle(1, -1\ 1)\rangle$

5. $\mathscr{V}$ 를 내적공간이라고 하고, $T:\mathscr{V} \longrightarrow \mathscr{V}$ 의 한 불변 부분공간을 $\mathscr{W}$ 라고 하자. 이때 $\mathscr{W}^{\perp}$는 $T^*:\mathscr{V} \longrightarrow \mathscr{V}$ 의 불변 부분공간임을 보여라.

6. 제4장 연습문제 4에서 $\boldsymbol{R}_n[x]=\mathscr{E}\oplus\mathscr{O}$ 임을 보여라.

7. 제8장 연습문제 5에서 $\mathrm{Mat}_{n\times n}(\boldsymbol{R})=\mathscr{W}_1\oplus\mathscr{W}_2$ 임을 보여라.

8. 다음 각 행렬이 멱영임을 보이고, 이들의 Jordan 표준형을 구하라.

$$A=\begin{pmatrix}0&1&0\\0&0&1\\0&0&0\end{pmatrix} \qquad B=\begin{pmatrix}0&0&0\\1&0&0\\2&3&0\end{pmatrix} \qquad C=\begin{pmatrix}0&0&0&0&0\\0&1&0&0&1\\0&1&0&0&0\\1&0&0&0&0\\0&-1&0&0&-1\end{pmatrix}$$

9. $N:\mathscr{V}\longrightarrow\mathscr{V}$를 n차원 벡터공간 $\mathscr{V}$ 상의 멱영변환이라고 할 때 N의 특성다항식 $\triangle(t)$는 $(-1)^n t^n$임을 보여라.

10. 멱영사상의 트레이스는 0이 됨을 보여라. 역도 참인가?

11. 다음 각 행렬이 Jordan 표준형을 구하라.

$$A=\begin{pmatrix}0&1&1\\1&0&1\\1&1&0\end{pmatrix}\qquad B=\begin{pmatrix}1&0&1\\0&0&0\\0&0&-1\end{pmatrix}$$

$$C=\begin{pmatrix}5&-1&1\\4&0&-2\\3&-3&1\end{pmatrix}\qquad D=\begin{pmatrix}5&-1&3\\-6&4&-6\\-6&2&-4\end{pmatrix}$$

12. $T:\mathscr{V}\longrightarrow\mathscr{V}$를 유한차원 복소벡터공간 $\mathscr{V}$ 상의 선형변환이라고 하자. 이때 T를 대각화가능한 변환 $D:\mathscr{V}\longrightarrow\mathscr{V}$와 멱영변환 $N:\mathscr{V}\longrightarrow\mathscr{V}$의 합

$$T=D+N$$

으로 나타낼 수 있음을 증명하라.

13. $T:\mathscr{V}\longrightarrow\mathscr{V}$를 유한차원 복소벡터공간 $\mathscr{V}$ 상의 선형변환이라고 하고, T의 특성다항식은

$\triangle(t)=(e_1-t)^{m_1}\cdots(e_s-t)^{m_s}$이라고 하자. 또 멱영변환

$T-e_iI:\overline{\mathscr{V}_{e_i}}\longrightarrow\overline{\mathscr{V}_{e_i}}$

의 지수를 p_i라고 하자. 그러면 T의 최소다항식은

$$m(t)=(t-e_1)^{p_1}\cdots(t-e_s)^{p_s}$$

이 됨을 증명하여라. (힌트 : T의 Jordan 표준형을 이용하라.)

14. 3×3 복소 또는 실행렬 A가 $A^{2000}=O$이면 $A^3=O$임을 증명하라.

15. $T:\mathscr{V}\longrightarrow\mathscr{V}$를 유한차원 복소벡터공간 $\mathscr{V}$ 상의 동형변환(즉, 정칙사상)이라고 할 때

$$T = S^2$$

이 되는 선형변환 $S : \mathscr{V} \longrightarrow \mathscr{V}$ 가 존재함을 보여라. S를 T의 제곱근이라고 한다. (힌트: T의 Jordan 표준형을 이용하라.)

16. 다음 행렬 A의 제곱근을 구하여라. 즉, $A = B^2$ 인 행렬 B를 구하라.

$$\begin{pmatrix} 0 & 1 \\ 1 & 0 \end{pmatrix} \quad \begin{pmatrix} 2 & -1 & -1 \\ 2 & -1 & -2 \\ -1 & 1 & 2 \end{pmatrix}$$

17. 선형변환 $T : \boldsymbol{C}^5 \longrightarrow \boldsymbol{C}^5$ 의 특성다항식과 최소다항식이 각각

$$-(t-2)^5, \ (t-2)^3$$

이고, 고유값 2에 대응하는 고유공간의 차원이 2이라고 할 때, T의 Jordan 표준형을 구하여라.(힌트 : 연습문제 13)

18. 선형변환 $T : \boldsymbol{C}^8 \longrightarrow \boldsymbol{C}^8$ 의 특성다항식과 최소다항식이 각각

$$(t-2)^8, \ (t-2)^4$$

이고, 고유값 2에 대응하는 고유공간의 차원이 3이라고 할 때, T의 Jordan 표준형을 모두 열거하라.(힌트 : 연습문제 13)

19. 다음 행렬의 Jordan 표준형을 구하라.

$$\begin{pmatrix} 0 & 0 & 2 & -1 & 2 \\ 1 & 0 & 0 & 0 & -1 \\ 0 & -4 & -3 & 1 & -3 \\ 1 & 0 & 2 & -2 & 2 \\ 0 & 4 & 2 & -1 & 2 \end{pmatrix} \quad \begin{pmatrix} 1 & 0 & 0 & 0 & 0 & 0 \\ 0 & 1 & 0 & 0 & 0 & 0 \\ 0 & 1 & 1 & 0 & 1 & 0 \\ 0 & 1 & 0 & 1 & 0 & 0 \\ 1 & 0 & 0 & 0 & 1 & 0 \\ 0 & -1 & 0 & 0 & -1 & 1 \end{pmatrix}$$

$$\begin{pmatrix} 1 & 2 & 0 & 0 & 0 \\ -1 & 4 & 0 & 0 & 0 \\ 0 & 0 & 2 & -1 & -1 \\ 0 & 0 & 2 & -1 & -2 \\ 0 & 0 & -1 & 1 & 2 \end{pmatrix}$$

제 17 장

복소 내적공간

이 장에서는 제14장에서 다루었던 실벡터공간 위의 내적에 관한 이론을 복소벡터공간 위의 내적에 관한 이론으로 확장한다.

복소수

$$\alpha = a + bi \quad (a,\ b\text{는 실수})$$

의 켤레복소수, 절대값, 실수부분을 각각 $\overline{\alpha}$, $|\alpha|$, $\mathrm{Re}(\alpha)$ 로 나타낸다. 즉,

$$\overline{\alpha} = a - bi,\ |\alpha| = \sqrt{a^2 + b^2},\ \mathrm{Re}(\alpha) = a$$

그러면 임의의 복소수 α, β 에 대하여 다음이 성립한다.

$$\overline{\alpha} = \alpha \iff \alpha \in \boldsymbol{R}$$
$$\overline{\alpha + \beta} = \overline{\alpha} + \overline{\beta},\quad \overline{\alpha\beta} = \overline{\alpha}\,\overline{\beta}$$

정의 17.1

복소벡터공간 $\mathscr{V}$ 상의 내적이란 $\mathscr{V}$의 임의의 두 벡터 A, B에 대하여 다음 성질을 만족시키도록 $\langle A,\ B\rangle$ 로 표시되는 복소수를 대응시키는 $\mathscr{V} \times \mathscr{V}$에서 $\boldsymbol{C}$로의 함수이다.
$\mathscr{V}$의 임의의 벡터 A, B, C와 임의의 복소수 α에 대하여

(1) $\langle A,\ B\rangle = \overline{\langle B,\ A\rangle}$
(2) (i) $\langle A+B,\ C\rangle = \langle A,\ C\rangle + \langle B,\ C\rangle$
  (ii) $\langle \alpha A,\ C\rangle = \alpha\langle A,\ C\rangle$
(3) (i) $\langle C,\ A+B\rangle = \langle C,\ A\rangle + \langle C,\ B\rangle$
  (ii) $\langle C,\ \alpha A\rangle = \overline{\alpha}\langle C,\ A\rangle$
(4) $\langle A,\ A\rangle \geq 0$, 또 $\langle A,\ A\rangle = 0 \iff A = \boldsymbol{O}$

주 (1) 내적의 성질 (3)은 (1)과 (2)로부터 유도될 수 있다.
(2) 성질 (1)에 의하여 $\langle A, A\rangle = \overline{\langle A, A\rangle}$ 이므로 $\langle A, A\rangle$ 는 실수이고 따라서 성질 (4)는 의미가 있다.

예제 17.1

($\boldsymbol{C}^n$의 표준내적)
$\boldsymbol{C}^n$의 두 벡터 $A=(a_1, \cdots, a_n)$, $B=(b_1, \cdots, b_n)$에 대하여

$$\langle A, B\rangle = a_1\overline{b_1} + \cdots + a_n\overline{b_n}$$

로 정의하자. 그러면 이것이 내적의 성질 (1)~(4)를 만족한다는 것을 보일 수 있다. 예를 들어 (4)를 증명하자.

$$\langle A, A\rangle = a_1\overline{a_1} + \cdots + a_n\overline{a_n} = |a_1|^2 + \cdots + |a_n|^2$$

이므로 $\langle A, A\rangle \geq 0$이고, 또 $\langle A, A\rangle = 0$이기 위한 필요충분조건은

$$a_1 = a_2 = \cdots = a_n = 0 \text{ 즉 } A = \boldsymbol{O}$$

인 것이다. 따라서 (4)가 증명된다.

예제 17.2

(기저가 선택된 복소벡터공간의 내적)
예제 17.1을 일반화하여 기저 $\mathscr{B} = \{F_1, \cdots, F_n\}$ 이 선택된 복소벡터공간 $\mathscr{V}$ 위에 내적을 정의할 수 있다. A, B 가 $\mathscr{V}$의 벡터이면

$$A = a_1F_1 + \cdots + a_nF_n$$
$$B = b_1F_1 + \cdots + b_nF_n$$

으로 쓸 수 있다. 이때

$$\langle A, B\rangle_{\mathscr{B}} = a_1\overline{b_1} + \cdots + a_n\overline{b_n}$$

로 정의하자. 그러면 이것이 $\mathscr{V}$상의 내적이 됨을 확인할 수 있다.

예제 17.3

($\mathscr{E}([a, b], \boldsymbol{C})$의 내적)

구간 $[a, b]$에서 $\boldsymbol{C}$로의 연속함수 전체의 집합을 $\mathscr{E}([a, b], \boldsymbol{C})$로 나타내면 이것은 복소벡터공간이 된다. 이때 벡터는 다음과 같은 형태의 함수이다.

$$f(x) = f_1(x) + if_2(x), \quad f_1(x), f_2(x) \in \mathscr{E}[a, b]$$

즉 $f_1(x)$, $f_2(x)$는 $[a, b]$에서 $\boldsymbol{R}$로의 연속함수이다.

이제 $f(x)$, $g(x) \in \mathscr{E}([a, b], \boldsymbol{C})$에 대하여

$$\langle f(x), g(x) \rangle = \int_a^b f(x)\overline{g(x)}\,dx$$

라고 내적을 정의할 수 있다. 이 정의가 내적의 공리를 만족한다는 것을 보이려면 예제 14.3에서와 같이 적분의 성질을 이용하면 된다. 예를 들어 (4)를 증명해보자.

$$\langle f(x), f(x) \rangle = \int_a^b f(x)\overline{f(x)}\,dx = \int_a^b |f(x)|^2 dx$$

이고 $|f(x)|^2$은 음이 아니므로

$$\langle f(x), f(x) \rangle \geq 0$$

이 성립한다. 또 $\langle f(x), f(x) \rangle = \int_a^b |f(x)|^2 dx$이라고 하면

$$|f(x)|^2 = 0 \text{ 즉 } f(x) = 0 \quad (a \leq x \leq b)$$

즉 f는 영함수이다. 역으로 f가 영함수이면 $\langle f(x), f(x) \rangle = 0$이 됨은 분명하다.

예제 17.4

(Mat $_{m\times n}$($\boldsymbol{C}$)의 표준내적)

$A=(a_{ij})$, $B(b_{ij})$가 $m\times n$ 복소행렬일 때

$$\langle A,\ B\rangle = \sum_{i,j} a_{ij}\overline{b_{ij}}$$

로 정의하자. 그러면 이것은 $\boldsymbol{C}^n$의 경우에서와 같이 내적이 된다. 또

$$\langle A,\ B\rangle = \mathrm{tr}(A\overline{B}^t)$$

이 성립함도 예제 14.4에서와 마찬가지로 확인할 수 있다.

정의 17.2

어떤 내적이 정의된 복소벡터공간을 복소내적공간이라고 한다.
복소내적공간에서도 벡터의 크기를 실내적공간에서와 마찬가지로 정의한다. 즉 벡터 A의 길이 또는 크기를 $|A|$로 나타내고

$$|A| = \sqrt{\langle A,\ A\rangle}$$

로 정의한다. 그러면 다음 정리가 성립함을 알 수 있다.

정리 17.1

복소내적공간 $\mathcal{V}$의 모든 원소 A에 대하여

(1) $|A|\geq 0$, 또 $|A|=0 \iff A=\boldsymbol{O}$
(2) 임의의 복소수 α에 대하여 $|\alpha A|=|\alpha||A|$이다.

정리 17.2

복소내적공간 $\mathcal{V}$의 임의의 두 벡터 A, B에 대하여 다음이 성립한다.
(i) (Cauchy-Schwarz 부등식) $|\langle A,\ B\rangle|\leq |A||B|$
단, 등호는 A, B가 일차종속일 때 성립하고 그리고 이때뿐이다.

(ii) (삼각부등식) $|A+B| \leq |A|+|B|$

증명 (i) $A=\boldsymbol{O}$이면

$$|\langle A,\ B\rangle| = 0 \text{ 이고 } |A||B| = 0$$

이므로 부등식은 성립한다. 따라서 $A \neq \boldsymbol{O}$이라고 가정한다. 임의의 복소수 t에 대하여

$$\begin{aligned} 0 \leq |tA-B|^2 &= \langle tA-B,\ tA-B\rangle \\ &= t\bar{t}\langle A,\ A\rangle - t(A,\ B) - \bar{t}\langle B,\ A\rangle + \langle B,\ B\rangle \end{aligned}$$

이 성립한다. 특히 $t=\dfrac{\langle B,\ A\rangle}{\langle A,\ A\rangle}$ 인 경우에

$$\begin{aligned} 0 &\leq \left|\frac{\langle B,\ A\rangle}{\langle A,\ A\rangle}A-B\right|^2 \\ &= \frac{|\langle B,\ A\rangle|^2}{\langle A,\ A\rangle} - \frac{|\langle A,\ B\rangle|^2}{\langle A,\ A\rangle} - \frac{|\langle B,\ A\rangle|^2}{\langle A,\ A\rangle} + \langle B,\ B\rangle \end{aligned}$$

즉

$$\frac{|\langle A,\ B\rangle|^2}{\langle A,\ A\rangle} \leq \langle B,\ B\rangle$$

따라서

$$|\langle A,\ B\rangle| \leq |A||B|$$

를 얻는다. 등호가 성립하는 조건은 실내적공간의 경우(정리 14.2)와 마찬가지로 확인할 수 있다.

(ii) $$\begin{aligned} |A+B|^2 &= \langle A+B,\ A+B\rangle \\ &= \langle A,\ A\rangle + \langle A,\ B\rangle + \langle B,\ A\rangle + \langle B,\ B\rangle \\ &= |A|^2 + \langle A,\ B\rangle + \langle\overline{A,\ B}\rangle + |B|^2 \end{aligned}$$

한편,

$$\langle A,\ B\rangle + \langle\overline{A,\ B}\rangle = 2\,\mathrm{Re}\langle A,\ B\rangle \leq 2|\langle A,\ B\rangle|$$

이므로

$$|A+B|^2 \le |A|^2 + 2|\langle A,\ B\rangle| + |B|^2$$
$$\le |A|^2 + 2|A||B| + |B|^2 = (|A| + |B|)^2$$

이다. 양변의 제곱근을 취하면 원하는 부등식을 얻는다. ■

예제 17.5

(Cauchy-Schwarz 부등식)

(1) $(a_1,\ \cdots,\ a_n),\ (b_1,\ \cdots,\ b_n) \in \boldsymbol{C}^n$에 대하여

$$\left|\sum_{i=1}^{n} a_i \overline{b_i}\right| \le \left(\sum_{i=1}^{n} |a_i|^2\right)^{\frac{1}{2}} \left(\sum_{i=1}^{n} |b_i|^2\right)^{\frac{1}{2}}$$

(2) $f(x),\ g(x) \in \mathscr{E}([a,\ b],\ \boldsymbol{C})$에 대하여

$$\left|\int_a^b f(x)\overline{g(x)}dx\right| \le \left(\int_a^b |f(x)|^2 dx\right)^{\frac{1}{2}} \left(\int_a^b |g(x)|^2 dx\right)^{\frac{1}{2}}$$

예제 17.6

(삼각부등식)

(1) $(a_1,\ \cdots,\ a_n),\ (b_1,\ \cdots,\ b_n) \in \boldsymbol{C}^n$에 대하여

$$\left(\sum_{i=1}^{n} |a_i + b_i|^2\right)^{\frac{1}{2}} \le \left(\sum_{i=1}^{n} |a_i|^2\right)^{\frac{1}{2}} \left(\sum_{i=1}^{n} |b_i|^2\right)^{\frac{1}{2}}$$

(2) $f(x),\ g(x) \in \mathscr{E}([a,\ b],\ \boldsymbol{C})$에 대하여

$$\left(\int_a^b |f(x)+g(x)|^2 dx\right)^{\frac{1}{2}} \le \left(\int_a^b |f(x)|^2 dx\right)^{\frac{1}{2}} + \left(\int_a^b |g(x)|^2 dx\right)^{\frac{1}{2}}$$

복소내적공간에서는 $\dfrac{\langle A,\ B\rangle}{|A||B|}$의 값이 복소수이므로 A와 B 사이의 각을 정의하지 않는다. 그러나 수직성은 정의할 수 있다. 즉 $\langle A,\ B\rangle = 0$일 때, A와 B는 서로 수직이라고 한다. 따라서

직교집합, 정규직교집합, 직교기저, 정규직교기저 등도 실내적공간에서와 마찬가지로 정의된다.

정리 14.5, 14.6, 14.7, 14.17의 증명과 마찬가지 방법으로 다음 각 정리를 증명할 수 있다.

정리 17.3

$\{A_1, \cdots, A_n\}$을 유한차원 복소내적공간 $\mathscr{V}$의 직교기저라고 하자. 그러면 $\mathscr{V}$의 임의의 벡터 A에 대하여 다음이 성립한다.

$$A = \frac{\langle A, A_1 \rangle}{\langle A_1, A_1 \rangle} A_1 + \cdots + \frac{\langle A, A_n \rangle}{\langle A_n, A_n \rangle} A_n$$

정리 17.4

(Gram-Schmidt 정규직교화과정)
유한차원 복소내적공간은 항상 정규직교기저를 갖는다.

정리 17.5

$\{A_1, \cdots, A_n\}$을 유한차원 복소내적공간 $\mathscr{V}$의 정규직교기저라고 하자. 그러면

(i) $\mathscr{V}$의 임의의 벡터 A에 대하여

$$A = \langle A, A_1 \rangle A_1 + \cdots + \langle A, A_n \rangle A_n$$

(ii) 만약

$$B = b_1 A_1 + \cdots + b_n A_n, \quad C = c_1 A_1 + \cdots + c_n A_n$$

이면

$$\langle B, C \rangle = \sum_{i=1}^{n} b_i \overline{c_i} = \sum_{i=1}^{n} \langle B, A_i \rangle \overline{\langle C, A_i \rangle} \quad (\text{Parseval등식})$$

정리 17.6

$\mathscr{V}$를 유한차원 복소내적공간이라고 하고, $\{A_1, \cdots, A_k\}$를 $\mathscr{V}$의 정규직교집합이라고 하자. 그러면 $\{A_1, \cdots, A_k, A_{k+1}, \cdots, A_n\}$이 $\mathscr{V}$의 정규직교기저가 되도록 $A_{k+1}, \cdots, A_n$을 택할 수 있다.

예제 17.7

$ix+y+z+w=0$ 으로 정의되는 $\boldsymbol{C}^4$의 부분공간 $\mathscr{W}$의 정규직교기저를 구하라.

풀이 먼저 기저를 하나 선택하면

$$\{B_1=(i, 1, 0, 0), B_2=(i, 0, 1\ 0), B_3=(i, 0, 0, 1)\}$$

을 들 수 있다.

$$A_1=B_1=(i, 1, 0, 0)$$

$$A_2=B_2-\frac{\langle B_2, A_1\rangle}{\langle A_1, A_1\rangle}A_1=\left(\frac{i}{2}, -\frac{1}{2}, 1, 0\right)$$

$$A_3=B_3-\frac{\langle B_3, A_1\rangle}{\langle A_1, A_1\rangle}A_1-\frac{\langle B_3, A_2\rangle}{\langle A_2, A_2\rangle}A_2$$

$$=\left(\frac{i}{3}, -\frac{1}{3}, -\frac{1}{3}, 1\right)$$

따라서

$$C_1=\frac{A_1}{|A_1|}=\frac{1}{\sqrt{2}}(i, 1, 0, 0)$$

$$C_2=\frac{A_2}{|A_2|}=\frac{1}{\sqrt{6}}(i, -1, 2, 0)$$

$$C_3=\frac{A_3}{|A_3|}=\frac{1}{\sqrt{12}}(i, -1, -1, 3)$$

가 정규직교기저를 이룬다.

복소내적공간에서도 내적을 이용하여 거리를 정의할 수 있다.

즉 두 벡터 A, B 사이의 거리를 $d(A, B)$로 나타내고

$$d(A, B) = |A - B|$$

로 정의한다.

등거리매립에 관한 정리 14.8, 14.9, 14.10, 14.11, 14.12 등은 그대로 복소내적공간의 경우에도 성립한다. 단, 정리 14.8의 (3) ⇒ (1)의 증명은 복소내적공간의 경우에는 약간 다르다. 이것은 연습문제 4에서 다루어질 것이다.

따름정리 14.13은 다음과 같이 바꾸어 쓸 수 있다.

정의 17.7

$\mathscr{V}$가 n차원 복소내적공간이면 $\mathscr{V}$는 C^n과 등거리동형이다.

이제, 내적을 보존하는 선형변환에 대하여 알아보자. $\mathscr{V}$가 복소내적 공간이고, 선형변환 $T : \mathscr{V} \longrightarrow \mathscr{V}$가 내적을 보존할 때, 즉 등거리동형사상일 때, T를 유니터리변환(unitary transformation)이라고 한다.

정리 17.8

$\mathscr{V}$를 n차원 복소내적공간이라고 하고, $T : \mathscr{V} \longrightarrow \mathscr{V}$를 유니터리변환이라고 하자. 그리고 $\mathscr{V}$의 한 정규직교기저 $\mathscr{B}$에 관한 T의 행렬을 A라고 하자. 그러면

$$\overline{A}^t A = I$$

이다. 여기서 $A = (a_{ij})$일 때 $\overline{A} = (\overline{a_{ij}})$이다.

증명 $\mathscr{B} = \{V_1, \cdots, V_n\}$이라 하고 $A = (a_{ij})$라 하면

$$T(V_i) = \sum_{k=1}^{n} a_{ki} V_k \quad (1 \le i \le n)$$

이다. T는 내적을 보존하므로

$$\langle T(V_i),\ T(V_j)\rangle = \langle V_i,\ V_j\rangle = \begin{cases} 1 & (i=j) \\ 0 & (i\neq j) \end{cases}$$

이고, 한편

$$\begin{aligned} &\langle T(V_i),\ T(V_j)\rangle \\ &= \langle \sum_{k=1}^{n} a_{ki} V_k,\ \ \sum_{k=1}^{n} a_{kj} V_k \rangle = \sum_{k=1}^{n} a_{ki} \overline{a_{kj}} \end{aligned}$$

이므로

$$\sum_{k=1}^{n} \overline{a_{kj}} a_{ki} = \begin{cases} 1 & (j=i) \\ 0 & (j\neq i) \end{cases}$$

이다. 그런데 이 등식의 좌변은 바로 $\overline{A^t}A$ 의 $(j,\ i)$ 원소이므로 $\overline{A^t}A = I$ 임이 증명된다. ■

정리 17.9

$A=(a_{ij})$가 $n\times n$ 복소행렬일 때, 다음 세 조건은 서로 동치이다.

(1) $\overline{A^t}A = I$

(2) A의 열벡터들이 C^n의 정규직교기저를 이룬다.

(3) A의 행벡터들이 C^n의 정규직교기저를 이룬다.

(위의 세 조건 중 하나를 만족시키는 정사각행렬을 유니터리행렬이라고 한다.)

증명 (1)$\Longleftrightarrow$(2)

$$\overline{A^t}A = I \iff A^t\overline{A} = I$$

$$\iff \sum_{k=1}^{n} a_{ki}\overline{a_{kj}} = \begin{cases} 1 & (i=j) \\ 0 & (i\neq j) \end{cases}$$

$\Longleftrightarrow$ $\langle A$의 제i열, A의 제j열$\rangle = \begin{cases} 1 & (i=j) \\ 0 & (i\neq j) \end{cases}$

$\Longleftrightarrow$ A의 열벡터들이 C^n의 정규직교기저를 이룬다.

(1) $\Longleftrightarrow$ (3)

정리 9.6에 의하여

$$\overline{A}^t A = I \iff A\overline{A}^t = I$$

$\Longleftrightarrow$ $\langle A$의 제 i열, $\overline{A}^t$의 제 j열$\rangle$

$=\langle A$의 제 i열, A의 제 j행$\rangle=\begin{cases}1 & (i=j)\\ 0 & (i\neq j)\end{cases}$

$\Longleftrightarrow$ A의 행벡터들이 C^n의 정규직교기저를 이룬다. ■

$\mathscr{V}$를 복소내적공간이라고 하고, $\mathscr{W}$를 $\mathscr{V}$의 부분공간이라고 하자. 이때 $\mathscr{W}$의 직교여공간 $\mathscr{W}^{\perp}$를

$$\mathscr{W}^{\perp}=\{B\in\mathscr{V}\mid\langle A,\ B\rangle=0\quad\forall A\in\mathscr{W}\}$$

로 정의한다. 그러면 정리 14.16, 14.18의 증명과 마찬가지 방법으로 다음 정리를 증명할 수 있다.

정리 17.10

$\mathscr{V}$를 유한차원 복소내적공간이라고 하고 $\mathscr{W}$를 $\mathscr{V}$의 한 부분공간이라고 하자. 그러면 다음이 성립한다.

$$\mathscr{W}\oplus\mathscr{W}^{\perp}=\mathscr{V}$$

선형범함수에 관한 정리 14.20도 복소내적공간 위의 선형범함수에 대하여 그대로 성립한다.

정리 17.11

$\mathscr{V}$를 유한차원 복소내적공간이라고 하고, $T:\mathscr{V}\longrightarrow C$를 선형사상이라고 하자. 그러면 $\mathscr{V}$의 (T의 의존하는) 어떤 벡터 A가 존재하여 모든 $B\in\mathscr{V}$에 대하여

$$T(B)=\langle B,\ A\rangle$$

가 성립한다. 또 이러한 A는 유일하다.

증명 정리 14.20의 증명과정에서 $\boldsymbol{R}$을 $\boldsymbol{C}$로, 또 $A=\overline{T(A_n)}A_n$으로 바꾸면 된다. ■

예제 17.8

$$T(x,\ y,\ z)=ix+2y-3iz$$

로 정의된 선형사상 $T:\ \boldsymbol{C}^3 \longrightarrow \boldsymbol{C}$에 대하여

$$T(x,\ y,\ z)=\langle (x,\ y,\ z),\ (-i,\ 2,\ 3i)\rangle$$

가 성립함을 알 수 있다.

정리 17.11에 의하여 유한차원 복소내적공간 $\mathscr{V}$ 위의 선형변환
$T:\ \mathscr{V} \longrightarrow \mathscr{V}$에 대하여 T의 딸림변환 $T^*:\ \mathscr{V} \longrightarrow \mathscr{V}$를 정의할 수 있다. 즉 모든 $A,\ B\in \mathscr{V}$에 대하여

$$\langle T(B),\ A\rangle=\langle B,\ T^*(A)\rangle$$

가 성립한다. 또, $T=T^*$가 성립할 때 T를 자기딸림변환(self-adjoint transformation) 또는 에르미트 변환(Hermitian transformation)이라고 한다.

예제 17.9

$T(A)=A^t$로 정의된 선형변환

$$T:\ \mathrm{Mat}_{n\times n}(\boldsymbol{C}) \longrightarrow \mathrm{Mat}_{n\times n}(\boldsymbol{C})$$

는 자기딸림변환이다. 이것은 모든 $n\times n$ 행렬 $A,\ B$에 대하여

$$\langle T(B),\ A\rangle=\langle B,\ T(A)\rangle$$

임을 보이면 증명된다. 실제로,

$$\langle T(B),\ A\rangle=\langle B^t,\ A\rangle=\mathrm{tr}(B^t\overline{A^t})=\mathrm{tr}(\overline{A}B)^t$$

$$= \text{tr}(\overline{A}B) = \text{tr}(B\overline{A}) = \langle B, A^t \rangle$$
$$= \langle B, T(A) \rangle$$

이다.

정리 15.3, 15.5, 15.4 의 증명과 마찬가지 방법으로 다음 각 정리를 증명할 수 있다.

정리 17.12

$\mathscr{V}$를 유한차원 복소내적공간이라고 하고, $T: \mathscr{V} \longrightarrow \mathscr{V}$를 선형변환, $\{A_1, \cdots, A_n\}$을 $\mathscr{V}$의 정규직교기저라고 하자. 이 기저에 관한 T의 행렬을 M, T^*의 행렬을 N이라고 하면

$$N = \overline{M}^t$$

이다.

정리 17.13

$\mathscr{V}$를 유한차원 복소내적공간이라고 하고, $\mathscr{V}$의 어떤 정규직교기저에 관한 선형변환 T의 행렬을 M이라고 하자. 이때 $M = \overline{M}^t$이 면 T는 자기딸림변화이다.
($M = \overline{M}^t$를 만족하는 행렬 M을 자기딸림행렬 또는 에르미트 행렬이라고 한다.)

정리 17.14

$\mathscr{V}$를 유한차원 복소내적공간이라고 하고, $T: \mathscr{V} \longrightarrow \mathscr{V}$를 자기딸림변환이라고 하자. $\mathscr{B}$를 $\mathscr{V}$의 임의의 정규직교기저라고 할 때, $\mathscr{B}$에 관한 T의 행렬의 자기딸림행렬이 된다.

정리 17.15

$\mathscr{V}$를 유한차원 복소내적공간이라고 하고, $T: \mathscr{V} \longrightarrow \mathscr{V}$를 자기딸림변환이라고 하자. 그러면 T의 고유값은 모두 실수이다.

증명 $e \in \mathbf{C}$가 T의 고유값이라고 하자. A를 대응하는 고유벡터라고 하면

$$T(A) = eA, \ A \neq \mathbf{O}$$

이다. T는 자기딸림변환이므로

$$\begin{aligned} e\langle A, A\rangle &= \langle eA, A\rangle = \langle T(A), A\rangle = \langle A, T(A)\rangle \\ &= \langle A, eA\rangle = \bar{e}\langle A, A\rangle \end{aligned}$$

이고 $\langle A, A\rangle \neq 0$ 이므로

$$e = \bar{e}$$

즉 e는 실수이다. ■

따름정리 17.16

$\mathscr{V}$를 n차원 실내적공간이라고 하고 $T: \mathscr{V} \longrightarrow \mathscr{V}$를 자기딸림변환이라고 하자. 그러면 T는 중복을 허락하여 n개의 실수인 고유값을 갖는다.

증명 $\mathscr{V}$의 한 정규직교기저에 관한 T의 행렬을 A라고 하자. 그러면 A는 실대칭행렬이다. 따라서 $A = \overline{A}^t$, 즉 A는 자기딸림행렬이다. 이제

$$S: \mathbf{C}^n \longrightarrow \mathbf{C}^n$$

를 $\mathbf{C}^n$의 표준기저에 관한 행렬이 A인 선형변환이라고 하자. A가 자기딸림행렬이므로 S는 자기딸림변환이다. T의 특성다항식과 S의 특성다항식은 모두 행렬 A로 만들어지므로 서로 같다. 정리 17.15에 의하여 S는 중복을 허락하여 n개의 실수인 고유값 $e_1, \cdots, e_s$를 갖는다. 즉

$$\triangle_T(t) = \triangle_s(t) = (e_1 - t)\cdots(e_n - t)$$

이다. 따라서 T도 중복을 허락하여 n개의 실수인 고유값을 갖는다. ■

복소내적공간에서의 스펙트럼 정리는 다음과 같다.

정리 17.17

(스펙트럼 정리)

$T: \mathscr{V} \longrightarrow \mathscr{V}$ 를 유한차원 복소내적공간 $\mathscr{V}$상의 자기딸림변환이라고 하자. 그러면 T는 대각화가 가능하며 이때의 기저를 정규직교기저로 택할 수 있다. 다시 말하여 고유벡터로 이루어진 정규직교기저가 존재하여 이 기저에 관한 T의 행렬이 대각행렬

$$\begin{pmatrix} e_1 & & & \\ & e_2 & & O \\ & & \ddots & \\ O & & & e_n \end{pmatrix}$$

이 된다. 여기서 $e_1, \cdots, e_n$은 모두 실수이다.

증명 정리 17.15 를 이용하여, $\mathscr{V}$ 의 차원에 관한 수학적 귀납법으로 증명할 수 있다. 자세한 것은 독자에게 맡긴다(제15장 연습문제 9 참조.) ■

자기딸림행렬에 관한 스펙트럼 정리는 다음과 같다.

정리 17.18

(스펙트럼 정리)

$n \times n$ 복소행렬 A가 자기딸림행렬이면, 즉 $A = \overline{A}^t$이면

$$A = PDP^{-1} = PD\overline{P}^t$$

가 되는 실대각행렬 D와 유니터리행렬 P(즉 $\overline{P}^t P = I$)가 존재한다.

증명 표준기저에 관한 행렬이 A인 선형변환 $T: \boldsymbol{C}^n \longrightarrow \boldsymbol{C}^n$을 생각하자. 표준기저는 정규직교기저이고, A는 자기딸림행렬이므로 T는 자기딸림변환이다. 따라서 정리 17.17에 이하여 $\boldsymbol{C}^n$의 정규직교기저

$\{A_1, \cdots, A_n\}$이 존재하여 이 기저에 관한 T의 행렬이 실대각행렬이 된다. 이 대각행렬을 D라고 하자. $\mathscr{B}=$(표준기저), $\mathscr{E}=\{A_1, \cdots, A_n\}$으로 놓으면

$$A=(T)_{\mathscr{B}}^{\mathscr{B}}=(I)_{\mathscr{E}}^{\mathscr{B}}(T)_{\mathscr{E}}^{\mathscr{E}}(I)_{\mathscr{B}}^{\mathscr{E}}=(I)_{\mathscr{E}}^{\mathscr{B}}D(I)_{\mathscr{B}}^{\mathscr{E}}$$

가 된다. $P=(I)_{\mathscr{E}}^{\mathscr{B}}$로 놓으면 $P^{-1}=(I)_{\mathscr{B}}^{\mathscr{E}}$이다. 이제 P가 유니터리행렬인 것만 보이면 된다.

$$I(A_i)=A_i, \quad i=1, 2, \cdots, n$$

이므로 행렬 P의 열벡터들이 바로 $A_1, A_2, \cdots, A_n$이다. 따라서 정리 17.9에 의하여 $\overline{P}^tP=I$이다. 즉 P는 유니터리행렬이다. ■

예제 17.8

$T(x, y, z)=(3x-iy, ix+3y, 2z)$로 정의된 선형변환 $T: C^3 \longrightarrow C^3$를 생각하자. 이때 T가 자기딸림변환임을 보이고 T를 대각화하라.

풀이 C^3의 표준기저에 관한 T의 행렬은

$$A=\begin{pmatrix} 3 & -i & 0 \\ i & 3 & 0 \\ 0 & 0 & 2 \end{pmatrix}$$

이고 A는 자기딸림행렬이므로 T는 자기딸림변환이다. T의 특성다항식은

$$\begin{aligned}\triangle(t) &= \det\begin{pmatrix} 3-t & -i & 0 \\ i & 3-t & 0 \\ 0 & 0 & 2-t \end{pmatrix} \\ &= (2-t)\{(3-t)^2-1\} \\ &= -(t-2)^2(t-4)\end{aligned}$$

이므로 T의 고유값은 2, 2, 4이다. 대응하는 고유벡터를 구하면

$$e=2:\begin{cases} x-iy & =0 \\ ix+y & =0 \end{cases}$$

$$e=4:\begin{cases} -x-iy & =0 \\ ix-y & =0 \\ -2z & =0 \end{cases}$$

로 부터

$$e=2: A_1=\frac{1}{\sqrt{2}}\ (i,\ 1,\ 0),\ A_2=(0,\ 0,\ 1)$$

$$e=4: A_3=\frac{1}{\sqrt{2}}\ (1,\ i,\ 0)$$

을 얻는다. $\{A_1,\ A_2,\ A_3\}$는 정규직교기저이고 이 기저에 관한 T의 행렬은

$$D=\begin{pmatrix} 2 & 0 & 0 \\ 0 & 2 & 0 \\ 0 & 0 & 4 \end{pmatrix}$$

이다. 참고로 유니터리행렬

$$P=\begin{pmatrix} \frac{i}{\sqrt{2}} & 0 & \frac{1}{\sqrt{2}} \\ \frac{1}{\sqrt{2}} & 0 & \frac{i}{\sqrt{2}} \\ 0 & 1 & 0 \end{pmatrix}$$

에 대하여

$$A=PD\overline{P}^{t}$$

가 된다.

연습문제

1. C^3에서 다음 내적을 구하라.

$$\langle (3,\ i,\ 2-i),\ (5,\ -i,\ 1+i) \rangle$$
$$\langle (i,\ i,\ i),\ (1,\ 1,\ 1) \rangle$$

2. 다음 중 어느 것이 C^3의 정규직교기저인가? 또, 정규직교기저가 아니면 정규직교화하라.
   ① $(i,\ 0,\ 0),\ (0,\ i,\ 0),\ (0,\ 0,\ i)$
   ② $(1,\ 0,\ 0),\ (0,\ i,\ 0),\ (0,\ 0,\ 1)$
   ③ $\frac{1}{\sqrt{2}}(1+i,\ 1-i,\ 0),\ \frac{1}{\sqrt{2}}(0,\ 1,\ 1),\ (0,\ 0,\ 1)$

3. $(\mathscr{V},\ \langle\ ,\ \rangle)$이 복소내적공간이고 $\{A_1,\ \cdots,\ A_n\}$이 $\mathscr{V}$의 직교집합일 때 다음 부등식을 증명하라.

   (Bessel 부등식) $\sum_{i=1}^{n} \frac{|\langle B,\ A_i \rangle|^2}{|A_i|^2} \le |B|^2$

   단, 등호는 $B \in \langle A_1,\ \cdots,\ A_n \rangle$일 때에만 성립한다.

4. $\mathscr{V}$, $\mathscr{W}$가 복소내적공간이고 $T : \mathscr{V} \longrightarrow \mathscr{W}$가 선형사상일 때 T가 크기를 보존하면 내적을 보존함을 보여라. 즉 임의의 $A \in \mathscr{V}$에 대하여

$$|T(A)| = |A|$$

   가 성립하면, 임의의 $A,\ B \in \mathscr{V}$에 대하여

$$\langle T(A),\ T(B) \rangle = \langle A,\ B \rangle$$

   이 성립함을 보여라. (힌트 : 먼저 $\mathrm{Re}\langle T(A),\ T(B) \rangle = \mathrm{Re}\langle A,\ B \rangle$임을 보인 다음에, 이 등식은 B 대신 iB일 때에도 성립함을 이용한다.)

5. $\boldsymbol{C}^3$의 부분공간 $\mathscr{W}=\langle(1,\ 1,\ i)\rangle$의 직교여공간 $\mathscr{W}^{\perp}$를 구하라.

6. 복소내적공간 $\mathscr{V}$상의 선형변환 $S,\ T$에 대하여 다음을 증명하라.
   ① $(S+T)^*=S^*+T^*$
   ② $(aS)^*=\bar{a}S^*$
   ③ $(ST)^*=T^*S^*$
   ④ $T+T^*$는 자기딸림변환이다.

7. 자기딸림행렬의 대각원소는 항상 실수임을 보여라.

8. 다음 자기딸림변환을 대각화하여라. 또 이때의 정규직교기저를 구하라.
   ① $T:\ \boldsymbol{C}^3 \longrightarrow \boldsymbol{C}^3,\ T(x,\ y,\ z)=(2x+iy+z,\ -ix+2y,\ x+2z)$
   ② $T:\ \text{Mat}_{3\times3}(\boldsymbol{C}) \longrightarrow \text{Mat}_{3\times3}(\boldsymbol{C}),\ T(A)=A^t$
   ③ $T:\ \text{Mat}_{3\times3}(\boldsymbol{C}) \longrightarrow \text{Mat}_{3\times3}(\boldsymbol{C}),\ T(A)=A-A^t$

9. 다음 행렬 A를 대각화하라. 또 $A=PD\bar{P}^t$가 되는 대각행렬 D와 유니터리 행렬 P를 구하라.
   ① $\begin{pmatrix} 1 & i & -i \\ -i & -1 & i \\ i & -i & -1 \end{pmatrix}$ ② $\begin{pmatrix} 0 & i & i \\ -i & 0 & -i \\ -i & i & 0 \end{pmatrix}$ ③ $\begin{pmatrix} 0 & i & 0 \\ -i & 0 & i \\ 0 & -i & 0 \end{pmatrix}$

10. $n\times n$ 복소행렬 A의 열벡터들이 서로 수직일 때, 행벡터들도 서로 수직이라고 할 수 있는가?(힌트 : $n=2$일 때, 반례를 찾아보라.)

11. $T:\ \mathscr{V} \longrightarrow \mathscr{V}$가 유니터리변환일 때
    ① T의 모든 고유값의 절대값은 1임을 보여라.
    ② $T^*=T^{-1}$임을 보여라.
    ③ T의 서로 다른 고유값에 대응하는 고유벡터는 서로 수직임을 보여라.

12. $n\times n$ 복소행렬 A가 유니터리행렬일 때, A를 대각화하는 $\boldsymbol{C}^n$의 정규직교기저가 존재함을 보여라.

주의 A의 고유값들은 일반적으로 실수가 아니다. (힌트 : 먼저 고유벡터 A_1을 하나 택한 후 $\langle A_1 \rangle^{\perp}$가 불변 부분공간임을 보인 후에, 수학적 귀납법을 사용한다.)

참고문헌

1. 金應泰·朴勝安, 선형대수학, 청문각, 1994
2. 이일해, 선형대수학, 희중당, 1996
3. 池東杓, 선형대수와 그 응용, 영지문화사, 1986
4. Anton, H., *Elementary linear algebra, 5th ed.*, John Wiley & Sons, New York, 1987
5. Curtis, C.W., *Linear algebra: an introductory approach, 3rd ed.*, Allyn and Bacon, Boston, 1974
6. Friedberg, S.H., Insel, A.J., and L.E. Spence, *Linear algebra*, Prentice-Hall, Englewood Cliffs, N.J., 1979
7. Hoffman K., and R. Kunze, *Linear algebra,* Prentice-Hall, Englewood Cliffs, N.J., 1961
8. Hohn, F.E., *Elementary matrix algebra, 3rd ed.,* The Macmillan Co., New York, 1973
9. Lang, S., *Linear Algebra*, Addison-Wesley, Reading, MA 1971
10. Mansfield, L.E., *Linear albegra with geometric applications,* Marcel Dekker, New York, 1976
11. Smith, L., *Linear Algebra*, *2nd ed.*, 1984
12. Strang, G., *Linear algebra and its applications*, *2nd ed.*, Academic Press, New York, 1980

찾아보기

거리 331, 434
고유값 274
고유공간 278
고유벡터 274
기순열 256
기저 397
길이 316
Gram-Schmidt 정규직교화과정 326, 433

내적 311, 427
내적공간 316

닫힘 403
대각행렬 301
대각화 287
대각화 가능 274, 301
대각화한다 274, 301
대수적 중복도 291
동반변환 353
등거리동형 334
등거리동형사상 334
등거리매립 333
딸림변환 353

Lagrange 전개식 242, 263

벡터적 249
복소내적공간 430
부분행렬 254
부호 256
부호수 371
불변 388
불변 여공간 394

삼각부등식 319, 320, 431
성분 324
소행렬 237
수직 321
(수직)대칭변환 347
스칼라곱 312
스펙트럼 정리 359, 362

양의 정부호 이차형식 371
에르미트 변환 438
에르미트 행렬 439
여인수행렬 243
완전불변 394
외적 249
우순열 256
유니터리변환 435
유니터리행렬 436
음의 정부호 이차형식 371
이차형식 369
일차독립 396

자기동반변환 355
자기딸림변환 355, 438
자기딸림행렬 439
전도 256
정규직교기저 323, 432
정규직교집합 321, 432
정칙 279
Jordan 표준형 387, 410, 412
제곱근 424
주축 정리 370
직교기저 323, 432
직교여공간 338
직교집합 321, 432
직교행렬 337
직합 390

최소다항식 420
특성다항식 282

Cauchy-Schwarz 부등식 317, 319, 430, 432
Cramer 공식 249

표준내적 312
Fourier 계수 324

행렬식 237, 238
행렬식 계수 254

■ 금종해(琴鍾海)

1980 서울대학교 자연과학대학 수학과 졸업
1982 서울대학교 대학원 수학과 졸업(이학석사)
1988 Univ. of Michigan 대학원 수학과 졸업(이학박사)
1988 ~ 1990 Univ. of Utah 수학과 교수
1991 ~ 2000 건국대학교 수학교육과, 수학과 교수
2000 ~ 현재 한국과학원 고등과학원 교수
2019 ~ 현재 대한수학회 회장

선형대수학

지은이 금종해
펴낸이 조경희
펴낸곳 경문사
펴낸날 2001년 3월 3일 1판 1쇄
2022년 2월 28일 2판 9쇄
등 록 1979년 11월 9일 제1979–000023호
주 소 04057, 서울특별시 마포구 와우산로 174
전 화 (02)332–2004 팩스 (02)336–5193
이메일 kyungmoon@kyungmoon.com

값 25,000원

ISBN 978–89–7282–510–4